三峡工程
泥沙模拟与调控

胡春宏　李丹勋　方春明　陆永军　胡维忠　张曙光　等　著

中国水利水电出版社
www.waterpub.com.cn
·北京·

内 容 提 要

本书是根据"十二五"国家科技支撑计划项目"三峡水库和下游河道泥沙模拟与调控技术"（2012BAB04B00）的研究成果系统总结而成的。全书以三峡水库优化调度为切入点，揭示了三峡水库与坝下游河道泥沙运动机理，提升了水库和坝下游河道泥沙数学模型模拟技术，提出了符合未来发展趋势的三峡入库新水沙系列，研发了新型航道整治结构技术；系统研究了新水沙情势下三峡水库汛限水位动态变化、城陵矶补偿调度、提前蓄水、沙峰排沙等调控技术，提出了三峡水库泥沙调控与多目标优化调度方案，为进一步拓展三峡工程综合效益提供了技术支撑。

本书可供从事泥沙运动力学、河型演变与河道治理、水库调度、防洪减灾、长江治理等方面的研究、规划、设计和管理人员及高等院校相关专业的师生参考。

图书在版编目（ＣＩＰ）数据

三峡工程泥沙模拟与调控 / 胡春宏等著. -- 北京：
中国水利水电出版社，2017.8
ISBN 978-7-5170-5682-9

Ⅰ. ①三… Ⅱ. ①胡… Ⅲ. ①三峡水利工程－水库泥沙－研究 Ⅳ. ①TV145

中国版本图书馆CIP数据核字(2017)第177590号

书　　名	**三峡工程泥沙模拟与调控** SANXIA GONGCHENG NISHA MONI YU TIAOKONG
作　　者	胡春宏　李丹勋　方春明　陆永军　胡维忠　张曙光　等 著
出版发行	中国水利水电出版社 （北京市海淀区玉渊潭南路 1 号 D 座　100038） 网址：www. waterpub. com. cn E - mail：sales@waterpub. com. cn 电话：(010) 68367658（营销中心）
经　　售	北京科水图书销售中心（零售） 电话：(010) 88383994、63202643、68545874 全国各地新华书店和相关出版物销售网点
排　　版	中国水利水电出版社微机排版中心
印　　刷	北京市密东印刷有限公司
规　　格	184mm×260mm　16 开本　24 印张　578 千字　6 插页
版　　次	2017 年 8 月第 1 版　2017 年 8 月第 1 次印刷
印　　数	0001—1200 册
定　　价	**128. 00 元**

前　言

　　三峡工程是我国水电建设中的标志性工程，举世瞩目。2003年三峡水库蓄水运用以来，在防洪、发电、航运、水资源利用等方面发挥出巨大的综合效益。但在三峡工程运行中出现了一些新情况和新问题：一方面由于上游干支流水库建设，三峡入库水沙条件发生了大幅变化，在水库调度运用和坝下游河道冲刷方面面临着新的水沙情势；另一方面，随着水库淤积不断累积和坝下游大范围冲刷不断发展，一些泥沙问题的影响开始显现，如库区和坝下游局部河段航道泥沙问题、对洞庭湖和鄱阳湖的影响等。同时，国家推动长江经济带发展战略，建设长江黄金水道，对三峡工程运用提出了更高的需求。三峡水库蓄水运用后积累了系统的水文泥沙观测资料，也为进一步研究解决三峡工程泥沙问题打下了良好的基础。为了揭示三峡水库泥沙输移和坝下游河道冲刷规律，研究应对新的泥沙问题的措施，确保三峡工程长期安全运行，在新的水沙条件下进一步拓展综合效益，"十二五"国家科技支撑计划开展了"三峡水库和下游河道泥沙模拟与调控技术"项目研究。项目从三峡水库和下游河道泥沙运动规律、模拟技术、调控技术等方面开展了系统的研究，试图为进一步拓展三峡工程综合效益提供技术支撑。项目主要取得了如下几方面的成果：

　　（1）系统研究了三峡水库大水深强不平衡条件下的泥沙输移规律，首次揭示了三峡水库泥沙絮凝规律和坝下游河床二次粗化机理。阐明了长江中下游河道含沙量恢复过程和典型滩群演变与三峡水库水沙过程调节的响应关系等。

　　（2）提升了三峡水库和坝下游河道泥沙数学模拟技术，大幅提高了模拟精度；分析了三峡水库与下游河道一维泥沙数学模型精度的主要影响因素，改进完善了模型；研制了能模拟洞庭湖复杂水网和鄱阳湖的一二维耦合水沙数学模型；构建了二元结构岸滩侧蚀崩塌过程的理论模式，解决了岸滩侧蚀三维水沙动力学模拟中的网格自适应等关键技术。

　　（3）解析了长江上游典型流域的水沙变化特征，建立了上游水库群的拦沙计算模式，调查了人工采砂对三峡入库泥沙的影响；综合考虑自然变化和人类活动的影响，提出了符合未来发展趋势的三峡入库新水沙系列。

（4）揭示了长江与洞庭湖、长江与鄱阳湖江湖分汇关系调整机理及变化趋势，明晰了三峡水库蓄水运用、天然降雨径流变化、江湖冲淤以及流域用水量的增加等是引起近年江湖关系变化的重要因素，其中三峡水库运用和天然径流减少是主要影响因素，进而提出了以调控和水系整治相结合的两湖治理对策。

（5）开发了三峡工程运用后航道整治新技术，发明了透水坝头和台阶式坝头两种新型航道整治结构技术，提出了坝下游典型浅滩段航道整治参数、整治时机、整治措施与方案，并进行了应用示范，工程效果和生态效应显著。

（6）系统研究了新水沙情势下三峡水库汛限水位动态变化、城陵矶补偿调度、提前蓄水、沙峰排沙调度等技术，提出了三峡水库泥沙调控与多目标优化调度方案，并进行了应用示范，取得了显著成效。

本书是在项目研究成果的基础上总结提炼而成的，全书共分8章，各章主要编写人员如下：第1、2章由胡春宏、方春明执笔，第3章由吉祖稳、李丹勋、陈绪坚、王延贵、王党伟执笔，第4章由李丹勋、毛继新、刘春晶执笔，第5章由方春明、王敏、黄仁勇、关见朝执笔，第6章由陆永军、李国斌、姚仕明、左利钦、陆彦执笔，第7章由胡维忠、徐照明、要威执笔，第8章由周曼、胡挺、杨霞、方春明执笔；全书由胡春宏审定统稿。

本项目是在中国水利水电科学研究院、清华大学、南京水利科学研究院、长江勘测规划设计研究院、中国长江三峡集团公司、长江水利委员会科学院、武汉大学、国际泥沙研究培训中心、长江航道规划设计研究院等单位的共同努力下完成的，项目牵头单位为中国水利水电科学研究院，项目负责人为胡春宏。在研究过程中，项目组全体成员密切配合，相互支持，圆满完成了项目的研究任务，在此对他们的辛勤劳动表示诚挚的感谢！

泥沙的冲淤变化及影响是一个逐步累积的长期过程，并具有偶然性和随机性，随着三峡水库的运行，三峡工程泥沙问题将不断发展变化，书中涉及的一些内容仍需要深入研究。书中存在的欠妥和不足之处敬请读者批评指正。

2017 年 3 月

目　　录

第1章 绪 言

1.1 三峡工程概况

1.1.1 工程基本情况

长江三峡水利枢纽工程是治理和开发长江的关键性骨干工程，其开发任务是防洪、发电、航运和水资源等综合利用。通过兴建三峡工程，可防止和减轻长江中下游、特别是荆江河段的洪水灾害；向华中、华东和重庆地区提供电力；改善长江重庆—宜昌河段及中游航道的通航条件等，发挥巨大的综合效益。三峡水库正常蓄水位为175m，汛限水位为145m，死水位为145m。相应于正常蓄水位，水库全长为660km，水面平均宽度为1.1km，总面积为1084km²，库容为393亿m³，其中防洪库容为221.5亿m³，水库调节性能为季调节[1]。

三峡工程采用坝式开发，坝址位于湖北省宜昌市三斗坪镇，距下游已建成的葛洲坝水利枢纽约40km；坝址处控制流域面积约为100万km²，多年平均年径流量4510亿m³，多年平均年输沙量为5.3亿t。三峡工程主要建筑物由拦江大坝、水电站和通航建筑物三大部分组成，工程建设总工期17年，按"一级开发、一次建成、分期蓄水、连续移民"的方案实施[2]。

三峡工程拦河大坝为混凝土重力坝，坝轴线全长2309.5m，底部宽115m，顶部宽40m，坝顶高程为185m，最大坝高181m。泄洪坝段位于河床中部，前缘总长483m，设有22个表孔和23个泄洪深孔，其中深孔进口高程为90m，孔口尺寸为7m×9m（宽×高）；表孔孔口宽8m，溢流堰顶高程为158m，表孔和深孔均采用鼻坎挑流方式进行消能。三峡工程的设计标准可防千年一遇洪水，校核标准是可防万年一遇洪水再加10%，即当峰值流量为98800m³/s的千年一遇洪水来临时，大坝本身仍能正常运行；当峰值流量为113000m³/s的万年一遇洪水再加10%时，大坝主体建筑物不会遭到破坏。三峡工程可将下游荆江河段的防洪标准提高到百年一遇；遇到超过百年一遇至千年一遇洪水，配合分蓄洪工程，也可保障荆江河段的防洪安全。

电站坝段位于泄洪坝段两侧，设有电站进水口，进水口底板高程为108m。电站压力输水管道为背管式，内径为12.4m，采用钢衬和钢筋混凝土联合受力的结构型式。三峡水电站共安装32台单机容量700MW的水轮发电机组，其中左岸14台、右岸12台、地下6台，另外还有2台50MW的电源机组，总装机容量为22500MW，多年平均年发电量为882亿kW·h。

船闸位于左岸山体内，为双线五级连续梯级船闸。单级闸室有效尺寸为280m×34m×5m

（长×宽×坎上水深），可通过万吨级船队，年单向通过能力为 5000 万 t。升船机为单线一级垂直升船机，可通过 3000t 级客货轮，单向年通过能力为 350 万 t。在靠左岸岸坡设有一条单线一级临时船闸，满足施工期通航的需要，其闸室有效尺寸为 240m×24m×4m。临时通航船闸停止运用后，该坝段改建成两个冲沙孔。三峡垂直升船机与三峡主体工程同步设计施工，1995 年经国务院批准缓建；2013 年 2 月 28 日，升船机工程进入全面建设阶段，2015 年建成。

　　1994 年 12 月 14 日，三峡工程正式开工建设；2003 年 11 月，首批 6 台机组相继投产发电。2006 年 5 月 20 日，三峡大坝全线建成，达到 185m 设计高程；2006 年 11 月 27 日三峡工程蓄水至 156m 水位，2008 年三峡工程试验性蓄水至 172.8m，达到防御百年一遇洪水条件，电站 26 台机组全部投产发电，2009 年 8 月通过了国务院长江三峡工程整体竣工验收委员会关于正常蓄水位蓄至 175.0m 水位的验收。2010 年 10 月 26 日，三峡工程首次达到 175m 正常蓄水位，标志着其防洪、发电、通航和水资源等各项功能达到设计要求[3]。

　　三峡水库泥沙问题涉及的范围大，三峡库区 175m 蓄水位的回水影响长度（大坝至江津）约 660km，如图 1.1-1 所示，其中，大坝至涪陵库段为常年回水区，长约 500km，涪陵—江津库段为变动回水区，长约 160km。三峡水库兴建后，水库常年回水区水深增大，水流流速减缓，滩险消除，航道条件得到根本改善；变动回水区上段的航道、港区较建库前也有明显改善，局部库段在枯季库水位消落时出现淤积碍航情况，采取疏浚等措施可以保证通航条件；库区万县、涪陵等港口将可建成为深水港，有充足的水域为干、支直达或中转提供编队作业区。

　　三峡水库对坝下游的影响直至长江河口，目前冲刷主要发生在宜昌至湖口的长江中游河段，长约 955km；湖口以下的长江下游河段，长约 938km，输沙量也大幅度减少。三峡水库的调节作用增加了坝下游河道枯水流量，试验性蓄水后枯水期流量提高至 5500m³/s 以上，且流量、水位的波动幅度明显减小，对航运有利；险滩被淹没，航道尺度扩大，航运水流条件改善，航道维护费用减少，船舶运输效益明显提高，运输周转加快，为保证航运安全及促进长江航运事业发展创造了极为有利的条件，对加速西南地区经济发展具有积极的促进作用。

1.1.2　工程泥沙问题研究概述

　　三峡工程泥沙问题的研究从可行性论证阶段即开始，针对规划、设计、建设、运行不同阶段关注的泥沙问题，组织国内有关科研院所、高校和设计单位进行持续的研究。自 1983 年国家计委审批长江三峡水利枢纽可行性研究以来，1984 年，三峡工程水文泥沙研究工作开始就不同水位方案展开研究论证；1986 年，根据中共中央、国务院《关于三峡工程论证有关问题的通知》的要求，开展了泥沙专题的论证工作，论证工作结束后，专门成立了三峡工程泥沙专家组，继续开展跟踪研究。在"七五""八五"国家重点科技攻关期间进行了泥沙与航运问题的专题研究[4]。

　　在三峡工程规划、设计、建设和运行的不同阶段，三峡工程泥沙专家组组织国内有关单位对三峡工程的水文泥沙问题进行了持续研究。

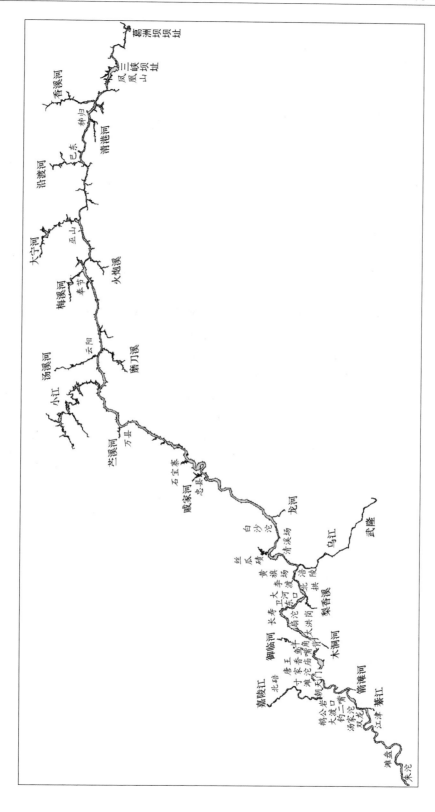

图 1.1-1 三峡水库库区河道示意图

"九五"期间（1996—2000 年），由于三峡工程已正式开工，而永久船闸上引航道的布置尚未确定，三峡总公司对此十分关注，确定"坝区"的科研项目由三峡总公司科技委直接组织实施。为此，按任务紧急程度，确定了"一坝、二下、三上"的任务安排。"一坝"即坝区作为第一位任务；"二下"主要是葛洲坝水利枢纽下游近坝段通航水位问题，涉及芦家河以上河段整治方案，特别是控制河床下切，防止水位下降导致葛洲坝三江船闸闸坎通航水深不足；"三上"主要是对上游来水来沙的观测分析，重庆主城区河段走沙规律的观测分析，以及变动回水区的冲淤变化对航运、港口的影响和整治对策。"九五"水文泥沙科研成果汇编入文集《长江三峡工程泥沙问题研究（1996—2000）第八卷》[5]，并应用于工程建设之中。

"十五"期间（2001—2005 年），水文泥沙研究工作是"九五"科研工作基础上的继续，除保持研究工作的连续性外，侧重围绕 2003 年三峡工程开始围堰蓄水运用展开研究工作，研究蓄水运用前后上下游的变化，检验以往的研究成果，修正或作出新的预测，为三峡水库调度运行提供了技术支撑。"十五"研究成果汇编入文集《长江三峡工程泥沙问题研究（2001—2005）第六卷》[6]。

"十一五"期间（2006—2010 年），水文泥沙研究工作包括三部分：一是"十一五"长江三峡工程泥沙问题研究计划，二是长江三峡工程 2003—2009 年泥沙原型观测资料分析项目，三是配合三峡工程试验性蓄水进行的专题研究和调研。研究涵盖的范围主要自三峡枢纽上游流域至下游杨家脑河段，距葛洲坝枢纽约 90km。研究内容主要包括：三峡水库近期入库水沙系列研究，三峡水库淤积观测成果分析与近期水库淤积计算，重庆主城区河段冲淤变化与整治方案试验研究，三峡水库变动回水区河段冲淤规律分析和二维泥沙数学模型计算，三峡工程坝区河段泥沙原型观测成果分析和试验研究，宜昌—杨家脑河段河床冲淤及其控制宜昌枯水位下降的工程措施研究，三峡水库试验性蓄水运行方案研究及查勘调研报告，以及三峡工程"十一五"泥沙研究综合分析[7]。研究成果为三峡水库调度运行、重庆港区治理、控制宜昌枯水位下降的工程措施的制定提供了技术支撑。

科技部、水利部和三峡集团公司等部门组织国内科研、高校、设计等单位开展了大量的三峡工程水文泥沙研究工作，研究内容不仅包括论证阶段提出的水文泥沙问题，还对长江上游水沙变化、三峡水库泥沙淤积、三峡水库调度方式、三峡水库下游河道水文泥沙情势变化及河道冲刷、江湖关系变化等方面开展了系统研究，具体总结如下。

1.1.2.1　长江上游水沙变化研究

针对三峡入库水沙的持续变化，国内有关单位对其影响做了大量的研究。在"十一五"期间，初步剖析了三峡工程运用初期水沙变化的内在原因，分析了气候变化、水库建设、水土保持、河道采砂等因素对三峡水库上游干支流水沙变化的影响[8]。揭示了上游干流和主要支流产流输沙差异及河道沿程输沙变化的特点，估算了长江上游推移质输移量，研究了新建水库群对三峡水库入库水沙条件产生的影响，预测了上游水沙变化趋势。国家重大基础研究 973 项目"长江流域水沙产输及其与环境变化耦合机理"也有相关研究内容。

1.1.2.2　三峡水库泥沙淤积研究

三峡水库泥沙淤积模拟研究成果较多，在工程论证、设计、施工、蓄水各阶段都针对备受关注的泥沙问题进行了跟踪研究，尤其是蓄水后的"十一五"期间，中国水利水电科学研究院和长江科学院等单位开展了"三峡工程水库泥沙淤积及其影响与对策研究"[9]，分析了干流泥沙沿水深分布规律，明晰了泥沙传播滞后于洪水传播的现象及其影响等；开发了能模拟复杂边界和水沙条件的水库淤积数学模型，定量预测了不同入库水沙条件和运行方案下的水库淤积规律及库容变化，提出了三峡水库泥沙淤积影响的对策与措施。

1.1.2.3 三峡水库调度方式研究

三峡水库调度方式的研究经历了三个阶段：三峡水库初期运行期方案研究、三峡水库正常运行期方案研究和三峡水库优化调度方案研究。在"十一五"国家科技支撑项目"三峡工程运用后泥沙与防洪关键技术研究"中，长江水利勘测设计研究院等单位提出了三峡水库的综合调度方式，重点考虑了蓄水调度与防洪调度。随着长江上游干支流梯级水库的建设，在新的水沙形势下，三峡工程泥沙专家组组织国内相关单位对三峡水库汛期中小洪水调度、提前蓄水、汛期水位动态变化和城陵矶补偿调度方式等进行了探索和实践，优化了三峡水库的防洪调度方式，提出了考虑防洪、泥沙、生态、航运诸因素要求的三峡水库综合优化调度措施，三峡工程运用初期的荆江河道治理方案，以及洞庭湖区、鄱阳湖区防洪综合治理措施，制定了三峡工程蓄水运用后的两湖生态保护对策，完善了长江中下游防洪体系的调度方式。

1.1.2.4 三峡水库下游河道水文泥沙情势影响研究

三峡水库下游河道泥沙研究成果也很丰富、长江委水文局对下游河道水文泥沙变化进行了连续观测和分析；"十一五"期间，中国水利水电科学研究院、长江科学院、南京水利科学研究院等单位利用数学模型和长江防洪实体模型研究了三峡水库运用初期长江中下游河道的冲淤变化，发展了中下游水沙数学模型和实体模型的模拟技术，揭示了三峡工程蓄水运用以来长江中下游干流河道与洞庭湖区冲淤变化特性，分析了坝下游河势、河型变化的机理并预测了河势、河型变化趋势[10]。

1.1.2.5 江湖关系变化研究

"十一五"国家科技支撑计划课题对长江中下游干流河道与洞庭湖及鄱阳湖冲淤变化特性等方面进行了研究，初步提出了江湖关系变化的应对措施[11]。定量计算了三峡工程运用后初期江湖关系的调整变化对长江中下游江湖蓄泄能力的影响，揭示了坝下河道冲刷、江湖蓄泄能力变化与长江中游防洪布局之间的相互作用关系，分析了两湖重要湿地对三峡工程蓄水运用的生态响应，揭示了长江中下游防洪与生态保护的相互关系。

1.2 研究内容与主要成果

1.2.1 研究内容

本书从三峡水库和下游河道泥沙运动规律、模拟技术、调控技术等方面开展研究，主要研究内容如下：

（1）三峡水库泥沙运动规律。针对三峡水库大水深强不平衡条件下的输沙特性，研究了水库非均匀不平衡输沙、泥沙絮凝、水库排沙比变化等规律以及三峡水库下游河道的演变与江湖关系变化机理等。

（2）三峡水库入库水沙变化。建立了分布式水文泥沙模型，分析了长江上游典型产沙区近年产流产沙变化特点，解析了主要关联因素的影响；调查了干支流已建、在建和拟建大型水库的规模及运用方式，建立长河段非恒定流输沙模型，分析计算了水库群联合调度的拦沙效果；开发了卵石推移质水槽实验观测系统，研究了长江上游河道在床面部分可动、部分不动条件下推移质输沙规律；调查了三峡水库上游干支流的采砂情况，评估了人工采砂对三峡水库入库推移质数量和级配的影响。综合分析了上游梯级水库联合运用条件下三峡入库水沙的发展变化趋势，为三峡泥沙问题研究提供了入库水沙条件。

（3）在三峡工程泥沙模拟技术方面，完善与提高了三峡水库和长江中下游泥沙数学模型，提出岸滩侧蚀冲刷与河道横向变形的三维数值模拟技术，为三峡工程的综合调度提供技术手段。在总结以往模型研究成果的基础上，完善三峡水库及下游河道泥沙模拟技术，提高模拟精度，模拟研究了三峡水库不同运用方案下水库及下游河道冲淤变化规律，为三峡水库优化调度提供技术支撑。

（4）围绕三峡水库运行后下游航道面临的核心问题，以长江中游典型浅滩河段为主要对象，研究三峡水库下游河道冲刷机理与演变规律，揭示三峡水库下游长河段滩群演变及对航道的影响，研究了长河段滩群演变和整治技术，为长江中游航道整治提供技术支持。

（5）三峡工程运用后长江与洞庭湖和长江与鄱阳湖的水流相互作用关系、泥沙交换关系、冲淤影响关系及其演变趋势。分析了三峡水库运用对江湖冲淤变化的影响，对两湖枯水期水资源的影响；探讨了荆江三口分流河道整治措施，松滋口建闸、湖口建闸对江湖关系变化的影响及对防洪和水资源利用的作用和影响，为制定三峡水库蓄水运用后江湖治理措施提供技术支撑。

（6）三峡水库运用与泥沙调控工程示范。分析了新水沙形势下三峡水库调度调整的需求，研究三峡水库不同运行方式与泥沙冲淤变化间的响应关系，提出新水沙形势下三峡水库优化调度方案并进行了应用示范，充分发挥三峡工程综合效益。

研究内容涉及泥沙运动力学、河床演变学、泥沙工程学、环境生态学等学科的内容和理论，加之三峡水库及其上下游河道的水沙特性和演变规律非常复杂，采用的研究方法既注重以往研究成果的总结和利用，又进一步采用实测资料分析、现场调查观测、模型试验、理论分析和数学模型计算等方法进行了系统研究。

1.2.2　主要成果

研究取得的主要创新成果如下：

（1）三峡工程泥沙输移规律研究取得了理论创新。系统研究了三峡水库大水深强不平衡条件下的泥沙输移规律，首次揭示了三峡水库泥沙絮凝规律，揭示了影响三峡水库排沙比的主要因素及响应机理，研究了推移质输沙及河床二次粗化机理、三峡水库下游不同类型河段的演变机理与含沙量恢复过程。

（2）泥沙数学模型模拟技术取得了多项突破。分析了影响三峡水库与下游河道一维泥沙数学模型精度的主要因素，改进完善了泥沙数学模型，大幅提高了模型精度；研发了江湖联结二维水沙整体模型，解决了岸滩侧蚀三维水沙动力学模拟中的关键技术，建立了三峡水库综合优化调度方案评估模型。

（3）提出了考虑自然变化和人类活动影响的新的三峡入库水沙系列。解析了长江上游典型流域的水沙变化特征，分析了长江上游梯级水库群拦沙效果，调查评估了人工采砂量及对三峡入库泥沙的影响，在1991—2000年水沙系列基础上提出了新的三峡入库水沙系列。

（4）提出了三峡水库泥沙调控与优化调度方案并应用示范。分析了三峡水库调度方案调整的可行域，建立了三峡水库调度方案调整与泥沙淤积的响应关系，提出了三峡水库泥沙调控与优化调度方案。2013—2015年，三峡水库根据实时来水来沙情况，对汛限水位动态变化、提前蓄水、沙峰调度和库尾减淤调度等研究成果在三峡水库进行了应用，取得了明显成效。

（5）研发了航道整治与两湖治理的新技术及对策。提出了以挖泥疏浚为主的重庆主城区河段航道维护措施；研究了三峡水库水沙调节后坝下游航道条件变化，提出了典型滩段的治理原则和措施，开发了新型航道整治建筑物结构，已应用于嘉鱼至燕子窝河段航道整治工程中。提出了以建闸调控和水系整治相结合的两湖治理对策。

参 考 文 献

［1］ 三峡工程泥沙专家组. 长江三峡工程试验性蓄水期五年（2008—2012年）泥沙问题阶段性总结［R］，2013.

［2］ 中国水利水电科学研究院. 长江三峡水利枢纽工程竣工环境保护验收调查水文泥沙情势影响专题报告［R］，2014.

［3］ 泥沙评估课题专家组. 三峡工程泥沙问题评估报告［R］，2015.

［4］ 水利部科技教育司，交通部三峡工程航运领导小组办公室. 长江三峡工程泥沙与航运关键技术研究专题报告集（上、下册）［R］. 武汉：武汉工业大学出版社，1993.

［5］ 国务院三峡工程建设委员会办公室泥沙课题专家组，中国长江三峡工程开发总公司三峡工程泥沙专家组. 长江三峡工程"九五"泥沙研究综合分析［M］//长江三峡工程泥沙问题研究 1996—2000：第八卷. 北京：知识产权出版社，2002.

［6］ 国务院三峡工程建设委员会办公室泥沙课题专家组，中国长江三峡工程开发总公司三峡工程泥沙专家组. 长江三峡工程"十五"泥沙研究综合分析［M］//长江三峡工程泥沙问题研究 2001—2005：第六卷. 北京：知识产权出版社，2008.

［7］ 国务院三峡工程建设委员会办公室泥沙课题专家组，中国长江三峡集团公司三峡工程泥沙专家组. 三峡工程"十一五"泥沙研究综合分析［M］//长江三峡工程泥沙问题研究 2006—2010：第八卷. 北京：中国科学技术出版社，2013.

［8］ 李丹勋，毛继新，杨胜发，等. 三峡水库上游来水来沙变化趋势研究［M］. 北京：科学出版社，2010.

［9］ 方春明，董耀华. 三峡工程水库泥沙淤积及其影响与对策研究［M］. 武汉：长江出版社，2011.

［10］ 中国水利水电科学研究院. 大型水利枢纽工程下游河型变化机理研究［R］，2010.

［11］ 卢金友，姚仕明，邵学军，等. 三峡工程运用后初期坝下游江湖响应过程［M］. 北京：科学出版社，2012.

第 2 章　三峡水库蓄水运用后水库淤积和坝下游河道冲刷

根据三峡水库 2003 年蓄水运用后的水文泥沙观测资料，特别是 175m 蓄水后的原型观测资料，本章分析三峡水库入库水沙变化、水库泥沙淤积时空分布、淤积量与来水来沙关系，分析三峡水库蓄水运用后的坝下游河道冲淤量、冲淤分布、河床组成以及洞庭湖和鄱阳湖冲淤情况等。

2.1　水库调度运行情况

2.1.1　运行方式及调整

初步设计确定三峡水库运行方式为蓄清排浑，即 145m-155m-175m 方案，（水库运用控制水位为汛限水位 145m，消落水位 155m，正常蓄水位 175m）围堰发电期（2003—2007 年）运用方式为 135～139m，初期运用期（2008—2013 年）运用方式为 144～156m。2003 年 6 月三峡水库蓄水至 135m，进入围堰发电期，同年 11 月，水库蓄水至 139m。围堰发电期运行水位为 135m（汛限水位）至 139m（蓄水期）。2006 年 10 月水库蓄水至 156m，较初步设计提前一年进入初期运行期，初期运行期运行水位为 144～156m。2008 年汛后，三峡水库开始进行 175m 试验性蓄水，当年最高蓄水位达到了 172.8m，较初步设计提前 5 年进行 175m 试验性蓄水[1]。

2009 年针对三峡水库蓄水运用以来运行条件发生的较大改变，为满足水利部门和航运部门从提高下游供水、防洪、航运等方面对三峡水库调度提出的更高需求，水利部等有关部门组织对三峡水库进行了优化调度研究。同年 10 月，国务院批准了《三峡水库优化调度方案》（以下简称《方案》），将三峡水库汛后蓄水时间由初步设计时的 10 月初提前到了 9 月中旬。《方案》提出的蓄水调度方式为：一般情况下 9 月 15 日开始兴利蓄水；蓄水期间，库水位按分时段控制上升的原则，9 月 30 日水位不超过 156m（视来水情况，经防汛部门批准后可蓄至 158m），10 月底可蓄至汛后最高水位 175m；蓄水期间的下泄流量，9 月控制不小于 8000～10000m³/s，10 月上旬、中旬、下旬分别按不小于 8000m³/s、7000m³/s、6500m³/s 控制，11 月按保证葛洲坝枢纽下游（庙嘴站）水位不低于 39m 和三峡水电站保证出力对应的流量控制；允许汛限水位上浮至 146.5m。2009 年汛末，三峡水库从 9 月 15 日开始蓄水，由于遭遇了上游来水偏枯与下游持续干旱的情况，水库蓄水至 171.43m。

2010 年，国家防汛抗旱总指挥部在"关于三峡－葛洲坝水利枢纽 2010 年汛期调度运用方案的批复"中明确了"当长江上游发生中小洪水，根据实时雨水情况和预测预报，在三峡水库尚不需要实施对荆江或城陵矶河段进行防洪补偿调度，且有充分把握保障防洪安全时，三峡水库可以相机进行调洪运用"，第一次明确提出了"中小洪水调度"的运用方式，并予以实施。根据2009年调度的经验和教训，2010年以后，三峡水库在提前蓄水方面，采取了汛末蓄水与前期防洪运用相结合的方法，根据国家防总批复意见，汛末蓄水时间进一步提前至9月10日，2010—2013年连续4年均实现了175m蓄水目标。

2011年消落期，三峡水库根据坝下游抗旱补水需求，实施了抗旱补水调度。根据四大家鱼繁殖条件研究，2011年汛初开展了生态调度试验。2012年消落期，三峡水库实施了库尾泥沙减淤调度试验，并在2012年汛前和汛初实施了两次生态调度试验。为提高水库排沙比，2013年汛期实施了沙峰排沙调度，汛期成功经受了建库以来最大洪峰71200m³/s的洪水考验。2013年消落期，三峡水库再次实施了库尾减淤调度，并在2013年汛前再次实施了生态调度试验，汛期实施了沙峰调度[2]。

2.1.2　水库蓄水位变化过程

2003年6月—2006年9月为三峡水库围堰发电期，坝前水位为135m（汛期）至139m（非汛期），水库回水末端达到重庆市涪陵区李渡镇，回水长度约498km；2006年9月—2008年9月为三峡水库初期运行期，汛期在水库没有防洪任务时坝前水位控制在143.9～145m范围内，枯季水位控制在156m，水库回水末端达到重庆铜锣峡，回水长度约598km。

2008年汛末开始实施175m试验性蓄水，水库回水末端达到重庆江津附近，回水长度约660km。2008年和2009年水库最高蓄水位分别为172.80m和171.43m，2010—2013年三峡水库实现了175m蓄水目标。三峡水库蓄水运用以来，坝前水位变化过程如图2.1-1所示，水库蓄水期各年特征水位和流量见表2.1-1。

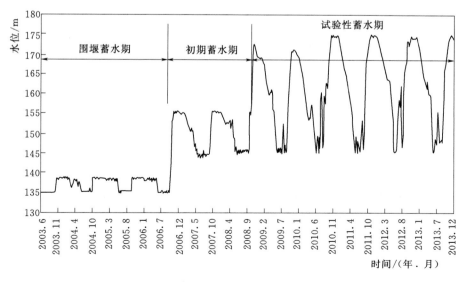

图2.1-1　三峡水库蓄水运用以来坝前水位变化过程

2008—2013年汛期，长江上游多次发生较大洪水，水库进行了中小洪水调度。如2010年汛期，三峡水库先后三次对入库流量大于50000m³/s的洪水进行调度，累计拦蓄水量为260多亿m³，其中，对最大入库流量70000m³/s的洪水，出库流量按40000m³/s控制，拦蓄水量约80亿m³，库水位最高达161.24m。2012年汛期，先后四次对入库流量大于50000m³/s的洪水进行调度，累计拦蓄水量为228.2亿m³，其中，对三峡水库建库以来最大入库流量71200m³/s的洪水，控制出库流量为44100m³/s，拦蓄水量为51.75亿m³，库水位最高达163.11m[3]。

表 2.1-1　　　　　　　　　　三峡水库蓄水运用以来各年特征水位和流量

年份	汛前最低水位/m	汛期水位/m			汛期入库最大洪峰流量/(m³/s)	汛期出库最大洪峰流量/(m³/s)	汛后最高蓄水位/m
		最低	最高	平均			
2003	135.07	135.04	135.37	135.18	46000（9月4日）	44900（9月5日）	138.66（11月6日）
2004	135.33	135.14	136.29	135.53	60500（9月8日）	56800（9月9日）	138.99（11月26日）
2005	135.08	135.33	135.62	135.50	45200（7月12）	45100（7月23日）	138.93（12月15日）
2006	135.19	135.04	141.61	135.80	29500（7月10）	29200（7月10日）	155.77（12月4日）
2007	143.97	143.91	146.17	144.70	52500（7月30）	47300（7月31日）	155.81（10月31日）
2008	144.66	144.96	145.96	145.61	39000（8月17）	38700（8月16日）	172.80（11月10日）
2009	145.94	144.77	152.88	146.38	55000（8月6日）	40400（8月5日）	171.43（11月25日）
2010	146.55	145.05	161.24	151.69	70000（7月20日）	41500（7月27日）	175.05（11月02日）
2011	145.94	145.10	153.62	147.94	46500（9月21日）	28700（6月25日）	175.07（10月31日）
2012	145.84	145.05	163.11	152.78	71200（7月24日）	45600（7月30日）	175.02（10月30日）
2013	145.19	145.06	155.78	148.66	49000（7月21日）	35700（7月25日）	175.00（11月11日）

2.1.2.1　围堰发电期水库运行调度

　　2003年6月—2006年9月为三峡水库围堰发电期，坝前水位为135m（汛期）至139m（非汛期）。为确保三峡水利枢纽（围堰发电期）和葛洲坝水利枢纽工程安全，逐步发挥综合效益，三峡工程实施了三峡（围堰发电期）和葛洲坝梯级调度。三峡围堰发电期的主要任务是在保证工程安全的前提下，逐步发挥发电、通航效益。葛洲坝水利枢纽是三峡水利枢纽的航运反调节枢纽，主要任务是对三峡水利枢纽日调节下泄的非恒定流过程进行反调节，在保证航运安全和通畅的条件下充分发挥发电效益。

　　围堰发电期，防洪调度以确保三峡水利枢纽工程及其施工安全为前提条件。围堰发电期三峡水库没有为长江中下游设置防洪库容。在非常情况下，确保围堰安全运行的同时，可以适度发挥滞洪错峰作用，每年汛期（6—9月），水库水位一般维持在防洪限制水位（135m）；10月水库开始蓄水，一般年份10月末水库蓄水至139m；枯水期（11月至次年4月底）维持139m运行；4月底至5月中旬水库水位消落至低水位135m。

三峡水库围堰发电期水库运行特征值见表2.1-2。

表2.1-2　　　　　　　　　三峡水库围堰发电期水库运行特征值

项　目	入库流量 /(m³/s)	出库流量 /(m³/s)	坝前水位（吴淞高程） /m	坝下水位（吴淞高程） /m
平均值	13700	13700	137.21	66.11
最大值	59100	55200	138.99	73.50
最大值出现日期	2004年9月8日	2004年9月9日	2003年12月30日	2004年9月9日
最小值	3680	3760	135.07	63.49
最小值出现日期	2004年1月30日	2004年2月1日	2006年8月30日	2006年2月13日

2.1.2.2　初期运行期水库运行调度

2006年10月至2008年9月为三峡水库初期运行期，水库最高蓄水位达到初期蓄水位156m。三峡水库初期运行期的主要任务是在保证已建工程及施工安全的前提下，逐步发挥防洪、发电、航运、水资源利用等综合效益。葛洲坝水利枢纽是三峡水利枢纽的航运反调节枢纽，主要任务是对三峡水利枢纽日调节下泄的非恒定流过程进行反调节，在保证航运安全和通畅的条件下充分发挥发电效益。防洪调度的主要任务是在保证三峡水利枢纽工程及施工安全和葛洲坝水利枢纽度汛安全的前提下，利用水库拦蓄洪水，提高荆江河段防洪标准；特殊情况下，适当考虑城陵矶附近的防洪要求。当发挥防洪作用与保证枢纽工程安全有矛盾时，服从枢纽建筑物和工程施工安全进行调度。

根据初期运行期调度规程，全年库水位控制分为4个阶段：供水期（1—4月、11月、12月）、汛前消落期（5月1日—6月10日）、汛期（6月11日—9月24日）、蓄水期（9月25日—10月23日）。水位控制范围，汛期在水库没有防洪任务时控制在143.9～145m范围内，其他阶段控制在143.9～156m范围内。

三峡水库初期运行期水位与流量特征值见表2.1-3。

表2.1-3　　　　　　　　　三峡水库初期运行期水位与流量特征值

项　目	入库流量 /(m³/s)	出库流量 /(m³/s)	坝前水位（吴淞高程） /m	坝下水位（吴淞高程） /m
平均值	12700	12600	150.28	66.03
最大值	50500	45400	155.82	71.34
最大值出现日期	2007年7月30日	2007年7月30日	2007年10月31日	2007年7月31日
最小值	2770	4510	143.99	63.92
最小值出现日期	2007年2月27日	2006年12月27日	2007年7月8日	2007年5月21日

2.1.2.3　试验性蓄水期水库运行调度

2008年汛后，三峡水库开始175m试验性蓄水，较初步设计提前了5年。2008年11月蓄水至172.8m，2009年11月蓄水至171.43m，2010年10月蓄水至正常蓄水位175m。试验蓄水期运行水位为145m（汛限水位）至175m（正常蓄水位）。三峡试验性蓄水期的主要任务是全面发挥防洪、发电、航运、水资源利用等综合效益。葛洲坝水利枢纽是三峡水利枢纽的航运反调节枢纽，主要任务是对三峡水利枢纽日调节下泄的非恒定流过程进行反调节，在保证航运安全和通畅的条件下充分发挥发电效益。

2009 年 9 月—2013 年 12 月，坝前水位为 145m（汛期）至 175m（非汛期）运行，相应水位及流量特征值见表 2.1 - 4。

表 2.1 - 4　　　　　　　　　　　三峡水库试验性运行期水位及流量特征值

项　目	入库流量 /(m³/s)	出库流量 /(m³/s)	坝前水位（吴淞高程） /m	坝下水位（吴淞高程） /m
平均值	12547	12398	161.76	65.75
最大值	67900	45200	175.04	71.36
最大值出现日期	2012 年 7 月 24 日	2012 年 7 月 28 日	2011 年 11 月 1 日	2012 年 7 月 30 日
最小值	3320	5370	144.84	63.96
最小值出现日期	2010 年 2 月 17 日	2009 年 1 月 16 日	2009 年 8 月 3 日	2011 年 12 月 9 日

2.2　水库泥沙淤积

水库泥沙淤积变化过程是三峡水库泥沙研究的基础，根据三峡水库水流泥沙原型观测资料和已有研究成果，分析了三峡水库入库水沙变化、库区泥沙淤积变化、泥沙淤积的时空分布、年淤积量与来水来沙的关系等。

2.2.1　入库水沙变化

三峡水库坝址位于湖北省宜昌市三斗坪镇，距下游已建成的葛洲坝水利枢纽约 40km，坝址处控制流域面积约为 100 万 km²，多年平均年径流量为 4510 亿 m³。

三峡入库水沙主要来自水库上游干流，库区嘉陵江及乌江也占有一定比率。20 世纪 90 年代以来，长江上游径流量变化不大，受降水条件变化、水利工程拦沙、水土保持减沙和河道采砂等影响，输沙量减少的趋势明显。三峡水库上游干支流水文控制站分时期水沙量变化如图 2.2 - 1 和图 2.2 - 2 所示，长江朱沱站、嘉陵江北碚站、乌江武隆站的年水沙量变化过程如图 2.2 - 3～图 2.2 - 5 所示。1991—2002 年三峡入库（朱沱＋北碚＋武

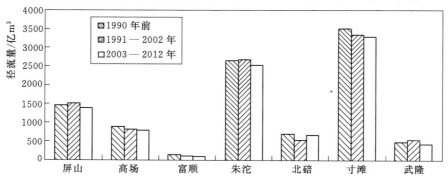

图 2.2 - 1　三峡水库上游干支流水文控制站不同时期年平均径流量变化

隆）年平均水、沙量分别为 3733 亿 m³ 和 3.51 亿 t，与 1990 年前平均值相比，分别减小 126 亿 m³ 和 1.3 亿 t，减幅分别为 3% 和 27%。

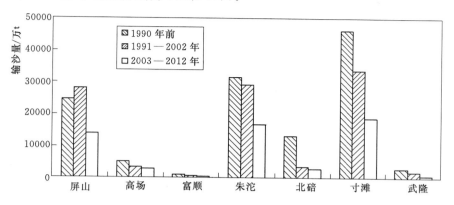

图 2.2-2　三峡水库上游干支流水文控制站不同时期年平均输沙量变化

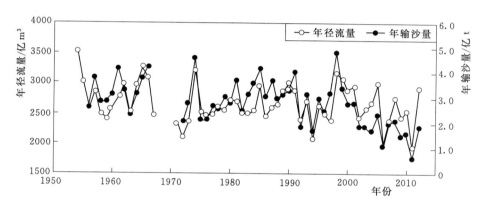

图 2.2-3　长江朱沱站年径流量和年输沙量变化

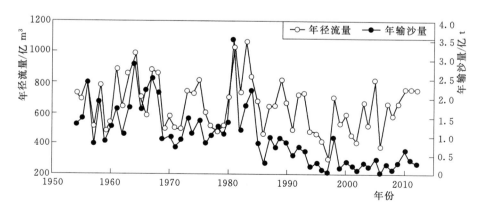

图 2.2-4　嘉陵江北碚站年径流量和年输沙量变化

三峡水库蓄水运用后，2003—2013 年入库年平均水量和沙量分别为 3582 亿 m³ 和 1.96 亿 t，比 1991—2002 年平均值分别减小 4% 和 44%，与 1990 年前平均值比，减幅分别为 7% 和 59%。沙量减幅最大的是嘉陵江：2003—2013 年北碚站年平均水量和沙量分

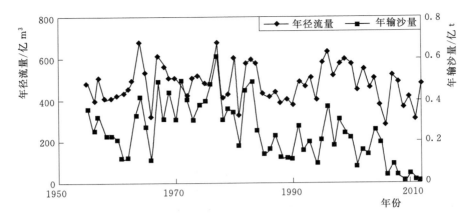

图 2.2-5　乌江武隆站年径流量和年输沙量变化

别为 665 亿 m³ 和 0.317 亿 t，与 1990 年前平均值相比，水量和沙量分别减少 6％和 76％。嘉陵江沙量的减小与其干支流建库拦沙、流域水土保持、径流量减少等有关。嘉陵江在总体沙量减少的同时，支流渠江出现大洪水时也能产生较大沙量，如 2003 年、2004 年和第 2011 年，9 月渠江出现较大洪水，输沙量高度集中，7 天左右的输沙量最大达 1200 万 t，占全年的比例最高达 86％。

自 20 世纪 80 年代以来，进入三峡水库的推移质泥沙数量总体上呈下降趋势，其中不同时期各水文站卵石平均推移量见表 2.2-1。

表 2.2-1　　　　　　　不同时期三峡入库各水文站卵石平均推移量表

河　流	站　名	统计年份及时段	卵石推移量/万 t
长江	朱沱	1975—2002 年	26.9
		2003—2013 年	13.4
	寸滩	1966 年、1968—2002 年	22.0
		2003—2013 年	4.36
	万县	1973—2002 年	34.1
		2003—2013 年	0.19
嘉陵江	东津沱	2002 年	0.053
		2003—2007 年	1.32
乌江	武隆	2002 年	18.7
		2003—2013 年	6.43

长江寸滩站卵石和沙质推移质年输沙量变化过程如图 2.2-6 所示，1991—2002 年实测沙质推移质年平均输沙量为 25.8 万 t，约为同期悬移质输沙量的 0.08％；三峡水库蓄水运用后的 2003—2013 年，年平均沙质推移质输沙量仅为 1.47 万 t，比 1991—2002 年年平均值减少 94％；2003—2013 年年平均卵石推移质输沙量为 4.36 万 t，比 1991—2002 年年平均值减少 71％。三峡水库入库推移质泥沙数量大幅减少的原因，主要是上游水库拦截和近年来长江干支流河道的大规模采砂。据重庆市主城区附近几个河段的不完全调查，

每个河段的年采砂量都达数百万吨，远远超过天然河道的推移质输沙量。由于推移质的数量远小于悬移质，故其数量的变化对水库淤积量大小的影响较小，但对重庆河段洲滩变化有一定影响，造成洲面冲刷。

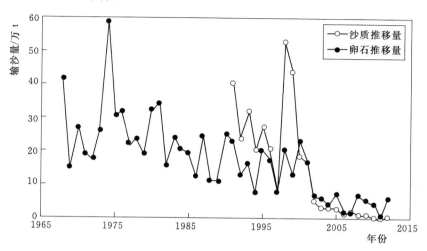

图 2.2-6　长江寸滩站卵石和沙质推移质年输沙量变化

2.2.2　水库泥沙淤积分布

2.2.2.1　沿程分布

2003 年 3 月—2013 年 10 月，三峡库区泥沙淤积总量为 16.41 亿 m³，其中：干流淤积总量为 14.6 亿 m³，占总淤积量的 89%；库区支流淤积泥沙量为 1.8 亿 m³（66 条支流，施测年限为 2003—2011 年），占总淤积量的 11%，主要淤积在奉节以下的支流。从干流淤积分布来看，涪陵以上的变动回水区累计冲刷泥沙 1550 万 m³；常年回水区淤积量为 14.76 亿 m³。

从库区干流淤积量沿程分布来看，总体上越往坝前，淤积强度越大，近坝段（大坝—庙河）泥沙绝大部分淤积在 90m 高程以下，且颗粒较细；随着坝前水位的逐渐抬高，泥沙淤积部位也逐渐上移。在三峡工程围堰发电期，丰都—李渡库段冲淤基本平衡，奉节以上库段年平均淤积量约为 6710 万 m³，占库区总淤积量的 50%；在初期蓄水期，丰都—铜锣峡库段年平均泥沙淤积量约为 640 万 m³，占库区总淤积量的 5%，奉节以上库段年平均泥沙淤积量约为 7420 万 m³，占库区总淤积量的 59%；2008 年汛末三峡水库进行试验性蓄水后至 2013 年 10 月，丰都—铜锣峡库段年平均泥沙淤积量约为 1001 万 m³，丰都以下库段多年平均年泥沙淤积量约为 1.29 亿 m³。不同运用时期三峡水库干流库区各河段冲淤量见表 2.2-2。

2.2.2.2　淤积部位

三峡库区泥沙淤积分布和淤积强度与河道形态存在着密切的关系，库区河道宽谷段淤积强度相对较大，窄深段淤积强度较小甚至局部出现冲刷现象。2003—2013 年，干流库区泥沙淤积量的 94% 集中在宽谷段，且以主河槽淤积为主，深泓最大淤高为 66m（坝上游 5.6km 的 S34 断面）；窄深段淤积相对较少或略有冲刷。库区局部弯曲、开阔、分汊河

表 2.2－2　　不同运用时期三峡水库干流库区各河段冲淤量（175m 水面线下成果）

库区分段名称		大坝—庙河	庙河—奉节	奉节—丰都	丰都—涪陵	涪陵—铜锣峡	铜锣峡—江津	合计
库区分段长度/km		15.1	156.0	260.3	55.1	111.4	62.0	659.9
淤积量/万 m³	围堰发电期（2003 年 3 月—2006 年 11 月）	7418	19936	26982	197	−169		54364
	初期运行期（2006 年 11 月—2008 年 11 月）	3179	7863	12941	−27	1066		25022
	试验性蓄水期（2008 年 11 月—2013 年 10 月）	4694	9761	49892	4804	201	−2654	66698
	蓄水以来（2003 年 3 月—2013 年 10 月）	15291	37560	89815	4974	1098	−2654	146084

注　表中数值正为淤积，负为冲刷，全书下同。

段淤积明显，如变动回水区的洛碛—长寿河段、青岩子河段和常年回水区的土脑子河段、凤尾坝河段、兰竹坝河段、黄花城河段（表 2.2－3），其中黄花城、兰竹坝、土脑子河段河道趋于单一归顺，与论证时的预测基本一致。

表 2.2－3　　　　　　　　三峡水库干流库区典型河段冲淤情况

河段名称	河长/km	距坝里程/km	冲淤量/万 m³			
			2003 年 3 月—2006 年 10 月	2006 年 10 月—2008 年 10 月	2008 年 10 月—2013 年 10 月	2003 年 3 月—2013 年 10 月
洛碛—长寿河段	30	532		−40	275.4	235.4
青岩子河段	15	506.2		439.1	−179.1	275
土脑子河段	5	456.1	462	591	1303.3	2356.3
凤尾坝河段	5.5	431.3	331	507	1624	2462
兰竹坝河段	6.1	411	1449	1204	2208.4	4861.4
黄花城河段	5.1	355.5	3871	2525	4083	10479

从淤积高程来看，泥沙主要淤积在 145m 高程以下，其淤积量为 14.59 亿 m³，占库区总淤积量的 91%；淤积在 145m 高程以上的泥沙为 1.51 亿 m³，且主要集中在奉节以下的常年回水区干流段内，占水库防洪库容的 0.68%。

2.2.2.3　深泓纵剖面变化

蓄水以来，三峡库区纵剖面有所变化，在局部河段大幅抬高（如坝前段、臭盐碛、忠州三弯等），但这种变化并没有改变三峡库区河道深泓呈锯齿状分布的基本形态，其主要原因，一是水库蓄水后入库泥沙量较少，运行时间还不长，库区泥沙淤积较少；二是三峡水库为典型的山区河道性水库，蓄水运用前深泓高差较大，蓄水后汛期大流量时库区河段特别是库区中上段仍有较大流速，泥沙淤积相对较少。

据 2003 年 3 月实测固定断面资料统计，三峡水库蓄水运用前库区大坝—李渡镇段深泓最低点位于距坝 52.9km 的 S59－1 断面，其高程为 −36.1m（1985 国家高程基准，下同），最高点高程为 129.6m（S258，距坝 468km），两者高差为 165.7m；水库蓄水后，泥沙淤积使纵剖面发生了一定变化，如图 2.2－7 所示，但最深点和最高点的位置没有变化，仅其高程因淤积而抬高，2012 年 11 月其高程分别为 −27.6m 和 134.0m，抬高幅度分别为 8.5m 和 4.4m。

2003年3月—2012年10月，库区李渡—大坝段深泓最大淤高为64.8m（位于坝上游5.6km的S34断面，淤后高程为31.4m），近坝段河床淤积抬高最为明显；其次为云阳附近的S148断面（距坝240.6km），其深泓最大淤高为49.3m，淤后高程为103.3m；第三为忠县附近的皇华城S207断面（距坝360.4km），其深泓最大淤高为49.7m，淤后高程为125.5m。据统计，库区铜锣峡—大坝段深泓淤高20m以上的断面共有33个，深泓淤高10~20m的断面共有35个，这些深泓抬高较大的断面多集中在近坝段、香溪宽谷段、臭盐碛河段、皇华城河段等淤积较大的区域；深泓累积出现抬高的断面共有271个，占统计断面数的88.0%。李渡—铜锣峡段深泓除牛屎碛放宽段S277+1断面处抬高9.7m外，其余位置抬高幅度一般在2m以内。

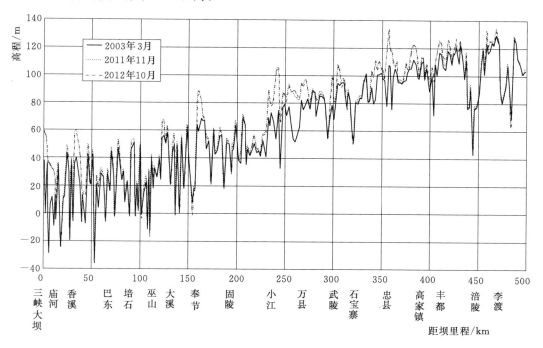

图2.2-7 三峡水库蓄水运用以来库区大坝—李渡镇河段深泓纵剖面变化

2.2.2.4 典型横断面变化

三峡库区两岸一般为基岩，故岸线基本稳定，断面变化主要表现为河床纵向冲淤变化，且多以主槽淤积为主。从水库固定断面资料来看，水库泥沙淤积大多集中在分汊段、宽谷段内，断面形态多以U形、W形为主，主要有主槽平淤、沿湿周淤积、弯道或汊道段主槽淤积等3种形式，其中沿湿周淤积主要出现在坝前段且以主槽淤积为主，峡谷段和回水末端断面以V形为主，蓄水

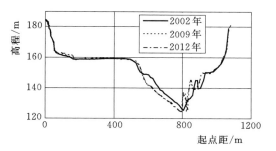

图2.2-8 三峡水库洛碛河段S303断面
（距坝556.4km）冲淤变化

运用后河床略有冲刷，如图2.2-8所示。此外，受弯道平面形态的影响，弯道断面的流

速分布不均，泥沙主要落淤在弯道凸岸下段有缓流区或回流区的边滩，此淤积方式主要分布于长寿—云阳段的弯道河段内。

另外，从库区部分分汊河段来看，由于主槽持续淤积，使得河型逐渐由分汊型向单一河型转化。例如，位于皇华城河段的 S207 断面，主槽淤积非常明显，其最大淤积厚度为41.1m，其主槽淤后高程为 125.5m，如图 2.2-9 所示；土脑子河段的 S253 断面，主槽出现累积性泥沙淤积，最大淤积厚度在 28m 以上，淤积后的高程最高达 152m，如图2.2-10 所示。

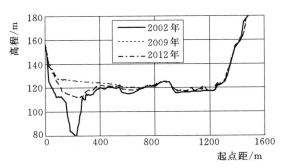

图 2.2-9 三峡水库皇华城河段 S207 断面
（距坝 360.4km）冲淤变化

图 2.2-10 三峡水库土脑子河段 S253 断面
（距坝 458.5km）冲淤变化

2.3 水库下游河道冲刷

根据三峡水库蓄水运用以来水文泥沙观测资料和河道断面观测资料，主要对三峡水库坝下游宜昌—大通河段河道冲淤变化情况进行分析。三峡水库下游宜昌—大通河段全长约 1195km，属于长江中下游（图 2.3-1），其中宜昌—湖口 955km 河段为长江中游。

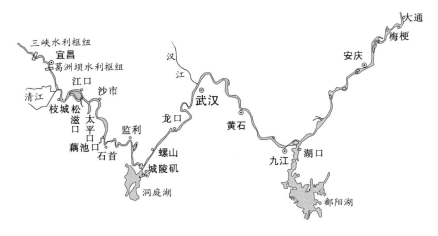

图 2.3-1 长江中下游河道示意图

2.3.1 坝下游河道水沙变化

2.3.1.1 年际水沙量变化

长江中下游干流河道径流来自宜昌以上长江上游以及区间支流水系入汇,宜昌站1951—2013年年平均径流量为4288亿 m³,占大通站年径流量的48%。长江中下游干流河道的泥沙主要来自宜昌以上长江上游,且主要为悬移质泥沙,宜昌站1951—2013年悬移质年平均输沙量为4.13亿 t,为大通站悬移质年平均输沙量的110%。

60多年来,长江中下游干流各水文站年径流量的多年变化幅度较小,宜昌、汉口和大通站的径流变差系数 C_v 分别为0.11、0.13和0.15,各站最大年径流量与最小年径流量的比值分别为1.65、1.73和2.01。

60多年来,长江中下游来沙变化可分为三个阶段。第一阶段为1951—1990年,宜昌站年输沙量呈不规则的周期变化,连续几年大于或小于多年平均值交替出现。第二阶段为1991—2002年,首先由于上游新建的水利工程发挥了拦沙作用,其次是水土保持治理工程的拦沙效果,再有,受长江上游地区降雨的时空分布、降雨量和降雨强度等因素的影响,长江中下游来沙量呈现减少趋势,如宜昌站年平均输沙量为3.92亿 t,相当于1951—1990年多年平均值的75.2%;年平均径流量为4287亿 m³,为1951—1990年多年平均值的97.9%。第三阶段为2003年三峡工程蓄水运用以后,受三峡水库拦蓄的直接影响,宜昌站年输沙量进一步大幅减小。

三峡水库蓄水运用后,受上游来水偏少和水库蓄水等影响,2003—2013年长江中下游除监利站外,其他各水文站径流量均有不同程度的减少,见表2.3-1。如,宜昌站年平均径流量为3958亿 m³,较1950—2002年平均值减少了9%;枝城、沙市、螺山、汉口和大通站年平均径流量分别为4051亿 m³、3738亿 m³、5869亿 m³、6663亿 m³ 和8331亿 m³,较蓄水运用前分别减少约9%、5%、9%、6%和8%;监利站年平均径流量为3616亿 m³,比蓄水运用前的3576亿 m³ 增加约1%。

表 2.3-1 　　　　　长江中下游主要水文站径流量、输沙量及悬沙中值粒径

站名	径流量/亿 m³			输沙量/万 t			悬沙中值粒径/mm	
	2002 年前平均值	2003—2013 年平均值	变化率/%	2002 年前平均值	2003—2013 年平均值	变化率/%	多年平均值	2003—2013 年平均值
宜昌	4369	3958	−9	49200	4660	−90	0.009	0.005
枝城	4450	4051	−9	50000	5600	−89	0.009	0.008
沙市	3942	3738	−5	43400	6670	−85	0.012	0.023
监利	3576	3616	+1	35800	8110	−77	0.009	0.055
螺山	6460	5869	−9	40900	9530	−77	0.012	0.015
汉口	7111	6663	−6	39800	11200	−72	0.010	0.014
大通	9052	8331	−8	42700	14300	−66	0.009	0.010

注 1. 各水文站2002年前径流量和输沙量统计年份:宜昌站1950—2002年;枝城站1952—2002年,其中1960—1991年采用宜昌+长阳站;沙市站1956—2002年(1956—1990年采用新厂站资料,缺1970年);监利站1951—2002年(缺1960—1966年);螺山、汉口、大通站为1954—2002年。

　　2. 表中宜昌、监利站悬沙中值粒径多年平均值资料统计年份为1986—2002年,枝城站1992—2002年,沙市站1991—2002年,螺山、汉口和大通站为1987—2002年。

三峡水库蓄水运用后，长江中下游的输沙量均有大幅度的减少，见表 2.3 - 1。如宜昌站 2003—2013 年年平均输沙量为 4660 万 t，较蓄水运用前的平均值减少 90%；枝城、沙市、监利、螺山、汉口和大通站年平均输沙量分别为 5600 万 t、6670 万 t、8110 万 t、9530 万 t、11200 万 t 和 14300 万 t，较蓄水运用前分别减少约 89% 和 85%、77%、77%、72% 和 66%。

与此同时，三峡水库蓄水运用后，出库泥沙颗粒变细（表 2.3 - 1）。如，宜昌站 2003—2013 年悬沙中值粒径为 0.005mm，与蓄水运用前的 0.009mm 相比，泥沙粒径明显偏细；坝下游水流含沙量大幅减小，河床沿程冲刷，干流各水文站粗颗粒泥沙含量明显增多，悬沙中值粒径明显变粗，其中尤以监利站最为明显，由于下荆江河段冲刷剧烈，其悬沙中值粒径由蓄水运用前的 0.009mm 增大为 0.055mm。

2.3.1.2　年内水沙过程变化

三峡水库的运用势必改变坝下游河道的水沙过程，如以 175m 设计蓄水方案为例，10 月蓄满 221.5 亿 m^3，则平均减少进入坝下游的流量 8241m^3/s；1—5 月，水库调节水量发电，使坝下游河道流量增加，其余月份则对径流过程影响不大。三峡工程运用后至 2013 年，宜昌站月径流量和输沙量变化情况见表 2.3 - 2。

表 2.3 - 2　　　　　　　　　　长江宜昌站月径流量和输沙量

时间	径　流　量/亿 m^3			输　沙　量/万 t		
	蓄水前	2003—2013 年	变化率/%	蓄水前	2003—2013 年	变化率/%
1 月	114	140	23	55.6	6	−89
2 月	94	124	32	29.3	4	−86
3 月	116	148	28	81.2	6	−93
4 月	171	182	6	449	11	−98
5 月	310	315	1	2105	42	−98
6 月	466	433	−7	5235	143	−97
7 月	804	734	−9	15476	1782	−88
8 月	734	640	−13	12436	1456	−88
9 月	657	544	−17	8634	1095	−87
10 月	483	319	−34	3448	91	−97
11 月	260	228	−12	968	14	−99
12 月	157	152	−3	198	7	−96
全年	4369	3958	−9	49200	4657	−91

宜昌站 2003—2013 年年平均径流量为 3958 亿 m^3，其中 1—5 月为 909 亿 m^3，占全年的 23%；6—8 月为 1807 亿 m^3，占全年的 45%；9—10 月为 863 亿 m^3，占全年的 22%；11—12 月为 380 亿 m^3，占全年的 9.6%。三峡水库蓄水运用对宜昌站径流过程产生了一定影响，如与蓄水运用前（1952—2002 年）比较，1—5 月径流量增加 104 亿 m^3，6—8 月减少 197 亿 m^3，9—10 月减少 277 亿 m^3，11—12 月减少 37 亿 m^3；若从径流分布比例看，1—5 月增加 13%，6—8 月和 9—10 月分别减少 10% 和 24%。

2.3.2　坝下游河道冲刷

三峡水库蓄水运用后至 2013 年，宜昌—湖口河段总体表现为"滩槽均冲"，以基本河槽为主，约占平滩河槽冲刷量的 90%。从冲淤量沿程分布来看，河道冲刷以宜昌—城陵矶河段为主，见表 2.3-3。

表 2.3-3　　　　　　　　　不同时期长江中游各河段平滩河槽冲淤量

河 段 名 称		宜昌—枝城	上荆江	下荆江	荆江	城陵矶—汉口	汉口—湖口	城陵矶—湖口	宜昌—湖口
河段长度/km		60.8	171.7	175.5	347.2	251	295.4	546.4	954.4
总冲淤量/万m³	1966—2002 年	−14403	−41188	−8170	−49358	18756	40927	59683	−4078
	2002 年 10 月—2006 年 10 月	−8140	−11682	−21148	−32830	−7759	−12927	−20686	−61650
	2006 年 10 月—2008 年 10 月	−2230	−4246	679	−3567	85	3275	3360	−2437
	2008 年 10 月—2013 年 10 月	−4021	−23029	−10350	−33379	−3485	−14034	−17519	−54928
	2002 年 10 月—2013 的 10 月	−14391	−38957	−30819	−69776	−11159	−23686	−34845	−119015
年平均冲淤量/(万m³/a)	1966—2002 年	−389	−1113	−221	−1334	507	1106	1613	−110
	2002 年 10 月—2006 年 10 月	−2035	−2921	−5287	−8208	−1552	−2585	−4137	−13700
	2006 年 10 月—2008 年 10 月	−1115	−2123	359	−1765	43	1638	1680	−1200
	2008 年 10 月—2013 年 10 月	−804	−4606	−2070	−6676	−697	−2807	−3504	−10986
	2002 年 10 月—2013 年 10 月	−1308	−3542	−2802	−6343	−930	−1974	−2904	−10349
年平均冲淤强度/[万m³/(km·a)]	1966—2002 年	−6.4	−6.5	−1.3	−3.9	2.0	3.7	2.9	−0.1
	2002 年 10 月—2006 年 10 月	−33.5	−17	−30.1	−23.6	−6.2	−8.8	−7.6	−14.4
	2006 年 10 月—2008 年 10 月	−18.3	−12.4	2	−5.1	0.2	5.5	3.1	−1.3
	2008 年 10 月—2013 年 10 月	−13.23	−26.82	−11.79	−19.23	−2.78	−9.50	−6.41	−11.51
	2002 年 10 月—2013 年 10 月	−21.52	−20.63	−15.96	−18.27	−3.70	−6.68	−5.31	−10.84

2.3.2.1　宜昌—枝城河段

宜昌—枝城河段长约 60.8km，是从山区河流进入平原河流的过渡段，为顺直微弯型河道，右岸有清江入汇，两岸有低山丘陵和阶地控制，河岸抗冲能力较强，河床为卵石夹砂，局部有基岩出露。由于受两岸边界条件的制约，河道平面形态和洲滩格局长期以来保持基本不变，河势相对稳定，河床冲淤年内呈周期性变化，年际冲淤维持相对平衡。

三峡水库蓄水运用后，宜昌—枝城河段河床冲刷剧烈。2002 年 10 月—2013 年 10 月，该河段平滩河槽累计冲刷泥沙量为 1.44 亿 m³，河段年平均冲刷量为 0.13 亿 m³，不仅大于葛洲坝水利枢纽建成后 1975—1986 年的 0.069 亿 m³（其中还包括采砂量），也大于三峡水库蓄水运用前 1975—2002 年的 0.053 亿 m³。

从冲淤量的时间分布来看，河床冲刷主要集中在三峡水库蓄水运用后的前几年，如三峡工程围堰蓄水期，冲刷量为 8140 万 m³，约占该河段总冲刷量的 56.5%；之后冲刷强度逐渐减弱。

宜昌—枝城河段河床冲刷以纵向下切为主。2002 年 10 月—2013 年 10 月，枯水河槽平均冲刷深度为 2.12m，深泓纵剖面平均冲刷下切 3.9m，最大冲刷深度为 19.3m，发生在大石坝附近（距葛洲坝枢纽约 57.9km），如图 2.3-2 所示。

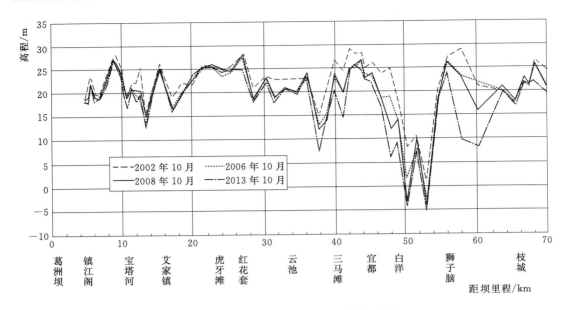

图 2.3-2　长江宜昌—枝城河段纵剖面变化

2.3.2.2　荆江河段

枝城—城陵矶河段称为荆江，长约 347.2km。其中，枝城—藕池口为上荆江，长约 171.7km，为弯曲分汊型河道，河床组成主要为中细沙，床沙平均中值粒径约为 0.2mm，上段枝城—江门段河床有砾卵石；藕池口—城陵矶为下荆江，长约 175.5km，自然条件下属典型的蜿蜒型河道，河岸大部分为现代河流沉积物组成的二元结构，河岸抗冲能力较上荆江弱。河床由中细沙组成，卵石层深埋床面以下，床沙平均中值粒径约为 0.165mm。

三峡工程修建前，荆江河床冲淤变化频繁。1966—1981 年在下荆江裁弯期及裁弯后，荆江河床一直呈持续冲刷状态，累计冲刷泥沙量为 3.46 亿 m³；1981 年葛洲坝水利枢纽建成后，荆江河床继续冲刷，1981—1986 年冲刷泥沙量为 1.72 亿 m³。至三峡水库蓄水运用前，荆江河床仍以冲刷为主，但冲刷强度减小。三峡水库蓄水运用以来，根据断面观测资料统计，2002 年 10 月—2013 年 10 月，荆江河段累计泥沙冲刷量为 6.98 亿 m³，年平均冲刷量为 0.63 亿 m³，远大于三峡水库蓄水运用前 1975—2002 年年平均冲刷量（0.14 亿 m³）。荆江在三峡水库蓄水运用之初冲刷强烈，其中：围堰蓄水期冲刷量为 3.28 亿 m³，约占总冲刷量的 47%，年平均冲刷量为 0.82 亿 m³；初期蓄水期冲刷量为 0.357 亿 m³，年平均冲刷量为 0.177 亿 m³；试验性蓄水期冲刷量为 3.34 亿 m³，年平均冲刷量为 0.67 亿 m³。从冲淤量沿程分布来看，上、下荆江冲刷量分别占总冲刷量的 56% 和 44%。

由于河势控制工程的作用，荆江总体上平面变形不大，以冲刷下切为主，如图 2.3-3 所示。2002 年 10 月—2013 年 10 月，荆江河段枯水河槽平均冲刷深度为 1.60m，深泓纵剖面平均冲刷深度为 1.19m，最大冲刷深度为 15.0m（位于乌龟洲附近的荆 145 断面）。局部河段主流线摆动频繁，使局部河势处于不断调整之中，特别是在一些稳定性较差的分汊河段（如上荆江的沙市河段太平口心滩、三八滩和金城洲段），弯道段（如下荆江的石首河弯、监利河弯和江湖汇流段），以及一些长顺直过渡段，水流顶冲位置的改变对河岸及已建护岸工程的稳定造成不利影响,部分河段发生河道崩岸;下荆江调关弯道段、熊家洲弯道段主流摆动导致出现切滩撇弯现象。

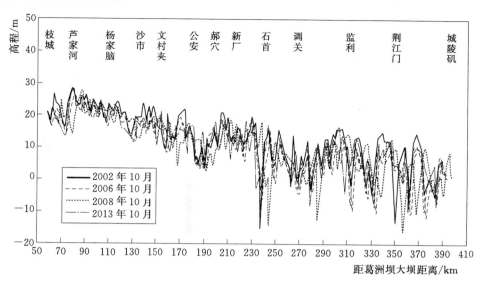

图 2.3-3 长江荆江河段深泓纵剖面冲淤变化

2.3.2.3 城陵矶—汉口河段

城陵矶—汉口河段长约 251km,三峡水库蓄水运用前总体表现为淤积;三峡水库蓄水运用以来,河道河床有冲有淤,总体表现为冲刷。2002 年 10 月—2013 年 10 月,平滩河槽冲刷量为 1.11 亿 m³,冲刷强度为 3.7 万 m³/(km·a),远小于同期荆江河段的冲刷强度[18.27 万 m³/(km·a)],也小于汉口—湖口河段的冲刷强度。城陵矶—汉口河段冲刷也主要集中在枯水河槽,冲刷量为 0.83 亿 m³,占总冲刷量的 75%。

城陵矶—汉口河段河床断面形态未发生明显变化,河势总体稳定,局部河段河势变化较明显:界牌河段螺山边滩冲刷下移,新堤夹分流比减小,新淤洲头部冲刷坑面积扩大,簰洲湾进口段深泓左摆。城陵矶—汉口河段枯水河槽平均冲刷深度为 0.28m,深泓平均冲刷深度仅为 0.19m,冲刷主要在嘉鱼及其下游河段,最大冲刷深度为 8.0m(簰洲湾附近),如图 2.3-4 所示。

2.3.2.4 汉口—湖口河段

汉口—湖口河段长约 295km。三峡水库蓄水运用前,河段河床冲淤大致可以分两个阶段:第一阶段为 1975—1998 年,河床持续淤积,累计泥沙淤积量为 5.0 亿 m³,年平均淤积量为 0.217 亿 m³;第二阶段为 1998—2001 年,河床大幅冲刷,累计泥沙冲刷量为 3.34 亿 m³,年平均冲刷量为 1.11 亿 m³。

三峡水库蓄水运用以来,汉口—湖口河段河床有冲有淤,总体为冲刷。2002 年 10 月—2013 年 10 月,该河段平滩河槽冲刷量为 2.37 亿 m³,冲刷强度为 6.68 万 m³/(km·a);冲刷也主要集中在枯水河槽,枯水河槽至平滩河槽间同期略有淤积,淤积量为 0.25 亿 m³。

从沿程分布看,汉口—湖口河段冲刷主要集中在九江—湖口河段,冲刷量为 1.12 亿

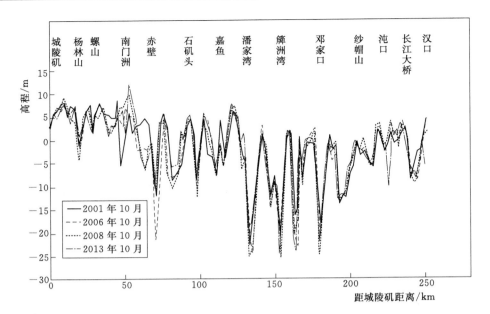

图 2.3-4　长江城陵矶—汉口河段深泓纵剖面冲淤变化

m³，占河段总冲刷量的 43%；九江以上河段，以黄石为界，主要表现为"上冲下淤"，汉口—黄石的回风矶河段（长约 124.4km）冲刷量较大，其平滩河槽累计泥沙冲刷量为 1.33 亿 m³，黄石—田家镇段河段（长约 84km）泥沙淤积量为 0.565 亿 m³。

深泓纵剖面有冲有淤，除黄石、韦源口及田家镇河段深泓平均淤积抬高外，其他各河段均以冲刷下切为主。汉口—湖口河段枯水河槽平均冲刷深度为 0.72m，河道深泓线平均冲刷深度为 0.94m，最大冲刷深度为 7.4m，如图 2.3-5 所示。

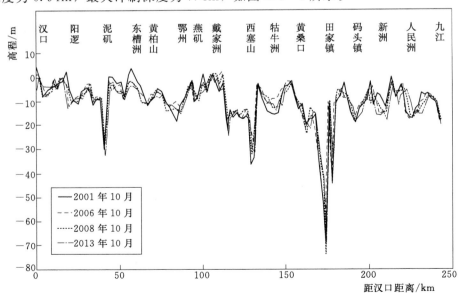

图 2.3-5　长江汉口—湖口河段深泓纵剖面冲淤变化

2.3.2.5 湖口—江阴河段

湖口—江阴河段长约 659km，为宽窄相间、江心洲发育、汊道众多的藕节状分汊型河道。2001—2011 年，湖口—江阴河段平滩河槽泥沙冲刷量为 6.88 亿 m³，其中大通至江阴段冲刷量为 5.32 亿 m³，冲刷强度为 10 万 m³/(km·a)。由于各分汊河段的河型和河床边界组成各不相同，不同河段的冲淤变化有所不同。湖口—大通河段，在平滩水位下除马当河段表现为淤积外，其他河段均出现冲刷，冲刷量最大的是贵池河段，最小的是上下三号河段。

2.3.3 坝下游河道水位流量关系变化

随着坝下游河道冲刷下切，沿程水文站水位-流量关系有所变化，主要表现为低水时同流量下的水位有不同程度的降低。

2.3.3.1 宜昌站

宜昌站枯水水位流量关系在 1970 年以前变化不大，从 1970 年葛洲坝水利枢纽动工兴建开始，枯水位开始有下降现象。随着葛洲坝水利枢纽的运行，枯水同流量下的水位逐步下降（表 2.3-4），1973—2002 年宜昌站流量 4000m³/s 对应枯水位累计下降 1.24m。

表 2.3-4　　　　　　　　　　长江宜昌站不同时期汛后枯水水位

年份	$Q=4000m³/s$		$Q=4500m³/s$		$Q=5000m³/s$		$Q=5500m³/s$		$Q=6000m³/s$		$Q=7000m³/s$	
	水位/m	累计下降/m	水位/m	累计下降/m	水位/m	累计下降/m	水位/m	累计下降/m	水位/m	累计下降/m	水位 m	累计下降/m
1973	40.05	0.00	40.31	0.00	40.67	0.00	41.00	0.00	41.34	0.00	41.97	0.00
1977	38.95	-1.10	39.19	-1.12	39.51	-1.16	39.80	-1.20	40.10	-1.24	40.65	-1.32
1998	39.48	-0.57	39.76	-0.55	40.14	-0.53	40.49	-0.51	40.85	-0.49	41.52	-0.45
2002	38.81	-1.24	39.06	-1.25	39.41	-1.26	39.70	-1.30	40.03	-1.31	40.68	-1.29
2003	38.81	-1.24	39.07	-1.24	39.46	-1.21	39.80	-1.20	40.10	-1.24	40.68	-1.29
2004	38.78	-1.27	39.07	-1.24	39.41	-1.26	39.70	-1.30	40.03	-1.31	40.63	-1.34
2005	38.77	-1.28	39.07	-1.24	39.35	-1.32	39.65	-1.35	39.93	-1.41	40.49	-1.48
2006	38.73	-1.32	39.00	-1.31	39.31	-1.36	39.60	-1.40	39.88	-1.46	40.36	-1.61
2007	38.73	-1.32	39.00	-1.31	39.31	-1.36	39.61	-1.39	39.90	-1.44	40.40	-1.57
2008					39.31	-1.36	39.60	-1.40	39.88	-1.46	40.39	-1.58
2009					39.02	-1.65	39.37	-1.51	39.71	-1.63	40.31	-1.66
2010							39.36	-1.52	39.68	-1.66	40.28	-1.69
2011							39.24	-1.76	39.52	-1.82	40.08	-1.89
2012							39.24	-1.76	39.51	-1.83	39.99	-1.98
2013							39.20	-1.82	39.44	-1.90	39.95	-2.02

三峡水库蓄水运用以来，宜昌水位呈缓慢下降趋势，2013 年汛后与 2002 年汛后比较，当宜昌站流量为 5500m³/s 时，其相应水位累计下降了 0.52m。其中：三峡水库围堰发电期，宜昌站枯水位仅微有下降，2006 年汛后较 2002 年下降约 0.10m。初期蓄水后至 2008 年，宜昌站枯水位尚未出现明显变化，其原因一方面是宜昌站以下的控制性河段尚未发生明显冲刷，另一方面是胭脂坝段护底试验性工程已完成，对河床有一定的保护和加糙作用。三峡水库试验性蓄水后，宜昌站枯水位出现明显下降，当流量为 5000m³/s 时，2009 年汛后宜昌相应水位为 39.02m，与 2002 年比较下降 0.39m，其原因主要是宜昌—枝城河段枯水河床及控制节点冲刷较明显，河段内的采砂对比也有一定的影响。

2.3.3.2　枝城站

根据枝城站 2003 年以来实测水位-流量关系，三峡水库蓄水运用以来，随着宜昌-枝城河段河床的持续冲刷，枝城站枯水位有所下降。2003—2013 年，流量 7000m³/s 对应水位累计降低 0.58m，流量 10000m³/对应，水位累计降低 0.75m，水位降低主要发生在 2006—2013 年。

2.3.3.3　沙市站

根据沙市站 2003—2012 年实测水位-流量成果，三峡水库蓄水运用至 2012 年，沙市站流量 6000m³/s 对应水位下降约 1.50m。随着流量的增大，水位降低值逐渐减小，流量 8000m³/s 对应水位降低 1.34m，流量 10000m³/s 对应水位下降 1.11m 左右，流量 14000m³/s 对应水位下降 0.84m 左右。

2.3.3.4　螺山站

根据三峡水库蓄水运用以来螺山站的水位-流量关系，2003—2013 年水位流量关系线年际有所摆动，总体有所下降。2013 年与 2003 年相比，流量 8000m³/s 对应水位下降约 0.95m，流量 18000m³/s 对应水位下降 0.84m。

2.3.3.5　汉口站

2003 年三峡工程蓄水运用以来，特别是三峡水库试验性蓄水以来，螺山—汉口河段河床的持续冲刷使汉口站枯水位有所下降。2003—2013 年，流量 10000m³/s 对应水位累积降低 1.18m，流量 20000m³/s 对应，水位累积降低 0.87m。随着流量增大，水位累积降低幅度缩窄，水位降低主要发生在 2006—2013 年。

2.3.3.6　大通站

根据 2003—2013 实测水位-流量关系，大通站历年水位-流量关系变幅不大，点据带状分布无趋势性变化，没有系统偏移。三峡水库蓄水运用作，至 2013 年，大通站的水位流量关系基本没有变化。

2.4　洞庭湖与鄱阳湖的冲淤变化

2.4.1　洞庭湖的冲淤变化

2.4.1.1　峡水库蓄水运用前湖区冲淤变化

三峡水库蓄水运用前，由于从荆江三口携带大量泥沙进入湖区，过流断面突然扩大，流速减缓，挟沙能力下降，粒径大的泥沙首先在河流入湖口附近沉降，粒径小的泥沙被搬运的距离长一些，或被带出湖口。

采用 1974 年和 1988 年实测地形比较，表明 14 年间洞庭湖总体上处于淤积状态，平均淤积厚度为 0.24m，最大淤积厚度达 13.42m。洞庭湖及其三部分湖泊的淤积和冲刷面积、泥沙量和平均厚度见表 2.4 - 1。从冲淤面积和冲淤量看，东洞庭湖最大，南洞庭湖次之，西洞庭湖最小；从平均冲淤厚度看，南洞庭湖最大，东洞庭湖次之，西洞庭湖最小。

表 2.4 - 1 　　　　　　　　　　1974—1988 年洞庭湖冲淤情况

湖 区	冲淤情况	面积 /km²	冲淤泥沙量 /亿 m³	冲淤平均厚度 /m
东洞庭湖	淤积	873.4	3.88	0.44
	冲刷	343.8	1.22	0.35
南洞庭湖	淤积	648.9	3.67	0.56
	冲刷	248.0	0.94	0.38
西洞庭湖	淤积	192.3	0.67	0.35
	冲刷	91.7	0.19	0.21
整个洞庭湖	淤积	1714.6	8.22	0.48
	冲刷	683.5	2.35	0.34

采用 1988 年和 1998 年实测地形比较，表明 10 年洞庭湖的平均淤积厚度为 0.18m，最大淤积厚度为 14.52m，最大冲刷深度为 6.17m。洞庭湖及其三部分湖泊的淤积和冲刷部分的面积、泥沙量和平均厚度见表 2.4 - 2。东洞庭湖的淤积面积和淤积量最大，南洞庭湖次之，西洞庭湖最小；平均淤积厚度上，东洞庭湖最大，南洞庭湖其次，西洞庭湖最小；南洞庭湖平均冲刷深度最大，西洞庭湖次之，东洞庭湖最小。

表 2.4 - 2 　　　　　　　　　　1988—1998 年洞庭湖冲淤情况

湖 区	冲淤情况	面积 /km²	冲淤泥沙量 /亿 m³	冲淤平均厚度 /m
东洞庭湖	淤积	790.9	3.48	0.44
	冲刷	433.3	0.78	0.18
南洞庭湖	淤积	1018.2	2.24	0.22
	冲刷	343.3	1.03	0.30
西洞庭湖	淤积	395.0	0.79	0.20
	冲刷	92.0	0.23	0.25
整个洞庭湖	淤积	1550.7	6.51	0.42
	冲刷	854.9	2.04	0.24

2.4.1.2　三峡水库蓄水运用后湖区冲淤变化

三峡水库蓄水运用后，根据 2003—2013 年进出湖水文泥沙观测资料统计，三口四水进入洞庭湖的年平均泥沙量为 0.190 亿 t，城陵矶年平均出湖泥沙量为 0.185 亿 t，洞庭湖进出湖沙量相差不大，接近冲淤平衡[4]。

2.4.2　鄱阳湖的冲淤变化

2.4.2.1　鄱阳湖输沙年际和年内变化

实测水文泥沙资料分析表明，湖口水文站 1950—2013 年多年平均年径流量为 1501 亿 m³，多年平均年输沙量为 993 万 t（1956—2013）。三峡水库蓄水运用后，2003—2013 年年平均出湖泥沙量为 1241 万 t，较 1956—2002 年的 938 万 t 偏大 32.3%。

鄱阳湖五河入湖沙量 1971 年以来一直呈递减趋势，主要是在入湖河流上建设水利工程和水土保持等措施的影响。进入 21 世纪以来，五河年平均入湖沙量较 1971—1980 年年平均值减少了一半以上，使得鄱阳湖淤积逐渐减缓。三峡水库蓄水运用前的 1956—2002 年，五河年平均入湖泥沙量为 1465 万 t，湖区年平均泥沙淤积量为 527 万 t；三峡水库蓄水运用后，2003—2013 年五河年平均入湖泥沙量为 607 万 t，较 1956—2002 年年平均值偏小 58.6%，湖区年平均泥沙冲刷量为 634 万 t。

2.4.2.2　湖区冲淤变化

根据实测资料统计，鄱阳湖入湖泥沙主要集中在 3—6 月，来沙量占全年比例达 87%，且这 4 个月内各月所占比例较为均匀；出湖泥沙量主要集中在 3—5 月，占全年比例达 60%，且这 3 个月内 3—4 月所占比例最大。对比入湖泥沙和出湖泥沙年内变化过程，表明鄱阳湖从 10 月底水位消落期至来年的 4 月总体为冲刷状态，其中 3 月为主要冲刷期；4 月，在 1998 年前五河沙量较大时为泥沙淤积期，五河沙量减小后为泥沙冲刷期；5 月至 9 月初为主要淤积期。湖区泥沙是冲还是淤，与湖区水流泥沙条件有关。鄱阳湖区年内冲淤变化规律主要与湖区来水来沙和长江干流水文过程有关。

鄱阳湖 2—5 月为主要涨水期，早于长江干流涨水，其中 2—4 月湖区水位较低，涨水期湖区流速较大，水流挟沙能力较大，容易形成冲刷。

5 月、6 月，虽然入湖与出湖流量仍很大，但此时由于长江干流开始涨水，湖区水位已较高，湖区流速下降，而入湖泥沙量仍很大，因而是鄱阳湖的主要淤积期。

7—9 月是长江干流主汛期，鄱阳湖水位很高，湖区流速小，是鄱阳湖的泥沙淤积期，但此时五河入湖水沙已较小，因而淤积量不是很大。

9 月底开始至年末，随着长江干流流量消退，鄱阳湖水位随之消退，湖区流速开始增大，而此间五河入湖水沙量很小，湖区呈略微冲刷状态。

三峡水库蓄水运用后，比较 2010 年和 1998 年湖区实测地形可知，1998—2010 年期间，湖区总体处于冲刷状态（包括采砂作用），尤其是窄长的入江水道段断面变化较大，枯水河床高程呈下降趋势，15m 水位以下断面面积明显增大。湖区冲淤分布[5] 及入江水道段典型断面的冲淤变化如图 2.4-1（彩图 1）和图 2.4-2 所示。

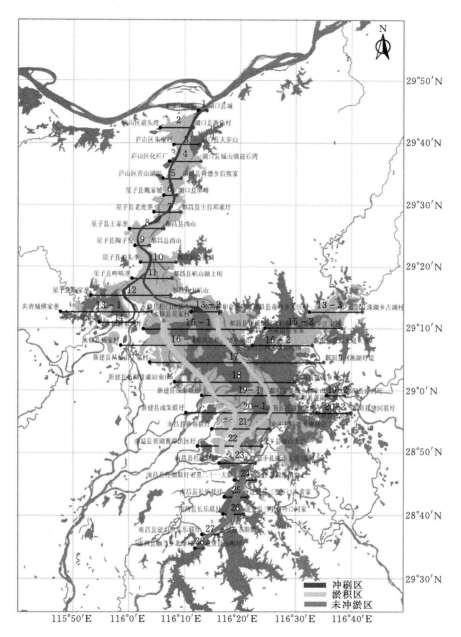

图 2.4-1 鄱阳湖区冲淤分布示意图

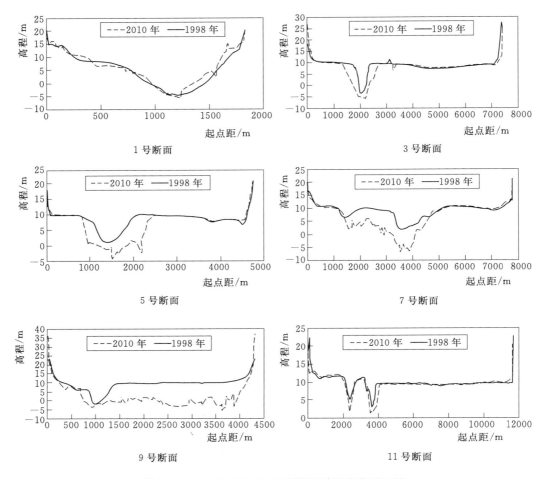

图 2.4 - 2　1998 年和 2010 年断面冲淤变化对比图

2.5　小结

本章根据原型观测资料和已有研究成果，分析了三峡水库入库水沙变化、库区泥沙淤积变化、泥沙淤积的时空分布、年淤积量与来水来沙的关系等。分析了三峡水库蓄水运用至今长江中下游水沙变化、河道冲淤及水位流量关系变化、洞庭湖与鄱阳湖冲淤变化等。得到如下主要认识：

（1）三峡水库蓄水运用后的 2003—2013 年，年平均入库水量和沙量分别为 3582 亿 m³ 和 1.96 亿 t，比 1991—2002 年平均值分别减小 4% 和 44%，与 1990 年前均值比，减幅分别为 7% 和 59%。随着金沙江干流向家坝和溪洛渡水电站的运用和未来上游干支流更多水电站的开工建设，三峡入库泥沙量将进一步减小。2003—2013 年，寸滩站年平均沙质推移质输沙量和卵石推移质输沙量仅为 1.47 万 t 和 4.36 万 t，比 1991—2002 年减少了 94% 和 71%，主要原因是上游水库拦截和近年来干支流河道的大规模采砂。

（2）2003 年 3 月—2013 年 10 月，三峡库区淤积总量为 16.4 亿 m³，其中：干流淤积总量为 14.6 亿 m^3，库区支流淤积泥沙量为 1.8 亿 m^3。从干流淤积分布来看，涪陵以上的变动回水区累计冲刷泥沙量为 0.155 亿 m^3；常年回水区淤积量为 14.76 亿 m^3。水库泥沙淤积大多集中在分汊段、宽谷段内。

（3）三峡水库蓄水运用后，受上游来水偏少和水库蓄水等影响，2003—2013 年长江中下游除监利站外其他各水文站水沙均有不同程度的减少。宜昌站年平均径流量较1950—2002 年年平均值减少 9%，枝城、沙市、螺山、汉口和大通站分别偏少 9%、5%、9%、6% 和 8%，监利站比蓄水运用前略多 1%。宜昌站 2003—2013 年年平均输沙量为4660 万 t，较蓄水运用前的平均值减少 90%，枝城、沙市、监利、螺山、汉口和大通站年平均输沙量分别较蓄水运用前减少 89%、85%、77%、77%、72% 和 66%。

（4）2002 年 10 月—2013 年 10 月，宜昌—枝城河段平滩河槽累计冲刷泥沙量为 1.44亿 m^3，荆江河段冲刷量为 6.98 亿 m^3，城陵矶—汉口河段冲刷量为 1.11 亿 m^3，汉口—湖口河段冲刷量为 2.37 亿 m^3。随着河道的冲刷，沿程相同枯水流量下水位降低。

（5）三峡水库蓄水运用后，洞庭湖 2003—2005 年年平均淤积泥沙 1477 万 t，2006—2013 年已接近冲淤平衡。鄱阳湖区在 2003 年前呈缓慢淤积态势，1998 年与 2010 年实测断面对比表明，受干流河道水位降低引起溯源冲刷及采砂影响，入江水道区域下切明显。

参 考 文 献

［1］ 三峡工程泥沙专家组. 长江三峡工程试验性蓄水期五年（2008—2012 年）泥沙问题阶段性总结 ［R］，2013.

［2］ 国水利水电科学研究院. 长江三峡水利枢纽工程竣工环境保护验收调查水文泥沙情势影响专题报告 ［R］，2014.

［3］ 长江水利委员会水文局. 长江三峡水利枢纽工程竣工环境保护验收调查水文泥沙情势专题报告 ［R］，2014.

［4］ 泥沙评估课题专家组. 三峡工程泥沙问题评估报告 ［R］，2015.

［5］ 水利部长江水利委员会. 鄱阳湖水情变化及水利枢纽有关影响研究（审定稿）［R］，2013.

第3章　三峡水库与坝下游河道泥沙运动规律

本章主要通过原型观测资料分析、理论探讨和试验研究，揭示了三峡水库入库推移质运动规律，重庆主城区泥沙冲淤规律，库区悬移质泥沙运动和泥沙絮凝规律，以及水库坝下游河道冲刷和含沙量恢复过程等。

3.1　水库入库推移质运动规律

为满足三峡工程规划设计和运行管理的需要，长江上游干流寸滩站早在20世纪60年代初就开展了卵石（$d>10mm$）推移质测验，从1974年起，又相继在朱沱、万县、奉节站开展观测（奉节站2002年起停测）；2002年起，又在嘉陵江东津沱站（由于测站测验设施受滑坡和地震影响，2008年停测）和乌江武隆站进行砾卵石（$d>2mm$）推移质测验；为满足三峡工程论证和设计需要，寸滩站还在1986年和1987年施测了粒径为1～10mm的砾石推移质，从1991年开始施测沙质（$d<2mm$）推移质。各推移质测站位置如图3.1-1所示。

图 3.1-1　三峡水库推移质测站位置示意图

3.1.1　寸滩站卵石推移质运动特性

研究收集了寸滩站1961—2012年卵石推移质实测资料，共4588组数据，施测时间与观测要素见表3.1-1。利用收集的资料，主要研究了寸滩站水位与流量的关系、水位与过水面积的关系以及断面流速分布，卵石推移质输沙带、卵石粒径随不同年份的变化情况，以及寸滩站卵石推移质输沙率随不同年份的变化规律。

表 3.1-1　　　　　　长江寸滩站卵石推移质（$d_{50}>10mm$）实测资料

年份	施测时间	水位	流量	平均流速	平均水深	水面宽	推移质输沙率	推移带宽度	测线最大输沙率	最大输沙率起点距	中值粒径	最大粒径	最大粒径起点距
1961	1—12月	√					√	√	√	√	√	√	√
1962	1—3月	√					√	√	√	√	√	√	√

续表

年份	施测时间	水位	流量	平均流速	平均水深	水面宽	推移质输沙率	推移带宽度	测线最大输沙率	最大输沙率起点距	中值粒径	最大粒径	最大粒径起点距
1963	3—8月	√					√	√	√	√	√	√	√
1964	1—12月	√					√	√	√	√	√	√	√
1965													
1966	5—10月	√	√	√	√		√	√	√	√		√	√
1967	5—8月	√	√	√			√		√			√	
1968	5—10月	√	√	√	√		√	√	√	√		√	√
1969	4—10月	√	√	√	√		√	√	√	√		√	√
1970	5—10月	√	√	√	√		√	√	√	√		√	√
1971	5—11月	√	√	√	√		√	√	√	√		√	√
1972	5—12月	√	√	√	√		√	√	√	√		√	√
1973	1—12月	√	√	√	√	√	√	√	√	√		√	√
1974	1—12月	√	√	√	√	√	√	√	√	√		√	√
1975	1—12月	√	√	√	√		√	√	√	√	√		√
1976	1—12月	√	√	√	√		√	√	√	√			
1977	1—12月	√	√	√	√		√	√	√	√			
1978	1—12月	√	√	√	√		√	√	√	√			
1979	1—12月	√	√	√	√		√	√	√	√			
1980	1—12月	√	√	√	√		√	√	√	√			
1981	1—12月	√	√	√	√		√	√	√	√			
1982	1—12月	√	√	√	√		√	√	√	√			
1983	1—12月	√	√	√	√		√	√	√	√			
1984	1—12月	√	√	√	√		√	√	√	√	√	√	√
1985	1—12月	√	√	√	√			√	√				
1986	1—11月	√			√		√	√	√	√	√		√
1987	3—11月	√	√	√	√		√	√	√	√		√	
1988	4—11月	√	√	√	√		√	√	√	√			√
1989	4—11月	√	√	√	√	√	√	√	√	√	√		√
1990	4—11月		√				√						
1991	4—11月		√				√						
1992	4—11月		√				√						

年份	施测时间	水位	流量	平均流速	平均水深	水面宽	推移质输沙率	推移带宽度	测线最大输沙率	最大输沙率起点距	中值粒径	最大粒径	最大粒径起点距
1993	4—10 月	√	√		√	√	√	√	√	√			
1994	4—11 月	√	√		√	√	√	√	√	√			
1995	4—11 月		√				√						
1996	4—11 月	√	√	√	√	√	√	√	√	√	√	√	√
1997	4—11 月	√	√	√	√	√	√	√	√	√	√	√	√
1998	4—11 月	√	√	√	√	√	√	√	√	√	√	√	√
1999	4—11 月	√	√	√	√	√	√	√	√	√	√	√	√
2000	4—11 月	√	√	√	√	√	√	√	√	√	√	√	√
2001	4—11 月	√	√	√	√	√	√	√	√	√	√	√	√
2002	4—11 月	√	√	√	√	√	√	√	√	√	√	√	√
2003	4—11 月	√	√	√	√	√	√	√	√	√	√	√	√
2004	4—11 月	√	√	√	√	√	√	√	√	√	√	√	√
2005	4—11 月	√	√	√	√	√	√	√	√	√	√	√	√
2006	4—11 月	√	√	√	√	√	√	√	√	√	√	√	√
2007	4—11 月	√	√	√	√	√	√	√	√	√	√	√	√
2008	4—11 月	√	√	√	√	√	√	√	√	√	√	√	√
2009	4—11 月	√	√	√	√	√	√	√	√	√	√	√	√
2010	4—11 月	√	√	√	√	√	√	√	√	√	√	√	√
2011	4—11 月	√	√	√	√	√	√	√	√	√	√	√	√
2012	4—11 月	√	√	√	√	√	√	√	√	√	√	√	√

3.1.1.1 寸滩站各水力参数的相互关系

根据实测资料，点绘寸滩站实测水位与流量、水位与过水面积、水位与断面平均水深，得到较好的相关关系，见图 3.1-2～图 3.1-4 和表 3.1-2。

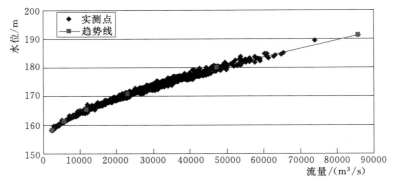

图 3.1-2 长江寸滩站水位与流量关系

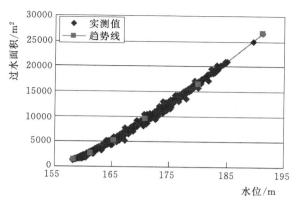

图 3.1-3 长江寸滩站水位与过水面积关系

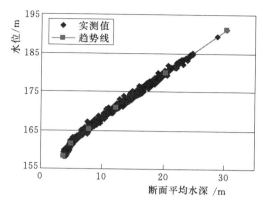

3.1-4 长江寸滩站水位与断面平均水深关系

表 3.1-2　　　　长江寸滩站水位、流量、过水面积和断面平均水深关系统计表

序　号	水位/m	流量/(m³/s)	过水面积/m²	水深/m
1	158.32	2520	1400	3.7
2	161.36	5790	2800	5.0
3	165.28	11900	5250	7.9
4	170.86	23100	9500	12.3
5	179.97	47200	16500	20.4
6	191.18	85700	26500	30.3

3.1.1.2　寸滩站推移质输沙特性

对寸滩站 1961—2012 年（1967 年未测）间 4588 组实测水力和泥沙因子资料进行统计分析，将流量共分成 20 级（表 3.1-3），得到各流量级平均水力因子、推移质输沙率、输沙带、中值粒径和最大粒径；根据各流量级平均水力、泥沙因子分析寸滩站推移质输沙特性。

表 3.1-3　　　　　　　　　长江寸滩站实测流量分级统计表

序号	初始流量 /(m³/s)	末端流量 /(m³/s)	级差流量 /(m³/s)	1961—1981 年 流量组数	1982—2001 年 流量组数	2002—2007 年 流量组数	2008—2012 年 流量组数
1	3000	6000	3000	95	104	16	33
2	6000	9000	3000	99	220	47	60
3	9000	12000	3000	126	268	66	45
4	12000	15000	3000	172	263	62	51
5	15000	18000	3000	164	252	56	38
6	18000	21000	3000	151	230	41	39
7	21000	24000	3000	140	192	46	21
8	24000	27000	3000	134	139	16	24
9	27000	30000	3000	106	131	17	17

续表

序号	初始流量 /(m³/s)	末端流量 /(m³/s)	级差流量 /(m³/s)	1961—1981 年 流量组数	1982—2001 年 流量组数	2002—2007 年 流量组数	2008—2012 年 流量组数
10	30000	33000	3000	78	106	21	13
11	33000	36000	3000	70	64	10	12
12	36000	39000	3000	37	48	8	5
13	39000	43000	4000	45	33	7	7
14	43000	47000	4000	28	29	2	5
15	47000	51000	4000	15	21	4	6
16	51000	55000	4000	8	10	1	4
17	55000	60000	5000	9	6	1	1
18	60000	65000	5000	4	3	0	3
19	65000	70000	5000	1	0	0	0
20	70000	85000	15000	2	0	0	0
合　计				1484	2119	421	384

1. 床沙级配变化

在寸滩站边滩上挖坑取样，分析水文断面的床沙级配，于 1963 年、1964 年、1974 年和 1975 年共测取了 27 次沙样，去掉 10mm 以下的沙样，其河床床沙级配见表 3.1-4。2003 年寸滩站水文断面共测取 10 个沙样，2008—2012 年分别测取 11、13、9、15、23 次沙样，其河床床沙级配见表 3.1-4。经过 40 年左右的变化，寸滩站的中值粒径增加了84mm，其他各种特征粒径明显增加，说明寸滩水文断面的河床明显粗化。

表 3.1-4　　　　　　　　　　长江寸滩站床沙特征粒径比较　　　　　　　单位：mm

年份或时段	d_{95}	d_{90}	d_{84}	d_{65}	d_{50}	d_{35}	d_{16}	d_5
1961—1974 年	170	140	110	79	50	34	20	12
2003 年	252	215	182	135	108	84	39.5	12.3
2008 年	247	242	234.5	186	140	111.2	75	46.9
2009 年	243.5	237.5	227	181	139	107.5	69	43
2010 年	245	238.5	230.5	188.5	142	106	67.5	42
2011 年	241	231	217	170	136	107	70.5	43.5
2012 年	240.5	229.5	215.5	166	134	106.5	72.5	47.5

2. 卵石推移量年际之间变化

为了研究寸滩站推移质输移量年际变化，定义年推移质输移系数如下：

$$O = \frac{年推移质输移量}{年径流量} \qquad (3.1-1)$$

年输移系数 O 可反映某个断面推移质综合输移能力。

图 3.1-5 绘出了 1966—2012 年长江寸滩站累积年推移质输移系数变化过程，1966—1981 年、1982—2001 年、2002—2007 年、2008—2012 年的年推移质输移系数曲线的曲率逐渐减小，说明在相同的径流量情况下，年输沙量逐渐减小，1981 年、2001 年和 2007 年

是寸滩站推移质输沙量减小的转折点。

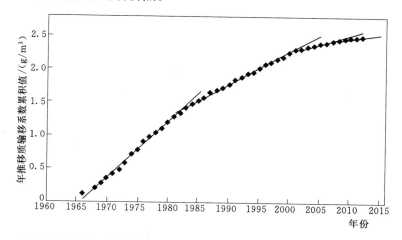

图 3.1-5 长江寸滩站 1966—2007 年年推移质输移系数累积变化过程

表 3.1-5　　　　　　　　长江寸滩站推移质减少率

时　段	年平均径流量/亿 m³	平均推移质量/万 t	减小率/%
1966—1981 年	3384	29.5	
1982—2002 年	3404	16.6	43.7
2002—2007 年	3316	6.3	78.6
2008—2012 年	3325	0.406	98.6

在按照流量级统计方法分析寸滩站推移质输移特性时，按照 1966—1981 年、1982—2001 年、2002—2007 年和 2008—2012 年四个时间段进行分类（表 3.1-5），1982—2001 年、2002—2007 年、2008—2012 年与 1966—1981 年相比，分别减少了 43.7%、78.6% 和 98.6%。

3. 输沙带宽度变化

图 3.1-6 绘出了寸滩站输沙带宽度在不同时间段随流量的变化。1961—1981 年，在流量小于 20000m³/s 时，输沙带宽度范围为 170～550m，基本上成线性增加；流量大于 20000m³/s 时，输沙带宽度基本上在（550±30）m 范围内变化。1982—2001 年，在流量小于 40000m³/s 时，输沙带宽度范围为 170～500m；流量大于 40000m³/s 时，输沙带宽度基本上在（500±50）m 范围内变化。2002—2007 年，输沙带的变化与 1982—2001 年的变化规律基本相同，只是在流量小于 40000m³/s 时，输沙带宽度比 1982—2001 年略小。2008—2012 年，在流量小于 40000m³/s 时，输沙带宽度变化范围为 174～406m，基本上成线性增加，流量大于 40000m³/s 时，输沙带宽度基本上在（481±58）m 范围内变化。

4. 推移质粒径变化

图 3.1-7 和图 3.1-8 绘出了寸滩站推移质中值粒径和最大粒径在不同时间段随流量的变化。各个时段的中值粒径和最大粒径都随着流量的增加而基本呈线性增加。相同流量下，中值粒径和最大粒径随时段的先后而减小，2008—2012 年略有增大。在流量为 20000m³/s 时，1961—1981 年、1982—2001 年、2002—2007 年和 2008—2012 中值粒径分别为 50mm、

40mm、30mm 和 30mm，最大粒径分别为 120mm、75mm、50mm 和 46.5mm。

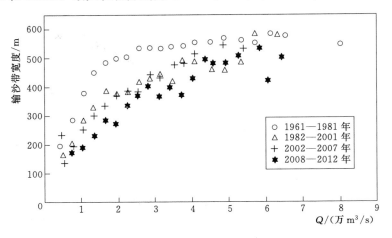

图 3.1-6　长江寸滩站输沙带宽度变化

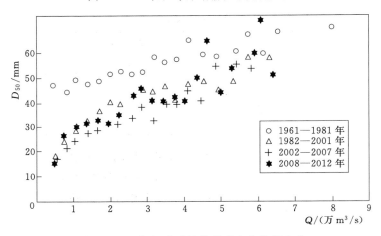

图 3.1-7　长江寸滩站推移质中值粒径变化

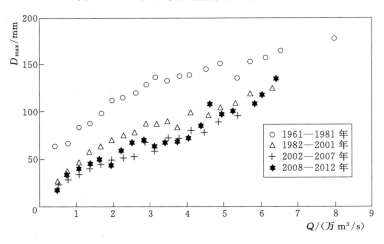

图 3.1-8　长江寸滩站推移质最大粒径变化

5. 推移质输沙率与流量的关系

推移质输沙率与流量的关系可写成如下形式：

$$G_S = BQ^n \tag{3.1-2}$$

式中：G_S 为水文断面推移质输沙率，kg/s；Q 为流量，m^3/s；n 为指数，反映推移质输沙率对水流流量的敏感程度；B 为系数，与床沙组成、泥沙补给等条件有关。

因寸滩站实测断面推移质输沙率与流量关系的点群比较散乱，为方便分析，将寸滩站断面输沙率分成四个时段按照表 3.1-3 的流量级进行平均，结果如图 3.1-9 所示，即寸滩站各个时段的断面输沙率与流量相关关系较好，经人工定线，可表达为如下关系：

1961—1981 年：	$G_S = 3.8 \times 10^{-9} Q^{2.26}$	(3.1-3)
1982—2001 年：	$G_S = 1.9 \times 10^{-9} Q^{2.26}$	(3.1-4)
2002—2007 年：	$G_S = 0.9 \times 10^{-9} Q^{2.26}$	(3.1-5)
2008—2012 年：	$G_S = 0.07 \times 10^{-9} Q^{2.26}$	(3.1-6)

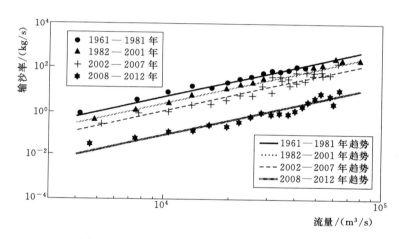

图 3.1-9　长江寸滩站断面推移质输沙率变化

3.1.2　朱沱站卵石推移质运动特性

研究收集了朱沱站 1975—2012 年卵石推移质实测资料，共 2572 组数据，观测内容包括施测时间、水位、流量、平均流速、平均水深、水面宽、推移质输沙率、推移带宽度、测线最大输沙率、最大输沙率起点距、中值粒径、最大粒径和最大粒径起点距。利用收集的资料，主要研究了朱沱站水位与流量、水位与过水面积的关系，卵石推移质输沙带、卵石粒径随不同年份的变化，以及卵石推移质输沙率随不同年份的变化规律。

3.1.2.1　朱沱站各水力参数的相互关系

根据实测资料，点绘朱沱站实测水位与流量、水位与过水断面面积的关系点，得到较好的相关关系，见图 3.1-10、图 3.1-11 和表 3.1-6。

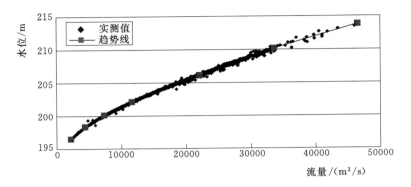

图 3.1 - 10 长江朱沱站水位与流量关系

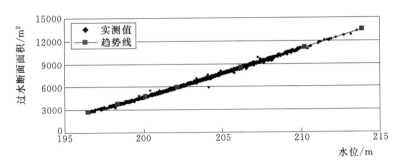

图 3.1 - 11 长江朱沱站水位与过水断面面积关系

表 3.1 - 6 长江朱沱站水位、流量、断面过水面积和断面平均水深关系

序号	流量/(m³/s)	水位/m	断面过水面积/m²	断面平均水深/m
1	2170	196.50	2740	6.24
2	4380	198.36	3770	6.54
3	7330	200.13	4730	8.03
4	11600	202.12	5970	9.66
5	22040	206.15	8440	13.03
6	33550	210.16	11080	16.62
7	46480	213.81	13490	19.87

根据朱沱站水力参数的相互关系，对表 3.1 - 6 中缺项的水力参数进行内插补全。

3.1.2.2 朱沱站推移质输沙特性

根据朱沱站 1975—2012 年（1991 年未测）期间 2572 组实测水力、泥沙因子资料进行统计分析，统计将流量共分成 16 级（表 3.1 - 7），得到各流量级平均水力因子及推移质输沙率、输沙带、中值粒径、最大粒径。根据各流量级平均水力因子、泥沙因子，分析朱沱站推移质输沙特性。

1. 卵石推移量年际之间变化

图 3.1 - 12 绘出了 1975—2012 年年推移质输移系数累积变化。1975—1991 年、1992—2007 年、2008—2012 年的年推移质输移系数曲线的曲率逐渐减小，说明相同的径

流量情况下，年输沙量逐渐减小；1991 年和 2007 年是朱沱站推移质输沙量减小的转折点，1986 年处虽然也有波动，只是由于 1986 年当年输沙率较低，而前后两段的累计年推移质输移系数保持基本一致的斜率，说明泥沙输移量基本稳定。

表 3.1-7   长江朱沱站实测流量分级

序号	流量/(m³/s)			流 量 组 数		
	初始流量	末端流量	级差流量	1973—1991 年	1992—2007 年	2008—2012 年
1	0	3000	3000	7	22	6
2	3000	6000	3000	42	128	63
3	6000	9000	3000	54	112	41
4	9000	12000	3000	139	134	53
5	12000	15000	3000	181	138	39
6	15000	18000	3000	227	139	39
7	18000	21000	3000	192	124	42
8	21000	24000	3000	143	91	19
9	24000	27000	3000	89	78	18
10	27000	30000	3000	44	55	8
11	30000	33000	3000	29	29	7
12	33000	36000	3000	9	7	2
13	36000	39000	3000	1	8	1
14	39000	42000	3000	2	6	0
15	42000	45000	3000	1	2	0
16	45000	48000	3000	1	0	0
合计				1161	1073	338

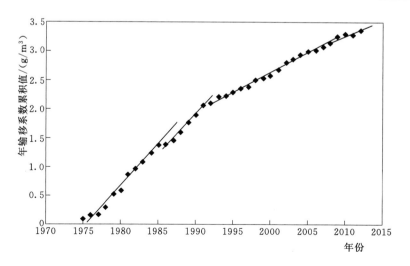

图 3.1-12 长江朱沱站 1975—2012 年年推移质输移系数累积变化过程

在按照流量级统计方法分析朱沱站推移质输移特性时，按照 1975—1991 年、1992—2007 年、2008—2012 年三个时段进行分类，见表 3.1-8。统计了 1975—1991 年、1992—2007 年和 2008—2012 年三个时段的推移质平均数量，1992—2007 年、2008—2012 年与 1975—1991 年相比，减少了 44.39％和 96.90％。

表 3.1-8　　　　　　　　　　长江朱沱站推移质泥沙量减少率统计表

站名	时段	年平均径流量/亿 m³	年平均推移质输沙量/亿 t	减小率/％
朱沱	1975—1991 年	2649	32.64	
	1992—2007 年	2649	18.15	44.39
	2008—2012 年	2164.18	1.012	96.90

2. 输沙带宽度变化

图 3.1-13 绘出了朱沱站不同时期输沙带宽度随流量的变化。1975—1991 年在流量小于 35000m³/s 时，输沙带宽度变化范围为 100～430m，基本呈线性增加；流量大于 35000m³/s 时，输沙带宽度基本上在 550m±30m 范围内变化。1992—2007 年，在流量小于 30000m³/s 时，输沙带宽度变化范围为 90～280m；流量大于 30000m³/s 时，输沙带宽度基本上在 280m±50m 范围内变化。2008—2012 年，在流量小于 30000m³/s 时，输沙带宽度变化范围为 70～187m，流量大于 30000m³/s 时，输沙带宽度基本上在 277m±48m 范围内变化。整体而言，1992—2012 年间的输沙带宽度比 1975—1991 年间的要小。

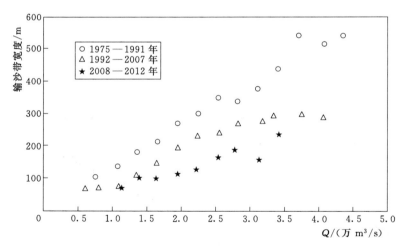

图 3.1-13　长江朱沱站输沙带宽度变化

3. 推移质粒径变化

图 3.1-14 和图 3.1-15 绘出了朱沱站推移质中值粒径和最大粒径在不同时段随流量的变化。各个时段的中值粒径和最大粒径都随流量增加，基本呈线性增加。相同流量中值粒径和最大粒径随时段的先后而减少，2008—2012 年略有增大，流量在 30000m³/s 以上时，1975—1991 年、1992—2007 年和 2008—2012 年中值粒径分别约为 60mm、55mm 和 50mm，最大粒径分别约为 160mm、140mm 和 143mm。

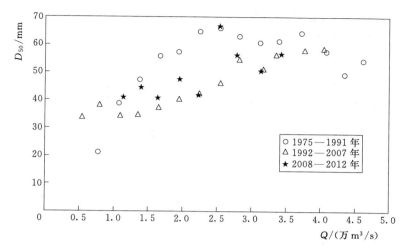

图 3.1-14　长江朱沱站推移质中值粒径变化

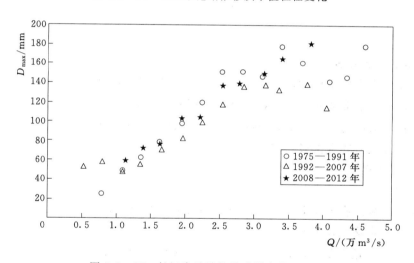

图 3.1-15　长江朱沱站推移质最大粒径变化

4. 推移质输沙率与流量的关系

因朱沱站实测断面推移质输沙率与流量关系的点群比较散乱，为方便分析，将朱沱站断面输沙率按照年代划分为三段，即 1975—1991 年、1992—2007 年和 2008—2012 年，并按流量步长进行阶段平均，结果如图 3.1-16 所示。朱沱站各个时期的断面输沙率与流量关系较好，经人工定线，可表达为如下关系：

1975—1991 年：

$$G_S = 6.3 \times 10^{-24} Q^{5.7} \tag{3.1-7}$$

1992—2007 年：

$$G_S = 3.3 \times 10^{-24} Q^{5.7} \tag{3.1-8}$$

2008—2012 年：

$$G_S = 0.33 \times 10^{-24} Q^{5.7} \tag{3.1-9}$$

由上述关系可见，朱沱站的断面输沙率与流量呈高次方乘幂关系，当流量在 10000m³/s 以下时，断面输沙率基本在 0.1kg/s 以下，可以忽略。

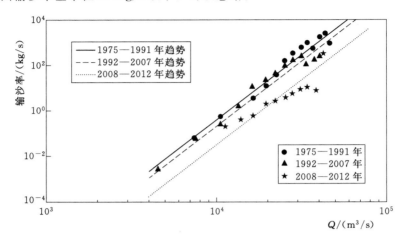

图 3.1-16　长江朱沱站推移质输沙率变化

3.1.3　推移质起动概率

推移质起动概率是推移质运动基本规律研究中最具挑战性的问题之一，良好的泥沙起动概率模型将提高推移质输沙率计算的精度。同时，研究推移质起动概率有助于认识三峡水库入库推移质的运动规律，为解决回水变动区的卵砾石碍航问题提供理论基础。本研究采用水槽试验方式来研究推移质起动概率。

3.1.3.1　试验系统

1. 试验水槽

试验水槽安装在清华大学水沙科学与水利水电工程国家重点实验室内，如图 3.1-17 所示，其基本参数及装置如下：

（1）长 11m，宽 0.25m，高 0.25m，整体安装误差为 0.2mm。

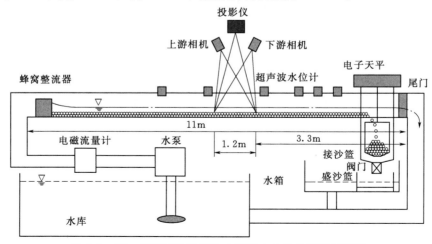

图 3.1-17　推移质输沙试验水槽基本参数及装置示意图

（2）变坡循环水槽，可调坡度为 0~1.5%。

（3）沿程安装 6 个超声波水位计，测量精度为 0.2mm。

（4）流量通过变频器调整水泵转速调节，流量大小由电磁流量计监测。

（5）水槽上游入水口处安装蜂窝整流器，水槽尾部安装可调尾门，通过调整尾门开度来实现水流均匀流态。

2. 接沙系统

推移质接沙系统为推移质试验的重要装置，该系统由电子天平和接沙篮组成，如图3.1-18 所示，其中电子天平数据发送频率为 1 次/s，最大称重 30kg，精度 0.1g。悬吊在水槽末端沉沙箱内的接沙篮用细钢丝绳连接到电子天平下部的挂钩上，接沙篮下部设开闭闸板，试验过程中关闭闸板，接沙称重，获得推移质输沙重量的累积过程，当接沙篮满载后开启底部闸板，篮内的泥沙快速滑入沉沙箱底部，即刻关闭闸板；在这数秒钟的操作过程中，沉沙箱内的水沙总体积没有变化，不影响水槽内的水流运动。其后，打开沉沙箱底阀门即可将泥沙下泄至纱网制成的盛沙篮内，盛沙篮放置在一个与水库相连、水位齐平的小水箱内，沉沙箱内的水沙进入盛沙篮后水体从纱网排出，始终保持小水箱内的水面与水库的水面齐平；缓慢提起盛沙篮完成一次取沙。由于取沙过程水库内水位高程不变，水泵出水流量恒定，实现推移质输沙试验无限制地连续进行，实验效率大幅提高。特别是，在清水冲刷下河床粗化试验中，该接沙系统能够实现分时段接沙，这对研究河床粗化过程中推移质输沙级配随时间的变化规律起到了至关重要的作用。

(a) 电子天平 (b) 贯通式接沙篮

图 3.1-18 推移质试验接沙系统布置图

3. 均匀推移质平衡输沙试验

在推移质平衡输沙试验中，一般要在水槽上游安装加沙机，试验过程中水深沿程不变，并且下游断面的输沙率与上游加沙率相等，这种做法需要反复调整加沙率，较为繁琐。实际操作中，只要水槽足够长，无需安装加沙机也可开展短时间内的推移质平衡输沙试验，操作步骤如下：

（1）在水槽末端的接沙篮入口前端固定安装一个挡沙板以控制床面基准高程，在水槽内沿程铺满与挡沙板高度相等的试验沙，本试验的铺沙厚度为 27mm；开启水泵，利用变频器逐渐将水流流量增加至设定流量，缓慢调整尾门以满足水位沿程相等，水流将逐渐进入均匀流状态（图 3.1-19）。

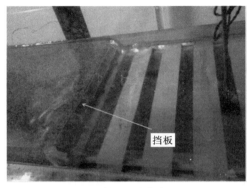
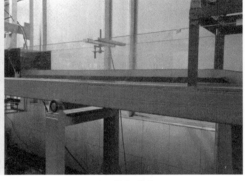

（a）挡沙板安装位置　　　　　　　　　　　　　（b）均匀流态

图 3.1-19　水槽末端挡沙板布置图

（2）每组平衡输沙试验均在二维均匀流条件下进行（宽深比 $B/H>5$），试验过程中要确保距离尾门 1～2m 处所设置的 3 个超声水位计（A、B、C 三处，位于水槽纵轴线上）的水位差小于 0.5mm（水面有一定的波动），并记录自由水面平均高程，如图 3.1-20 所示。大量试验表明，只要上游泥沙补给充分，尾门开度调整合适，试验过程中 A、B、C 三处的自由水面高程一致，电子天平输出的推移质泥沙累积质量也随时间线性增加。

图 3.1-20　推移质试验过程中水深及输沙量测量

（3）在试验过程中，根据天平实时输出的数据，利用 Matlab 平台实时计算推移质单宽输沙率 g_b[kg/(m·s)]，以检验输沙率是否稳定。当推移质单宽输沙率为直线的斜率时，即达到平衡状态，如图 3.1-21 所示；实际操作中，平衡输沙试验持续 20min 以上即可停止。

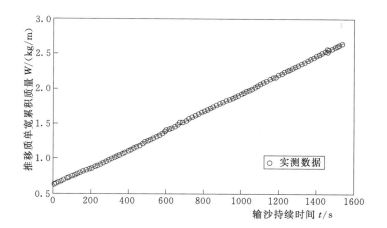

图 3.1-21　推移质试验的单宽输沙率计算方法

注：试验工况为比降 $S=0.0115$，流量 $Q=9.19\text{m}^3/\text{h}$，水深 $H=20\text{mm}$，

水槽宽度 $B=0.25\text{m}$，试验沙粒径 $d=3.24\text{mm}$，单宽输沙率 $g_b=0.0013\text{kg/ms}$，

从而计算出水流强度 $\Theta=0.043$ 以及输沙强度 $\Phi=0.00068$。

（4）关闭水泵，待水槽内水流泄空后，利用超声水位计测量床面高程，试验过程中的自由水面高程与床面高程之差即为试验水深 H：

$$H=\frac{Z_{sA}+Z_{sB}+Z_{sC}}{3}-\frac{Z_{bA}+Z_{bB}+Z_{bC}}{3} \tag{3.1-10}$$

式中：Z_{sA}、Z_{sB} 和 Z_{sC} 为试验过程中 A、B、C 三处的自由水面高程（基本相等）；Z_{bA}、Z_{bB} 和 Z_{bC} 为 A、B、C 三处的河床高程。

所有平衡输沙试验中宽深比 $B/H\in[5.8,21.7]$，按照均匀流公式[1]计算摩阻流速 u_*：

$$u_*=\sqrt{gHS} \tag{3.1-11}$$

式中：S 为水槽坡度。

由图 3.1-22（a）可见，在低强度输沙时（$\Theta<0.067$），由于水槽末端固定安装挡沙板的原因，A、B、C 三处的自由水面和床面都较为平整，超声水位计可正常工作。由图

（a）低强度输沙　　　　　　　　　　　　（b）中高强度输沙

图 3.1-22　推移质试验中不同输沙条件下的自由水面情况

3.1-22（b）可见，在中高强度输沙试验时，水面波动严重且床面出现沙波，超声水位计无法正常工作，此时要借助钢板尺在水槽边壁处实时测量水深，试验水深取测量值的平均值。

（5）将接沙篮内的泥沙取出倒入水槽上游端，用铺沙板刮平床面。变换试验工况（包括增大流量和调整水槽坡度）进行下一组次的平衡输沙试验。

上述 5 个步骤是较为严格的推移质平衡输沙试验操作流程，经过上百次试验的摸索，没有必要在每组次试验完毕后关闭水泵、测量床面高程、取出泥沙、重新铺沙、重新开启水泵等耗时环节，即可连续进行推移质平衡输沙试验。

4. 高速摄影测量系统

在清华大学水沙科学与水利水电工程国家重点实验室的封闭槽道中开展推移质输沙过程测量，封闭槽道长 6.4m、宽 0.25m、高 0.2m，由上、下游不锈钢过渡段和中部观测段连接而成；观测段四壁均为高强度玻璃，以便于开展光学测量实验，观测段底板比上下游底板低 5cm，以填充试验沙。槽道前端为可升降水箱，最大可提升高度为 6m，用于提供驱动水流的压力水头，水箱与槽道入口之间依次连接供水软管和渐变截面段，以保证水流平稳过渡。槽道出口依次连接渐变截面段和排水软管，保证水流平稳流出，排水软管上依次安装电磁流量计和蝶形电动阀门，用于自动测量和控制流量。试验开始前，在观测段底板平整铺设长 2m、厚 5cm 的均匀天然沙，中值粒径 d_{50} 为 1mm，密度 ρ_s 为 2650kg/m³，对应的临界起动 Shields 数 $\Theta_c = 0.036$[2]。定义 x 轴沿水流方向，y 轴沿水深竖直向上，坐标原点位于床面中心线。

试验观测断面设置在观测段中部，仪器布置示意如图 3.1-23。水槽上方竖直向下安装 1 号高速相机用于拍摄床沙图像，该相机 CCD 大小为 640×480 像素、满画幅拍摄帧频 200Hz。为提高采样频率，试验时采用 640×300 像素的局部拍摄模式，使采样频率增大至 315Hz，拍摄分辨率 R 为 7.7 像素/mm。1 号高速相机上游侧倾斜安装照明用 LED 灯，用于均匀照亮床面待测区域的泥沙颗粒。在进行起动试验时，为测量水流摩阻流速，在测量区域下游使用高频粒子图像测速（TR-PIV）系统测量水槽中垂面内的二维流场，PIV 系统所使用的连续激光器安装在水槽上方，2 号高速相机安装在水槽侧面，测量范围为 5cm×10cm，PIV 系统的详细参数和性能可参见文献 [3]。

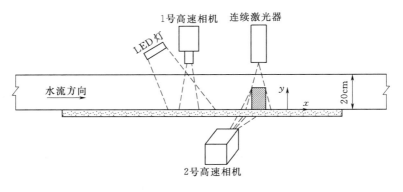

图 3.1-23　高速摄影系统试验仪器布置图

（1）测量区域照明方法。

在泥沙起动试验中，为了增加测量区域亮度，使高速相机可在极短的曝光时间内捕获清晰的床沙图像，通常需要在摄像时使用额外光源照亮测量区域。在刘春嵘[3]等的试验中，水槽侧面安装连续激光器，激光片光与床面水平相切以照亮床沙。显然，这种照明方式仅适用于床面极为平整的情况，更为关键的是，由于激光片光主要照亮床面上暴露度较大的凸起颗粒，而这些颗粒更容易在水流作用下发生运动，因此，以被激光片光照亮的泥沙作为统计样本，根据样本中发生运动的泥沙比例计算起动概率，将导致测量结果比实际结果偏大。为避免在图像采集时出现系统性偏差，合理的床沙照明方式应为俯视床面的均匀立体照明。

（2）图像处理方法。

利用高速摄影方法测量起动概率的关键在于根据床沙图像统计运动泥沙的数量，因此，通常需要在拍照时使用较高的分辨率，使单颗泥沙在图片中的直径大于3个像素；同时，为避免粒子成像时发生拖尾现象，相机拍摄时应设置较短的曝光时间。图3.1-24为高速相机实际拍摄的一张床沙图片，由于成像分辨率高、曝光时间短，图片整体亮度较暗、信噪比较低。为增加图像的清晰度和对比度，避免背景照明不均匀、杂质、气泡等对识别结果产生影响，首先对原始图像进行顶帽变换、对比度线性拉伸和高速滤波处理，处理后效果如图3.1-25所示。

图 3.1-24 高速相机原始床沙图像　　　图 3.1-25 经处理后的床沙图像

为了从连续两张图片中提取出运动泥沙，一种方法是从第一帧图片中标识出所有泥沙颗粒的位置和范围，再将每个颗粒图像与第二帧图片中对应位置的图像进行相关计算，根据相关系数的大小判断颗粒是否发生位移，若已运动，则在一定搜索区域内进行移动相关计算，根据相关峰值的位置求出颗粒位移（刘春嵘等，2008）。上述方法的缺陷主要包括：从第一帧图片中识别出的泥沙颗粒往往暴露度大，根据这些样本统计起动概率容易产生偏差；对每个颗粒进行判读需要耗费大量的计算资源，计算效率较低；该类方法仅适用于粒径较大且起动泥沙数较少的情况，当起动泥沙数量较多或颗粒粒径较小时，颗粒之间的辨识度急剧降低，容易发生误匹配现象。

为克服上述缺陷，一种更为常用的方法是将两帧图片相减，根据图像灰度的变化判读泥沙是否发生运动，这种方法的理论依据是颗粒运动导致初始位置和当前位置的灰度均发生改变。在泥沙起动试验中，由于运动泥沙暴露度大、距光源近，其对应的灰度值一般比静止泥沙大，当泥沙发生运动后，其初始位置的灰度变小而当前位置的灰度增大，当利用第二帧图片减去第一帧图片时，初始位置的灰度为负，当前位置的灰度为正。分析本试验实际拍摄的图片时发现，运动颗粒既可能比静止颗粒亮，也可能比静止颗粒暗，但前者出现概率极低，在统计分析时不会对测量结果产生影响。图 3.1-26（彩图 2）展示了一张典型的灰度差分布图，图中成对出现的正负峰值清晰标识了运动泥沙的初始位置和当前位置。

以图 3.1-26 中数值为正或负的部分为分析对象，经二值化处理即可求得运动泥沙的位置和面积。本试验以数值为负的部分为分析对象，二值化阈值经反复测试后统一选择为 -18。为尽量减少测量噪声对结果的影响，对二值化结果进行形态学开处理，以剔除尺寸小于 4×4 像素的伪颗粒。图 3.1-27 展示了根据图 3.1-26 所示灰度差提取出的运动泥沙分布，其中，一个白色连通区域代表一颗运动泥沙。根据运动泥沙的数量 N、中值粒径 D、拍摄分辨率 R 以及测量区域对应的图片面积 A_m，可计算出瞬时运动比例为

$$P_\mathrm{m} = \frac{N \pi D^2 R}{4 A_\mathrm{m}} \tag{3.1-12}$$

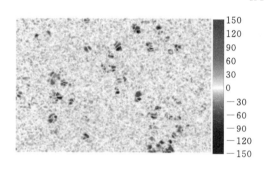

图 3.1-26 连续两帧床沙图片的灰度差　　　　图 3.1-27 提取出的运动床沙

需要指出的是，在细颗粒泥沙起动试验中，泥沙颗粒容易成群起动，若按泥沙数量计算运动比例会产生较大误差，此时可按识别出的运动泥沙的面积进行计算。

（3）相机帧频设定标准。

理论分析中的起动概率是与时间无关的瞬时量，但在实际测量过程中，总需要一定的时间间隔来检测泥沙颗粒的运动。对基于高速摄影的泥沙起动测量技术，为了使实测值逼近真实值，两帧图像之间的时间间隔 Δt 应足够小，以满足捕捉泥沙颗粒每一次起动的要求。

根据 Nikora[4] 等提出的低输沙强度推移质运动概念模型，推移质运动主要有局部、中间和全局三种时间尺度。局部时间尺度 T_l 是指泥沙颗粒连续两次与床面发生碰撞的时间间隔；中间时间尺度 T_m 是指泥沙颗粒连续两次处于静止状态的时间间隔，由于泥沙从起动到止动的过程中可能多次与床面发生碰撞，中间时间尺度一般包含多个局部尺度；以此类推，全局时间尺度 T_g 是指包含有多个中间尺度的时间间隔，如图 3.1-28 所示。根据上述模型，只有当两帧图像之间的拍摄间隔 $\Delta t < T_\mathrm{m}$ 时，相机才

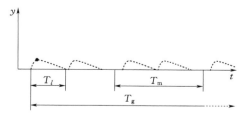

图 3.1-28 推移质运动概念模型

可能捕捉到泥沙颗粒的每一次起动。因此，高速摄像时相机的最小帧频应满足以下条件：

$$f = \frac{1}{\Delta t} > \frac{1}{T_m} \tag{3.1-13}$$

已有文献对局部时间尺度有较多可参考结果，但少有关于推移质运动中间尺度的研究报道。Nikora 等在利用实测资料分析不同尺度条件下推移质的扩散规律时发现，中间时间尺度和全局时间尺度的分界点约为 $t^+ = \dfrac{tu_*}{D} = 15$。基于此，定义推移质运动的中间时间尺度为

$$T_m = \frac{15D}{u_*} \tag{3.1-14}$$

在实际测量中，拍摄帧频除了应满足式（3.1-13）要求外，还应保证泥沙颗粒在两帧图片之间的位移适中，以准确识别颗粒运动及其位移。

3.1.3.2 泥沙起动概率试验结果

1. 起动概率预报模型检验

为提供泥沙起动概率数据来检验不同起动概率模型，选取经典的推移质实测输沙率数据（221组），这些可靠性较高的数据被国内外诸多研究人员分析及使用过。

推移质输沙试验发现不同强度的水流将会塑造不同的床面形态，低强度水流冲刷时，床面将形成条带结构，高强度水流冲刷时，床面将形成沙波。图 3.1-29（彩图 3）为利用三维地形测量系统所重构的水槽输沙试验中的三维床面形态。

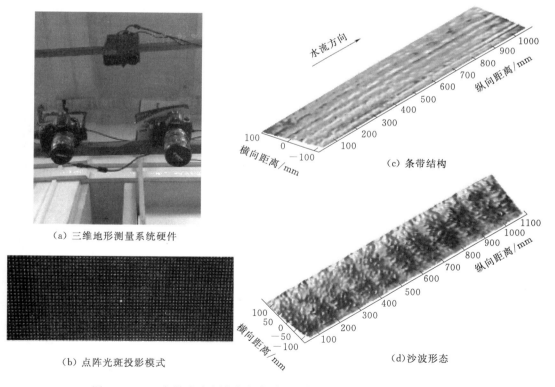

（a）三维地形测量系统硬件

（b）点阵光斑投影模式

（c）条带结构

（d）沙波形态

图 3.1-29　水槽试验中被水流冲刷后的床面形态（$d = 1.0 \sim 1.5\text{mm}$）

由于床面形态的存在，沙粒切应力需要校正，沙粒切应力校正时可能会引入人为主观因素（如 Einstein[5] 校正方法、Engelund[6] 校正方法等）。由于粗颗粒泥沙组成的河床在低强度水流冲刷下较为平坦，此时不需要进行沙粒切应力校正，为此，本试验计算泥沙起动概率时，仅使用试验中粗颗粒泥沙的 99 组平衡输沙率数据。

综上所述，共有 363 组推移质平衡输沙率实测数据参与了泥沙起动概率 P 的计算，将计算结果 $P-\Theta$ 点绘于图 3.1-30。为检验不同泥沙起动概率模型的性能，选取了著名的 Einstein（1950）起动概率公式及其修正公式，同时也选取了最有代表性的 Fredsøe 和 Deigaard[7] 公式，将上述泥沙起动概率公式一起绘入图 3.1-30 中。

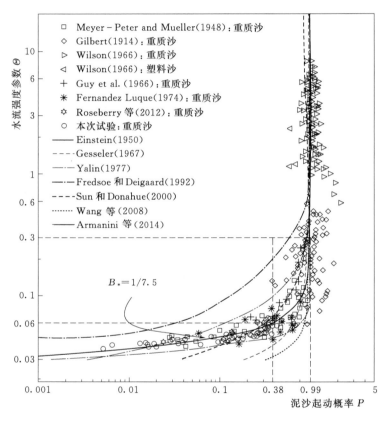

图 3.1-30　泥沙颗粒起动概率理论公式与本研究试验所提供的起动概率数据对比

由图 3.1-30 可见，相对于用本研究收集资料所计算的泥沙起动概率数据，Fredsøe 和 Deigaard（1992）公式计算值偏小，Wang et al.[8]（2008）公式在低强度水流条件下有所偏大，Yalin[9]（1977）和 Armanini et al.[10]（2014）公式基本能预测起动概率变化趋势，而备受后人质疑的 Einstein[5] 起动概率公式却与本研究提供的数据最为吻合［注：Einstein 在原著中已说明其起动概率公式 P 中的系数可由推移质输沙率率定，公式中原系数 $B_* = 1/6.06$，后被钱宁[11] 更正为 $B_* = 1/7.0$，本研究将其更新为 $B_* = 1/7.5$，这样 Einstein（1950）公式与本计算数据的吻合程度较使用上述系数略有提高，见表 3.1-9］。

一些研究者认为 Einstein 起动概率公式存在三大缺陷：

其一，关于水流上举力分布的问题。由于脉动流速符合高斯分布，所以水流上举力应该符合 χ^2 分布[12]。事实上，王兴奎等[13]（1993）通过试验发现瞬时水流上举力基本符合正态分布，所以这点不应该成为一个缺陷。

其二，关于起动概率积分区域的问题。部分研究者认为只有方向向上的上举力才能对泥沙起动有贡献，故起动概率积分区域不应该包含方向向下的水流上举力。事实上，当诸如 Yalin（1977）和 Wang 等（2008）公式中采用与 Einstein（1950）公式相同的参数 B_* 和 η_0 时，修正公式的起动概率计算结果与 Einstein（1950）公式的计算结果基本相等，所以积分区域也不应该成为一个缺陷。低强度输沙试验表明，床面上不少泥沙颗粒处于上下振动状态，目前还难以否认方向向下的水流上举力对泥沙起动同样具有一定的贡献。

其三，关于泥沙颗粒受力问题。Laursen[14] 以及 Sun 和 Donahue[15] 认为 Einstein 只考虑的水流上举力 F_L 对泥沙起动的贡献，而忽略了水流推力 F_D 的作用。实际上，无论采用滚动、滑动或者跳跃起动模式，尽管所获得的 Θ_c 的表达式不同，由于相关参数（如 C_D、C_L、ψ、α 等）的取值并不统一，若采用合适的参数，所得到的泥沙起动条件可以完全相等，同样的，无论采用何种起动模式，同样可以获得与 Einstein（1950）公式中的相等的 B_* 和 η_0，所以泥沙颗粒受力问题也不应该成为一个缺陷。

综上所述，本研究认为 Einstein（1950）起动概率本身没有重大缺陷。此外，Einstein（1950）推移质平衡输沙率公式难以预报高强度输沙率的原因也不是因为起动概率 P 的问题，而是因为 Einstein（1950）在建立推移质输沙模型时将泥沙起动的随机性推广到任意水流条件下。泥沙起动的随机性只有在 Θ_{cmin} 和 Θ_{cmax} 之间有效，当水流强度参数 Θ 超出 Θ_{cmax} 之后，泥沙起动则为一个必然事件。图 3.1 - 30 表明，当 $\Theta > 0.3$，泥沙起动概率 P 已基本接近于 1，这种水流状态下的推移质输沙率使用确定性研究方法较为合理。

表 3.1 - 9　　　　　**Einstein（1950）起动概率公式及其修正公式**

作　者	泥沙起动概率公式	备　注
Einstein* （1950）	$P = 1 - \dfrac{1}{\sqrt{\pi}} \displaystyle\int_{-\frac{B_*}{\Theta}-\frac{1}{\eta_0}}^{\frac{B_*}{\Theta}-\frac{1}{\eta_0}} e^{-x^2} \, \mathrm{d}x$	$B_* = \dfrac{1}{7.5}$；$\eta_0 = 0.5$
Gesseler （1967）	$P = 1 - \dfrac{1}{\sigma\sqrt{2\pi}} \displaystyle\int_{-\infty}^{\frac{\tau_c}{\tau}-1} e^{-\frac{x^2}{2\sigma^2}} \, \mathrm{d}x$	$\Theta_c = 0.045$；$\sigma = 0.57$
Yalin （1977）	$p = 1 - \dfrac{1}{\sqrt{\pi}} \displaystyle\int_{-\infty}^{\frac{B_*}{\Theta}-\frac{1}{\eta_0}} e^{-x^2} \, \mathrm{d}x$	$B_* = 0.167$；$\eta_0 = 0.29$
Fredsøe 和 Deigaard （1992）	$P = \left\{ 1 + \left[\dfrac{\pi\beta}{6(\Theta - \Theta_c)} \right]^4 \right\}^{-0.25}$	$\Theta_c = 0.045$；$\beta = 0.8$
Sun 和 Donahue （2000）	$P = 1 - \dfrac{1}{\sqrt{2\pi}} \displaystyle\int_{-A_*}^{A_*} \dfrac{\left(\sqrt{\frac{B_*}{\Theta}} - 1 \right)}{\left(\sqrt{\frac{B_*}{\Theta}} + 1 \right)} e^{-\frac{1}{2}x^2} \, \mathrm{d}x$	$A_* = 2.7$；$B_* = 0.0822$
Wang et al. （2008）	$P = \dfrac{1}{\sqrt{\pi}} \displaystyle\int_{\frac{B_*}{\Theta}-\frac{1}{\eta_0}}^{+\infty} e^{-x^2} \, \mathrm{d}x$	$B_* = 0.07$；$\eta_0 = 0.5$
Armanini et al. （2014）	$P = \left(1 + \dfrac{B_*}{\Theta} - \dfrac{1}{\eta_0} \right) \exp\left(-\dfrac{B_*}{\Theta} + \dfrac{1}{\eta_0} \right)$	$B_* = 0.25$；$\eta_0 = 2$

注　Einstein（1950）公式中的系数 $B_* = 1/7.0$ 被更新为 $B_* = 1/7.5$。

2. 高速摄影测量结果

利用高速摄影方法能够获取推移质起动概率。本研究在 5m 压力水头工况下，测量了

4 种不同流量条件下的起动概率，随着流量的增大，泥沙起动现象从个别起动逐渐变为少量起动。为避免沙纹等床面结构对水流产生影响，未在更大流量条件下继续开展起动试验。在泥沙起动试验中，由于观测的床面区域有限，每组试验均需要长历时采集样本，将统计样本的期望值作为该水流条件下的起动概率。在本研究试验中，每组试验均连续采集40000 帧图片用于计算起动概率。

表 3.1－10　　　　　　　　推移质水槽试验主要试验参数统计表

组次	$Q/(\text{m}^3/\text{h})$	$U_{\text{m}}/(\text{cm/s})$	$u_*/(\text{cm/s})$	Re_D	Θ	T_{m}/s	T_{b}/s
C1	60.0	33.3	1.88	20.3	0.022	0.1304	1.05
C2	66.0	36.6	2.06	22.2	0.026	0.0820	0.88
C3	71.6	39.8	2.22	24.0	0.030	0.0777	0.75
C4	75.0	41.7	2.32	25.0	0.033	0.0523	0.69

注　Q 为流量，U_{m} 为断面平均流速，摩阻流速 u_*。根据 PIV 实测平均流速剖面按对数律进行拟合（Jiménez，2004）；颗粒雷诺数 $Re_D = \dfrac{u_* D}{\nu}$，水流强度参数 $\Theta = \dfrac{u_*^2}{sgD}$，$g$ 为重力加速度，$s = \dfrac{\rho_s}{\rho} - 1$ 为泥沙水下比重，ρ_s 为泥沙密度，ρ 为水密度，ν 为水的运动黏性系数；T_{m} 为推移质运动的中间时间尺度，T_{b} 为水流紊动猝发的平均周期。

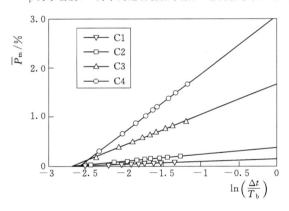

图 3.1－31　推移质实测平均运动比例随
拍摄间隔变化规律

利用每组试验中连续拍摄的 40000 张床沙图片，分别将间隔 0、1、2、3、4、5、7、9、14 张图片的两张图片选为一对，计算出拍摄间隔 Δt 分别为 1s/315、2s/315、3s/315、4s/315、5s/315、6s/315、8s/315、10s/315、15s/315 时对应的瞬时运动比例，进而求得不同拍摄间隔条件下的平均运动比例。图 3.1－31 在半对数坐标系下点绘了平均运动比例 $\overline{P}_{\text{m}}$ 随无量纲拍摄间隔 $\Delta t/T_{\text{b}}$ 的变化趋势，图中实线为利用模型 $\overline{P}_{\text{m}} = a\ln(\Delta t/T_{\text{m}}) + b$ 对实测点进行拟合的结果，其中，a、b 为待定系数。在利用高速摄影方法进行床沙运动测量时，当拍摄间隔较大时，单颗泥沙在拍摄间隔内无论运动几次，在两张图片中均表现为空间位置的改变，实测运动比例将随着 Δt 的增大而趋于饱和，因此，图中实测运动比例随 Δt 对数增长的趋势与实际相符，表明本研究测量方法可靠。

根据图 3.1－31 中的拟合结果，可计算出不同水流条件下的起动概率。图 3.1－32 点绘了实测起动概率 $\hat{P}_m$ 随相对水流强度参数 Θ/Θ_c 的变化趋势，其中，临界起动 Shields 数 Θ_c 按 Cao 等[2] 提出的显示方法计算。受实验条件限制，本研究未能测得 $\Theta/\Theta_c \geq 1$ 条件下的起动概率，这就增加了推求 $\Theta/\Theta_c = 1$ 时的临界起动概率的难度，为了尽量合理地通过外延方法推求临界起动概率，分别用二次多项式、指数函数和幂函数对实测点进行拟合，其中，二次多项式拟合时限制 $\Theta/\Theta_c > 0.6$ 时为单调递增函数，拟合结果及其对应的拟合

优度 R^2 如下：

$$\hat{P}_i = 14.102\left(\frac{\Theta}{\Theta_c}\right)^2 - 16.922\frac{\Theta}{\Theta_c} + 5.090 \quad R^2 = 0.99 \tag{3.1-15a}$$

$$\hat{P}_i = 0.0002 e^{9.960\frac{\Theta}{\Theta_c}} \quad R^2 = 0.99 \tag{3.1-15b}$$

$$\hat{P}_i = 2.643\left(\frac{\Theta}{\Theta_c}\right)^{7.475} \quad R^2 = 0.98 \tag{3.1-15c}$$

图 3.1-32（a）和（b）分别在笛卡尔坐标系和半对数坐标系绘制了起动概率拟合曲线随 Θ/Θ_c 变化趋势，图中结果表明，尽管式（3.1-15）中每个拟合公式对应的拟合优度 R^2 均接近 1，但根据不同公式外延计算出的临界起动概率差异较大。根据图 3.1-32（b）中拟合曲线变化趋势以及 Shields 数的定义可知，若起动概率与相对水流强度之间的关系满足式［3.1-15（b）］及式［3.1-15（c）］，则摩阻流速 u_* 增大至临界摩阻流速 u_{*c} 的 1.16 倍或 1.28 倍时，起动概率将增大至 100%，与实际情况不符。因此，根据式［3.1-15（a）］计算临界起动概率，计算结果为 2.27%，与窦国仁[16]根据理论分析结果定义的少量起动概率 2.28% 接近。

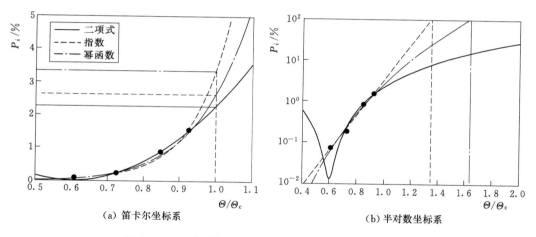

（a）笛卡尔坐标系   （b）半对数坐标系

图 3.1-32   起动概率随相对水流强度参数的变化趋势

3.2 重庆主城区港口与航道泥沙冲淤规律

3.2.1 重庆河段输沙特征

结合重庆河段不同时期水沙资料，将输沙特性分析划分为蓄水运用前（2002—2003 年）、蓄水初期（2003—2008 年）和试验性蓄水期（2008 年以后）三个时段，进行输沙能力变化分析，如图 3.2-1 所示。

3.2.1.1 三峡水库蓄水运用前重庆河段输沙特性

三峡水库蓄水运用前也即重庆河段处于天然状态下，重庆河段不同年代输沙率与流量关系呈现为良好的指数关系（相关系数均在 0.9 以上），即 $Q_s = KQ^a$。根据重庆河段蓄水运用前 20 世纪 60 年代、20 世纪 80 年代和 2002—2003 年的统计资料，可发现北碚站同

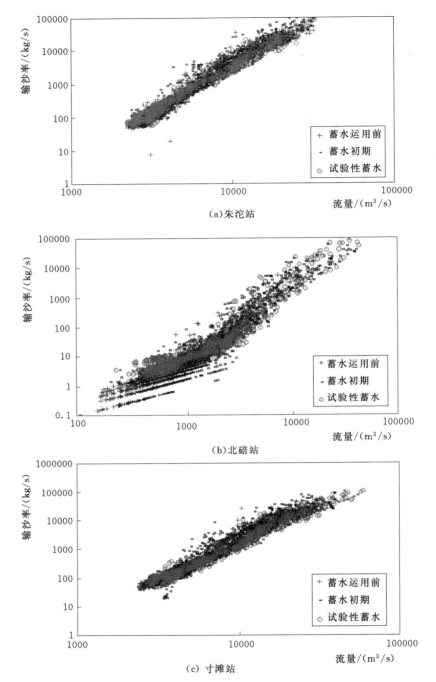

图 3.2-1 长江重庆河段主要水文站输沙率与流量的关系

流量输沙率随年代递减变化较为明显外,朱沱站和寸滩站同流量输沙率递减变化不大。其主要原因为重庆河段的来沙量随年代逐渐减小,致使同流量的输沙率减少。

3.2.1.2 蓄水初期重庆河段输沙特性

蓄水初期指三峡水库围堰发电期和初期运行期。重庆河段蓄水初期和蓄水前各站输沙率点群基本上是重合的，没有明显的变化，尤其是围堰发明期与蓄水前几乎一致，而初期运行期的输沙能力较蓄水前略有减小，但仍在蓄水前水文站输沙率点群范围之内。这说明蓄水初期和蓄水前典型水文站的输沙规律并没有明显地受到三峡水库蓄水的影响。鉴于朱沱站和北碚站位于库区以上河段，距三峡水库蓄水初期回水末端较远，其输沙率减小的现象应该是上游来沙量不断减小造成的，而寸滩站位于蓄水初期回水区上部，其输沙率减小主要是由于上游来沙量减小造成的，但也可能会受到三峡水库蓄水的影响。

3.2.1.3 试验性蓄水期重庆河段输沙变化

试验性蓄水期典型水文站输沙率与流量的关系仍然遵循幂函数关系。鉴于朱沱站和北碚站位于变动回水末端上游，三峡水库蓄水对其影响较小，因此试验性蓄水期河段输沙率点群几乎与蓄水运用前点群重合，朱沱站和北碚站断面的输沙能力在蓄水运用前后变化不大，从输沙率公式中的系数和指数变化不大也能看出这一点。

寸滩水文站位于变动回水区范围内，三峡水库蓄水对寸滩水文站断面输沙能力具有一定的影响。与天然情况相比，试验性蓄水期输沙率点群偏低，表明相应的输沙能力偏小。在输沙率公式中，与天然情况比较，试验性蓄水期寸滩站输沙率公式中的系数增大，而指数减小，表明试验性蓄水期寸滩站输沙能力有所减小。

3.2.2 重庆河段冲淤和走沙规律

3.2.2.1 三峡水库蓄水运用前重庆河段冲淤特征

图 3.2-2 为三峡水库蓄水运用前重庆河段泥沙淤积比与汇流比的关系及嘉陵江汇流比的概率分布情况，由图可以看出三峡水库蓄水运用前重庆河段年内汛前、汛期和汛后不同时期的冲淤特点：

(1) 重庆河段淤积比与来流量和汇流比关系密切，在汛前，汇流比小于 0.25 时，淤积比随着流量的增大而增大；当汇流比大于 0.25 时，河段淤积比随着流量的增大而减小。在汛期或汛后，河段淤积比与流量的关系基本一致，淤积比关系曲线随着流量的增大向上平移，说明河段淤积比随流量的增大而增大；而且汛期流量大于 20000m³/s 或汛后流量大于 40000m³/s 时，河段淤积比大于 0，河道一直处于淤积状态。

(2) 同流量下，河道淤积比随着汇流比的增大而减小，在较小汇流比时河道由淤积转为冲刷，汇流比增大到一定程度（如 0.25 左右），河段淤积比达到最小淤积比后，淤积比随汇流比的增加而逐渐增大，河道由冲刷逐渐转为淤积。也就是说，同流量下嘉陵江汇流比很小（如小于 0.1）或者很大（如大于 0.4），河道基本上是淤积；当汇流比适中（如在 0.1~0.4 之间）时，河道基本上是冲刷。

(3) 在经常发生的流量和汇流比范围之内，汛前河道有冲有淤，以冲刷为主；汛期河道有冲有淤，以淤积为主，当流量大于 20000m³/s 时，河道恒为淤积；汛后河道有冲有淤，以冲刷为主，即河道处于冲刷走沙状态。

天然情况下，重庆主城区河段年内演变规律一般表现为"洪淤枯冲"，具体可概括为三个阶段：年初至汛初的冲刷阶段、汛期的淤积阶段、汛末及汛后的冲刷阶段，具有明显的周期性。天然情况下，重庆主城区河段处于长期冲淤平衡状态。重庆主城区河段冲淤特点与上述重庆河段是一致的。但是，由于近期长江上游来沙量大幅度减少，以及重庆主城

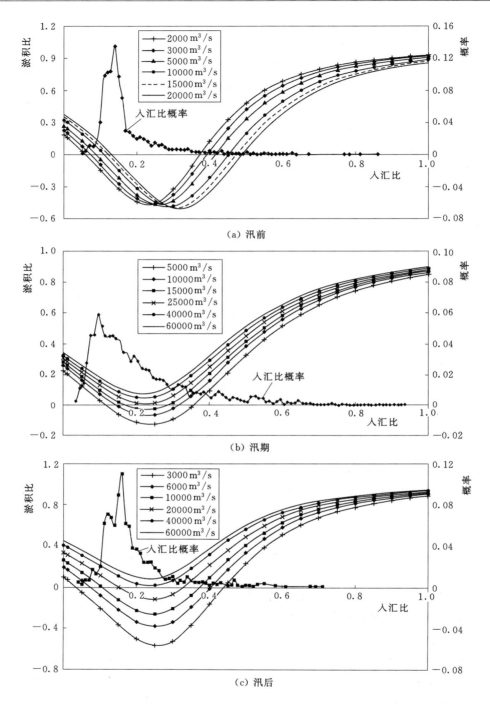

图 3.2-2　三峡水库蓄水运用前重庆河段淤积比与汇流比关系和汇流比概率分布

区河道采砂活动日益频繁，对河道冲淤带来明显的影响，使得 1980 年以来河道处于冲刷下切的状态（表 3.2-1）。由表可见，1980 年 2 月—2003 年 5 月重庆主城区河段冲刷量为 1247.2 万 m³，其中 1980 年 2 月—1996 年 12 月间河段冲刷量为 312.1 万 m³，1996 年 12

月—2002 年 12 月河段冲刷量为 416.2 万 m³，2002 年 12 月—2003 年 5 月冲刷量为 518.9 万 m³。

表 3.2 - 1 　　　　　　　　　　天然情况下重庆主城区河段冲淤量 　　　　　　　单位：万 m³

计 算 时 段		长江干流		嘉陵江	全河段
		朝天门以上	朝天门以下		
天然时期	岸线相对稳定　1980 年 2 月—1996 年 12 月	−147.2	−2.6	−162.3	−312.1
	重庆滨江路建设导致河道变窄　1996 年 12 月—2002 年 12 月	−180.8	−189.6	−45.8	−416.2
	2002 年 12 月—2003 年 5 月	−157.3	−273.4	−88.2	−518.9
	1980 年 2 月—2003 年 5 月	−485.3	−465.6	−296.3	−1247.2

3.2.2.2　三峡水库蓄水初期重庆河段冲淤变化

这里蓄水初期指三峡水库围堰发电期和初期运行期，在此期间重庆主城区河段尚未受三峡水库壅水影响，属自然条件下的冲淤演变。表 3.2 - 2 为三峡水库蓄水初期重庆主城区河段泥沙冲淤量统计表，三峡水库蓄水初期阶段重庆主城区河段泥沙冲刷量为 80.7 万 m³，其中三峡水库围堰蓄水期（2003 年 5 月—2006 年 9 月）泥沙冲刷量为 447.5 万 m³，三峡水库初期蓄水期（2006 年 9 月—2008 年 9 月）泥沙淤积量为 366.8 万 m³。

表 3.2 - 2 　　　　　　　　三峡水库蓄水初期重庆主城区河段冲淤量 　　　　　　　单位：万 m³

计 算 时 段		长江干流		嘉陵江	全河段
		朝天门以上	朝天门以下		
时期	围堰蓄水期（135～139m）（2003 年 5 月—2006 年 9 月）	−90.4	−107.6	−249.5	−447.5
	初期蓄水期（144～156m）（2006 年 9 月—2008 年 9 月）	−23.1	+353.5	+36.4	+366.8
	蓄水初期（2003 年 5 月—2008 年 9 月）	−113.5	+245.9	−213.1	−80.7
年内	汛前（12 月至次年 5 月）	−17.0	−110.1	24.1	−103.0
	汛期（5—9 月）	116.8	169.6	36.0	322.5
	汛后（9—12 月）	−145.9	−44.3	−109.9	−300.1

三峡水库蓄水初期阶段，重庆主城区河段汛前（12 月至次年 5 月）有冲有淤，以冲刷为主，年平均冲刷量为 103 万 m³；汛期（5—9 月）有冲有淤，以淤积为主，年平均淤积量为 322 万 m³；汛后（9—12 月）同样有冲有淤，以冲刷为主，年平均冲刷量为 300 万 m³。具有汛期河道淤积、非汛期河道冲刷的特点，与自然情况的河道冲淤一致，而且也与上述重庆河段的冲淤分析成果相同。进一步表明三峡水库初期蓄水对重庆主城区河段冲淤特点没有明显的影响。

3.2.2.3　三峡水库试验性蓄水期河段冲淤变化

三峡水库试验性蓄水后，重庆主城区河段的冲淤变化不仅受长江干流和嘉陵江的来水来沙及其组合的影响，还与三峡水库的运行水位密切相关。为了反映水库水位变化对河道冲淤的影响，根据试验性蓄水后重庆主城区河段地形测量资料和水库运行特点，把每个水文年分为汛期、蓄水期、消落期三个时期，分别给出各时期的冲淤量，见表 3.2 - 3。

试验性蓄水以来（2008 年 10 月—2013 年 12 月），重庆主城区河段实测累积冲刷量为

874.7 万 m³，其中滩、槽泥沙冲刷量分别为 181.5 万 m³ 和 693.2 万 m³；长江干流朝天门以上河段、以下河段以及嘉陵江河段全部表现为冲刷，泥沙冲刷量分别为 660.5 万 m³、99.0 万 m³ 和 115.2 万 m³。由于受到上游来沙量减少、河道采砂严重及水库蓄水运用的综合影响，河道除 2009 年淤积外，其他年份河段处于冲刷状态。

需要特别指出的是，近年来重庆主城区河道采砂活动频繁，统计的冲刷量中包括了河道采砂影响。据调查，2008—2013 年重庆主城区河段年采砂量在 200 万～400 万 t，与 2008 年 9 月试验性蓄水以来至 2013 年的年平均实测冲刷量接近。

表 3.2－3　　　　　三峡水库试验性蓄水期重庆主城区河段冲淤量统计表　　　　　单位：万 m³

计　算　时　段	长江干流		嘉陵江	全河段
	汇口以上	汇口以下		
2008 年 9 月—2009 年 6 月	−24.6	−37.4	−33.4	−128.8
2009 年 6 月 11 日—2010 年 6 月 11 日	−2.2	65.9	79.1	142.8
2010 年 6 月 11 日—2011 年 6 月 17 日	−19.8	1.1	−80.9	−99.6
2011 年 6 月 17 日—2012 年 6 月 12 日	−94.6	−67.8	−36.4	−198.8
2012 年 6 月 12 日—2013 年 6 月 13 日	−347.8	145.9	53.7	−148.2
2013 年 6 月 13 日—2013 年 12 月 9 日	−165.9	−105.1	−45.7	−316.7
2008 年 9 月—2013 年 12 月 9 日	−660.5	−99.0	−115.2	−874.7

河道上修建水库后，推移质因其颗粒较粗，容易在库尾沉积，发生"翘尾巴"现象。重庆主城区河段位于变动回水区范围内的上段，推移质淤积状况，特别是是否存在累积性淤积对三峡水库是否发生"翘尾巴"淤积十分重要。库尾淤积不仅与水流条件有关，而且与来水来沙条件有关。勘测设计单位根据对川江大量卵石推移质的测验、调查、试验和研究成果，表明川江砾卵石推移质的数量并不大。论证阶段朱沱和寸滩站实测年平均砾卵石推移质输沙量分别为 32.8 万 t 和 27.7 万 t，自 20 世纪 90 年代以来，进入三峡水库的沙质推移质和砾卵石推移质泥沙数量总体都呈下降趋势。如寸滩站 1991—2002 年沙质推移质和卵石推移质的年平均输沙量分别为 25.83 万 t 和 15.4 万 t，三峡水库蓄水运用后的 2003—2013 年年平均沙质推移质和砾卵石推移质输沙量仅分别为 1.47 万 t 和 4.36 万 t，比 1991—2002 年减少了 94％ 和 72％。三峡入库推移质输沙量大幅减小，主要与上游水库拦沙、水土保持及河道采砂增多等因素有关。重庆主城区推移质输沙量的大幅度减少（而且在今后相当长的时间内维持较低的水平），再加上河道采砂的影响，致使重庆主城区河段的推移质淤积较少，甚至呈现河段冲刷的现象。

3.2.2.4　重庆主城区河段走沙变化

长江上游一般坡陡流急，河床主要由卵石或卵石挟沙构成。朱沱站仅搜集到天然状况下的卵石资料，寸滩床沙资料较多，北碚站没有搜集到床沙资料，可采用寸滩站资料。据有关实测资料可以看出，朱沱站和寸滩站推移质泥沙粒径范围大约在 4.0～200mm 之间，床沙主要集中在 15～150mm 和 20～100mm 之间，对应的中值粒径分别为 35mm 和 55mm；蓄水初期和试验性蓄水期寸滩站河床泥沙粒径均集中在 10～100mm 之间，中值粒径约为 35mm。

采用床沙级配划分床沙质和冲泻质的方法，寸滩水文站5％床沙的细颗粒泥沙粒径为14mm，也就是说粒径小于14mm的悬移质泥沙为冲泻质，不参与河床造床，粒径大于14mm的悬移质泥沙参与造床。从实测来沙的悬移质泥沙级配可知，在悬移质泥沙中没有粒径大于14mm的泥沙，表明悬移质泥沙不参与寸滩水文站河段的造床。在现有的床沙资料条件下，朱沱站和北碚站不同时期的起动流量变化范围虽然有所变化，但变化不大，也就是说朱沱站和北碚站泥沙起动流量没有受到水库蓄水的影响；蓄水初期各站起动流量与天然情况床沙起动流量相差不大，试验性蓄水期寸滩站床沙粒径小于100mm的泥沙较蓄水运用前更加难以起动，粒径小于50～90mm的泥沙较蓄水初期难以起动。

关于三峡水库蓄水运用前重庆主城区河段走沙规律，有关部门开展了大量的水文观测，特别是对九龙坡、猪儿碛、金沙碛和寸滩等重点河段的冲淤进行了较为详细的测量，蓄水运用前走沙具有如下特点：

（1）2001—2003年实测资料表明，九龙坡、猪儿碛、金沙碛和寸滩四个河段总体情况为：9月中旬至9月30日的平均冲刷量约占9月中旬至12月中旬平均冲刷量的32.9％；9月中旬至10月15日的平均冲刷量约占9月中旬至12月中旬平均冲刷量的70.1％。

（2）1961年实测成果表明，猪儿碛河段9月12日—9月30日的冲刷量占汛后总冲刷量的73％，9月12日—10月15日的冲刷量占汛后总冲刷量93％；金沙碛河段9月13日—9月30日的冲刷量占汛后总冲刷量的58％，9月13日—10月15日的冲刷量占汛后总冲刷量的82％。

（3）由1992年及1994年至2002年10月中旬以后重点河段冲淤成果，得到10年汛后平均走沙量九龙坡为16.5万m³，猪儿碛为2.7万m³，金沙碛为2.8万m³，寸滩河段为9.8万m³，表明四个重点河段10月中旬以后平均走沙量不大。

（4）四个河段走沙量较大的部位主要分布于浅滩和边滩滩唇部位，深槽部位走沙量很少，与山区性河道冲淤规律基本一致。

综上所述，三峡水库蓄水运用前重庆主城区河段汛后9月中旬至10月中旬是主要走沙期，汛期淤积泥沙大部分被冲走，冲刷量一般可达50万～190万m³左右，占汛末及汛后冲刷总量的76％～91％，其中9月中旬至9月底的走沙量约占当年汛后走沙量的50％；10月中旬至12月下旬为次要走沙期，冲刷量不大。河段走沙量较大的部位主要分布于浅滩和边滩滩唇部位，深槽部位走沙量很少。

重庆主城区河段冲刷走沙主要是由汛后退水期水流归槽和输沙不饱和引起的，走沙期主要集中在每年9月中旬至10月中旬。三峡水库蓄水运用前，通过资料分析可初步求得重庆主城区河段的走沙条件：当寸滩站流量为25000～12000m³/s时，重庆主城区河段发生明显冲刷走沙；当寸滩站流量退至12000～5000m³/s时，河床有冲有淤，总趋势为冲刷，但走沙量相对不大；当寸滩站流量小于4000m³/s时，走沙过程基本结束。这一走沙条件与寸滩站断面不同河槽特征流量是一致的，也都在寸滩站断面床沙起动流量范围之内。

三峡水库蓄水初期，重庆主城区河段各年汛后走沙总量见表3.2-4。

表 3.2-4 　　　　长江重庆主城区河段三峡水库蓄水初期各年汛后走沙总量　　　单位：万 m³

走沙时段	年份	河　　段			
		汇合口以上	汇合口以下	支流嘉陵江	全河段
主要走沙期 （9—10 月）	2003	−77.1	−44.5	−36.4	−158.0
	2004	−228.4	−142.5	34.7	−336.2
	2005	−281.1	−68	−66.7	−415.8
	2006	36.6	142	61.9	240.5
	2007	69.0	47.5	−36.5	80.0
次要走沙期 （10—11 月）	2003	−36.4	6.0	−72.3	−102.7
	2004	−21.8	103	−142.3	−61.2
	2005	−76.5	−8.9	−79.5	−165
	2006	−48.2	−77.4	−17.0	−142.6
	2007	−30.2	72.7	23.7	66.1
全部走沙期 （9—11 月）	2003	−113.5	−38.5	−108.7	−260.7
	2004	−250.2	−39.5	−107.6	−397.4
	2005	−357.6	−76.9	−146.2	−580.8
	2006	−11.6	64.6	44.9	97.9
	2007	38.8	120.2	−12.8	146.1

由表 3.2-4 可见：

（1）三峡水库围堰蓄水期重庆河段走沙过程与天然情况基本一致，汛期淤积量越大，走沙量也越大。重庆河段 2003 年、2004 年和 2005 年汛末流量回落前的淤积量分别为 390.6 万 m³、481.7 万 m³ 和 979.7 万 m³，走沙量分别达到 260.7 万 m³、397.4 万 m³ 和 580.8 万 m³。

（2）在三峡水库初期蓄水期，重庆河段 2006 年和 2007 年寸滩站汛期流量较小，淤积量较小，走沙过程不明显，甚至该河段在走沙期发生淤积。

三峡水库蓄水初期河道冲淤特点、走沙过程与天然情况基本一致，其走沙条件与天然情况也是相当的。当寸滩站汛末流量退至 25000～15000m³/s 时，河段走沙明显，为主要走沙期；寸滩站流量退至 15000～7000m³/s 时，走沙过程不明显，为次要走沙期；当寸滩站流量退至 7000～5000m³/s 时，重庆河段走沙过程结束，河段还可能发生淤积。

表 3.2-5 和表 3.2-6 分别为试验性蓄水期重庆主城区河段蓄水期和消落期走沙统计，试验性蓄水期走沙具有如下特点：

（1）三峡水库试验性蓄水期，年内洪水期（6—9 月）水库基本处于畅泄状态，与天然状态冲淤特性一致，重庆主城区河段有冲有淤，总体仍处于淤积状态，多年平均淤积量为 30.5 万 m³，是主城区河段河床淤积期。

（2）重庆主城区河段在汛后蓄水期（9—12 月）的初期为冲刷走沙状态，中后期为淤积状态，总体处于淤积状态，多年平均淤积量约为 17.0 万 m³；汛末（9 月中旬至 10 月中旬）水库虽然处于蓄水状态，但蓄水对重庆主城区河段的影响较小，河段仍处于走沙状态，随着蓄水位的抬高，蓄水对主城区河段的影响逐渐显现，河段由水库蓄水运用前和蓄水初期的走沙状态转化为淤积状态，使得9—12月的蓄水期总体处于淤积状态，走沙期较蓄水运用前和蓄水初期明显缩短。2008年和2009年主要走沙期集中在9月中旬至10月中旬，分别为30天和27天，而2010年和2011年主要走沙期则集中在9月下旬的13天内；2008—2011年蓄水期间重庆主城区河段冲淤量分别为冲刷128.8万m³、冲刷77.7万m³、淤积45.7万m³和淤积26.6万m³。

（3）重庆主城区河段在消落期（12月至次年6月）的初期和中期一般处于淤积状态，后期河段处于冲刷走沙状态，总体处于冲刷走沙状态，多年平均冲刷量约为168.1万m³。三峡水库蓄水至175m高程后，初期和中期水位消落速度较慢，水库蓄水对重庆主城区具有壅水作用，河段处于淤积状态；在消落期末，水位消落速率加大，水面比降和水流流速增加，河段处于冲刷走沙状态；整个消落期河段总体上处于冲刷状态。除2010年汛前因前期淤积较少、汛前冲刷不明显外，2009年、2011—2013年汛前泥沙冲刷量分别为125.4万m³、264.3万m³、302.1万m³和329.6万m³，见表3.2-6。

表3.2-5　　　　长江重庆主城区河段三峡水库试验性蓄水期各年汛后走沙量　　　　单位：万m³

计　算　时　段		长江干流		嘉陵江	全河段
		汇合口以上	汇合口以下		
主要走沙期	2008年9月15日—10月15日	−126.1	−94.9	−67.5	−288.5
	2009年9月12日—10月9日	−38.5	56.9	−18.1	0.3
	2010年9月18日—9月30日	−125	−4.2	−23.8	−153
	2011年9月18日—9月30日	6.2	17.5	−67.4	−43.7
次要走沙期	2008年10月15日—11月15日	101.5	57.5	0.7	159.7
	2009年10月9日—11月16日	−8.6	−15.3	−54.1	−78
	2010年9月30日—11月18日	89.4	52.4	56.9	198.7
	2011年9月30日—11月18日	21.6	−15.9	64.9	70.3
全部走沙期	2008年9月15日—11月15日	−24.6	−37.4	−66.8	−128.8
	2009年9月12日—11月16日	−47.1	41.6	−72.2	−77.7
	2010年9月18日—11月18日	−35.6	48.2	33.1	45.7
	2011年9月18日—11月18日	27.8	1.6	−2.5	26.6

表3.2-6　　　　长江重庆主城区河段三峡水库试验性蓄水期各年消落期走沙量　　　　单位：万m³

计　算　时　段	长江干流		嘉陵江	全河段
	汇合口以上	汇合口以下		
2008年12月—2009年6月	−73.7	−33.5	−18.2	−125.4
2009年11月—2010年6月	70.4	16.1	94.3	180.8
2010年12月—2011年6月	−84.8	−113.6	−65.9	−264.3
2011年12月—2012年6月	−178.1	−51.4	−72.6	−302.1
2012年10月—2013年6月	−273	0.4	−57	−329.6

（4）试验性蓄水期，重庆主城区河段汛期处于淤积状态，汛后蓄水期初期仍然为走沙阶段，蓄水期的中后期为淤积阶段，汛前消落期初期和中期河段处于淤积状态，末期处于冲刷走沙阶段。与蓄水运用前和蓄水初期相比，重庆主城区河段走沙期明显缩短，走沙规律发生变化，走沙期为汛末和汛初时段。但是，由于来沙量大幅度减少和河段采沙的影响，实测走沙量明显增加，全年重庆主城区河段冲刷下切。

三峡水库试验性蓄水期，重庆主城区河段走沙过程受蓄水回水的影响，较天然情况和蓄水初期发生很大的变化，各年走沙情况和条件分析如下：

（1）试验性蓄水开始年为 2008 年，汛末为主要走沙期（9 月中旬至 10 月中旬），三峡水库试验性蓄水对重庆河段的影响尚未显现，与天然情况基本一致，当寸滩流量减小至 $25000 \sim 15000 \mathrm{m}^3/\mathrm{s}$ 时，河道走沙量及走沙强度较大，河道内汛期的淤积物被冲刷；其后的次要走沙期（10 月中旬以后），受三峡水库试验性蓄水回水的影响，河段发生淤积。

（2）2009 年，重庆主城区河段汛期淤积较少，汛后寸滩流量降至 $25000 \mathrm{m}^3/\mathrm{s}$ 以下后，主要走沙期和次要走沙期均有一定走沙能力，汛期淤积得到全面冲刷。

（3）2010 年和 2011 年，重庆主城区河段汛后走沙时间进一步缩短，主要发生在 9 月下旬，寸滩流量减小至 $25000 \sim 15000 \mathrm{m}^3/\mathrm{s}$ 时，冲刷量分别为 153 万 m^3 和 43.7 万 m^3，其后受水库蓄水的影响，走沙明显减弱，甚至发生淤积。

（4）2012 年和 2013 年，从全年的冲淤综合情况来看，汛末或汛后寸滩站流量下降至 $25000 \mathrm{m}^3/\mathrm{s}$ 时，河段发生冲刷；从其后的蓄水期及下一年汛前消落期综合情况来看，河段总体发生冲刷。

3.2.3 重庆主城区河段的航运条件与调控措施

重庆主城区河段两岸有众多港口码头，主要有新港作业区、九龙坡作业区、朝天门中心作业区以及寸滩作业区，对重庆市的发展起着不可替代的作用。重庆主城区河段即为川江著名的弯窄浅险河段，分布众多碍航浅滩。

3.2.3.1 重庆主城区河段的航运条件变化

三峡水库蓄水运用以来，特别是试验性蓄水后，水库回水变动区的航道尺度提高，航运条件大幅度改善。三峡水库 175m 试验性蓄水后，变动回水区上段（重庆以上河段）蓄水期航道条件有一定的改善，1—5 月消落期部分区段航道条件比较紧张，5—10 月中旬航道条件与天然航道基本一致；中洪水期最小维护水深得到显著提升，但消落期（1—5 月）最小维护水深仍停留在 2.7m，并未得到有效提升，分月维护水深见表3.2-7。

表 3.2-7 三峡水库变动回水区江津—重庆河段航道各月维护水深

年份或时段	分 月 维 护 水 深/m											
	1月	2月	3月	4月	5月	6月	7月	8月	9月	10月	11月	12月
2005 年	2.7	2.7	2.7	2.7	2.9	3.0	3.0	3.0	3.0	3.0	2.9	2.7
2006—2010 年	2.7	2.7	2.7	2.7	3.0	3.0	3.0	3.0	3.0	3.0	3.0	2.7
2011—2012 年	2.7	2.7	2.7	2.7	3.5	3.5	3.7	3.7	3.7	3.5	3.2	2.7
2013 年	2.7	2.7	2.7	2.7	3.5	3.5	3.7	3.7	3.7	3.5	3.2	2.7

三峡水库自蓄水运用以来，特别是试验性蓄水以来，变动回水区上段（江津—重庆河段）航道条件发生一定的变化。重庆主城区河段位于回水变动区的上段，河段内航运发达，港口码头和船只密布，河段泥沙冲淤变化及其对航运的影响已成为试验性蓄水期众所关注的敏感问题。三峡水库蓄水运用后，变动回水区上段的航道冲淤变化特点如下：

（1）变动回水区河段航道年内冲淤过程主要表现为：汛期与天然情况冲淤规律一致，卵砾石运动明显，汛期会发生一定的卵石淤积；汛后9月中旬至10月中旬，未受蓄水影响，洪水期退水冲刷作用明显，汛期淤积泥沙得到冲刷，10月中旬后，逐渐受三峡水库蓄水影响，水动力条件减弱，卵砾石、细沙逐渐淤积在河段内，蓄水期航道基本稳定；消落期（1—5月）航道自上而下逐渐进入天然状态，水动力条件逐渐加强，泥沙逐渐开始冲刷下移，航道主要表现为冲刷，此时长江上游正值枯水期，主流集中在主槽，泥沙输移主要集中在主航槽。

（2）试验性蓄水以来，河段大规模细沙累积性淤积表现不明显，与来沙量大幅度减少和河道采砂有关，河段主航道河床组成以卵砾石为主。

（3）泥沙淤积主要体现在消落期卵砾石不完全冲刷及消落初期卵砾石在主航道内集中输移引起的微小淤积。由于消落期航道富余水深不大，但虽然泥沙淤积量不大，但对航道条件影响较大。碍航较为明显的区域主要集中在重庆主城区河段的胡家滩、三角碛、猪儿碛。

（4）变动回水区上段从天然河段过渡至库尾段，航道条件较差，消落期常发生事故。从数量上看，试验性蓄水后的第一个消落期（2009年汛前）事故比较多。发生这类事故的原因是多方面的，从客观上说，主要是前期泥沙淤积导致航槽移位或淤高的河床未及时冲刷，而此时流量又较小，因而航深不足；同时试验性蓄水后部分河段的冲淤规律有所变化，出现了一些人们不熟悉的新情况，如推移质的积聚和游移等。

（5）在消落期，重点航道不仅存在累积性淤积，而且航道流态不稳定。根据消落期典型航道流速、流向及河中心比降测量结果表明，当坝前水位为163.91m、上游来流量为3630m³/s时，九龙滩港区流速在2.5m/s以上，最大达到3.37m/s，比降为0.2‰左右，最大达到2‰；三角碛主航道流速为1.7～2.43m/s，比降为−1.2‰～1.3‰。当坝前水位为153.8m、上游来流量为4100m³/s时，九龙滩港区流速在2.67m/s以上，最大达到3.82m/s，比降在0.4‰以上；三角碛主航道流速为0.75～2.44m/s，比降为−1.0‰～0.8‰。可见消落期重庆主城区河段仍有较大流速，对航道泥沙进行冲刷，航道流态较差。

作为敏感和重要的航道，三峡水库试验性蓄水后，重庆主城区河段航道条件发生变化，每年壅水状态和天然状态交替，冲淤变化频繁。当坝前水位175m时，寸滩水位抬高范围为7～17m，重庆主城区航道约有半年时间得到较大的改善。据观测资料显示，重庆主城区河段年内汛期淤积的细颗粒泥沙在消落期基本能够得以冲刷，对航道条件影响较大的仍然以粗颗粒泥沙和卵砾石为主。当坝前水位消落到165m及其以下时，河段自上而下恢复天然情况，此时一般处于每年的2—5月，流量较小，汛期淤积的细沙和卵砾石往往难以全部冲刷掉，这些累积淤积泥沙会对航道产生影响。也就是说，重庆主城区河段的碍航机理是：卵砾石不完全冲刷及消落初期集中输移引起的淤积，因消落中后期流量较小，难以把前期淤积的卵砾石和细沙全部冲刷，枯水河槽内卵砾石局部淤积引起碍航，而且碍航浅滩位置较为固定。

3.2.3.2　碍航事故及成因分析

在三峡水库消落期，重庆主城区河段水位下降，比降、流速加大，引起航道条件变化。2009 年 4 月底、2010 年 2 月底、2011 年 4 月中旬、2012 年 5 月上旬和 2013 年 5 月初降到坝前水位 160m，重庆主城区河段处于天然状态，河床地形若没有恢复到前期状态，特别是在一些重点河段，就会出现碍航事故。从重庆几个轮船公司收集的资料来看，2009—2013 年重庆主城区河段出现了 48 起船舶搁浅现象和事故，其中 2009 年、2010 年、2011 年、2012 年和 2013 年出现的船舶搁浅事故分别为 7 次、25 次、4 次、8 次和 4 次。2009 年出现事故主要集中在 3—5 月，2010 年主要发生在 1—6 月，2011 年主要发生在 3—5 月，2012 年主要出现在 5—6 月，2013 年则主要出现在 1—3 月。显然，河段事故主要集中在消落期（1—5 月），该时段航道恢复为天然状态，入库流量较小，水位较低，容易发生搁浅事故。从事故数量上看，试验性蓄水后的第一个消落期（2009 年汛前）和第二个消落期（2010 年汛前）事故比较多。

结合重庆主城区重点河段发生碍航事故的特点，通过调研及资料分析，回水变动区重点河段发生海损事故的原因主要有以下几个：

（1）航运标准和航道要求的变化。随着重庆市航运发展的要求，船舶吨位与航运量都有较大幅度的增加，重庆主城区河段的航运标准与航道要求也将相应提高，当新的航运标准和航道要求没有得到满足时，船舶将可能会出现碍航事故。

（2）航道泥沙淤积。汛期与天然情况冲淤规律一致，卵砾石运动明显，汛期会发生一定的卵石淤积；10 月中旬后，水库蓄水造成河道卵砾石、细沙逐渐淤积在河段内，消落期泥沙逐渐开始冲刷下移，若不能把前期淤积泥沙完全冲走，特别是粗颗粒泥沙，将会存在碍航可能。

（3）水流条件变化。三峡水库试验性蓄水后，消落期水库调度：①消落初期，水位降落缓慢，库水位维持较高，对于改善变动回水区航道条件较为有利，从变动回水区上段的三角碛事故情况可以看出，2010 年、2011 年三角碛事故均为 6 起，主要发生在 1 月至 4 月初，2012—2014 年事故有所减少，2012 年、2014 年仅有 2 起，除与水库水位较高影响外，航道部门提前疏浚也有一定关系，但总体而言消落初期航道条件有所改善；②消落期末，坝前水位快速消落，日平均降幅 0.4m 左右，甚至达到 0.5m，水位快速消落，回水末端附近水流条件恶化造成碍航，2014 年铜锣峡至长寿段 2014 年 5 月 19 日至 6 月 5 日（16 天）共发生事故 15 起，其中 5 月 20 日一天就发生 4 起事故。

（4）上游来水情况。从事故数据看出，消落期来水丰则事故少（如 2012 年），来水枯则事故多（如 2010 年、2013 年和 2014 年），特别是 4 月中旬至 5 月底，如果上游来流偏枯，此时库水位快速消落，变动回水区航道条件有所恶化，事故增多。

（5）库水位快速消落期间水流条件变化。船舶行船主要根据当地水流条件确定船舶航路和航法，船员基本有一定的操作规程或经验，由于坝前水位快速消落，造成滩险附近水流条件较天然河段有较大变化，特别是在水库与天然河段交界区域，水流特性出现明显变化，对行船人员造成较大的误导作用，也造成事故增加。

3.2.3.3 重庆主城区河段碍航调控措施

三峡水库蓄水运用后，库区航运条件发生大幅度改善，但是在变动回水区范围内，特别是在变动回水区中上段（江津—长寿河段）仍然会发生局部碍航问题。为了应对三峡水库试验性蓄水后泥沙淤积对航道条件的影响，除了开展一些航道整治与建设的工程措施外，还可以采用挖沙疏浚的措施，在重庆主城区河段开展了试验性、维护性、应急性疏浚工程，缓解泥沙淤积造成的影响，同时进行水库调度和开展船舶运营管理，减少碍航事故的发生。就目前的航道情况和水库运行技术水平而言，挖沙疏浚仍然是维护航运条件最有效的措施。

三峡水库航道条件的改善，除了充分利用三峡水库蓄水予以改善外，航道部门还针对不同蓄水阶段的航道特点，在 $135\sim139$m 蓄水期、$144\sim156$m 蓄水期和 175m 试验性蓄水期三个时期进行了一系列的航道建设，特别是试验性蓄水以来，变动回水区开展了多项航道建设工程，包括铜锣段炸礁工程、木洞段航标设施完善建设工程、变动回水区碍航礁石炸除一期工程。

另外，三峡库区航运效益的提升，也极大地促进了长江上游的航运发展。交通运输部于 2005—2009 年对重庆—宜宾河段航道进行了整治，使航道等级提升至Ⅲ级，改善了该河段航道条件，主要包括泸渝（泸州纳溪—重庆莲溪沟）河段航道建设工程和叙泸（宜宾—泸州）河段航道建设工程。

三峡水库 175m 试验性蓄水后，库区回水上延至江津，交通运输部根据三峡后续工作规划安排，2010—2014 年逐年对重点碍航水道实施维护性疏浚，保证了重庆主城区河段航运通畅。通过近几年的积极探索，已经形成了较为完整的应急清淤机制，为保障消落期变动回水区航道畅通提供有力支撑。

发生碍航事故的原因是多方面的，从客观上说，主要是前期泥沙淤积导致航槽移位或淤高的河床未及冲刷，而此时流量又较小，因而航深不足；同时试验性蓄水后部分河段的冲淤规律有所变化，出现了一些人们不熟悉的新情况，如推移质的积聚和游移等。回水变动区的泥沙淤积问题，除采用航道整治、挖泥疏浚等措施处理外，还可以通过水库调度措施来改变回水变动区的水流条件，减少泥沙淤积，特别是推移质泥沙的淤积，加大航道水深。

在消落期，当坝前水位消落在 165m 及以下时，河段自上而下恢复天然情况，此时一般处于每年的 2—5 月，流量较小，汛期淤积的细沙和卵砾石往往难以全部冲刷掉，这些累积淤积泥沙会对航道产生影响，特别是当坝前水位快速消落时，回水末端附近的水流条件变化造成碍航的几率大大提高，因此，三峡水库坝前水位降落不宜过快。

在主观上，则是在新的条件下管理、运行方面需要有一个适应和摸索的过程，需要提高船舶运营管理水平。例如，针对航深紧张、部分船舶吃水超标的现象，重庆海事部门要求在整个消落期主城区河段的船舶减载，将吃水深度控制在 2.4m（船舶载重不超过1000t），结果事故明显减少。胡家滩河段右槽淤积较多而两岸码头众多、江面船舶密集、船舶尺度巨大，水位消落出浅时，挖泥船布设钢缆对过往船舶影响较大，施工与通航的矛盾特别突出，航道部门提前安排在 2010 年 12 月高水位时对此河段进行预先疏浚，这对保障该河段下一个消落期的航行安全十分有利。当然，这种方法要求对河段内的淤积发展趋势有明确的预测，做到有的放矢。

在近期，当淤积量不是很大的情况下，通过不断总结经验，加强和改进管理，提前、及时进行疏浚，加上适当调度库水位，便有可能将本河段冲淤变化对航运的影响大大减少，避免船舶搁浅等事故的发生，近几年发生事故的次数已明显减少。

3.3 水库泥沙絮凝现状与机理

通过三峡水库野外观测与资料分析，结合室内概化模型试验，研究了三峡水库泥沙絮凝的机理以及对泥沙沉降的影响。

3.3.1 泥沙絮凝研究现状

对絮凝过程的研究有三个重要阶段，即 M. von Smoluchowski 的絮凝动力学理论，胶体稳定性（DLVO）理论，以及分形几何理论，其中以 DLVO 理论为代表的胶体稳定理论是解释絮凝发生的基础理论和基本原理，絮凝动力学理论和分形几何理论可以在絮凝机理的基础上直观描述絮凝的发生和发展过程。因此，研究泥沙絮凝的基础在于絮凝基本原理，即如何将 DLVO 理论用于解析泥沙絮凝过程，在此基础上量化各种影响因素对泥沙絮凝过程的影响。

DLVO 理论基于双电层理论，对水体中离子絮凝作用机理进行量化描述，解析离子对于泥沙絮凝过程的作用原理。该理论在 20 世纪 40 年代由苏联学者 B. V. Deryagin 和 L. Landau，以及荷兰学者 E. J. Verwey 和 J. T. G. Overbeek 分别提出，经过大量试验和观测，证明此理论能够解释实际发生的基于离子作用的絮凝现象。对于天然水体中泥沙的絮凝，大量试验和观测结果说明，其絮凝的基本动力来源于颗粒表面离子所带电荷的作用力，因此，对于这类问题的研究，可以采用 DLVO 理论作为絮凝的基本原理。

3.3.1.1 泥沙颗粒絮凝的微观机理

泥沙颗粒大都是铝或镁的硅酸盐晶体，根据其分子结构不同分为各种不同的矿物和土体。由于矿物表面离子的同晶代换，低价阳离子（如 Mg 离子、Fe 离子、Zn 离子）等置换了晶体中的 Si 离子，使颗粒表面带负电，因而在水体中吸引反离子，即阳离子，以保持电中性，从而在颗粒表面形成双电层，如图 3.3-1 所示。

分散在水体中的极细泥沙颗粒因布朗运动和沉降速度极小而具有沉降稳定性，而微粒因表面电荷相互排斥而具有聚合稳定性。聚合稳定性的破坏会产生絮凝现象，同时也会破坏体系的沉降稳定性，加速泥沙的沉降速度。

聚合稳定性的破坏一般有两种机理：一种是通过克服微粒间静电斥力后由范德华力（Van der walls force）引起颗粒的相互聚结长大，称为凝聚；另一种是由线型的高分子化合物在微粒间"架桥"连接而引起微粒的聚结，称为絮凝。通常所称的絮凝同时包含这两种作用。

凝聚作用与水中离子有关，DLVO 理论认为，当增大电解质浓度或反离子（一般是阳离子）价数时，颗粒表面双电层会被压缩，从而使综合位能曲线（图 3.3-2）上势垒高度降低，增大颗粒间碰撞、凝聚的几率。

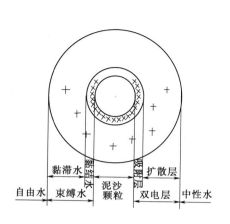

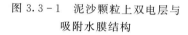

图 3.3-1 泥沙颗粒上双电层与
吸附水膜结构

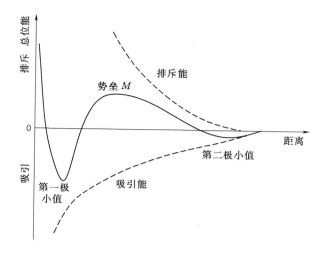

图 3.3-2 综合位能曲线

有机物通过架桥作用可以促成泥沙颗粒絮凝，其絮凝原理较为简单，而且，在天然水体中，能溶于水且能够促成泥沙颗粒絮凝的有机物较少，一般不会对泥沙絮凝产生较大影响，因而在很多天然水体泥沙絮凝沉降研究中只针对离子絮凝（凝聚作用）进行研究和分析。由于水体环境本身比较复杂，加之泥沙颗粒运动本身也极其复杂，因此影响泥沙絮凝的因素众多，要理清泥沙的絮凝沉降规律，除了基本的絮凝原理，还得了解各种因素对泥沙絮凝沉降过程的影响，这也是泥沙絮凝研究中最热门的主题，许多学者都对此进行了细致的研究。张志忠[17]研究了长江口细颗粒泥沙的粒度、矿物、电荷与泥沙絮凝的关系。蒋国俊[18]应用模型分析中的关联度分析理论，分析了影响细颗粒泥沙絮凝沉降的主要因素，指出影响细颗粒泥沙絮凝沉降的主要因素依次为水温、沉降历时、盐度、粒度、含沙量和流速，其中盐度和粒度是阈值型影响因素，沉降历时、含沙量和流速是连续型影响因素，水温是具有阈值型和连续型双重特性的影响因素；只要阈值型影响因素达到或超过了阈值，细颗粒泥沙就发生絮凝作用，阈值型影响因素的变化对沉降强度影响不大；连续型影响因素对细颗粒泥沙絮凝沉降的影响是连续的，它们不仅影响絮凝作用的发生，而且影响絮凝沉降强度。陈庆强[19]研究了影响长江口细颗粒泥沙絮凝的若干因子，包括水体盐度、水温、含沙量、粒度、流速及水化学要素（包括 pH 值、有机质含量、阳离子浓度等）。金鹰[20]认为影响长江口黏性细颗粒泥沙的因素很多，机理也较复杂，主要有内因、外因两个方面，内因主要是泥沙矿物成分、粒径大小、有机质含量等，外因主要为介质水的含盐度、离子价数、含沙浓度、流速、pH 值等。吴荣荣[21]认为影响钱塘江口泥沙絮凝的因素很多，除了电解质，还有泥沙粒径的大小、盐度、含沙量、pH 值、温度、有机质含量、矿物成分、水流速度及紊动情况等。王保栋[22]对河口细颗粒泥沙絮凝作用的研究工作进行了综合评述，通过分析认为河口细颗粒泥沙絮凝作用的影响因素除了其本身的表面电荷及盐度、有机物等水化学因素外，水流切应力是影响絮凝的又一重要因素。

3.3.1.2 絮凝体沉降速度的研究

泥沙絮凝所形成的絮团，其密度一般远小于单颗粒泥沙的密度，而且，由于构造不同于单颗粒泥沙，其沉速难以用单颗粒泥沙沉速公式来估算。陈洪松[23]在静水沉降试验中发现，在相同盐度下，细颗粒泥沙的絮凝沉降速度随电解质浓度的增大而增大。有鉴于此，王家生[24]将离子浓度加入到泥沙沉速公式中，以考虑絮凝作用对泥沙沉速的改变；显然，此公式对于静水沉降可以采用，但对于河流中流动的天然水体，这样的考虑并不够周全，因为絮凝不仅与离子浓度有关，水流的运动状态对于絮凝形成、破坏及下沉也很重要。周海[25]等人以流速为主要参变量，在水槽中进行细颗粒泥沙絮凝沉降试验，结果显示，动水絮凝沉降速率和沉降量受到碰撞絮凝概率与剪切破碎概率、絮凝体所受外力与本身抗力两大关系的制约。而这两大关系都受流速的影响，流速成为制约絮凝沉降速率和沉降量的主要因素。

絮团的容重是影响絮凝的重要因素，而絮团的容重在很大程度上取决于絮凝体的结构，因此，对于絮团结构的研究也备受重视。柴朝晖[26]利用 SEM 图像分析法和统计学方法，研究了黏性细颗粒泥沙絮体孔隙大小、形状及孔径分布，同时探讨了絮体孔隙大小及孔径分布与絮体沉速之间的关系，在此基础上又引入分形维数来描述泥沙絮凝体的结构，结果显示，淤泥絮体孔隙二维分形维数与絮体沉降速度之间存在一定的联系，可用孔隙二维分形维数的大小近似反映淤泥沉降的快慢。金同轨[27]、谭万春[28]等用分形理论模拟研究黄河泥沙颗粒在高分子絮凝剂作用下的絮凝体结构。洪国军[29]则以分形生长理论为基础，使用改进的受限反应絮团聚集（RLCCA）模型，在计算机上模拟颗粒泥沙悬浮体系的絮凝-沉降过程。王龙[30]考虑了泥沙颗粒在水中的多体相互作用和颗粒间的 XDLVO 势，分析了盐度、泥沙浓度、Hamaker 常数、水合作用对泥沙絮凝沉降的影响，获得了泥沙絮凝沉降速度的拟合公式。张金凤[31]从微观结构出发，研究絮团运动机理，由扩散受限絮体聚集模型生成大小不同的分形絮团，引入格子 Boltzmann 方法模拟三维分形絮团的静水沉降，获得了絮团沉降速度的变化过程。

对于黏性细颗粒泥沙来说，最重要的是能够简单而准确计算其絮凝沉降速度，以评估絮凝对于细颗粒泥沙沉降及河床冲淤的影响，而目前缺少的恰恰就是能够考虑所有因素且较为准确反映絮凝后泥沙沉降过程的方法。因此，在理清泥沙絮凝的基本原理、分析其影响因素的前提下，将影响絮凝的关键因素纳入絮凝沉降速度计算，才能从根本上解决泥沙絮凝沉降问题。

3.3.1.3 絮凝室内试验及现场观测方法

试验及观测是检验理论方法或结果最为直接和客观的方法。但是，由于泥沙絮凝很难直接被肉眼所观察，即使借助显微镜等设备，也需仔细辨别才能分辨出试验是否发生了絮凝以及絮团的尺寸。因此，研究絮凝问题不仅存在理论上的困难，在试验及观测方面也存在困难。目前，国内外已有学者对室内试验、甚至野外现场进行絮凝过程絮团结构观测，观测设备以粒度仪为主。

陈锦山[32]利用现场激光粒度仪（LISST—100）观测了长江流域干流 4050km 河段上 13 个主要站位的絮团大小特征，对比分散粒径和悬浮物浓度，得到长江干流水体的现场悬浮物絮团粒径平均为 $35\mu m$（洪季），泥沙中值粒径平均为 $5\mu m$。李秀文[33]也是利用现场激光粒度仪 LISST—100 在长江口水域进行了大范围絮凝体测验。程江[34]2003 年 6 月利用现场激光粒度仪在不扰动的情况下，获取了长江口徐六泾处悬浮细颗粒泥沙絮凝体的现场粒径系列资料，应用谱分析方法研究了絮凝体粒径在大小潮、表底层的变化规律。Mikkelsen[35]也曾用激光粒度仪现场观测了 North Sea 和 Horsens Fjord 两处沿海水域的泥沙絮凝粒径。这些观测结果都说明该仪器能够用于测量絮团粒径，但是无法观测絮团沉速。

3.3.2 水库泥沙絮凝现场观测与分析

3.3.2.1 三峡水库水体背景资料解析

三峡水库主要离子浓度见表 3.3-1。由表可见，阴离子浓度最大为硫酸根，变化范围为 19.19～23.52mg/L 之间，变异系数为 5.5%；其次为氯离子，变化范围为 6.51～0.02mg/L 之间，变异系数为 13.5%；最小为氟离子，其在三峡库区水体中含量最稳定，浓度基本无变化。阳离子浓度最大为钙离子，变化范围为 38.51～47.35mg/L 之间，变异系数为 6.7%；其次为钠离子，变化范围为 13.58～20.54mg/L，变异系数为 1314%；再次为镁离子，变化范围为 11.58～14.98mg/L，变异系数为 812%；最小为钾离子，变化范围在 2.80～4.36mg/L，变异系数为 13.2%。

表 3.3-1 　　　　　　　　　　　　三峡水库主要离子浓度 　　　　　　　　　　单位：mg/L

采样点编号	F^-	Cl^-	SO_4^{2-}	Ca^{2+}	Mg^{2+}	Na^+	K^+
1	0.45	8.71	21.34	43.72	13.51	18.53	3.46
2	0.47	10.02	22.04	38.51	12.88	17.53	2.80
3	0.47	8.51	21.56	42.55	14.52	19.57	3.32
4	0.46	8.78	22.97	46.05	14.99	20.05	3.44
5	0.45	7.48	21.49	47.22	14.44	18.55	4.36
6	0.46	8.24	23.52	46.62	14.97	20.54	3.43
7	0.47	8.23	21.45	45.70	14.98	19.46	4.14
8	0.46	7.10	19.19	46.45	12.91	15.39	3.11
9	0.45	7.22	0.06	44.32	13.9	16.39	3.30
10	0.47	6.56	21.78	47.35	12.77	14.50	3.56
11	0.47	6.51	21.05	39.92	11.58	13.58	3.01

根据三峡水库入库流量与过流面积可以大致估算出库区的平均流速，非汛期蓄水发电时，坝前平均流速在 0.1m 左右；汛期水位降低，加之入库流量加大，平均流速增大，可达 0.7m 以上。从流速的空间分布来看，由于过水面积沿程增加，相应的断面平均流速沿程减小。

三峡水库蓄水运用后库区干流泥沙含量仍存在季节性变化特征，但差异程度已较蓄水运用前大为降低。从寸滩断面来看，蓄水运用后，库尾水域泥沙含量的季节性变化特征仍然非常明显，但泥沙含量较蓄水运用前已有明显下降。从万州沱口断面和坝上太平溪断面来看，库中和库首水域泥沙含量的季节性差异在蓄水运用后显著减小。库中的万州沱口断面泥沙含量在 2011 年汛期最高值约为 120mg/L，而在蓄水运用前的 2001 年汛期最高值约为 1200mg/L。坝上太平溪断面在 2011 年汛期最高值仅为 49mg/L，而在蓄水运用前的

2001 年汛期最高值为 1629mg/L，可见蓄水运用后库区干流泥沙含量的下降主要发生在汛期。

三峡水库在蓄水运用初期，2003 年 6 月至 2004 年 6 月的监测结果显示，最高水温约为 25℃，出现在 7 月末 8 月初；最低水温约为 10℃，出现在 2 月。蓄水运用初期水库水体没有出现明显的水温分层现象。

根据目前已经收集的三峡水库水体环境因素，包括水体主要阳离子种类和含量、水流流速、含沙量、泥沙级配及水温变化等，结合前面的泥沙絮凝基本原理及影响因素的范围，可以初步分析得出三峡水库水体环境具备了泥沙絮凝的环境要素，可能存在泥沙絮凝。

3.3.2.2　三峡水库絮凝程度现场取样资料分析

为了进一步证实三峡水库存在泥沙絮团，在库区选取有可能产生絮凝的位置取样，采用级配对比方法分析是否存在絮团及絮团的基本特征。具体的研究方式为：采用 LISST 现场观测水体中的泥沙粒径级配，并将取出的水样带回实验室，用双氧水除去水中的有机物，用偏磷酸钠中和水中阳离子，基本将有助于泥沙絮凝的因素消除；然后采用超声波振荡的方式破坏水体中可能存在的泥沙絮团，将泥沙分解成单颗粒，之后采用马尔文激光粒度仪测得室内级配，最后与现场观测级配进行对比，分析出水库中是否存在泥沙絮团。现场观测和室内试验测量仪器在正式测量之前进行了对比校正，确保数据不会出现系统性偏差。

在三峡库区布置了两个河段进行现场观测，分别是奉节河段和庙河—坝前河段，其具体位置如图 3.3-3 所示。奉节河段布设有 S113、S114、S116、S118 共 4 个断面，44 条垂线，308 个测点；庙河—坝前河段布设有 8 个监测断面，除坝前 DX01 断面布置 3 条垂线外，其余 7 个监测断面上各布置 10 条垂线，每条垂线从水面至河床依据相对水深布置 7 个测点，总计 73 条垂线，511 个测点。现场测量时间为 2013 年汛期 7 月 15—18 日连续 4 天，测量数据包括各个监测点的水温、流速、含沙量和颗粒级配，并从中选取代表性测点，在其位置上进行悬移质泥沙取样，并带回实验室进行单颗粒粒径级配的分析。此外，除了进行上述水体测点的取样分析之外，本研究还对坝区淤积的表层底泥进行了取样分析，取样时间为 2013 年 12 月 9 日，取样距离坝前约 10km，取样点共 3 处。

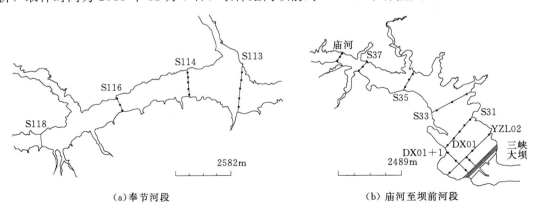

（a）奉节河段　　　　　　　　　　　　（b）庙河至坝前河段

图 3.3-3　三峡库区奉节河段和庙河至坝前河段现场取样测点分布示意图

室内分析三峡水库中单颗粒泥沙，其中值粒径的平均值为 0.009mm，说明三峡水库水体中大部分泥沙处在絮凝临界粒径以下，具备了产生絮凝的基本条件。现场测量泥沙级配数据中，中值粒径最小为 0.008mm，最大为 0.140mm，现场测量粒径值明显大于室内单颗粒粒径值。

为了反映水库泥沙絮凝程度，把泥沙中值粒径放大倍数 Z 定义为絮凝度：

$$Z = \frac{d_\text{F}}{d_\text{P}} \tag{3.3-1}$$

式中：d_F 为现场实测絮团中值粒径值；d_P 为实验室内测得的单颗粒中值粒径值。

图 3.3-4 为三峡水库 819 个测点絮凝度的分布图，絮凝度 Z 大于 1，表明水库现场测点是存在絮凝的，由图可见，99.4% 的测点存在不同程度的絮凝，絮凝度主要在 2~8 之间，约占 83.6%。

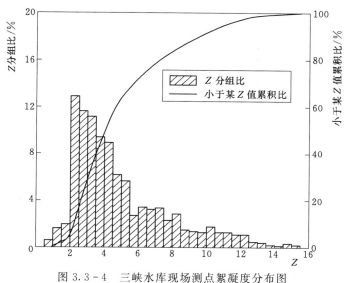

图 3.3-4 三峡水库现场测点絮凝度分布图

图 3.3-5 和图 3.3-6 为三峡水库奉节河段和庙河至坝前河段观测断面的断面平均特征粒径分布图，特征粒径分别取 d_{25}、d_{50} 和 d_{75} 三种。由图可见，奉节河段三种特征粒径沿程均呈现增大的趋势，而庙河至坝前河段只有特征粒径 d_{50} 以上的部分呈增大的趋势，

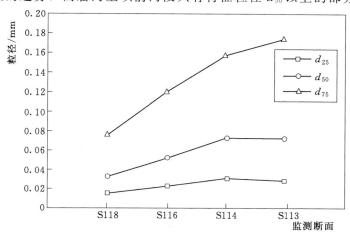

图 3.3-5 三峡库区奉节河段断面平均特征粒径分布图

并且增加幅度趋于减缓，在特征粒径 d_{50} 以下部分的粒径却呈减小的趋势；两个河段共同的变化趋势是特征粒径越粗，粒径增加的幅度越大。在水库没有絮凝发生的情况下，泥沙级配中粗颗粒泥沙应该最先沉降到床面上，水体中的泥沙粒径沿程呈减小的趋势，粒径越粗，减小趋势越明显；而三峡水库现场测量的泥沙粒径沿程分布规律正好相反，表明库区水体中的泥沙发生了絮凝。

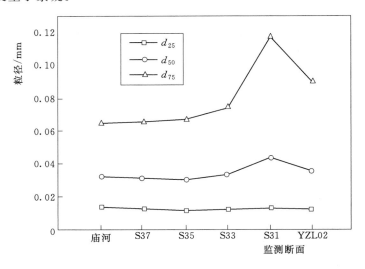

图 3.3-6　三峡库区庙河至坝前河段断面平均特征粒径分布图

　　图 3.3-7 为三峡水库坝前淤积表层底泥离散前后的级配图，由图可见，离散后的床沙级配明显小于离散前的床沙级配，离散后床沙中细颗粒泥沙的比重明显增加，粗颗粒泥沙的比重明显减小，中值粒径由 0.016mm 减小至 0.011mm，表明三峡水库淤积底泥中存在一定程度的絮凝现象，从而间接证明了库区水体中存在泥沙絮凝现象。需要说明的是，此次取样位于淤积底泥的表层，泥沙沙样的絮凝度基本在 2～3 之间，应该也是水体中泥沙絮凝度最小的一部分泥沙。

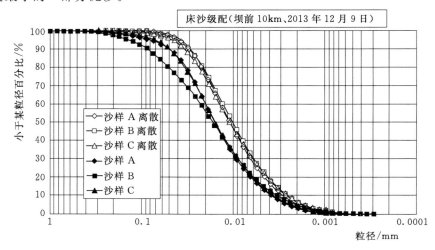

图 3.3-7　三峡水库坝前淤积表层底泥离散前后的级配对比

图 3.3-8 为三峡水库坝前淤积底泥离散前后分组粒径所占百分数，由图可见，离散后的床沙粒径分布相对于离散前的粒径分布向左偏移，表明离散后细颗粒泥沙所占比例明显增加，这与淤积底泥中存在絮凝的认识是一致的。此外，由图 3.3-8 还可看出，离散前后分组粒径所占百分数在某一粒径处变化不大，这一粒径即为泥沙絮凝的临界粒径，图中约为 $20\mu m$，即 0.02mm，表明三峡水库水体中的泥沙絮凝主要发生在小于 0.02mm 的泥沙颗粒中，大于 0.02mm 泥沙颗粒基本不发生泥沙絮凝，这一结论与后面的理论分析结果基本接近。

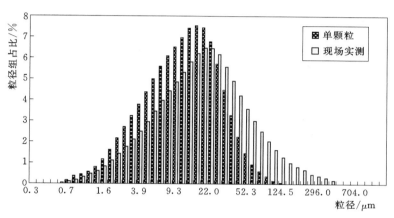

图 3.3-8 三峡水库坝前底泥离散前后分组粒径所占百分数

3.3.2.3 三峡水库泥沙絮凝的基本特征

为了便于分析三峡库区的泥沙絮凝分布特征，将絮凝度 Z 进行分级：小于 3 的为轻度，在 3~7 之间的为中度，大于 7 的为重度。

采用断面相对水深可以比较两个河段泥沙絮凝度的沿垂线分布情况，图 3.3-9 和

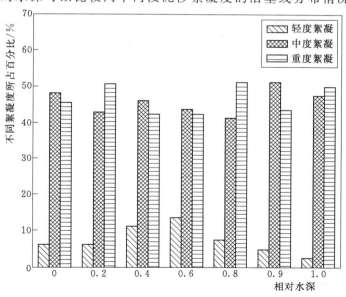

图 3.3-9 三峡库区奉节河段不同相对水深下的泥沙絮凝度

图 3.3-10 分别为奉节河段和庙河至坝前河段不同相对水深位置各絮凝度所占比率。由图可见，两个河段不同相对水深下的絮凝程度基本接近，表明不同水域在垂直分层上的絮凝程度是基本接近的；但从沿程分布来看，奉节河段不同垂层的絮度主要为中重度以上，而庙河河段主要为轻中度以下，说明三峡库区的泥沙絮凝度沿程是衰减的。

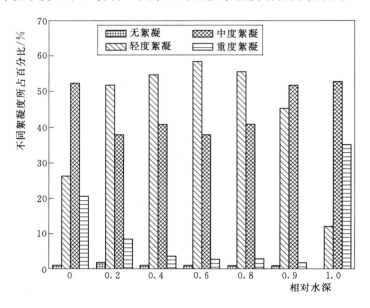

图 3.3-10　三峡库区庙河至坝前河段不同相对水深下的泥沙絮凝度变化

库区细颗粒泥沙絮凝的影响因素十分复杂，主要包括含沙量、水流流速、水化学因素和水温 4 个方面。

1. 含沙量的影响

图 3.3-11 为断面平均含沙量与平均絮凝度的关系，库区所有监测点含沙量在 $1.0\mathrm{kg/m^3}$ 以下，奉节河段的泥沙絮凝度 Z 值在 3～9 之间，庙河至坝前河段的泥沙絮凝度 Z 值在

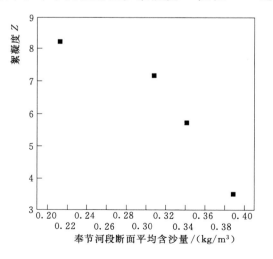
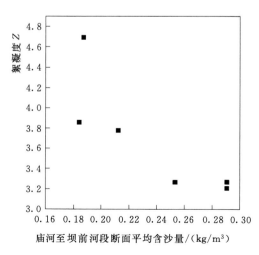

图 3.3-11　三峡库区奉节和庙河至坝前河段断面含沙量对 Z 的影响

3～5之间变化，两个河段的泥沙絮凝度随含沙量增加呈减小趋势，这与絮凝度和含沙量成正比的变化规律不同，也与下文的实验结果不同。这种差别可能主要与动水或静水有关，毕竟泥沙絮凝度随含沙量增加而增加的结论是在静水中得出的，静水中含沙量的增加将导致泥沙颗粒碰撞机会的增加，从而促进絮凝的产生；而在动水中，水流的剪切和紊动可能会破坏泥沙的絮凝，水体中含沙量越小，这种影响也会越趋明显，而本研究中两个测量河段的断面平均含沙量均在 0.4kg/m³ 以下。

2. 水流流速的影响

图 3.3-12 为奉节河段和庙河至坝前河段断面平均流速与絮凝度 Z 的关系，由图可见，两个河段的絮凝度随着断面平均流速的增加而减小，其中，奉节河段的断面平均流速从 0.42m/s 增加到 1.08m/s，对应的泥沙絮凝度从 8 减小到 3 左右；庙河河段的断面平均流速从 0.15m/s 增加到 0.55m/s，对应的泥沙絮凝度从 4.5 减小到 3.2 左右，无论是流速还是泥沙絮凝度，奉节河段的变化幅度都大于庙河至坝前河段。

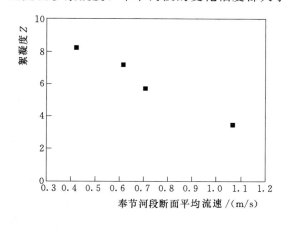 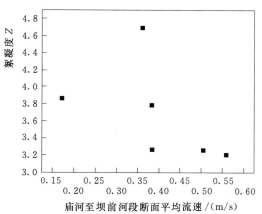

图 3.3-12　三峡库区奉节和庙河至坝前河段断面平均流速与絮凝度 Z 的关系

从现场测量的数据来看，奉节河段和庙河至坝前河段的测点流速变化范围基本在 0.05～1.70m/s 之间，变化范围相对较大，絮团破坏的临界流速应在本研究测量的流速范围内。为了便于比较分析，将本研究测量的所有数据，点绘成测点流速与絮凝度的关系图（图 3.3-13），由图可见，当流速小于 0.70m/s 时，絮凝度随流速增加略有增加，但总体变化幅度不大；当流速大于 0.70m/s 时，絮凝度随流速的增加而减少，而且变化幅度比较明显。由此可见，三峡水库的絮凝临界流速约为 0.70m/s，这与李炎等分析长江口泥沙絮凝沉降特征而确定的絮凝临界流速 0.76m/s 基本接近。

3. 水化学因素的影响

化学因素包括水中电解质、pH 值以及颗粒表面的有机物等。现场取水样于实验室内利用 ICP-MS 测定主要金属离子浓度，并用电位法测定 pH 值，结果见表 3.3-2。

表 3.3-2　　　　　　　　　　　　三峡水库水样检测结果

检验项目	铁离子	钾离子	钠离子	钙离子	镁离子	pH 值
检验结果	1.69mg/L	3.66mg/L	25.7mg/L	118mg/L	27.2mg/L	8.44

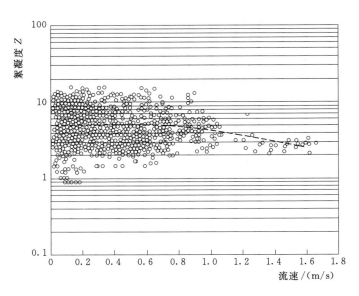

图 3.3 - 13　三峡库区絮凝度 Z 与流速的变化关系

由于现场测量集中在汛期 7 月 15—18 日连续 4 天内进行，测量的时间段内水体相对稳定，无外来泥沙、电解质、有机质等进入水体、影响水中浓度和改变水中化学环境，因此，化学因素对絮凝度变化作用的影响可以忽略。

4. 水温的影响

由实测数据可知庙河至坝前河段监测断面和奉节断面温度变化幅度不大，分别在 $25.8 \sim 26.4℃$ 和 $26.2 \sim 27.1℃$ 范围内波动，随水深增加温度差较小。蒋国俊[36] 试验证明形成絮凝的临界温度为 25℃，温度大于 25℃ 时会促进细颗粒泥沙聚集形成絮团。根据蒋国俊的研究结论，庙河至坝前河段温度会促进细颗粒泥沙形成絮凝，但不同水深温度变化不大，所以对泥沙絮凝度影响作用可以忽略。

3.3.3　水库泥沙絮凝机理的理论分析

根据 DLVO 理论关于综合位能的表达式，以三峡水库中的水体环境指标为基础，得到三峡水库水体中不同粒径泥沙颗粒的位能曲线如图 3.3 - 14 所示。由图可见，随着泥沙粒径增大，势垒的位置并未发生改变（距离颗粒表面 1.3×10^{-9} m，位于双电层厚度以内）。综合位能曲线上的势垒高度与粒径的二次方成正比，粒径为 0.01mm 的泥沙颗粒综合位能曲线上势垒高度为 8.32×10^{-14} J，随着粒径的增加，势垒高度会急剧增大，因此，粒径越小的泥沙颗粒形成稳定絮凝所需的能量越小。

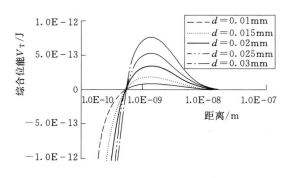

图 3.3 - 14　三峡水库泥沙颗粒综合位能曲线

由颗粒之间位能的变化可知，泥沙颗粒只可能在势能曲线的第一极小值和第二极小值附近形成絮凝。泥沙颗粒在相互接近过程中，首先有可能在位能曲线的第二极小值附近形成絮凝。由图 3.3-14 可见，第二极小值的位置在距离颗粒表面约 3.1×10^{-8} m，约为双电层厚度的 10 倍。以 0.01mm 的泥沙颗粒为例，其第二极小值处位能为 3.3×10^{-17} J，不同粒径第二极小值处的位能与粒径的平方成正比。第二极小值处的位能很小，只有当相对运动速度所形成的动能小于第一极小值处的位能，理论上就可以形成絮凝。要在第二极小值处形成絮凝，颗粒之间相对运动速度需小于逃脱的临界速度：

$$V_{\min 2} = \frac{1}{2} m U^2 \qquad\qquad (3.3-2)$$

式中：$V_{\min 2}$ 为第二极小值处的位能；U 为逃脱第一极小值的临界速度；m 为泥沙颗粒的质量。

第一极小值附近形成的絮团较为稳固，但只有当颗粒间的相对运动速度所形成的动能大于势垒后才能形成较为稳固的絮凝体。假设颗粒在互相接近过程中水流阻力可以忽略，则根据能量守恒定律，颗粒的动能需要大于势垒处的位能，能够越过势垒的临界相对运动速度 U_c 应满足：

$$V_{T\max} = \frac{1}{2} m U_c^2 \qquad\qquad (3.3-3)$$

式中：$V_{T\max}$ 为势垒处的位能。

当颗粒之间相对运动速度大于 U_c，泥沙颗粒才可以越过势垒，在第一极小值和势垒之间形成较为稳固的絮团。

图 3.3-15 为不同粒径的泥沙颗粒逃脱第一极小值以及越过势垒所需的最小相对速度。由图可见，两种临界速度与粒径之间的关系基本一致。以 U_c 为例，其大小与粒径成反比，当粒径很小时，随着泥沙粒径的增加，U_c 先是急剧减小，但随着粒径逐渐增大，U_c 减小的速度逐渐趋缓，最后 U_c 逐渐趋于稳定值。虽然两种临界速度随粒径的变化趋势相同，但从数值上来看，U_c 远大于 U，粒径为 5×10^{-7} m 的颗粒越

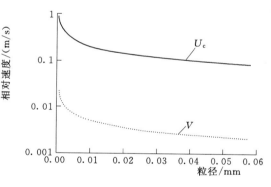

图 3.3-15 三峡水库形成絮凝的临界速度

过势垒所需的相对速度 U_c 可达 0.92m/s，而逃脱第二极小值所需的速度 U 仅为 0.02m/s；粒径为 0.03mm 对应的 U_c 为 0.12m/s，同样粒径的泥沙颗粒对应的 U 为 0.003m/s。根据 U 和 U_c 的定义可知，当泥沙相对运动速度位于这两种临界速度之间时，泥沙不会发生絮凝。

颗粒间相对运动的形成原因主要有三种：第一种是沿水深或河宽方向的平均流速梯度，第二种是脉动流速，第三种是粒径不同造成的颗粒沉降速度的差异。能够发生絮凝的泥沙粒径都很小，因此，可以认为在水平方向上颗粒与水流运动完全同步。根据天然河道中的流速分布规律，在两颗粒粒径之和的尺度范围内水流沿垂向或水平方向产生的流速差很小，既不会促使颗粒越过势垒，也不会对第二极小值附近的泥沙絮团构成破坏。

三峡水库脉动流速与坝前水位成反比，当坝前水位降至 145m 时，沿垂线上最大脉动

流速为 2.7cm/s，当坝前水位达到 175m 时，最大脉动流速仅为 0.4cm/s。三峡库区的水流紊动难以使颗粒越过势垒而形成絮凝，水库中的泥沙只能在第二极小值附近形成絮凝。

研究表明，差速沉降也是形成絮凝的重要原因之一。根据三峡水库悬移质泥沙级配，可以计算出静水条件下颗粒之间沉降速度之差均在 2cm/s 以下，颗粒间不能越过势垒形成强絮凝，但可以在第二极小值附近形成较为疏松的弱絮凝。

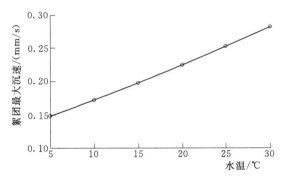

图 3.3 - 16　三峡水库不同温度条件下水体中
形成的絮团最大沉速

当水流剪切力大于颗粒间的吸附力时，絮凝无法继续发展或已有絮凝会被破坏，也就是当颗粒无法越过势垒、只能在第二极小值处形成絮团时，其形成的絮团的最大沉速是受限的。根据三峡水库泥沙颗粒间在第二极小值附近的最大引力，可以计算出不同水温条件下絮凝体最大沉降速度，如图 3.3 - 16 所示。由图可见，随着温度升高，水体中所能形成的絮团最大沉速也越大。5℃ 时絮团的最大沉速为 0.15mm/s，30℃ 时絮团最大沉速可以达到 0.28mm/s。

三峡水库表面水温变化范围为 10～25℃，库区沿垂向存在温度分层，表面与底部的水温相差 5℃ 左右，因此三峡库区可能形成絮团的最大沉速应介于 0.15～0.25mm/s 之间。由于泥沙粒径不是完全连续的，所以实际沉降过程中絮团沉速一般不会正好等于最大沉速，实际絮团最大沉速会小于上述理论分析值。陈锦山等[32]在长江万州附近的实测结果显示，23.3℃ 水体环境下絮团中值粒径对应的沉速为 0.13mm/s，位于本研究得到的絮团沉速范围内，间接说明了本次的分析结果是合理的。

可以采用絮凝最大沉速反算得到对应的单颗粒泥沙粒径，即絮凝临界粒径。采用张瑞瑾沉速公式[37]反算得到三峡水库中能够形成絮凝的临界粒径约为 0.019mm，在此粒径以下的泥沙需要考虑絮凝作用的影响，即当单颗粒泥沙沉速小于絮团最大沉速时，其沉速应修改为絮团沉速。

3.3.4　水库泥沙絮凝沉降室内试验

3.3.4.1　试验的基本情况

静水沉降试验是通过固定测量同一位置处的含沙量变化，以现有的泥沙沉速公式反推出泥沙级配信息，由此得到的泥沙粒径称为当量粒径，即具有相同沉速的单颗粒泥沙粒径。假设 OBS（光学后向散射浊度计）探头在水面以下深度 L 处，初始时刻含沙量为 S_0，t 时刻测得的含沙量为 S，则可以计算得到泥沙级配信息，粒径小于 d（沉降速度为 L/t 的当量粒径）的泥沙占比 p 为

$$p = \frac{S}{S_0} \tag{3.3 - 4}$$

对比当量粒径与原始单颗粒级配之间的差别，可以得到三峡水库泥沙絮凝的特征以及

絮凝对沉速的改变程度。

在前期调研的基础上，确定三峡水库泥沙絮凝的主要影响因素及其实际发生的量值范围，在此范围内设置不同的试验组次，采集或配置与三峡水库水体环境（包括泥沙含量、级配、有机物含量、pH值、温度、离子种类和含量等）基本相同的水体，在实验室的静水沉降筒中观测泥沙絮凝沉降过程，采用OBS测量泥沙浓度变化，从而反算出泥沙沉速及当量粒径。通过对试验结果进行分析，得到主要影响因素与三峡水库中泥沙沉速之间的关系式。

影响絮凝的主要因素有离子浓度、水流流速和含沙量。三峡水库离子浓度常年较为稳定，试验中采用平均值，静水试验不考虑流速，试验中重点观测泥沙絮凝程度与含沙量之间的关系。

含沙量是试验中的关键因素，为了提高实验的精度，提高数据的可靠性，室内试验采用OBS测量含沙量。OBS是一种光学测量仪器，如图3.3-17所示，它通过接收红外辐射光的散射量监测悬浮物质，然后通过相关分析，建立水体浊

图3.3-17 OBS实物图

度与泥沙浓度的相关关系，进行浊度与泥沙浓度的换算，得到泥沙含量。

静水沉降试验在高2m、直径1m的有机玻璃筒中进行，较大的尺寸可以减小泥沙沉速计算的误差，同时也可以消除边壁对泥沙沉降的影响。试验采用水力循环装置，保证静水沉降试验初期泥沙颗粒在沉降筒中是均匀分布的。测量含沙量及其变化过程的OBS探头分别位于距离筒顶部85cm和125cm处，试验装置示意图如图3.3-18所示。

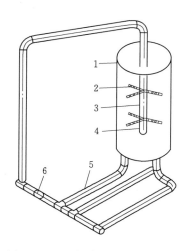

图3.3-18 沉降试验装置示意图
1—沉降筒；2—横向进水口；
3—竖向进水管；4—OBS观测位置；
5—分流管道；6—水泵

在沉降筒内上下相隔40cm布置两个OBS，一方面可以监测试验初期含沙量分布是否均匀，另一方面也可以减少单颗粒重新絮凝导致试验的误差，两者的测量数据可以进行相互比对和检验。试验中首先加入适量水和泥沙，通过水泵和管道循环约10min，用两个OBS观测含沙量，当沉降筒中的浑水含沙量达到均匀状态时，停泵进入静水沉降阶段。静水沉降开始时泥沙在沉降筒内呈均匀分布，取样后在激光粒度仪中分析，发现此时泥沙级配与单颗粒级配基本一致，说明水力搅拌过程中絮团被破坏，沉降初始时刻泥沙为单颗粒状态，不存在絮团。当水泵停止时，水流在惯性力作用下仍会在沉降筒内旋转约1min，颗粒之间可以充分接触、相互碰撞形成絮团。

三峡水库中影响泥沙絮凝的主要因素有三个，即离子浓度、水流流速和含沙量。现场实测资料表明，水库水质状况较为稳定，水体离子浓度在时间和空间上变化不大，离子浓度变化对泥沙絮凝的影响可以忽略。水流流速对絮凝的形成和破坏的临界点也可根据现场观测数据得出。水库实测的含沙量变化范围在0～1.5kg/m³之间，变化幅度相对较大，且从现场实测资料中难以单独提出含沙量与絮凝程度的具体关系。因此，室内试验以三峡水库平均离子浓度作为水质背景，以含沙量作为主

要因素，采用静水沉降方法揭示絮凝程度与含沙量之间的关系；每组试验沉降时间 48～72h，共进行了 11 组试验，具体的试验条件见表 3.3－3。

表 3.3－3　　　　　　　　　　试验条件及组次统计表

试验编号	初始含沙量 /(kg/m³)	主要化学指标		水温 /℃
		主要阳离子种类	阳离子浓度/(mol/L)	
1	0.22	Ca, Mg, Na	5.33	15
2	0.31	Ca, Mg, Na	5.31	15
3	0.36	Ca, Mg, Na	5.36	15
4	0.51	Ca, Mg, Na	5.37	15
5	0.55	Ca, Mg, Na	5.35	16
6	0.72	Ca, Mg, Na	5.38	16
7	0.95	Ca, Mg, Na	5.38	16
8	0.99	Ca, Mg, Na	5.36	16
9	1.02	Ca, Mg, Na	5.34	16
10	1.49	Ca, Mg, Na	5.33	16
11	1.56	Ca, Mg, Na	5.33	16

3.3.4.2　试验数据分析

图 3.3－19 为沉降筒中典型的含沙量变化过程。由图可见，沉降基本可以分为三个阶段：0～1.5h 含沙量急剧减小，说明泥沙沉降较快；1.5～4h 出现了拐点，含沙量变化开始显著减小，这一阶段泥沙沉速也显著降低；4h 以后含沙量变化较为缓慢，说明此时筒中剩余泥沙已经很难下沉。含沙量拐点出现的时间以及含沙量具体数值与初始含沙量基本无关。三种初始含沙量条件下，拐点出现时的含沙量约为 0.25～0.3kg/m³，拐点过后含沙量降至 0.12kg/m³。

为了反映不同含沙量的沉降效率，图 3.3－20 给出了相对含沙量随时间变化的过程。由图可见，在沉降开始后最初的 30min 内，处于单颗粒状态的泥沙与絮凝后的泥沙沉降效率基本相同，与含沙量无关，说明这一时间段内沉降的泥沙均处于单颗粒状态，基本不包括絮团。这表明，在三峡水库水体含沙量范围内，无论含沙量如何变化，水库一部分较大颗粒的泥沙在沉降过程中没有受到絮凝的影响，始终保持单颗粒沉降，不参与絮团的形成。沉降开始 30min 后，随着含沙量不同，泥沙絮凝程度存在差异，沉降效率曲线开始分化，说明这部分泥沙受到絮凝影响，絮凝后的沉降效率明显高于单颗粒状态的泥沙沉降效率，含沙量越大，含沙量变化幅度越大。当含沙量小于 0.3kg/m³ 时，由于泥沙颗粒间的距离增加，碰撞概率减小，难以形成絮团，在泥沙沉降效率曲线上表现为沉降效率与单颗粒状态泥沙的群体沉降效率基本相同。

絮凝仅对细颗粒泥沙的沉降产生影响，对于不同的水体和泥沙来源，细颗粒的分界也不尽相同。因此，要分析絮凝对泥沙沉降的影响，首先需要理清絮凝影响的泥沙粒径范围，该粒径范围的上限即为絮凝临界粒径，粒径大于絮凝临界粒径的单颗粒泥沙基本不受絮凝影响。图 3.3－21 为试验得到的静水沉降当量粒径级配与原始颗粒粒径级配的对比。

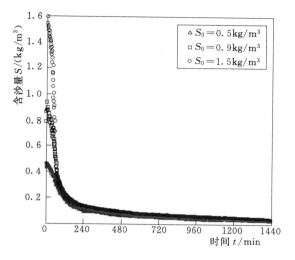

图 3.3-19 絮凝试验含沙量变化过程

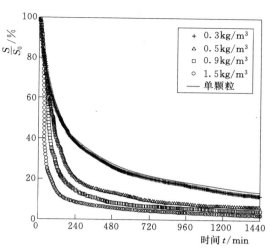

图 3.3-20 絮凝试验相对含沙量变化过程

由图可见，在四种含沙量情况下，当量粒径级配曲线均比原始颗粒级配曲线发生明显左移，说明粒径增加，表明泥沙在沉降筒中存在一定程度的絮凝现象；从级配曲线上还可以明显地看到，含沙量越大，絮凝后级配曲线向左偏移越大，说明絮凝程度与含沙量成正比；各级配曲线均交于一点，小于该粒径的泥沙颗粒级配发生了显著的增大，而大于该粒径的泥沙颗粒级配则基本无变化。根据絮凝临界粒径的定义可知，三峡水库泥沙絮凝的临界粒径基本在 0.022mm 左右，与根据絮凝动力学理论分析得到的结果基本一致。小于临界粒径的泥沙颗粒需要考虑絮凝影响，约占所有泥沙总量的 83%，三峡水库中大部分泥沙会受到絮凝作用的影响。

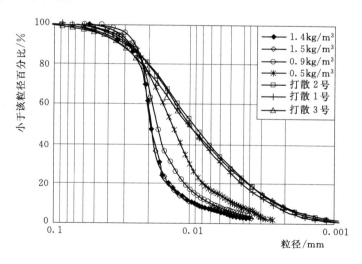

图 3.3-21 单颗粒粒径级配与絮凝后当量粒径级配对比

3.3.4.3 絮凝对泥沙沉降的影响及估算

絮凝临界粒径以下的泥沙均会受到絮凝的影响而形成絮团，从而加快泥沙的沉速，但絮凝对于不同粒径泥沙的影响程度不尽相同，需要划分为不同粒径组进行讨论。图 3.3-22 为各分组粒径占比在絮凝后的变化，由图可见，絮凝表现为小颗粒泥沙占比减小，大颗粒泥沙占比增加，且分组粒径占比放大倍数出现了一个明显的峰值，峰值对应的泥沙粒径恰好位于絮凝临界粒径附近，且随着含沙量增加峰值加大位数增加，说明随着泥沙相互碰撞结合概率的增加，絮团的当量粒径均向着絮凝临界粒径发展。单颗粒情况下，粒径 0.019~0.022mm 之间的泥沙占比为 6.7%，含沙量为 0.5kg/m³ 条件下絮凝后该粒径组占比增加到 10.0%，含沙量为 0.9kg/m³ 时该粒径组占比增加至 21.9%，含沙量为 1.5kg/m³ 时该粒径组占比达到了 34.1%，占所有受絮凝影响泥沙的 40.8%。

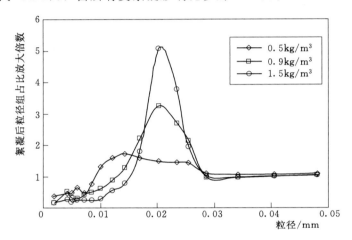

图 3.3-22　絮凝后粒径组占比变化

絮凝前后泥沙沉速会发生变化，一般采用絮凝因数 F 来量化：

$$F = \frac{\omega_{\mathrm{f}}}{\omega_0} \qquad\qquad (3.3-5)$$

式中：ω_{f} 为絮团的平均沉速；ω_0 为单颗粒平均沉速。

静水中泥沙的沉降速度可以采用物质沉降通量来表达，其值等于单位时间水体中泥沙质量的变化，即等于含沙量乘以沉速。物质沉降通量更为准确地给出了絮凝对于泥沙淤积速度的影响。类似于絮凝因数，定义物质沉降通量因数 R 为

$$R = \frac{M_{\mathrm{f}}}{M_0} \qquad\qquad (3.3-6)$$

式中：M_{f} 为絮凝时泥沙沉降通量；M_0 为无絮凝时泥沙沉降通量。

表 3.3-4 给出了絮凝对泥沙群体沉速的影响。由表可见，以平均粒径 d_{p} 作为代表粒径得到的絮凝因数 F 相对较小，而以中值粒径 d_{50} 作为代表粒径得到的 F 相对较大，且随着含沙量的增加两者之间的差别也逐渐增大，含沙量为 1.5kg/m³ 以下时，两者相差 50% 以下。絮凝因数 F 随含沙量 S_0 增大而增加，两者之间基本呈对数关系，随着含沙量增加，絮凝因数的增大幅度逐渐减小，回归得到的 F 与 S_0 的关系为

以平均粒径计　　　　$F_{\mathrm{p}} = 1.4959\ln(S_0) + 2.8222$

以中值粒径计　　　　$F_{\mathrm{p}} = 2.5332\ln(S_0) + 4.0364$
$\qquad\qquad (3.3-7)$

表 3.3 - 4　　　　　　　　　　　　**絮凝对泥沙沉速的影响**

特征粒径及絮凝因素	数　值	泥沙沉速/(m/s)		
		含沙量 0.5kg/m³	含沙量 1.0kg/m³	含沙量 1.5kg/m³
d_p	9.6μm	13.0	15.8	17.7
F_p	1.0	1.79	2.68	3.36
d_{50}	8.6μm	12.9	16.9	19.3
F_{50}	1.0	2.24	3.87	5.03
R_{FM}	1.0	1.43	2.01	2.43
R_{TM}	1.0	1.24	1.47	1.66

　　注　d_p 为平均粒径，d_{50} 为中值粒径，F_p 和 F_{50} 为对应的絮凝因素，R_{FM} 为絮凝临界粒径以下悬移质泥沙颗粒的物质沉降通量因数，R_{TM} 为悬沙的物质通量因数。

　　F_p 及 F_{50} 与含沙量之间的相关系数分别为 0.998 和 0.997，说明当其他环境因素基本不变时，泥沙絮凝程度与水体含沙量关系密切，如图 3.3 - 23 所示。

　　物质通量因数也随含沙量增加而增加，含沙量为 0.5kg/m³ 时悬沙物质沉降通量因数 R_{TM} 为 1.24，即絮凝会使泥沙沉积量增加 24%，当含沙量增加到 1.5kg/m³ 时其值为 1.66，相应的泥沙淤积量相对于单颗粒增加 66%，对于水库淤积量影响较为明显。

　　絮凝因数反映了絮凝对泥沙群体沉速的影响，物质沉降通量则可以大致估算絮凝对泥沙

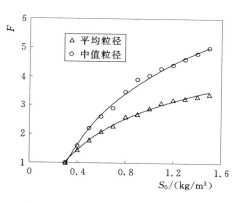

图 3.3 - 23　絮凝因数与水体含沙量
之间的关系

淤积速度的影响。对比絮凝前后絮凝因数和物质沉降通量的因数可以看出，以平均粒径作为代表粒径得到的絮凝因数更为准确，物理意义也更明确。

3.3.5　水库泥沙絮凝的综合分析

　　絮凝问题的研究由来已久，取得的成果也很多，但基本都是以淡海水混合地区开展的研究为主，以淡水区域开展的絮凝研究很少，从而在传统思维里形成淡水区域不存在泥沙絮凝的印象。随着测量技术手段的发展，淡水泥沙是否存在絮凝的问题逐渐明朗化。

　　（1）陈锦山等依据 2009 年 9—10 月金沙江石鼓至长江口门徐六泾河段 13 个断面的测量资料进行了较为系统的分析，测量方法采用现场激光粒度仪（LISST—100）与室内离散粒径进行对比，得到了长江干流泥沙絮凝现象普遍存在、三峡水库蓄水有利于絮团成长的基本结论。

　　（2）本研究进一步论证了三峡水库蓄水运用后泥沙絮凝普遍存在，在三峡水库 819 个水体取样点中，99.4% 的取样点存在不同程度的絮凝，其中 83.6% 的絮团直径是单颗粒粒径的 2～8 倍；此外，从 2013 年 12 月坝前淤积底泥表层的取样分析结果也证实了泥沙絮凝的存在，絮团直径是单颗粒粒径的 2～3 倍。

（3）三峡水库泥沙絮凝观测资料分析表明，流速和含沙量是影响三峡水库泥沙絮凝的主要因素，库区水流流速小于 0.70m/s、含沙量大于 0.3kg/m³ 时有利于库区泥沙絮凝的产生，由实测资料分析得到的泥沙絮凝临界粒径约为 0.022mm。三峡水库水体环境因素观测表明，水体主要阳离子为钙离子和镁离子，含量分别为 38.51～47.35mg/L 和 11.58～14.98mg/L；非汛期，壅水河段的水流流速基本都在 0.70m/s 以下；汛期含沙量有时在 0.3kg/m³ 以上，但非汛期含沙量基本都在 0.50kg/m³ 以下，入库泥沙中粒径小于 0.018mm 的约占 60% 以上。因此，结合三峡水库实测资料分析的泥沙絮凝基本阈值及水体环境要素变化范围，可以确定三峡水库存在泥沙絮凝现象。

（4）根据 DLVO 絮凝动力学理论和实测资料分析结果，三峡水库泥沙絮凝临界粒径约为 0.02mm，该粒径逃脱第一极小值所需的颗粒间最小相对速度约为 7mm/s，而越过势垒所需的最小相对速度约为 0.12m/s；当三峡水库蓄水至 160m 以上时，泥沙颗粒间的相对流速绝大部分都是小于 7mm/s 的，基本没有超过 0.12m/s 的，三峡水库泥沙颗粒产生的絮凝主要为弱絮凝。

（5）试验结果表明，在三峡水库水体含沙量的变化范围内，无论含沙量如何变化，三峡水库水体中泥沙粒径大于 0.02mm 的泥沙在沉降过程中基本不产生絮凝；小于 0.02mm 的细颗粒泥沙将受到絮凝影响，絮团沉降效率明显高于单颗粒状态的泥沙沉降效率，含沙量越大，泥沙絮凝也越为明显；当含沙量小于 0.3kg/m³ 时，泥沙絮凝现象显著减少；三峡水库泥沙絮凝的临界粒径大小与含沙量浓度无关，在试验选用的泥沙级配中，受絮凝影响的泥沙约占所有泥沙的 83%，反映絮凝前后泥沙沉速变化的絮凝因数 F 及物质沉降通量因数 R 与含沙量成对数关系。

综上所述，三峡水库泥沙絮凝具有以下基本特点：①库区泥沙发生絮凝的临界粒径约为 0.02mm，入库泥沙中小于此粒径的颗粒均具备形成絮凝的基本条件；②水库泥沙絮凝形成的有利水沙条件为流速小于 0.7m/s 及含沙量大于 0.30kg/m³，此条件下絮凝具有普遍性；③库区水体中泥沙颗粒间的相对动能较小，难以越过颗粒间的势垒排斥力而形成稳定的大絮团结构，只能形成相对较小的絮团结构，其中约 85% 的絮团直径是单颗粒粒径的 2～8 倍。

3.4　水库悬移质泥沙运动规律

三峡水库从库尾到坝前的水深变化大，泥沙粒径分布广，冲淤变化复杂，常年回水区泥沙淤积分布不连续，变动回水区淤积的泥沙在第二年消落期出现冲刷移动。挟沙水流运动总是处于紊流中，而紊流的物理实质是不同尺度、不同强度、不同分布的涡体运行，涡体挟带泥沙颗粒运动，其随机性是不可避免的，通过泥沙运动随机分析可以较好地反映三峡水库泥沙运动的特性。泥沙沉降和淤积的性质比较简单，只是重力与紊动这一对矛盾起主要作用，而泥沙起动和冲刷比较复杂，涉及近底水流的多层结构，包括黏性底层、过渡层、对数层（或指数层）和尾流层，涉及紊流涡旋的产生、猝发和扩散，涉及泥沙运动状态的滚动、跃移和悬移，虽然这些方面的研究很多，但还有许多问题需要进一步研究。本节针对三峡水库泥沙运动特点，结合流体力学和随机理论，研究三峡库区的泥沙沉积概率与输移距离、变动回水区泥沙起动概率与推移质输沙率、泥沙推移悬移概率分配与推悬比等，采用随机统计理论来研究三峡水库泥沙运动规律。

3.4.1 泥沙沉积概率与输移距离

三峡水库为特大型山区河道型水库，库区河床宽窄相间，其河道最宽处近 1700m，而最窄处仅 250m 左右，形成了包括三峡在内的多个峡谷段。

建库前江面坡陡流急，汛期水面平均比降为 0.25‰，表面流速达 3m/s，在峡谷河段最大比降可达到 1.5‰，表面流速超过 5m/s。三峡水库蓄水运用后，库区水深和流速变化大：在变动回水区，库尾水深小于 20m，流速超过 2.0m/s；在常年回水区，坝前最大水深超过 100m，水流流速小于 0.4m/s。

2003—2010 年三峡水库进出库悬移质平均中值粒径见表 3.4-1，由表可见，朱沱站平均中值粒径为 0.01mm，寸滩站为 0.009mm，宜昌站为 0.004mm，嘉陵江北碚站为 0.007mm，乌江武隆站为 0.007mm。

表 3.4-1　　　　　　　　　三峡水库进出库悬移质平均中值粒径

年　份	悬移质平均中值粒径/mm				
	朱沱	寸滩	宜昌	嘉陵江北碚	乌江武隆
2003	0.011	0.009	0.007	0.007	0.006
2004	0.011	0.010	0.005	0.007	0.006
2005	0.012	0.010	0.005	0.008	0.006
2006	0.008	0.008	0.003	0.004	0.004
2007	0.010	0.008	0.003	0.005	0.007
2008	0.010	0.008	0.003	0.005	0.006
2009	0.010	0.008	0.003	0.006	0.007
2010	0.010	0.010	0.006	0.006	0.010
2003—2010 年平均值	0.01	0.009	0.004	0.007	0.007

三峡水库库区 2010 年悬移质级配如图 3.4-1 所示，由图可见，三峡库区泥沙沿程沉积分选变细，2010 年寸滩站悬移质平均中值粒径为 0.01mm，万县站的悬移质平均中值

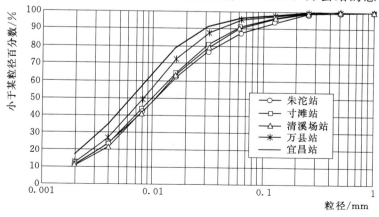

图 3.4-1　三峡水库 2010 年悬移质级配

粒径为 0.008mm，宜昌站悬移质平均中值粒径为 0.006mm，各站最大悬移质粒径为 0.8mm。

　　泥沙颗粒之所以能悬浮在水中，主要原因在于水流的紊动，水流的紊动分别有纵向脉动流速 u'、横向脉动流速 w' 和垂向脉动流速 v'，纵向水流流速 $u=\overline{u}+u'$，紊动强度分别为 $\sigma_u=\sqrt{\overline{u'^2}}$、$\sigma_w=\sqrt{\overline{w'^2}}$ 和 $\sigma_v=\sqrt{\overline{v'^2}}$。对于近底层水流，$\sigma_u=(2.6\sim2.8)u_*$、$\sigma_w=(1.5\sim1.8)u_*$、$\sigma_v=(0.8\sim1.1)u_*$，$\sigma_u:\sigma_w:\sigma_v=2.6:1.5:1$，即有 $\sigma_u>\sigma_w>\sigma_v$，纵向流速脉动 σ_u 最大，因为它是主流；横向流速脉动 σ_w 次之，因为它是没有约束；垂向流速脉动 σ_v 最小，因为垂向受到底部边界的约束。对于近表层水流，紊动有所衰减，$\sigma_u:\sigma_w:\sigma_v=1:1:1$。这是因为近底处是"漩涡制造厂"，涡体在此处产生、拉伸、变形和猝发，而在水流中部，以至表层，涡体由于扩散和耗散，紊动由各向异性趋向于各向同性。

　　如果按垂向平均水流紊动作用为零，即紊动为 Gauss 正态分布均值情况，泥沙颗粒在水流垂线平均流速 $\overline{u}$ 及沉速 ω 之下，由距河床为 h 处沉降至河底时所走的纵向距离为

$$L_c=\frac{h}{\omega}\overline{u} \qquad (3.4-1)$$

式中：L_c 为泥沙落淤纵向距离；ω 为沉速；$\overline{u}$ 为水流垂线平均流速。

　　如果考虑水流紊动作用和泥沙颗粒与水流紊动跟随性，泥沙颗粒运动速度为

$$u_s=\overline{u}+\beta u' \qquad (3.4-2)$$
$$v_s=-\omega+\beta v' \qquad (3.4-3)$$

式中：β 为泥沙颗粒与水流紊动跟随性的参数，垂向速度向上为正，对于细沙（$d\leqslant0.05$mm）取 $\beta=1.0$，对于粗沙取 $\beta=0.8$，此已通过试验和计算得到验证。

　　大量实验观测证实上式中脉动流速服从 Gauss 正态分布。Gauss 分布密度函数为

$$f(x)=\frac{1}{\sqrt{2\pi}\sigma}e^{-\frac{1}{2}\left(\frac{x-\mu}{\sigma}\right)^2} \qquad (3.4-4)$$

式中：x 为颗粒速度；μ 为均值；σ 为标准差。

　　将 Gauss 分布密度函数积分，可得泥沙沉积概率：

$$F(x)=P_s=\int_{-\infty}^{v_s}f(x)\mathrm{d}x=\frac{1}{\sqrt{2\pi}\sigma_v}\int_{-\infty}^{v_s}e^{-\frac{1}{2}\left(\frac{x-\omega}{\sigma_v}\right)^2}\mathrm{d}x \qquad (3.4-5)$$

　　式（3.4-5）中把泥沙沉积概率 $F(x)$ 记为 P_s，泥沙悬浮概率为 $1-P_s$，v_s 取不同值时，相应的泥沙沉积概率 P_s 见表 3.4-2。

表 3.4-2　　　　　　　　　　　　　不同脉动流速的泥沙沉积概率计算表

颗粒速度 v_s	$\omega-3\sigma_v$	$\omega-2\sigma_v$	$\omega-\sigma_v$	ω	$\omega+\sigma_v$	$\omega+2\sigma_v$	$\omega+3\sigma_v$
沉积概率 P_s/%	0.14	2.28	15.85	50	84.15	97.72	99.86
沉积状态	几乎不沉	个别沉积	少量沉积	平均沉积	大量沉积	绝大沉积	几乎全沉

　　若取 $P_s=50\%$，可以采用式（3.4-1）计算泥沙颗粒输移距离。若取 $P_s=15.85\%$，取 $v_s=\omega-v'=\omega-\sigma_v=\omega-u_*=\omega-\sqrt{ghJ}$，则泥沙颗粒输移距离为

$$L_c=\frac{h}{\omega-v'}\overline{u}=\frac{h}{\omega-\sqrt{ghJ}}\overline{u} \qquad (3.4-6)$$

上式表明在一定紊动强度条件下，如果 $v' \approx u_* > \omega$，总有一定比例的泥沙颗粒可以长距离输送而不沉降。三峡水库不同粒径泥沙输移距离如图 3.4 - 2 所示，在三峡水库常年回水区通常水流条件下（平均水深大于 40m，平均流速小于 0.4m/s，平均比降小于 0.05‰）。若取泥沙沉积概率 $P_s = 50\%$，采用式（3.4 - 1）计算，粒径 0.01mm 的泥沙颗粒输移距离为 256km；寸滩站距离万县站约 315km，粒径 0.008mm 的泥沙颗粒输移距离为 401km，可以从寸滩站达到万县站；粒径 0.006mm 的泥沙颗粒输移距离为 714km，寸滩站距离三峡大坝约 604km，粒径 0.006mm 的泥沙颗粒可以输移出库。若取泥沙沉积概率 $P_s = 15.85\%$，采用式（3.4 - 6）计算，粒径 0.8mm 的泥沙颗粒可以长距离输送而不沉降。三峡入库（寸滩站）悬移质中值粒径约为 0.01mm，泥沙沉积分选变细，万县站的悬移质中值粒径为 0.008mm，实测出库悬移质中值粒径为 0.006mm（宜昌站），随机分析结果和实测资料基本相符。各站最大悬移质粒径为 0.8mm，数量很少，级配资料没有具体比例，对于泥沙沉积概率 $P_s = 15.85\%$，0.8mm 的泥沙颗粒可以长距离输送而不沉降，只能说明库区各水文站的最大粒径可以出现 0.8mm。虽然三峡水库水深大，但 2003—2010 年实测水库悬移质排沙比仍然可以达到 26%，其中较粗泥沙也部分排出水库，排沙比介于 15.85% 和 50% 之间。

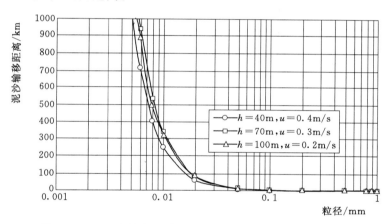

图 3.4 - 2　三峡水库不同粒径泥沙的输移距离（$P_s = 50\%$）

3.4.2　泥沙起动概率与起动流速

近 10 年来长江上游干支流上修建大量大型水库，拦截了坝上游大部分推移质泥沙，加之长距离、大范围的采砂和建筑骨料的开挖，导致三峡入库推移质泥沙大幅减少。1968—2002 年寸滩站年平均卵石推移质沙量为 22 万 t，三峡水库蓄水运用后的 2003—2007 年，寸滩站年平均卵石和沙质推移沙量仅分别为 4.18 万 t 和 2.55 万 t，乌江武隆站卵石推移质年平均输沙量为 10.5 万 t。2008 年寸滩站实测卵石推移质沙量 0.62 万 t，平均卵石推移质输沙率为 0.2kg/s，平均单宽卵石推移质输沙率为 1.5g/(s·m)，卵石推移质中值粒径为 132.3mm；实测沙质推移质沙量为 1.10 万 t，年平均沙质推移质输沙率为 0.35kg/s，平均单宽沙质推移质输沙率为 1.6g/(s·m)，沙质推移质中值粒径为 0.27mm。2008 年三峡入库寸滩站推移质和库区床沙级配如图 3.4 - 3 所示，2008 年三峡库区床沙级配如图 3.4 - 4 所示。三峡库区泥沙沿程沉积分选变细，寸滩河段床沙基本为

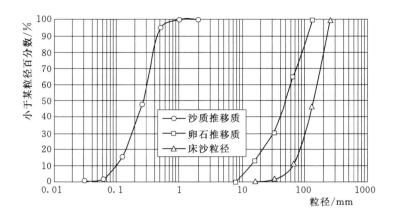

图 3.4-3　2008 年三峡入库寸滩站推移质和床沙级配

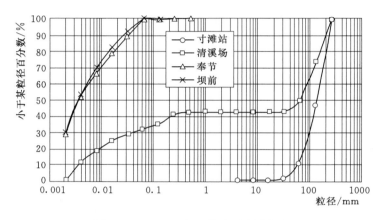

图 3.4-4　2008 年三峡库区床沙级配

卵石，中值粒径为 132.3mm，粒径小于 20mm 的颗粒都以推移质运动，不沉积；清溪场河段床沙中值粒径为 44.7mm，粒径小于 0.25mm 的细颗粒和大于 30mm 的卵砾石较多，介于 0.25mm 和 30mm 的中等颗粒很少；在奉节至坝前深水库区河段，河床主要是小于 0.1mm 的细颗粒，中值粒径约为 0.004mm。

目前三峡坝址 15km 以上库区内的顺直窄槽河段基本不淤或微淤，甚至出现冲刷，变动回水区淤积的泥沙在消落期出现冲刷移动。考虑水深和颗粒黏结力影响的泥沙起动垂线平均流速：

$$U_c = \left(\frac{h}{d}\right)^{0.14}\left[17.6\,\frac{\rho_s - \rho}{\rho}d + 0.000000605\,\frac{10+h}{d^{0.72}}\right]^{1/2} \qquad (3.4-7)$$

式中：U_c 为泥沙起动垂线平均流速；h 为水深；d 为泥沙粒径；ρ_s、ρ 分别为泥沙和水的密度。

三峡水库变动回水区不同水深的泥沙起动垂线平均流速如图 3.4-5 所示。由图可见，粒径 0.03～10mm 的中等颗粒易于起动，起动流速小于 2m/s，由于三峡水库变动回水区在消落期经常出现超过 2m/s 的较大流速，因此，变动回水区床沙粒径介于 0.25mm 和 30mm 的中等颗粒很少。由于小于 0.03mm 的细颗粒输送距离较远，在变动回水区沉积较少，粒径 0.03～10mm 的中等颗粒的起动流速小于 2m/s，只要合理控制汛期三峡水库的水位，使变动回水区在汛期维持较大流速，就可以改善变动回水区的泥沙淤积分布，减小泥沙淤积对重庆河段的影响。

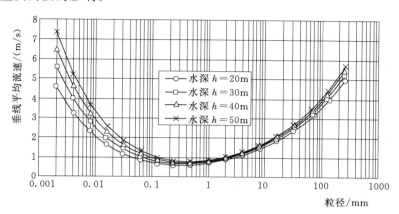

图 3.4-5 三峡水库变动回水区不同水深的泥沙起动垂线平均流速

底部水流平均流速 $\overline{u}_\mathrm{b}$ 可采用指数流速公式计算：

$$\overline{u}_\mathrm{b}=(1+m)\overline{U}\left(\frac{d}{h}\right)^m \tag{3.4-8}$$

式中：$\overline{U}$ 为垂线平均流速；m 为指数；m 可取 0.14；其余符号意义同前。

泥沙起动底部流速公式为

$$u_\mathrm{e}=1.14\left[17.6\,\frac{\gamma_\mathrm{s}-\gamma}{\gamma}d+0.000000605\,\frac{10+h}{d^{0.72}}\right]^{1/2} \tag{3.4-9}$$

式中：u_e 为泥沙起动底部流速；γ_s、γ 分别为泥沙和水的容重。

由于水流具有紊动特性，在进行泥沙颗粒起动分析时，不能简单地用底部时均流速 $\overline{u}_\mathrm{b}$ 与泥沙起动流速 u_e 进行比较，而应该用底部流速的瞬时值 u_b，即 $\overline{u}_\mathrm{b}+u'_\mathrm{b}$，与 u_e 进行比较。泥沙颗粒在该水流条件下的起动概率为

$$F(x)=\int_{-\infty}^{u_\mathrm{b}}f(x)\mathrm{d}x=\frac{1}{\sqrt{2\pi}\sigma_{u_\mathrm{b}}}\int_{-\infty}^{u_\mathrm{b}}\mathrm{e}^{-\frac{1}{2}\left(\frac{x-u_\mathrm{e}}{\sigma_{u_\mathrm{b}}}\right)^2}\mathrm{d}x \tag{3.4-10}$$

起动流速小的泥沙起动概率大，式（3.4-10）中把泥沙起动概率 $F(x)$ 记为 P_e。u_b 取不同值时，相应的起动概率 P_e 见表 3.4-3。

表 3.4-3　　　　　　　　　　不同脉动流速的泥沙起动概率表

底部流速 u_b	$u_\mathrm{e}-3\sigma_{u_\mathrm{b}}$	$u_\mathrm{e}-2\sigma_{u_\mathrm{b}}$	$u_\mathrm{e}-\sigma_{u_\mathrm{b}}$	u_e	$u_\mathrm{e}+\sigma_{u_\mathrm{b}}$	$u_\mathrm{e}+2\sigma_{u_\mathrm{b}}$	$u_\mathrm{e}+3\sigma_{u_\mathrm{b}}$
起动概率 P_e/%	0.14	2.28	15.85	50	84.15	97.72	99.86
起动状态	几乎不动	个别起动	少量起动	半数起动	大量起动	绝大多数起动	几乎全动

推移质输沙率 g_b 可按下式计算：

$$g_\mathrm{b}=P_\mathrm{e}\gamma'\beta_1 d\beta_2 u_\mathrm{b} \tag{3.4-11}$$

式中：γ' 为泥沙的干容重；β_1 为泥沙起动层数，可取 $\beta_1=1\sim4$；β_2 为泥沙运动速度系数，

$\beta_2 = 0.8 \sim 1.0$；其余符号意义同前。

对于泥沙个别起动状态，起动概率 $P_e = 2.28\%$，考虑表层泥沙起动时 $\beta_1 = 1$，对于细颗粒泥沙 $\beta_2 = 1.0$，沙质推移质中值粒径为 0.27mm，对应的 $u_b = 0.17 \sim 0.20\text{m/s}$，按式 (3.4 - 11) 计算的推移质输沙率 $g_b = 1.4 \sim 1.6\text{g/(s·m)}$，实测单宽沙质推移质为 1.6g/(s·m)，说明 2008 年实测的推移质输沙率是起动概率较小的状况。

3.4.3　泥沙推移悬移概率与推悬比

泥沙的运动状态包括滚动（间或滑移）、跃移和悬移，其中滚动和跃移运动的泥沙为推移质，悬移运动的泥沙为悬移质。胡春宏[38] 通过试验得到的泥沙运动状态概率百分数与水流强度 $\Theta\left(\Theta = \dfrac{\tau_0}{(\gamma_s - \gamma)d}\right)$关系：

$$P_{br} = 12\Theta^{-0.76} \qquad (\Theta < 2) \qquad (3.4 - 12)$$

$$P_{ss} = 37.5 + 36.71\lg\Theta \qquad (\Theta < 2) \qquad (3.4 - 13)$$

$$P_{bs} = 100 - P_{br} - P_{ss} \qquad (\Theta < 2) \qquad (3.4 - 14)$$

以上式中：P_{br}、P_{ss}、P_{bs} 为滚动、悬移和跃移百分数；Θ 为水流强度。

泥沙推移百分数：

$$P_b = P_{br} + P_{bs} = 62.5 - 36.71\lg\Theta \qquad (\Theta < 2) \qquad (3.4 - 15)$$

式中：P_b 为泥沙推移百分数。

按床沙级配加权计算的平均泥沙推移百分数 $\overline{P_b}$：

$$\overline{P_b} = \sum_{i=1}^{n} p_i P_{bi} \qquad (3.4 - 16)$$

式中：p_i 为第 i 组床沙的级配组成百分数；P_{bi} 为第 i 组床沙粒径级的推移百分数。

泥沙推移百分数 P_b 与推悬比 $P_{b/s}$ 的关系为

$$P_b = \frac{P_{b/s}}{1 + P_{b/s}} \qquad (3.4 - 17)$$

三峡水库变动回水区泥沙推移百分数与粒径的关系如图 3.4 - 6 所示，在三峡水库变动回水区通常水流条件下（平均水深大于 20m，平均流速小于 2.0m/s），对于不同的泥沙

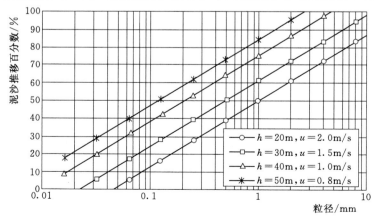

图 3.4 - 6　三峡水库变动回水区泥沙推移百分数与粒径的关系

颗粒，泥沙粒径越大，对应的推移百分数越大；随着变动回水区水深增大，流速减小，泥沙推移百分数增大，即有部分悬移质转化为推移质。在平均水深为 20m、平均流速为2.0m/s 条件下，粒径 1.0mm 的泥沙推移百分数为 50%，粒径 0.1mm 的泥沙推移百分数为 13%，粒径小于 0.03mm 的泥沙推移百分数基本为 0，按变动回水区床沙级配加权计算的平均推移百分数为 6.9%。根据前述三峡水库输沙法悬移质淤积量和断面法泥沙淤积总量对比分析，如果按水库淤积泥沙平均干容重为 1.074t/m³ 计算，估算的 2003 年 6 月—2010 年 12 月三峡入库推移质和漏测底沙约占入库悬移质沙量的 7.3%，对应的泥沙推移百分数为 6.8%，如果不计观测误差和库区其他支流来沙，与分析结果基本相符。需要说明，上述理论分析的推移百分数是针对变动回水区床沙运动的计算结果，由于三峡水库入库泥沙主要是悬移质，因此实测推移百分数通常很小。

3.4.4　恢复饱和系数计算方法

目前研究恢复饱和系数 α 的代表性理论成果可以分为三种。第一种 α 是在直接建立一维泥沙连续方程时将 α 解释为泥沙沉降概率，其值小于 1。第二种 α 是在较简化的边界条件下，直接求解立面二维扩散方程后导出，由于边界条件不尽合理，α 恒大于 1，结果无法符合实际，也有研究成果试图沿横向积分以降低其数值，但是这只考虑了流速分布的影响，并未反映扩散及"恢复"的作用；其次有假定不平衡输沙和平衡输沙的河底含沙量梯度相同，积分二维扩散方程后得出的 α 为底部含沙量（或挟沙能力）与垂线平均含沙量（或平均挟沙能力）的比值，其值也大于 1。第三种是根据泥沙运动统计理论建立不平衡输沙的边界条件方程，得出不平衡输沙恢复饱和系数 α 的理论表达式，平衡输沙 α_* 计算值可以大于 1，也可以小于 1，平均约 0.5，并建议不平衡输沙 α 值冲刷时取 $2\alpha_*$，淤积时取 $0.5\alpha_*$。通常在数学模型计算中采用经验值，即冲刷时 α 取 1，淤积时 α 取 0.25，这种经验数值与研究成果基本一致，也算是理论上的一种解释。最近这种统计理论计算恢复饱和系数的方法，已推广到不平衡输沙，并给出了 α 的理论关系。此外有关恢复饱和系数的研究尚有其他结果，由于 α 值的变化范围可以达到 0.01～10，对数学模型计算成果影响大，值得重视。因此，目前对恢复饱和系数的理论认识尚缺乏共识，恢复饱和系数的理论结果和实际应用数据也有差距，本研究在已有研究成果的基础上，根据韩其为[39] 提出的非均匀沙恢复饱和系数的理论计算式，计算了三峡水库不同粒径泥沙的恢复饱和系数值，经改进提出了数学模型中采用的综合恢复饱和系数取值方法。

天然河流通常为不平衡输沙，最简化的一维恒定流泥沙运动方程和河床变形方程分别为

$$\frac{\mathrm{d}S}{\mathrm{d}x} = -\alpha \frac{\omega}{q}(S - S_*) \tag{3.4-18}$$

$$\rho' \frac{\mathrm{d}y_0}{\mathrm{d}t} = \alpha\omega(S - S_*) \tag{3.4-19}$$

式中：S 为含沙量；S_* 为挟沙能力；ω 为泥沙沉速；y_0 为床面高程；x 为纵向坐标；t 为时间；α 为恢复饱和系数。

恢复饱和系数 α 是反映悬移质不平衡输沙时，含沙量向饱和含沙量即挟沙能力靠近的恢复速度的参数，恢复饱和系数 α 越大，含沙量沿程变化也大，含沙量向挟沙能力靠近也

就越快。恢复饱和系数对泥沙冲淤量计算有重要影响，因此，恢复饱和系数是泥沙数学模型计算的重要参数。

悬移质扩散理论的河床变形方程为

$$\omega S_b + \varepsilon_{Sy}\left(\frac{\partial S}{\partial y}\right)_b = \rho'\frac{\mathrm{d}y_0}{\mathrm{d}t} \tag{3.4-20}$$

式中：S_b 为底部含沙量；ω 为泥沙沉速；ε_{Sy} 为泥沙扩散系数；ρ' 为泥沙干容重。对于平衡输沙，床面水流含沙处于不冲不淤的饱和状态，则有

$$\omega S_b = -\varepsilon_{Sy}\left(\frac{\partial S}{\partial y}\right)_b = \omega S_{b*} \tag{3.4-21}$$

式中：S_{b*} 为底部挟沙能力。

但是，对于不平衡输沙上式是否存在，有不同的认识，但是均缺乏理论证明。

为了不失一般性，我们不引用式（3.4-21）（变形后为下式）：

$$\omega(S_b - S_{b*}) = \rho'\frac{\partial y_0}{\partial t} \tag{3.4-22}$$

引进底部恢复饱和系数 α_0，底部恢复饱和系数 α_0 是由于直接采用水流底部挟沙力有关的项 ωS_{b*} 代替不平衡输沙的紊动掀起量 $\varepsilon_{Sy}\left(\dfrac{\partial S}{\partial y}\right)_b$ 而引进的修正系数，使得

$$\alpha_0\omega(S_b - S_{b*}) = \omega S_b + \varepsilon_{Sy}\left(\frac{\partial S}{\partial y}\right)_b = \rho'\frac{\partial y_0}{\partial t} \tag{3.4-23}$$

其中平衡输沙 α_0 等于 1，不平衡输沙 α_0 大于或小于 1。引入垂线平均含沙量 S 和挟沙力 S_*，令 $\alpha_1 = S_b/S$，$\alpha_{1*} = S_{b*}/S_*$，则有

$$\alpha_0\omega(\alpha_1 S - \alpha_{1*} S_*) = \rho'\frac{\partial y_0}{\partial t} \tag{3.4-24}$$

α_1 为底部含沙量与垂线平均含沙量的比值，$\alpha_1 > 1$；α_{1*} 为底部挟沙能力与垂线平均挟沙能力的比值，$\alpha_{1*} > 1$。令 $\alpha = \alpha_0\alpha_1$，$\alpha_* = \alpha_0\alpha_{1*}$，则有

$$\omega(\alpha S - \alpha_* S_*) = \rho'\frac{\partial y_0}{\partial t} \tag{3.4-25}$$

α 即为不平衡恢复饱和系数，α_* 即为平衡恢复饱和系数。恢复饱和系数是底部恢复饱和系数 α_0 和大于 1 的含沙量分布系数 α_1 的乘积，α 的值可以大于 1，也可以小于 1，对于一般河流输沙不平衡，α 的值通常小于 1。如果令

$$\omega(\alpha S - \alpha_* S_*) = \alpha_z\omega(S - S_*) = \rho'\frac{\partial y_0}{\partial t} \tag{3.4-26}$$

则有
$$\alpha_z = \frac{1}{1 - S_*/S}\alpha - \frac{1}{S/S_* - 1}\alpha_* \tag{3.4-27}$$

α_z 即为数学模型中通常采用的综合恢复饱和系数。式（3.4-27）表明综合恢复饱和系数 α_z 为不平衡恢复饱和系数 α 和平衡恢复饱和系数 α_* 分别乘以权重系数后的差值。上述分析说明，忽略 α_0 或忽略 α_1 及 α_{1*} 的情况下分析恢复饱和系数在理论上是不完整的，对此予以澄清。对于垂线恢复饱和系数 α 和 α_*，利用泥沙运动统计理论已经给出了不平衡输沙时它们的理论表达式。利用 α、α_* 及含沙量分布，即可解出 α_0、α_1 和 α_{1*}，从而给出确定 α_0 的方法。

从上述推导过程可知，恢复饱和系数和河床变形方程密切相关，由于河床变形方程（3.4-20）的底部泥沙扩散项难以确定，韩其为[40]根据泥沙运动统计理论，直接从不平衡输沙的边界条件方程出发，提出了非均匀沙统计理论的恢复饱和系数表达式：

$$\alpha_l = (1-\varepsilon_{0,l})(1-\varepsilon_{4,l})\mu_{4,l}\frac{q}{\omega_l} = (1-\varepsilon_{0,l})(1-\varepsilon_{4,l})\frac{L_{0,l}}{L_{4,l}} \tag{3.4-28}$$

其中

$$\varepsilon_{0,l} = \frac{1}{\sqrt{2\pi}}\int_{\frac{V_{b,k_0,l}}{2u_*}-2.7}^{\infty} e^{-\frac{t^2}{2}}dt \tag{3.4-29}$$

$$\varepsilon_{4,l} = \frac{1}{\sqrt{2\pi}}\int_{\frac{\omega_l}{u_*}}^{\infty} e^{-\frac{t^2}{2}}dt \tag{3.4-30}$$

$$V_{b,k_0,l} = 0.916\sqrt{53.9d_l}$$

$$L_{0,l} = \frac{q}{\omega_l} \tag{3.4-31}$$

$$\mu_{4,l} = \frac{1}{L_{4,l}} \tag{3.4-32}$$

式中：α_l 为第 l 组泥沙的恢复饱和系数；q 为单宽流量；ω_l 为泥沙沉速；采用《河流泥沙颗粒分析规程》（SL 42—92）的规范公式计算；$\varepsilon_{0,l}$ 为不止动概率；$V_{b,k_0,l}$ 为止动流速；d_l 为第 l 组泥沙的粒径；$\varepsilon_{4,l}$ 为悬浮概率；$L_{0,l}$ 为悬移质（在层流中的）落距；$\mu_{4,l}$ 为悬移质单步距离的倒数。

由式（3.4-27）可知，恢复饱和系数由悬移质的止动概率 $(1-\varepsilon_{0,l})$、止悬概率 $(1-\varepsilon_{4,l})$、落距 $L_{0,l}$ 和单步距离 $L_{4,l}$ 决定。其中悬移质单步距离 $L_{4,l}$ 的计算比较复杂，为颗粒上升和下降的纵向距离之和：

$$L_{4,l} = \frac{1}{\mu_{4,l}} = q(h_l)\left[\frac{1}{\overline{U}_{y,u,l}} + \frac{1}{\overline{U}_{y,d,l}}\right] \tag{3.4-33}$$

其中

$$\overline{U}_{y,u,l} = \frac{u_*}{\sqrt{2\pi}\varepsilon_{4,l}}e^{-\frac{1}{2}\left(\frac{\omega_l}{u_*}\right)^2} - \omega_l \tag{3.4-34}$$

$$\overline{U}_{y,d,l} = \frac{u_*}{\sqrt{2\pi}(1-\varepsilon_{4,l})}e^{-\frac{1}{2}\left(\frac{\omega_l}{u_*}\right)^2} + \omega_l \tag{3.4-35}$$

$$q(h_l) = \int_0^{h_l} V(y)dy \tag{3.4-36}$$

$$V(y) = V(\eta) = V_m + \frac{u_*}{\kappa}\ln\eta = \overline{V} + \frac{u_*}{\kappa}(1+\ln\eta) \tag{3.4-37}$$

式中：$\overline{U}_{y,u,l}$ 为悬移质颗粒上升的平均速度；$\overline{U}_{y,d,l}$ 为悬移质颗粒下降的平均速度；$q(h_l)$ 为自河底至悬移质平均悬浮高 h_l 的单宽流量；$V(y)$ 为流速分布，采用卡曼-普兰特尔对数流速分布公式；V_m 为水面流速；$\overline{V}$ 为垂线平均流速；u_* 为摩阻流速；κ 为卡门常数，可取为 0.4；η 为相对水深 y/H。

将式（3.4-37）代入式（3.4-36）计算自河底至悬移质平均悬浮高 h_l 的单宽流量：

$$q(h_l) = q(\eta_l) = H\int_0^{\eta_l}\left[\overline{V} + \frac{u_*}{\kappa}(1+\ln\eta)\right]d\eta = H\left(\overline{V}\eta_l + \frac{u_*}{\kappa}\eta_l\ln\eta_l\right) = H\overline{V}\left(\eta_l + \frac{u_*}{\kappa\overline{V}}\eta_l\ln\eta_l\right) \tag{3.4-38}$$

由 $q = \overline{H}V$，可得到

$$\frac{q(h_l)}{q} = \eta_l + \frac{u_*}{\kappa \overline{V}} \eta_l \ln \eta_l \qquad (3.4-39)$$

平原河流垂线平均流速和水面流速关系可取 $\overline{V} = 0.85 V_{\mathrm{m}}$，由式（3.4-37），有 $V_{\mathrm{m}} = \overline{V} + \frac{u_*}{\kappa}$，则

$$\frac{u_*}{\kappa \overline{V}} = 0.176 \qquad (3.4-40)$$

将式（3.4-40）代入式（3.4-39），可得到平均悬浮高 h_l 的相对单宽流量：

$$\frac{q(h_l)}{q} = \eta_l + 0.176 \eta_l \ln \eta_l = f(\eta_l) \qquad (3.4-41)$$

根据泥沙运动统计理论，平均悬浮高 h_l 由含沙量垂线分布决定，在平衡输沙条件下：

$$\omega S + \varepsilon_{Sy} \frac{\partial S}{\partial y} = 0 \qquad (3.4-42)$$

而在不平衡输沙条件下：

$$\omega S + \varepsilon_{Sy} \frac{\partial S}{\partial y} \neq 0 \qquad (3.4-43)$$

引入非饱和调整系数 c，令

$$\omega S + \frac{\varepsilon_{Sy}}{c} \frac{\partial S}{\partial y} = 0 \qquad (3.4-44)$$

式中：c 为非饱和调整系数，以近似反映不平衡时含沙量分布的影响，次饱和冲刷时，含沙量梯度增大，$c > 1$；超饱和淤积时，含沙量梯度减小，$c < 1$；饱和（不冲不淤）时，$c = 1$。

c 可以反映含沙量非饱和度 S/S_* 的调整变化，因此称为非饱和调整系数。为了简便起见，泥沙扩散系数 ε_{Sy} 采用动量传递系数代替：

$$\varepsilon_{Sy} = \kappa u_* y \frac{H - y}{H} \qquad (3.4-45)$$

垂线平均泥沙扩散系数为

$$\overline{\varepsilon}_{Sy} = \frac{\kappa u_* H}{6} \qquad (3.4-46)$$

如果将式（3.4-45）代入式（3.4-44）并积分后，得到不平衡输沙条件下的含沙量垂线劳斯分布公式：

$$\frac{S(y)}{S_b} = \left(\frac{H - y}{y} \frac{b}{H - b} \right)^{\frac{c\omega}{\kappa u_*}} \qquad (3.4-47)$$

如果将（3.4-46）式代入（3.4-44）式积分后，得到不平衡输沙条件下的含沙量垂线指数分布公式：

$$\frac{S(y)}{S_b} = \mathrm{e}^{-\frac{6c\omega}{\kappa u_*} \left(\frac{y}{H} \right)} \qquad (3.4-48)$$

式中：$S(y)$、S_b 为离河底 y 处和河底 b 处的含沙量。

计算表明，当劳斯分布公式的取 $b/H = 0.05$ 代表河底时，含沙量垂线分布采用指数分布和劳斯分布对计算结果差别不大，为了计算积分简便起见，本研究采用垂线含沙量指

数分布公式 (3.4-48)。根据泥沙运动统计理论，平均悬浮高为

$$h_l = \int_0^H \frac{2y}{HS_l} S_l(y) \mathrm{d}y \tag{3.4-49}$$

将式 (3.4-48) 代入式 (3.4-49)，则有

$$h_l = \int_0^H \frac{2yS_{b,l}}{HS_l} \mathrm{e}^{-\frac{6c\omega_l}{\kappa u_*}\left(\frac{y}{H}\right)} \mathrm{d}y = \int_0^1 \frac{2HS_{b,l}}{S_l} \eta \mathrm{e}^{-\frac{6c\omega_l}{\kappa u_*}\eta} \mathrm{d}\eta = \frac{2HS_{b,l}}{S_l} \left[\left(\frac{\kappa u_*}{6c\omega_l}\right)^2 \left(1 - \mathrm{e}^{-\frac{6c\omega_l}{\kappa u_*}}\right) - \frac{\kappa u_*}{6c\omega_l} \mathrm{e}^{-\frac{6c\omega_l}{\kappa u_*}} \right]$$

$$\tag{3.4-50}$$

而由式 (3.4-48) 计算垂线平均含沙量为

$$S_l = \frac{1}{H}\int_0^H S_l(y)\mathrm{d}y = \int_0^1 S_{b,l} \mathrm{e}^{-\frac{6c\omega_l}{\kappa u_*}\eta} \mathrm{d}\eta = S_{b,l} \frac{\kappa u_*}{6c\omega_l} \left(1 - \mathrm{e}^{-\frac{6c\omega_l}{\kappa u_*}}\right) = S_{b,l} A_l \tag{3.4-51}$$

将式 (3.4-51) 代入式 (3.4-50)，则相对平均悬浮高为

$$\eta = \frac{h_l}{H} = 2\left[\frac{\kappa u_*}{6c\omega_l} - \frac{\mathrm{e}^{-\frac{6c\omega_l}{\kappa u_*}}}{1 - \mathrm{e}^{-\frac{6c\omega_l}{\kappa u_*}}}\right] = 2\left[\frac{\kappa u_*}{6c\omega_l} + \frac{1}{1 - \mathrm{e}^{\frac{6c\omega_l}{\kappa u_*}}}\right] \tag{3.4-52}$$

将式 (3.4-32)、式 (3.4-33)、式 (3.4-41) 代入式 (3.4-28)，得到非均匀沙不平衡输沙的恢复饱和系数计算式：

$$\alpha_l = (1-\varepsilon_{0,l})(1-\varepsilon_{4,l})\mu_{4,l}\frac{q}{\omega_l} = \frac{(1-\varepsilon_{0,l})(1-\varepsilon_{4,l})}{\eta_l + 0.176\eta_l \ln\eta_l} \left(\frac{\omega_l}{\overline{U}_{y,u,l}} + \frac{\omega_l}{\overline{U}_{y,d,l}}\right)^{-1}$$

$$= \frac{(1-\varepsilon_{0,l})(1-\varepsilon_{4,l})\overline{U}_{y,u,l}}{\eta_l + 0.176\eta_l \ln\eta_l}\frac{1}{\omega_l}\left(1 + \frac{\overline{U}_{y,u,l}}{\overline{U}_{y,d,l}}\right)^{-1} \tag{3.4-53}$$

上式计算非常复杂，在数学模型中应用非常困难，本研究提出数学模型中采用的综合恢复饱和系数的取值方法。

通常在数学模型中采用综合恢复饱和系数 α_z，综合恢复饱和系数反映含沙量向挟沙能力靠近的恢复速度，综合恢复饱和系数采用式 (3.4-27) 计算。采用数值计算方法，不同粒径组的综合恢复饱和系数计算结果如图 3.4-7～图 3.4-14 所示，计算结果表明不同粒径组的综合恢复饱和系数值也是不同的，粒径 d 越小，α_z 越大，含沙量越易于达到饱和；冲泻质的 α_z 基本与非饱和调整系数 c 无关，床沙质的 α_z 通常小于1，随着摩阻流速 u_* 变化，存在一个临界 u_*，α_z 取极小值，当水流流速小于临界 u_*，表现为淤积恢复饱

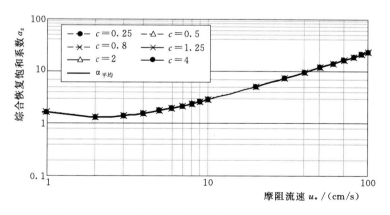

图 3.4-7 综合恢复饱和系数计算结果 $(d=0.005\text{mm})$

和，当水流流速大于临界 u_*，表现为冲刷恢复饱和；淤积状态（$c<1$）的 α_z 值略大于冲刷状态（$c>1$）的 α_z 值，含沙量在淤积状态比冲刷状态更易于达到饱和，这与理论分析结果一致。值得注意的是，综合恢复饱和系数随冲淤变化不大，可以取其平均值（图中黑粗线），这给恢复饱和系数的使用带来很大方便。

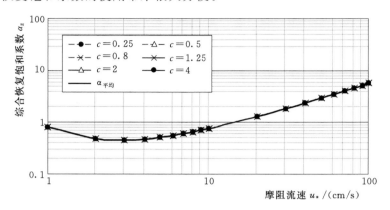

图 3.4－8　综合恢复饱和系数计算结果（$d=0.01\text{mm}$）

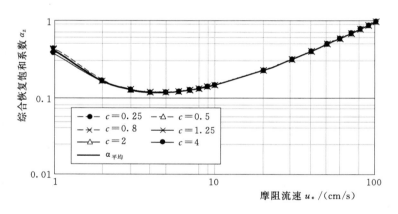

图 3.4－9　综合恢复饱和系数计算结果（$d=0.025\text{mm}$）

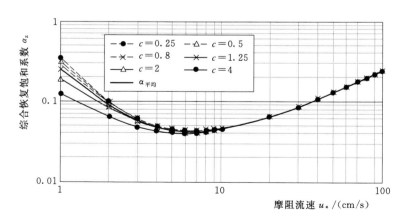

图 3.4－10　综合恢复饱和系数计算结果（$d=0.05\text{mm}$）

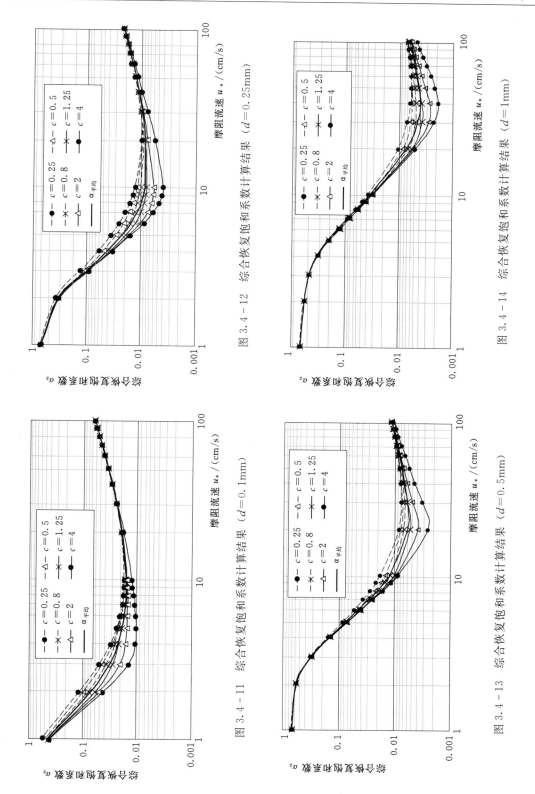

图 3.4-11　综合恢复饱和系数计算结果 （$d = 0.1$mm）

图 3.4-12　综合恢复饱和系数计算结果 （$d = 0.25$mm）

图 3.4-13　综合恢复饱和系数计算结果 （$d = 0.5$mm）

图 3.4-14　综合恢复饱和系数计算结果 （$d = 1$mm）

在数学模型中通常采用综合恢复饱和系数，式（3.4－27）表明综合恢复饱和系数 α_z 为不平衡恢复饱和系数 α 和平衡恢复饱和系数 α_* 之间有权重系数的差值，由上述各级泥沙粒径的综合恢复饱和系数计算结果可知，水流条件采用摩阻流速 $u_* = (ghJ)^{1/2}$ 表示水深和比降等影响后，对于相同的摩阻流速，强不平衡条件（$c>1$ 时冲刷和 $c<1$ 时淤积）的综合恢复饱和系数变化不大，数学模型计算可以采用其平均值（图中黑粗线为平均值）。因此，采用摩阻流速表示水深和比降等水流条件影响后，大水深强不平衡条件和一般水流条件的综合恢复饱和系数具有相同的变化规律。

各级泥沙粒径的平均综合恢复饱和系数计算结果见表 3.4－4 和图 3.4－15。由图可知，不同粒径泥沙的恢复饱和系数是不同的，泥沙粒径小于 0.01mm 的恢复饱和系数较大，其中泥沙粒径为 0.005mm 的恢复饱和系数大于 1；当摩阻流速大于 10cm/s 时，泥沙粒径为 0.01mm 的恢复饱和系数也大于 1。对于粒径大于 0.01mm 的泥沙颗粒，恢复饱和系数小于 1，随着摩阻流速变化，恢复饱和系数存在一个极小值。

表 3.4－4　　　　　　　各级泥沙粒径的平均综合恢复饱和系数计算结果

摩阻流速 /(cm/s)	平均综合恢复饱和系数 $\alpha_{平均}$							
	$d=0.005$mm	$d=0.01$mm	$d=0.025$mm	$d=0.05$mm	$d=0.1$mm	$d=0.25$mm	$d=0.5$mm	$d=1$mm
1	1.641	0.819	0.416	0.259	0.435	0.685	0.685	0.685
2	1.283	0.483	0.166	0.090	0.071	0.332	0.581	0.581
3	1.368	0.455	0.127	0.058	0.031	0.102	0.308	0.482
4	1.530	0.477	0.117	0.048	0.022	0.043	0.143	0.326
5	1.718	0.513	0.117	0.044	0.018	0.024	0.074	0.203
6	1.917	0.557	0.120	0.042	0.017	0.016	0.043	0.129
7	2.124	0.604	0.125	0.042	0.016	0.012	0.028	0.085
8	2.334	0.654	0.131	0.043	0.016	0.011	0.020	0.059
9	2.546	0.705	0.138	0.044	0.015	0.010	0.015	0.043
10	2.761	0.757	0.146	0.045	0.016	0.009	0.012	0.033
20	4.940	1.294	0.227	0.064	0.019	0.006	0.006	0.007
30	7.139	1.841	0.314	0.085	0.024	0.010	0.006	0.005
40	9.342	2.391	0.401	0.106	0.029	0.012	0.007	0.004
50	11.546	2.941	0.489	0.128	0.034	0.014	0.008	0.005
60	13.752	3.492	0.577	0.150	0.040	0.015	0.008	0.005
70	15.958	4.044	0.665	0.172	0.045	0.017	0.009	0.005
80	18.164	4.595	0.753	0.194	0.051	0.019	0.010	0.006
90	20.372	5.146	0.841	0.216	0.056	0.021	0.011	0.006
100	22.578	5.698	0.929	0.238	0.062	0.023	0.012	0.007

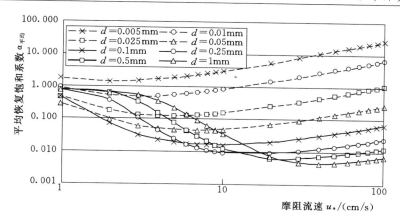

图 3.4-15 各级泥沙粒径的平均综合恢复饱和系数计算结果

3.5 水库排沙比变化

三峡水库蓄水运用后水库排沙比大小是反映水库淤积特性的重要指标,排沙比变化规律及其主要影响因素是水库调度运行中极为关注的问题。本节采用三峡水库蓄水运用以来库区实测水文泥沙资料,建立排沙比与来水来沙量、水沙过程、水沙组合、来沙级配以及水库运用方式等变量之间的关系,研究三峡水库排沙比变化规律。

3.5.1 排沙比变化过程

3.5.1.1 不同时段排沙比变化特征

表 3.5-1 和表 3.5-2 分别为三峡库区不同河段年排沙比和汛期排沙比的年际变化情况。由表可见,三峡水库排沙比有逐年减小的趋势,年排沙比从 2004 年的 33.2% 减小到 2012 年的 20.7%,2011 年仅为 6.8%,多年平均排沙比约为 21.2%。由于三峡水库的来水来沙主要集中于汛期,所以汛期的排沙比略大于全年排沙比,汛期排沙比也由 2004 年的 35.0% 减小到 2012 年的 21.9%,多年平均汛期排沙比约为 22.3%。从三峡库区不同河段年排沙比统计来看,朱沱—寸滩河段和寸滩—清溪场河段的排沙比相对较大,其历年的排沙比分别在 91.7% 和 85.9% 以上,多年平均排沙比分别为 95.0% 和 92.6%;清溪场—万县河段的排沙比明显减小,历年的排沙比在 50.2%~80.8% 之间,多年平均排沙比约为 61.7%;万县—黄陵庙河段排沙比最小,其历年最大排沙比为 50.3%(2005 年),最小排沙比为 18.5%(2006 年),多年平均排沙比仅为 39.0%。由此可见,受三峡水库运用方式的影响,入库悬移质泥沙在清溪场以上河段淤积相对较少,清溪场—万县河段和万县—黄陵庙河段淤积相对较多;具体而言,以各河段多年平均排沙比为例,约有 12% 的入库悬移质泥沙淤积在清溪场以上河段,约有 34% 的泥沙淤积在清溪场—万县河段,而万县—黄陵庙河段淤积了约 33% 的泥沙,仅有约 21% 的入库悬移质泥沙排出库外。这主要是因为清溪场以上河段虽受三峡水库蓄水影响逐渐增强,但由于该河段水流流速较大,河道输沙能力仍然较强,致使清溪场以上河段泥沙淤积相对较少,大部分泥沙淤积在清溪场以下的常年回水区内。

表 3.5-1 三峡库区不同河段年排沙比变化

年份	各河段年排沙比/%						
	朱沱—寸滩	寸滩—清溪场	清溪场—万县	万县—黄陵庙	朱沱—清溪场	清溪场—黄陵庙	朱沱—黄陵庙
2004	95.7	90.1	77.6	49.5	86.4	38.4	33.2
2005	98.7	92.5	80.8	50.3	91.3	40.7	37.1
2006	93.2	85.9	50.2	18.5	80.2	9.3	7.4
2007	91.7	98.4	55.7	42.2	90.6	23.5	21.3
2008	94.0	87.5	55.5	30.7	82.3	17.0	14.0
2009	95.4	104.4	57.8	34.1	99.7	19.7	19.7
2010	94.4	89.6	59.7	28.6	84.8	16.9	14.3
2011	91.6	94.8	35.0	22.4	86.9	7.8	6.8
2012	96.8	89.9	60.1	39.6	87.0	23.8	20.7
平均	95.0	92.6	61.7	39.0	88.0	24.1	21.2

表 3.5-2 三峡库区不同河段汛期排沙比变化

年份	各河段汛期排沙比/%						
	朱沱—寸滩	寸滩—清溪场	清溪场—万县	万县—黄陵庙	朱沱—清溪场	清溪场—黄陵庙	朱沱—黄陵庙
2004	94.3	91.4	82.7	51.2	86.4	42.4	35.0
2005	98.0	94.1	83.6	52.2	92.2	43.7	38.7
2006	91.9	89.6	58.0	17.8	82.4	10.3	7.5
2007	92.0	93.4	58.7	42.1	93.4	24.7	22.1
2008	93.0	93.6	58.2	30.8	87.1	17.9	15.2
2009	95.3	25.9	25.0	323.0	24.7	80.7	19.9
2010	95.2	93.3	60.2	28.3	89.0	17.1	14.6
2011	92.7	100.1	35.2	20.8	92.2	7.3	6.8
2012	97.3	92.1	62.0	39.4	89.7	24.4	21.9
平均	94.9	86.7	62.8	43.1	82.4	27.1	22.3

　　三峡水库蓄水运用以来，经历了围堰发电期（135—139m 运行期）、初期运行期（145—156m 运行期）和试验性蓄水期三个阶段，随着汛期坝前平均水位的抬高，水库排沙效果有所减弱，其中 2006 年三峡水库汛期坝前平均水位为 135.8m，但由于三峡入库水量明显偏少，最大入库流量仅为 29800m³/s，且大于 20000m³/s 的天数仅为 6 天，致使当年水库排沙比偏小，说明三峡水库排沙比与入库水沙条件和水库蓄水位等因素密切相关，如图 3.5-1 所示。

　　图 3.5-2、图 3.5-3 和表 3.5-3 分别为三峡水库库区不同河段多年月平均排沙比变

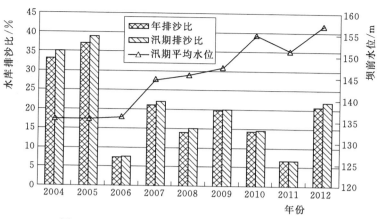

图 3.5-1 三峡水库排沙比与汛期坝前水位变化

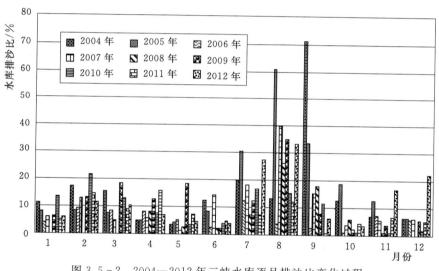

图 3.5-2 2004—2012 年三峡水库逐月排沙比变化过程

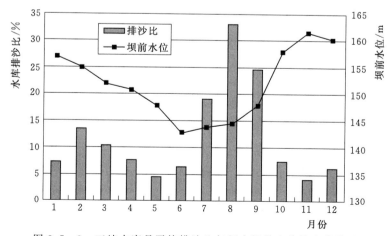

图 3.5-3 三峡水库月平均排沙比与相应坝前水位的变化关系

化情况和 2004—2012 年三峡水库逐月排沙比变化情况。由图和表可见，三峡库区各河段 7—9 月的平均排沙比均相对较大。7—9 月洪峰期，坝前水位相对较低，进出库的流量较大，致使库区水流流速较大，水流挟沙能力强，进入水库的泥沙大部分能输移到坝前，且洪峰持续时间越长，水库排沙比就越大。而其他月份的进出库水沙量均相对较小，其排沙情况对三峡水库库区泥沙冲淤的影响相对较小。换而言之，三峡库区泥沙冲淤情况主要取决于汛期，尤其是 7—9 月进出库的水沙条件。

表 3.5-3　　　　　　　　　　三峡库区不同河段多年平均月排沙比

月份	不同河段月排沙比/%				
	朱沱—清溪场	清溪场—万县	万县—黄陵庙	清溪场—黄陵庙	朱沱—黄陵庙
1	61.21	42.90	57.92	27.05	7.4
2	62.70	43.19	77.87	39.59	13.5
3	55.14	31.64	73.07	21.54	10.4
4	65.70	22.69	63.89	14.20	7.7
5	74.34	16.77	36.62	4.99	4.6
6	86.52	39.28	22.64	8.62	6.4
7	88.21	71.28	27.37	20.12	19.0
8	86.52	63.17	43.54	29.54	33.1
9	89.00	60.95	40.31	27.91	24.7
10	71.73	36.73	28.34	9.15	7.5
11	43.00	26.42	70.56	16.16	4.2
12	36.24	39.15	78.36	23.88	6.2

3.5.1.2　不同粒径组的排沙比变化特征

三峡水库入库沙量的 85% 以上（除 2006 年占比 80% 以外）和出库沙量的 90% 以上都集中在汛期，因此，在分析水库不同泥沙颗粒排沙比变化时，主要考虑汛期时段的出入库沙量。根据 2004—2012 年三峡库区各水文站悬移质级配资料进行统计分析，得到水库汛期进出库泥沙颗粒特征，级配曲线划分为 $d > 0.016mm$、$0.016mm < d < 0.062mm$、$0.062mm < d < 0.125mm$ 及 $d > 0.0125mm$ 等四个粒径等级，按不同粒径组统计的结果如图 3.5-4、图 3.5-5 所示。由图可见，无论是入库泥沙还是出库泥沙，细颗粒泥沙均占有较大的比例，具体而言，在入库泥沙中，粒径小于 0.016mm 的泥沙约占 56% 以上，粒径在 0.016~0.062mm 之间的泥沙颗粒约占 22%~28%，而粒径大于 0.062mm 的泥沙颗粒占比均在 20% 以下；对于出库泥沙，粒径小于 0.016mm 的泥沙约占 71% 以上，粒径在 0.016~0.062mm 之间的泥沙颗粒约占 14%~23%，粒径大于 0.062mm 的泥沙颗粒占比甚少，均不超过 6%。

进一步分析可得到三峡水库汛期不同泥沙颗粒所对应的水库排沙比的变化情况，如图 3.5-6 所示。由图可见，随着泥沙粒径的增加，三峡水库排沙比具有明显的减小趋势，具体而言，粒径小于 0.016mm 的泥沙颗粒排沙比最大为 54.7%（2005 年），最小为 7.7%（2011 年）；粒径在 0.016~0.062mm 之间的泥沙颗粒水库排沙比最大为 2004 年的 27.9%，最小为 2006 年的 4.7%；而大于 0.062mm 的泥沙颗粒排沙比除了 2004 年在

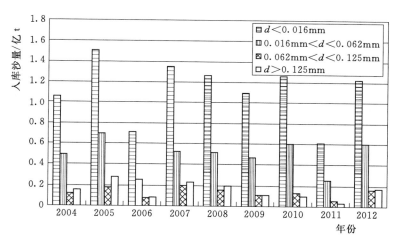

图 3.5-4 三峡水库汛期不同泥沙颗粒的入库沙量变化过程

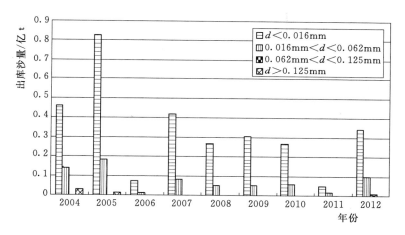

图 3.5-5 三峡水库汛期不同泥沙颗粒的出库沙量变化过程

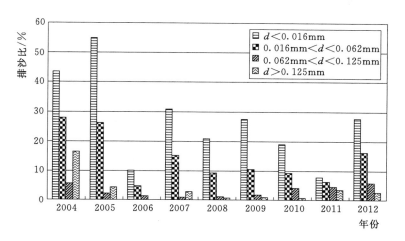

图 3.5-6 三峡水库汛期不同泥沙颗粒的排沙比变化过程

11.8%左右之外，其他时期均不超过 4.1%。此外，尽管细颗粒泥沙的水库排沙比较大，但由于其来沙绝对量占入库泥沙的比例也较大，因此，三峡库区淤积的泥沙中细颗粒泥沙占比相对而言还是比较大的。

3.5.2 排沙比的主要影响因素分析

入库水沙条件、出库流量及坝前水位等是影响水库排沙比的重要因素。

3.5.2.1 入库流量的影响

图 3.5-7 为多年平均入库流量和汛期（6—10 月，下同）入库流量与对应水库排沙比的关系图。由图可见，在不考虑其他因素对水库排沙比影响的情况下，入库流量越大，其对应的水库排沙效果越好，且汛期的排沙比均明显大于相应的年排沙比。

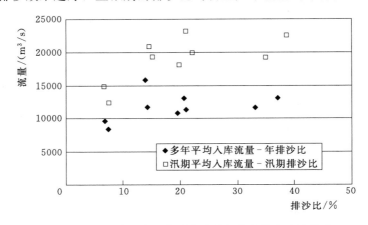

图 3.5-7 三峡水库入库平均流量与水库排沙比的关系

为了进一步分析入库流量对水库排沙比的影响，将历年实测数据按月、半月和旬分别进行统计，由于非汛期三峡水库处于蓄水期，库水位相对较高，致使入库流量与三峡水库排沙比关系较为散乱，在此只给出汛期的月、半月和旬入库流量与相应水库排沙比的关系，如图 3.5-8 所示。由图可见，三峡水库入库流量与三峡水库排沙比成正相关；统计

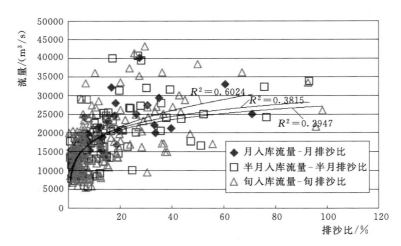

图 3.5-8 三峡水库汛期入库流量与水库排沙比的关系

时段越短，三峡水库排沙比差异就越大，说明三峡水库排沙主要集中在某一场或几场洪水中；另外，对入库流量与相应排沙比进行回归分析，结果表明，入库流量与三峡水库排沙比的关系相对较好，其中月入库流量与相应水库排沙比的复相关系数约为 0.60，半月和旬入库流量与相应水库排沙比的复相关系数分别为 0.38 和 0.29，这在一定程度上表明入库流量是影响三峡水库排沙比的重要因素之一。

3.5.2.2　出库流量的影响

图 3.5-9 为年平均出库流量和主汛期出库流量与对应水库排沙比的关系，由图可见，与三峡水库入库流量与水库排沙比的关系类似，水库排沙比与相应的出库流量之间存在正相关关系，即出库流量越大，水库排沙效果就越好，且主汛期的对应关系和排沙效果更好一些。

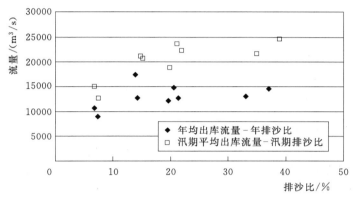

图 3.5-9　三峡水库年平均出库流量与水库排沙比的关系

按月、半月和旬分别统计，三峡水库汛期出库流量与相应的水库排沙比的关系如图 3.5-10 所示。由图可见，在汛期，水库出库流量与相应的水库排沙比存在较好的正相关关系。对其相关性进行回归分析，结果表明水库出库流量与相应水库排沙比的相关性均较高，按月、半月、旬统计的出库流量与相应水库排沙比的复相关系数分别为 0.71、0.58、0.52，表明三峡水库出库流量也是影响三峡水库排沙比的重要因素之一。

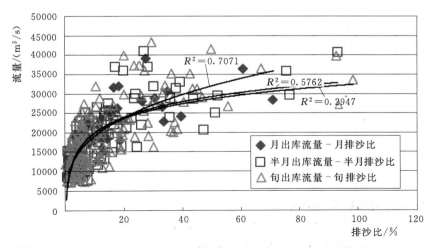

图 3.5-10　三峡水库汛期出库流量与水库排沙比的关系

3.5.2.3　坝前水位的影响

图 3.5-11 为坝前年平均水位和汛期平均水位与相应时期水库排沙比的关系，由图可见，除个别年份（2006 年）外，其他年份的三峡水库坝前水位与相应的水库排沙比具有较好的负相关关系，即坝前水位越高，相应的水库排沙比越小，其排沙效果也就越差。

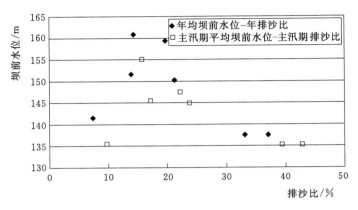

图 3.5-11　三峡水库坝前水位与水库排沙比的关系

　　按月、半月和旬分别进行统计，三峡水库汛期坝前平均水位与水库排沙比的关系如图 3.5-12 所示。由图可见，水库汛期坝前平均水位与相应水库排沙比存在负相关关系，即坝前水位越高，相应的排沙比越小。当坝前旬水位高于 160m 时，除了某个旬平均排沙比略高于 15%（为 15.3%）外，其他旬排沙比均不超过 12%；当坝前水位高于 145m 时，除了个别按半月、旬统计时段外，其他各时段相应的水库排沙比均不超过 56%。由此可见，水库坝前水位对水库排沙比存在较大的影响。

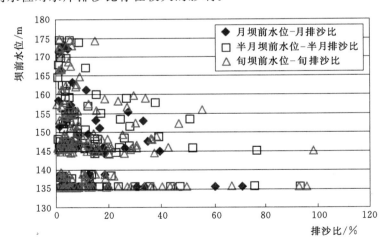

图 3.5-12　三峡水库汛期坝前平均水位与水库排沙比的关系

3.5.2.4　水位与流量影响综合分析

　　鉴于三峡水库入库流量与出库流量之间存在非常好的线性关系，在综合分析三峡水库排沙比的影响因素时，将采用入库流量对水库排沙比的影响替代出库流量对水库排沙比的影响，即只进行入库流量和坝前水位等因素对水库排沙比影响的综合分析。

将三峡水库坝前水位和排沙比的关系按照来流量进行分级统计，统计结果如图 3.5 - 13 所示。由图可见，在入库流量较小时，坝前水位的变化对排沙比的影响较小；随着入库流量的增加，坝前水位对排沙比的影响也逐渐增大，且坝前水位越高，其相应的排沙比越低，表明小流量时排沙比对库水位的变化不敏感，大流量时排沙比对水位的变化非常敏感。具体而言，当入库流量小于 15000m³/s 时，坝前水位对排沙比的影响不大，坝前水位在 135～172m 之间变化，而相应的水库排沙比除了个别点外，均在 5.9%～1.5% 之间变化；当入库流量为 15000～20000m³/s 时，坝前水位对排沙比的影响略有增加，其坝前水位由 135m 左右增加到 150m 左右时，水库排沙比从 13.4% 左右减小到 7.6% 左右；当入库流量为 20000～25000m³/s 时，坝前水位对排沙比的影响进一步增加，其坝前水位由 135m 左右增加到 162m 左右时，水库排沙比由 33.8% 左右减小到 10.8% 左右；当入库流量大于 25000m³/s 时，坝前水位对排沙比的影响更加明显，其相应的排沙比变幅也较大，坝前水位由 135m 左右提高到 152m 时，其相应的水库排沙比由 71.3% 左右减小到 16.9% 左右。另外，由图还可以看出，当三峡水库坝前水位高于 150m 时，除个别点之外，相应的排沙比均小于 20%。

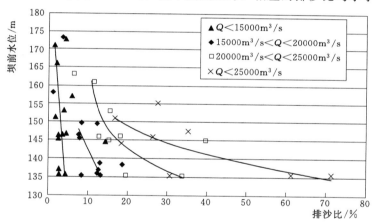

图 3.5 - 13　三峡水库汛期不同流量下坝前水位与水库排沙比的关系

3.5.3　水库场次洪水排沙比

根据前面对排沙比变化的分析，影响排沙比的主要因素是流量和坝前水位，以下针对每一场次的洪水，进一步分析排沙比变化规律。洪水进入三峡水库后，洪峰传播快，传播至坝前的时间一般在 1 天左右，而沙峰传播较慢，都在 3 天以上。沙峰在库区的输移过程中，不但受到与沙峰同时入库洪水的推动，也受到后入库洪水的推动，因此，入库流量对场次洪水排沙比的影响可以用沙峰入库开始至沙峰出库前 1 天的寸滩站加武隆站平均流量来反映。

沙峰在库区的输移，也受到出库流量的影响，出库流量大沙峰输移就快，出库流量小沙峰输移就慢。出库流量对场次洪水排沙比的影响可以用沙峰入库第 2 天开始至沙峰出库时的庙河站平均流量来反映。入库和出库流量共同影响库区沙峰输移，它们的共同作用可以用两者的平均值来反映。

根据 2003—2013 年三峡水库入库场次沙峰过程，对上述影响场次洪水排沙比的主要因素进行统计，结果见表 3.5 - 4 所示。点绘沙峰输移期库区平均流量与出、入库含沙量

表3.5-4　三峡水库2003—2013年场次洪水沙峰期排沙比

年份	(寸滩+武隆)5日沙峰		庙河出库5日沙峰		5日入库平均		5日出库平均		库水位/m	库区平均流量/(m³/s)	出、入库含沙量比
	时间	含沙量/(kg/m³)	时间	含沙量/(kg/m³)	时间	平均流量/(m³/s)	时间	平均流量/(m³/s)			
2003	7月8—12日	1.03	7月13—17日	0.62	7月8—16日	34524	7月9—17日	37178	135.1	35851	0.60
	8月31日—9月4日	1.31	9月4—8日	0.75	8月31日—9月7日	35593	9月1—8日	38014	135.1	36804	0.57
2004	7月11—15日	1.00	7月15—19日	0.29	7月11—18日	21995	7月12—19日	25863	135.5	23929	0.29
	9月4—8日	1.34	9月7—11日	1.13	9月4—10日	44361	9月5—11日	46143	135.8	45252	0.84
2005	7月20—24日	2.15	7月24—28日	0.93	7月20—27日	31853	7月21—28日	33900	135.5	32877	0.43
	8月13—17日	1.72	8月17—21日	1.23	8月13—20日	38573	8月14—21日	43013	135.5	40793	0.72
	10月2—6日	0.76	10月5—9日	0.20	10月2—8日	24566	10月3—9日	25171	138.7	24869	0.26
2007	7月17—21日	0.90	7月22—26日	0.32	7月17—25日	29732	7月18—26日	37511	144.2	33622	0.36
	7月27—31日	2.01	8月1—5日	1.03	7月27日—8月4日	36069	7月28日—8月5日	41244	144.9	38657	0.51
	8月26—30日	1.80	9月4—8日	0.19	8月26日—9月7日	23720	8月27日—9月8日	24738	144.9	24229	0.11
	9月15—19日	1.26	9月21—25日	0.22	9月15—24日	26890	9月16—25日	27830	144.9	27360	0.17
	7月22—26日	0.88	7月26—30日	0.20	7月22—29日	24191	7月23—30日	27675	145.7	25933	0.23
2008	8月9—13日	2.06	8月16—20日	0.67	8月9—19日	31459	8月10—20日	33182	145.8	32321	0.33
	9月26—30日	1.01	10月7—11日	0.03	9月26日—10月10日	20913	9月27日—10月11日	16627	152.4	18770	0.03
2009	6月29日—7月3日	1.21	7月6—10日	0.08	6月29日—7月09日	18275	6月30日—7月10日	20336	146.0	19306	0.07
	7月16—20日	1.17	7月21—25日	0.26	7月16—24日	25530	7月17—25日	25922	145.9	25726	0.22
	8月1—5日	1.45	8月6—10日	0.76	8月1—9日	39348	8月2—10日	34844	148.5	37096	0.52
2010	7月18—22日	1.59	7月23—27日	0.44	7月18—26日	44216	7月19—27日	36089	155.3	40153	0.28
2011	6月20—24日	0.96	6月28日—7月2日	0.04	6月20日—7月1日	19452	6月21日—7月2日	21433	147.5	20443	0.04
	7月6—10日	1.20	7月11—15日	0.09	7月6—14日	22050	7月7—15日	21689	147.0	21870	0.08
	8月5—9日	0.61	8月16—20日	0.06	8月5—19日	19440	8月6—20日	22173	150.1	20807	0.10
2012	6月30日—7月4日	1.33	7月7—11日	0.58	6月30日—7月10日	39334	7月1—11日	35809	149.5	37572	0.44
	7月22—26日	1.31	7月27—31日	0.36	7月22—30日	46317	7月23—31日	43800	160.3	45059	0.27
	9月3—7日	1.53	9月7—11日	0.10	9月3—10日	28335	9月4—11日	24575	159.4	26455	0.07
2013	7月11—15日	3.45	7月20—24日	1.10	7月11—23日	34189	7月12—24日	30662	149.8	32426	0.32

比之间的关系如图 3.5-14 所示，由图可见，各水位级的点据大体成直线，相关关系都很好。

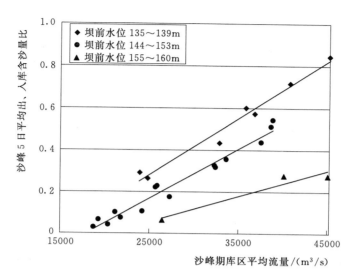

图 3.5-14 三峡水库沙峰输移期库区平均流量
与出、入库含沙量比的关系

对图 3.5-14 中 2003—2013 年场次沙峰排沙比进行拟合，可以得到如下场次洪水排沙比公式：

$$\beta = 0.244 \times \frac{Q + 3811000 - \{[(1.2 \times Z - 529.3) \times Z + 77920] \times Z\}}{(Z - 40)^2} - 0.006 \qquad (3.5-1)$$

式中：Q 为入库和出库流量平均值，Z 为坝前平均水位。

三峡水库场次排沙比计算公式拟合值与观测值的比较如图 3.5-15 所示。

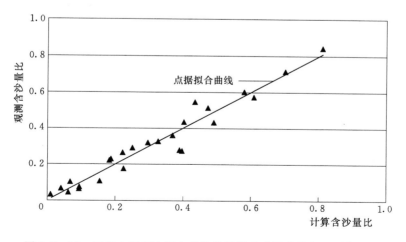

图 3.5-15 三峡水库场次洪水排沙比计算公式拟合值与观测值比较

3.6 水库坝下游河道含沙量恢复过程

三峡水库蓄水运用后，上游来沙被拦蓄在水库，在清水冲刷条件下，当水流流速达到泥沙起动流速后，水流将会携带泥沙，引起下游河床沿程发生冲刷，直到水流含沙量达到饱和为止，这一过程为水流含沙量恢复过程。关于坝下游含沙量恢复的研究成果较为丰富，但由于坝下游河床"清水"冲刷过程的复杂性，目前关于三峡水库蓄水运用后坝下游冲刷计算成果与实际发生的情况存在一定的差异，其主要原因，一是三峡水库蓄水运用以来水沙过程与初设阶段模型计算所采用的水沙系列存在一定的差异性，二是关于水库坝下游悬移质泥沙恢复过程的认识仍存在一定不足。本节根据水槽试验成果并结合实测资料分析，对坝下游河段含沙量恢复特性进行了探索。

3.6.1 水库坝下游河道河床粗化特性

长江中游宜昌—枝城河段河床以卵石夹砂为主，而大埠街以下河段河床则以沙质为主。由于在三峡水库清水冲刷下卵石和沙质河床具有明显不同的抗冲性，因此，根据长江中游主要水文站点床沙级配变化来分析三峡水库蓄水运用以来河床粗化特性，如图 3.6-1～图 3.6-3 所示。

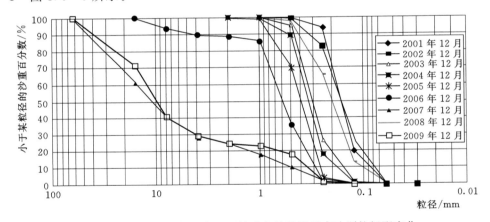

图 3.6-1 三峡水库蓄水运用前后宜昌站汛后床沙颗粒级配变化

1. 宜昌站

由图 3.6-1 可见，三峡水库蓄水运用后，宜昌站床沙粗化明显，2002 年 12 月床沙 d_{50} 为 0.19mm，2006 年 12 月 d_{50} 为 0.40mm；2006 年 12 月—2009 年 12 月该站床沙进一步粗化，2009 年 12 月 d_{50} 为 12mm，预计随着三峡水流蓄水运用影响的继续，该站河床冲淤将基本达到平衡。

2. 沙市站

图 3.6-2 为三峡水库蓄水运用前后沙市站汛后床沙颗粒级配变化，由图可见，2000 年、2003 年、2005 年、2006 年、2007 年、2008 年和 2009 年汛后，沙市站中值粒径 d_{50} 分别为 0.212mm、0.215mm、0.212mm、0.239mm、0.245mm、0.446mm 和 0.246mm。除 2008 年汛后中值粒径明显增加外，其他年份数值变化并不明显。但从沙市站床沙粒径

组变化分析，三峡水库蓄水运用前，沙市站 90% 以上的床沙粒径在 0.062～0.50mm 之间，各年变化不明显，最大粒径一般小于 1mm。其中在 2000 年汛后，该站 14.4% 的床沙粒径在 0.125mm 以下，55.3% 的床沙粒径在 0.125～0.250mm 之间，30.0% 的床沙粒径在 0.25～0.50mm 之间，仅有很少的床沙粒径在 0.50mm 以上。三峡水库蓄水运用后的 2003 年汛后，沙市站 7.0% 的床沙粒径在 0.125mm 以下，56.8% 的床沙粒径在 0.125～0.250mm 之间，34.4% 的床沙粒径在 0.25～0.50mm 之间，仅有很少的床沙粒径在 0.50mm 以上。

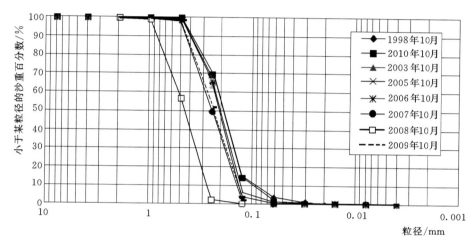

图 3.6-2　三峡水库蓄水运用前后沙市站汛后床沙颗粒级配变化

对比分析可知，2000 年 10 月—2003 年 10 月，沙市站粒径小于 0.125mm 的床沙被大量冲刷；至 2008 年汛后，该站仅 0.1% 的床沙粒径在 0.125mm 以下，2.0% 的床沙粒径在 0.125～0.250mm 之间，54.7% 的床沙粒径在 0.25～0.50mm 之间，约 43.2% 的床沙粒径在 0.50mm 以上；这说明在该时段，沙市站粒径小于 0.125mm 的床沙绝大多数被冲刷，粒径为 0.125～0.250mm 的床沙也被大量冲刷。在 2009 年汛后，沙市站床沙粒径在 0.125～0.250mm 之间的沙量有较大程度恢复。

由上述分析可知，沙市站床沙组成随着河道冲淤变化呈粗化现象，其中粒径小于 0.125mm 的床沙绝大多数被冲刷，粒径在 0.125～0.250mm 之间的床沙被大量冲刷。

3. 汉口站

图 3.6-3 为三峡水库蓄水运用前后汉口站汛后床沙颗粒级配变化，1998 年、2001 年、2003 年、2004 年、2005 年、2006 年和 2007 年的 12 月，汉口站床沙中值粒径 d_{50} 分别为 0.16mm、0.17mm、0.19mm、0.19mm、0.19mm、0.21mm 和 0.19mm，与蓄水运用前相比有所粗化。从床沙不同粒径组变化来看，三峡水库蓄水运用前，在 2002 年汛后，汉口站 19% 的床沙粒径在 0.125mm 以下，68.5% 的床沙粒径在 0.125～0.250mm 之间，9.5% 的床沙粒径在 0.25～0.50mm 之间，仅有 3.0% 的床沙粒径在 0.50mm 以上。在 2007 年汛后，该站 22.3% 的床沙粒径在 0.125mm 以下，65.0% 的床沙粒径在 0.125～0.250mm 之间，10.7% 的床沙粒径在 0.25～0.50mm 之间，仅有 2.0% 的床沙粒径在 0.50mm 以上。由此可知，2003—2007 年期间，汉口站粒径在 0.125～0.250mm 之间的

床沙略有冲刷，导致粒径在 0.25～0.50mm 之间的床沙比例增加。

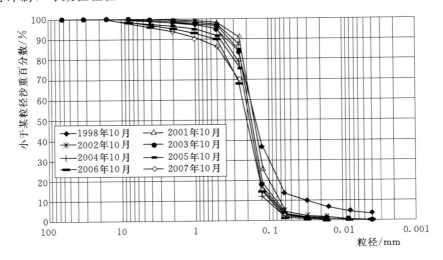

图 3.6-3　三峡水库蓄水运用前后汉口站汛后床沙颗粒级配变化

综上所述，三峡水库蓄水运用以来，宜昌—枝城河段床沙粗化显著，河床基本以卵石为主，枝城—监利河段粒径小于 0.125mm 的床沙被大量冲刷，粒径在 0.125～0.250mm 之间的床沙也大量被清水冲刷，河床粗化较为明显。监利—螺山河段、螺山—汉口河段粒径在 0.125～0.250mm 之间的床沙有一定程度的冲刷，河床有一定程度的粗化。预计随着三峡水库蓄水影响的进一步发展，监利—螺山河段、螺山—汉口河段河床也将进一步发生粗化现象。

3.6.2　三峡水库蓄水运用后长江中游含沙量沿程恢复情况分析

根据三峡水库蓄水运用后 2003—2012 年期间的实测资料，按照宜昌站月平均流量 5000m³/s、10000m³/s、19000m³/s、32000m³/s、39000m³/s 分为 5 个流量级，分别统计分析了长江中游月平均含沙量沿程恢复情况，如图 3.6-4 所示。由图可见，在同一流量下，宜昌—监利河段月平均含沙量呈明显递增趋势，受洞庭湖、汉江汇流与河床比降变化等影响，监利—螺山河段月平均含沙量均以减小为主，螺山—汉口河段月平均含沙量数值变化不大。

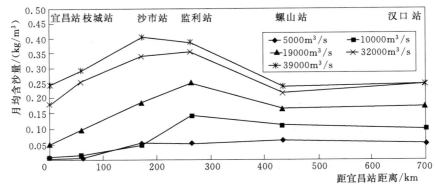

图 3.6-4　三峡水库蓄水运用以来长江中游月平均含沙量沿程恢复变化

三峡水库下泄的月平均流量越大，长江中游各水文站月平均含沙量越大。在宜昌站月平均流量为 5000m³/s 时，月平均含沙量在沙市站以下河段基本变化不大，其恢复距离约为 170km。在宜昌站月平均流量为 10000m³/s、19000m³/s、32000m³/s、39000m³/s 时，大多至监利站月平均含沙量恢复数值达到最大。由于长江中游水文站点较稀，且螺山站受洞庭湖汇流的影响，因而很难给出以上恢复距离的精确数值。以螺山—汉口河段月平均含沙量来分析，两站月平均含沙量数值相差不大，说明螺山—汉口河段在三峡水库蓄水运用以来冲淤变化幅度还不大。

同理，根据宜昌站 5 级流量分别统计分析三峡水库蓄水运用后 2003—2012 年期间长江中游各个站点粒径小于 0.125mm 与粒径大于 0.125mm 泥沙月平均含沙量沿程恢复情况，如图 3.6-5 和图 3.6-6 所示。

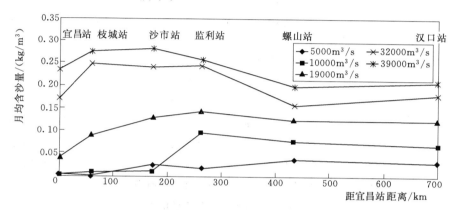

图 3.6-5 三峡水库蓄水运用后长江中游粒径小于 0.125mm 泥沙月平均含沙量沿程恢复变化

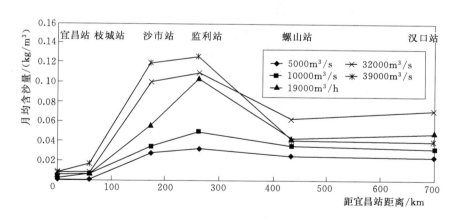

图 3.6-6 三峡水库蓄水运用后长江中游粒径大于 0.125mm 泥沙月平均含沙量沿程恢复变化

由图 3.6-5 分析可知，在同一流量下，宜昌—监利河段粒径小于 0.125mm 泥沙月平均含沙量有一定程度递增趋势，受洞庭湖、汉江汇流与河床比降变化等的影响，监利—汉口河段粒径小于 0.125mm 泥沙月平均含沙量变化仍以减少为主。三峡水库下泄的月平均流量越大，长江中游各水文站粒径小于0.125mm泥沙月平均含沙量同样也越大。在宜昌站月平均流量为5000m³/s、10000m³/s和19000m³/s时，至监利站粒径小于0.125mm泥沙月平均含沙量恢复数值达到最大；在宜昌站月平均流量为32000m³/s和39000m³/s时，至枝城站粒径小于0.125mm泥沙月平均含沙量恢复数值基本达到最大。在枝城—监利河段粒径小于0.125mm泥沙月平均含沙量基本变化不大，应与大流量下荆江三口分流较多、在一定程度上削弱了该河段挟沙能力等因素有关。由于螺山站受洞庭湖汇流、河床比降等影响，很难给出以上恢复距离的精确数值，监利—螺山河段粒径小于0.125mm泥沙月平均含沙量除在5000m³/s流量级有一定增加外，在其他流量级下均以减小为主。螺山—汉口河段在中小流量下粒径小于0.125mm泥沙月平均含沙量略有减小或基本不变，而在中大流量下粒径小于0.125mm泥沙月平均含沙量略有增加。

由图3.6-6分析可知，在同一流量下，宜昌—监利河段粒径大于0.125mm泥沙月平均含沙量均明显递增，受洞庭湖、汉江汇流与河床比降变化等影响，监利—螺山河段粒径大于0.125mm泥沙月平均含沙量明显减小，螺山—汉口河段粒径大于0.125mm泥沙月平均含沙量变化不大。在宜昌站上述5级月平均流量下，至监利站粒径大于0.125mm泥沙月平均含沙量恢复数值达到最大。

综上所述，三峡水库蓄水运用后，水库清水下泄，引起长江中游河段含沙量发生长距离沿程恢复，其中，月平均含沙量大多在宜昌—监利河段恢复达到最大值，受洞庭湖汇流、汉江汇流、河床比降等影响，监利—螺山河段月平均含沙量多以减小为主，而螺山—汉口河段月平均含沙量变化不明显。与粒径小于0.125mm泥沙月平均含沙量的恢复情况相比，粒径大于0.125mm泥沙月平均含沙量恢复速率更快，这主要与长江中游河床组成有关。

3.6.3　含沙量沿程恢复水槽试验研究

在清水冲刷条件下影响水流垂线平均含沙量恢复的因素众多，本研究在28m×0.5m×0.5m（长×宽×高）变坡水槽中进行，水槽试验充分考虑了不同粒径d、河床比降J及流量Q等组合条件下垂线平均含沙量恢复过程，分析了不同组合条件下均匀天然沙含沙量恢复过程的变化规律。

3.6.3.1　试验条件一（Q、d相同，J不同）

在试验过程中研究了比降不同（0.5‰、1.0‰及2.0‰）、其他条件均相同的情况下垂线平均含沙量变化规律，由于试验组次较多，下面仅给出床沙粒径为0.28mm、流量为40L/s、河床比降分别为0.5‰、1.0‰和2.0‰条件下垂线平均含沙量大小随距离变化情况，如图3.6-7所示。

由图3.6-7可见，在相同流量与粒径条件下，河床比降为0.5‰、1.0‰与2.0‰情况下水槽垂线平均含沙量恢复过程差异性较小。从水槽试验过程来看，在床沙补给充足的情况下，垂线含沙量恢复饱和距离一般不是很长。由于释放流量较小，第一次测量（50min）垂线平均含沙量恢复饱和的距离约为3m；随着冲刷时间的推移，水槽上游比降减小，垂线平均含沙量恢复饱和的距离逐渐增长；第六次测量时（300min）垂线平均含沙量恢复饱和的距离约为6m。这说明在流量为40L/s条件下水槽冲刷幅度较小，垂线含

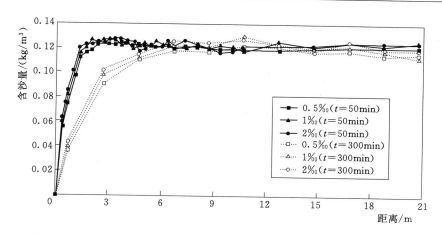

图 3.6-7　水槽试验实测垂线平均含沙量沿程恢复变化（流量为 40L/s）

沙量恢复饱和的距离也较短。

　　垂线平均含沙量大小随着时间推移而发生改变，下面统计了河床比降为 0.5‰、床沙粒径为 0.28mm、流量为 50L/s 条件下 1 号、3 号、5 号、7 号、9 号、11 号断面垂线平均含沙量大小随时间的变化情况，如图 3.6-8 所示。

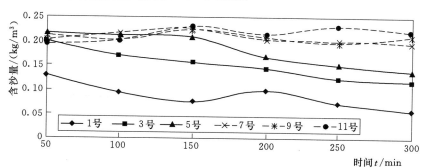

图 3.6-8　水槽试验实测垂线平均含沙量随时间变化（流量为 50L/s）

　　由图 3.6-8 可见，在清水冲刷开始时，水槽上段冲刷幅度较大，河床补给水流泥沙较为充足，上段 1 号、3 号断面垂线平均含沙量也较大；随着时间的推移，水槽上段比降减小，流速减缓，床面补给水流泥沙越来越少，1 号、3 号断面垂线平均含沙量呈递减趋势。水槽中段 5 号断面垂线平均含沙量在 $t = 150$min 之前基本维持在 0.22kg/m³ 左右，随着时间的推移，水槽上段河床比降减小，冲刷重点有向下游移动的趋势，因此在 $t = 150$min 以后该断面垂线平均含沙量也呈递减趋势。在试验观测时间内水槽中下段 7 号、9 号、11 号断面垂线平均含沙量变化不大，说明在本试验工况下清水冲刷主要集中在 7 号断面以上，而对水槽下段河床冲淤影响较小。

　　下面统计了河床比降为 0.5‰、床沙粒径为 0.28mm、流量为 50L/s 条件下 α_1（近底处含沙量与垂线平均含沙量比值，下同）、α_2（近底处挟沙能力与垂线平均挟沙能力比值，下同）数值沿程变化，如图 3.6-9 所示。

　　由图 3.6-9 可知，在清水冲刷下 α_1 随着垂线平均含沙量恢复而呈递减趋势，当垂线

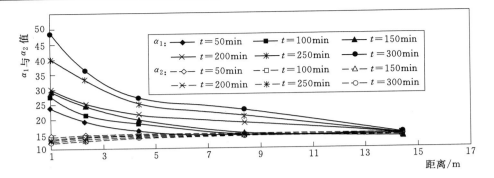

图 3.6 - 9　水槽试验实测清水冲刷下 α_1、α_2 沿程变化（流量为 50L/s）

平均含沙量恢复达到饱和时该数值基本维持恒定值。在冲刷幅度较大的上段，α_1 随着时间推移而呈递增趋势，其主要原因是在冲刷幅度较大的部位，河床补给水流泥沙越来越少，导致含沙量沿垂线分布更加不均匀，说明该数值在河床冲刷过程中是一个动态变化的过程。在清水冲刷作用下，水槽上段冲刷幅度较大，水深增加，比降减小，水流动力等因素减弱，α_2 数值略有减少，但 α_2 随着距离发展有一定增加，该数值在水槽下段则基本相差不大，其主要原因是水槽下段冲淤变化幅度较小。

在河床遭受清水冲刷过程下，α_1 的数值明显大于 α_2，随着冲刷距离发展，α_1 呈递减趋势，而 α_2 略有一定程度的增加；且随着距离发展，α_1 是一个逐渐靠近 α_2 的过程，当水流泥沙浓度达到饱和时，二者大小基本相等。

3.6.3.2　试验条件二（d、J 相同，Q 不同）

由于试验组次较多，下面仅给出了河床比降为 0.5‰、床沙粒径为 0.28mm、流量分别为 40L/s、50L/s、65L/s 条件下垂线平均含沙量大小随距离、时间变化规律，如图 3.6 -10 所示。

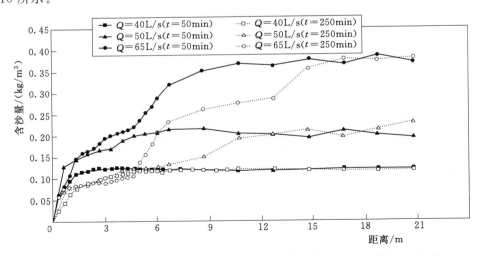

图 3.6 - 10　水槽试验实测水槽垂线平均含沙量沿程恢复变化（流量为 50L/s）

由图 3.6 -10 可见，在 $t=50$min 时，随着流量增加，垂线平均含沙量恢复的距离越长，其泥沙浓度恢复饱和时的数值也越大；随着时间推移，水槽上游比降减小，在 $t=$

250min 时，流量越大，水流冲刷作用力越强，垂线平均含沙量恢复距离越长，泥沙浓度恢复饱和时的数值也越大。从泥沙浓度达到饱和时的数值来分析，在流量分别为 40L/s、50L/s、65L/s 时，垂线平均含沙量分别为 $0.12kg/m^3$、$0.22kg/m^3$、$0.38kg/m^3$，可见随着流量的递增，垂线平均含沙量达到饱和时的数值呈几何倍数递增，说明流量大小对垂线平均含沙量达到饱和时的数值影响很大。

下面统计了河床比降为 0.5‰、床沙粒径为 0.28mm、流量分别为 40L/s、50L/s、65L/s 条件下，在 $t=50min$ 时 α_1 与 α_2 的变化情况如图 3.6 - 11 所示。

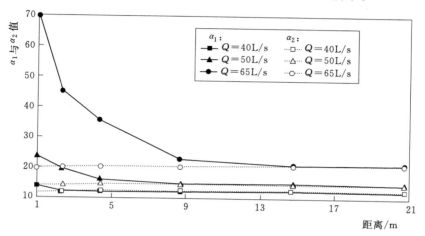

图 3.6 - 11　水槽试验实测不同清水流量冲刷下 α_1、α_2 变化（$t=50min$）

由图 3.6 - 11 可见，流量越大，在同一位置处 α_1、α_2 数值均明显增大，且随着水槽冲刷距离的发展，α_1 也呈现逐渐靠近 α_2 的过程；当水流泥沙浓度基本达到饱和时，两者的数值大小也基本相等。

3.6.3.3　试验条件三（Q、J 相同，d 不同）

由于试验组次较多，下面仅给出了流量为 65L/s、河床比降为 0.5‰、床沙粒径分别为 0.28mm、0.18mm 条件下垂线平均含沙量大小沿程变化情况，如图 3.6 - 12 所示。

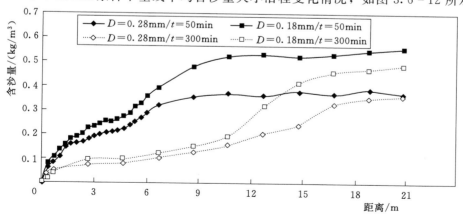

图 3.6 - 12　水槽试验实测垂线平均含沙量沿程恢复变化（流量为 65L/s）

由图 3.6 - 12 可见，在同一时间段内，床沙粒径不同导致水流含沙量沿程恢复程度有一定差异。床沙颗粒越细，含沙量恢复数值越大；反之，床沙粒径越粗，含沙量恢复数值越小。这说明床沙粒径大小对水流含沙量恢复数值、过程等的影响也较大。

综上所述，清水冲刷下均匀天然沙垂线平均含沙量沿程变化特性的水槽试验研究表明：

（1）在流量与河床组成粒径相同、河床比降不同的条件下，水流垂线平均含沙量沿程恢复差异不大，其主要原因是，相同流量下，不同河床比降对流速影响较小，因而对水流垂线含沙量恢复过程影响也较小；垂线平均含沙量沿程递增，且上段冲刷幅度较大，下段冲刷幅度相对较小，比降调平；在冲刷幅度较大区域，垂线平均含沙量随着时间推移呈递减趋势，而冲淤变幅不大的区域垂线平均含沙量随着时间推移变化基本不大。

（2）冲刷过程中 α_1 沿程递减，α_2 沿程有一定程度的增加，逐渐靠近 α_1；当垂线平均含沙量达到饱和时，两者的数值大小基本一致。

（3）在比降与河床粒径相同，而流量不同的条件下，流量越大，垂线平均含沙量恢复距离越长，其恢复饱和的数值也越大；在相同位置处，α_1 与 α_2 均随流量明显增大。

（4）在相同流量与比降、而河床组成粒径不同的条件下，床沙颗粒越细，含沙量恢复饱和时的数值越大，恢复距离也越长；反之，床沙粒径越粗，含沙量恢复数值越小，恢复距离越短，说明床沙粒径大小对水流含沙量恢复数值、过程等影响较大。

3.6.3.4　三峡水库坝下游含沙量沿程变化特性分析

根据三峡水库坝下游实测资料分析成果可知，坝下游冲刷重点区域集中在宜昌—监利河段，随着河床冲刷，床沙逐渐粗化，其中，宜昌—枝城河段基本只剩下卵石，沙市站粒径小于 0.125mm 的床沙被大幅度冲刷，粒径在 0.125～0.250mm 之间的床沙也被大量冲刷。因而，粒径大于 0.125mm 的泥沙在宜昌—监利河段恢复速率较快，且在监利站附近该粒径含沙量基本恢复饱和，这主要是由于该粒径组泥沙在长江中游河段河床中大量存在；而粒径小于 0.125mm 泥沙量在长江中游沿程恢复缓慢，含沙量远小于蓄水运用前，这主要是由于该粒径组泥沙在长江中游河段河床中存量相对较小。小于 0.125mm 粒径泥沙恢复慢也是坝下游河段发生长距离冲刷的根本原因。

随着三峡水库及上游梯级水库群联合运用，坝下游河段将会遭受长期的清水冲刷，进入坝下游河道的径流量过程将会进一步坦化。由于三峡水库蓄水初期冲刷重点区域主要集中在近坝段宜昌—监利河段，该河段河床比降有一定程度的减小，再加上该河段提供可冲的沙量越来越少，冲刷幅度也将会呈现逐渐减缓的趋势，冲刷重点将有下移至监利以下河段的趋势。

近期宜昌—监利河段粒径小于 0.125mm 的泥沙被大幅度冲刷，床沙粒径在 0.125～0.250mm 之间的泥沙也被清水大量冲刷，预计本河段仍可以补给少部分 0.125～0.250mm 粒径的泥沙和大部分 0.250mm 以上粒径的粗沙，而监利以下河段将会重点补给粒径小于 0.125mm 和 0.125～0.250mm 粒径的泥沙。

河床组成的差异决定了不同粒径组含沙量恢复的过程也不同，在长江中游河床中，粒径小于 0.125mm 的泥沙本来就较少，在清水冲刷下，宜昌—监利河段粒径小于 0.125mm 的泥沙被大幅度冲刷，该粒径组含沙量也会大大小于蓄水运用前；而粒径大于 0.125mm

的泥沙在长江中游河段大量存在，在清水冲刷下宜昌—监利河段粒径大于 0.125mm 的泥沙含沙量基本能够恢复到蓄水运用前的水平，在长江河床泥沙补给充足的条件下，该粒径组泥沙含沙量基本能够达到饱和。

随着近坝段河床床沙不断粗化，可供冲刷的细颗粒泥沙越来越少，在中小流量下水流挟沙能力较弱，水流含沙量恢复的起始河段可能有一定程度的下移；在中大流量下水流挟沙能力较强，含沙量在近坝段仍可能得到部分补给，含沙量恢复的起始河段可能略有下移。

3.7 小结

本章针对三峡水库与坝下游河道泥沙输移规律，开展了野外观测与资料分析、理论研究和试验研究，取得如下主要认识：

（1）寸滩站和朱沱站的推移质断面输沙率、输沙带宽度均随时间逐渐减小，这与陆续投入运行的三峡水库上游梯级水库对推移质的拦截作用有关。寸滩站和朱沱站在 2007 年以前，推移质中值粒径、最大粒径均随时间逐渐减小，原因是水库兴建后，水流变缓，功率降低，进而搬运推移质粒径减小；然而 2008—2012 年，推移质的中值粒径、最大粒径较前期又略有增大，这可能与前期河床形成的粗化层的"二次粗化"、相应推移质粒径整体增大有关。

（2）重庆河段典型水文站断面水力几何参数和输沙率与流量的关系仍然遵循幂函数，其中三峡水库蓄水运用前输沙率变化特点随年代和流量级的不同而有所变化；三峡水库蓄水运用初期，典型水文站输沙变化特点与蓄水运用前没有明显变化，试验性蓄水后朱沱站和北碚站输沙特性不受三峡水库蓄水的影响，而寸滩站受水库蓄水的影响较大，输沙能力减弱。

（3）在试验性蓄水期，重庆主城区一些重点河段发生了一些碍航事故，其主要原因是航运标准和航道要求变化、航道泥沙淤积、水流条件变化、上游来水条件、库水位快速消落等；维护航道条件的主要措施包括航道建设、维护性疏浚、水库调度和船舶运营管理等，其中挖泥疏浚仍然是目前最有效的措施。

（4）现场观测结果表明，三峡水库存在泥沙絮凝现象，在库区 819 个水体取样点中，99.4% 的取样点存在不同程度的絮凝。三峡库区泥沙发生絮凝的临界粒径约为 0.02mm，入库泥沙中小于此粒径的颗粒均具备形成絮凝的基本条件；库区泥沙形成絮凝的水沙条件为流速小于 0.7m/s 及含沙量大于 0.30kg/m³，满足上述水沙条件时基本可发生絮凝；由于库区水体中泥沙颗粒间的相对动能较小，只能形成较小的絮团结构，其中约 85% 的絮团直径是单颗粒粒径的 2~8 倍。

（5）泥沙沉积均值概率为 50% 时，粒径 0.01mm 泥沙输移距离为 256km，粒径 0.008mm 泥沙输移距离为 401km，表明粒径 0.008mm 泥沙可输移到万县；粒径 0.006mm 泥沙输移距离为 714km，粒径 0.006mm 泥沙可以输移出库。

（6）在已有研究成果的基础上，进一步计算了不同粒径泥沙的恢复饱和系数，经改进提出了数学模型综合恢复饱和系数的取值方法。综合恢复饱和系数 α_z 为不平衡恢复饱和系数 α 和平衡恢复饱和系数 α_* 之间有权重系数的差值，水流条件采用摩阻流速表示后，大水深强不平衡条件和一般水流条件的综合恢复饱和系数具有相同的变化规律。

（7）三峡水库排沙比的影响因素包括入库流量、泥沙级配、出库流量以及坝前水位等，其中流量和水位是主要影响因素。排沙比与入库和出库流量呈正相关，与坝前水位呈负相关，来沙中粒径小于 0.06mm 部分的细颗粒泥沙对排沙比的影响较大。

（8）三峡水库蓄水运用以来，宜昌—枝城河段床沙粗化明显，河床已基本以卵石为主；枝城—监利河段河床粗化较为明显；监利—螺山河段、螺山—汉口河段河床有一定程度的粗化。三峡水库蓄水运用后粒径小于 0.125mm 泥沙在长江中游沿程恢复缓慢且含沙量远小于蓄水运用前；而粒径大于 0.125mm 泥沙在宜昌—监利河段恢复速率较快，且在监利站附近含沙量基本恢复饱和。宜昌—监利河段月平均含沙量沿程恢复监利附近达到最大数值。监利—螺山河段月平均含沙量以减小为主，而螺山—汉口河段月平均含沙量变化不明显。

参 考 文 献

［1］ Dancey C L，Diplas P，Papanicolaou A，et al. Probability of individual grain movement and threshold condition ［J］. Journal of Hydraulic Engineering，2002，128（12）：1069 – 1075.

［2］ Cao Z，Pender G，Meng J. Explicit formulation of the Shields diagram for incipient motion of sediment ［J］. Journal of Hydraulic Engineering，2006，132（10）：1097 – 1099.

［3］ 刘春嵘，邓丽颖，呼和敖德. 复杂流动下泥沙起动概率的图像测量 ［J］. 湖南大学学报（自然科学版），2008（3）：24 – 27.

［4］ Nikora V，Habersack H，Huber T，et al. On bed particle diffusion in gravel bed flows under weak bed load transport ［J］. Water Resources Research，2002，38（6）：1081.

［5］ Einstein H A. The bed – load function for sediment transportation in open channel flows ［J］. US Department of Agriculture，1950：1 – 70.

［6］ Engelund F，Fredsøe J. A sediment transport model for straight alluvial channels ［J］. Nordic Hydrology，1976，7（5）：293 – 306.

［7］ Fredsøe J，Deigaard R. Mechanics of coastal sediment transport ［C］. Advanced Series on Ocean Engineering，World Scientific：Singapore，1992.

［8］ Wang X，Zheng J，Li D，et al. Modification of the Einstein bed – load formula ［J］. Journal of Hydraulic Engineering，2008，134（9）：1363 – 1369.

［9］ Yalin M S. Mechanics of Sediment Transport ［M］. 2nd edn. Oxford，UK：Pergamon Press，1977.

［10］ Armanini A，Cavedon V，Righetti M. A probabilistic/deterministic approach for the prediction of the sediment transport rate ［J］. Advances in Water Resources，2014，81：10 – 18.

［11］ 钱宁. 推移质公式的比较 ［J］. 水利学报，1980（4）：1 – 11.

［12］ 王士强. 对爱因斯坦均匀沙推移质输沙率公式修正的研究 ［J］. 泥沙研究，1985（1）：44 – 53.

［13］ 王兴奎，安凤玲，任裕民，等. 床面颗粒临界起动时受力的脉动特性 ［J］. 泥沙研究，1993（3）：104 – 116.

［14］ Laursen E M，Papanicolaou A N，Cheng N S，et al. Discussions and closure：Pickup probability for sediment entrainment ［J］. Journal of Hydraulic Engineering，1999，125（7）：786 – 789.

［15］ Sun Z L，Donahue J. Statistically derived bedload formula for any fraction of nonuniform sediment ［J］. Journal of Hydraulic Engineering，2000，126（2）：105 – 111.

[16]　窦国仁. 泥沙运动理论 [M]. 南京水利科学研究所，1963.

[17]　张志忠. 长江口细颗粒泥沙基本特性研究 [J]. 泥沙研究，1996 (1)：67－73.

[18]　蒋国俊，姚炎明，唐子文. 长江口细颗粒泥沙絮凝沉降影响因素分析 [J]. 海洋学报，2002，24 (4)：51－57.

[19]　陈庆强，孟翊，周菊珍，等. 长江口细颗粒泥沙絮凝作用及其制约因素研究 [J]. 海洋工程，2005，23 (1)：74－82.

[20]　金鹰，王义刚，李宇. 长江口黏性细颗粒泥沙絮凝试验研究 [J]. 河海大学学报，2002，30 (3)：60－63.

[21]　吴荣荣，李九发，刘启贞，等. 钱塘江河口细颗粒泥沙絮凝沉降特性研究 [J]. 海洋湖沼通报，2007，3：29－34.

[22]　王保栋. 河口细颗粒泥沙的絮凝作用 [J]. 黄渤海海洋，1994，12 (1)：71－76.

[23]　陈洪松，邵明安. NaCl 对细颗粒泥沙静水絮凝沉降动力学模式的影响 [J]. 水利学报，2002，8：63－67.

[24]　王家生，陈立，刘林，等. 阳离子浓度对泥沙沉速影响实验研究 [J]. 水科学进展，2005，16 (2)：169－173.

[25]　周海，阮文杰，蒋国俊，等. 细颗粒泥沙动水絮凝沉降的基本特性 [J]. 海洋与湖沼，2007，38 (2)：124－130.

[26]　柴朝晖，杨国录，陈萌，等. 图像分析黏性细颗粒泥沙絮体孔隙初探 [J]. 泥沙研究，2011，5：24－29.

[27]　金同轨，高湘，张建锋，等. 黄河泥沙的絮凝形态学和絮体构造模型问题 [J]. 泥沙研究，2003，5：69－73.

[28]　谭万春. 黄河泥沙絮凝形态学研究——絮体生长的计算机模拟及絮体模型 [D]. 西安：西安建筑科技大学，2004.

[29]　洪国军，杨铁笙. 黏性细颗粒泥沙絮凝及沉降的三维模拟 [J]. 水利学报，2006，37 (2)：172－177.

[30]　王龙，李家春，周济福. 黏性泥沙絮凝沉降的数值研究 [J]. 物理学报，2010，59 (5)：3315－3323.

[31]　张金凤，张庆河. 絮团与颗粒不等速沉降碰撞研究 [J]. 泥沙研究，2012，1：32－36.

[32]　陈锦山，何青，郭磊城. 长江悬浮物絮凝特征 [J]. 泥沙研究，2011，5：11－18.

[33]　李秀文，朱博章. 长江口大面积水域絮凝体粒径分布规律研究 [J]. 人民长江，2010，41 (9)：60－63.

[34]　程江，何青，王元叶，等. 长江河口细颗粒泥沙絮凝体粒径的谱分析 [J]. 长江流域资源与环境，2005，14 (4)：460－464.

[35]　Mikkelsen O，Pejrup M. The use of a LISST－100 laser particle sizer for in－situ estimates of floc size，density and settling velocity [J]. Geo－Marine Letters，2001，20 (4)：187－195.

[36]　蒋国俊，张志忠. 长江口阳离子浓度与细颗粒泥沙絮凝沉积 [J]. 海洋学报，1995，17 (1)：76－82.

[37]　张瑞瑾. 河流泥沙动力学 [M]. 北京：中国水利水电出版社，1998.

[38]　胡春宏，惠遇甲. 明渠挟沙水流运动的力学和统计规律 [M]. 北京：科学出版社，1995.

[39]　韩其为，何明民. 泥沙运动统计理论 [M]. 北京：科学出版社，1984.

[40]　韩其为，陈绪坚. 恢复饱和系数的理论计算方法 [J]. 泥沙研究，2008 (6)：8－16.

第4章 长江上游人类活动和自然变化
对三峡入库水沙影响

三峡入库水沙条件是三峡库区及下游泥沙问题研究的基础，而预测三峡水库入库水沙需要选取上游实测水沙系列作为典型系列，并充分考虑三峡水库上游水利工程对未来三峡入库水沙的影响。水沙系列的变化特征和规律受气候变化和人类活动的双重扰动，其中人类活动主要包括水库建设、水土保持和河道采砂。分析入库水沙系列的变化趋势有利于改进和提高泥沙模拟技术与精度，从而更好地服务于三峡工程长期安全运行和持续发挥综合效益。面对长江上游水库群建设的新形势，迫切要求对长江上游梯级水库群拦沙及三峡入库水沙变化进行深入分析和科学预测，以提高三峡工程调度运行的科学性和前瞻性。

4.1 长江上游水沙变化现状分析

本节以长江上游的五大流域为研究对象，分析各个流域的来水来沙总体变化趋势和输沙特点；研究各个流域已建和在建水库的淤积排沙情况及规划水库的库容特点；评价在预测三峡水库未来入库水沙量时，上游主要河流采用 1991—2000 年系列实测值的可行性与安全性。

4.1.1 入库水沙的地区组成

长江自源头至宜昌统称长江上游，干流长约 4540km，集水面积约 100 万 km²，约占全流域面积的 55%，三峡水库几乎控制了整个上游区域。上游干流在宜宾以上有雅砻江、横江，宜宾以下有岷江、沱江、赤水、嘉陵江及乌江等主要支流汇入；三峡库区入汇支流面积较小，但数量多。

长江上游是长江泥沙的主要来源区。长江上游控制站宜昌站实测多年平均（1955—2010 年）年径流量为 4285 亿 m³，多年平均年悬移质输沙量为 4.3 亿 t，泥沙主要来源于金沙江和嘉陵江。20 世纪 90 年代以前，长江上游水土流失面积约 35.2 万 km²，地表年平均侵蚀量约 15.68 亿 t，泥沙输移比为 0.14~0.61[1]，长江上游输沙模数不小于 2000t/km² 的强产沙区主要分布在嘉陵江上游支流西汉水和白龙江中游以及金沙江渡口至屏山区间。

三峡水库上游主要支流和区间不同年代来水来沙量见表 4.1-1 和表 4.1-2。由表可见，三峡水库上游水沙主要来源于金沙江、岷江、嘉陵江、乌江及三峡库区区间，横江、沱江、赤水河及綦江水沙量占入库水沙量的比重很小，对入库水沙的变化影响不大。受降水、人类活动等过程变化不同步的影响，长江上游干、支流水沙变化并不同步，不同年代各河流水沙占入库的比例有较大的变化。

表 4.1-1 长江上游主要河流径流量 单位：亿 t

河名	水文站/区间	1955—1960年	1961—1970年	1971—1980年	1981—1990年	1991—2000年	2001—2010年	1955—2010年
金沙江	屏山	1396	1511	1342	1419	1483	1464.6	1439
横江	横江	87.83	101.6	86.5	86.68	77.58	72.183	85.2
岷江	高场	889.6	893	833.8	887.6	823.7	781.02	848.7
沱江	李家湾	131.5	132	112.5	132.4	109.3	89.73	118.5
赤水河	赤水	70.58	82.41	79.94	79.09	82.21	68.46	78.16
嘉陵江	北碚	641.6	753.4	615.8	762.4	552.4	594.7	654.2
长江	寸滩	3392.6	3689.3	3285	3519.2	3361.3	3267.8	3421
乌江	武隆	438.7	510.4	520.3	454.9	537.8	442.64	487.4
水库区间		312.7	352.3	381.7	457.9	436.9	313.8	384.2
长江	宜昌	4144	4552	4187	4432	4336	4003.5	4285

表 4.1-2 长江上游主要河流输沙量 单位：亿 t

河名	水文站/区间	1955—1960年	1961—1970年	1971—1980年	1981—1990年	1991—2000年	2001—2010年	1955—2010年
金沙江	屏山	2.34	2.51	2.21	2.63	2.95	1.641	2.383
横江	横江	0.108	0.113	0.136	0.165	0.151	0.062	0.124
岷江	高场	0.582	0.59	0.337	0.616	0.356	0.300	0.455
沱江	李家湾	0.125	0.15	0.0828	0.109	0.033	0.0155	0.0862
赤水河	赤水	0.083	0.053	0.151	0.0689	0.0745	0.0276	0.0809
嘉陵江	北碚	1.46	1.79	1.1	1.35	0.411	0.263	1.034
长江	寸滩	4.909	4.771	3.827	4.802	3.55	2.062	3.921
乌江	武隆	0.265	0.291	0.399	0.225	0.221	0.081	0.246
水库区间		0.076	0.498	0.574	0.513	0.399	0.141	0.402
长江	宜昌	5.25	5.56	4.8	5.41	4.17	0.9609	4.295

4.1.2 金沙江流域水沙变化

4.1.2.1 水沙特性

金沙江是三峡水库泥沙的主要来源区，1953—2010 年屏山站多年平均年径流量为 1439 亿 m³，年输沙量为 2.383 亿 t，径流量占三峡入库总量（寸滩＋武隆）的 36.8%，输沙量占 57.2%。金沙江径流近年来无明显变化，径流量与输沙量年际变化过程峰谷基本对应，输沙量自 2000 年以后明显减小。

金沙江屏山站 1991—2000 年平均径流量为 1483 亿 m³，与多年平均值相比偏多 3.1%；输沙量为 2.95 亿 t，较多年平均值偏多 23.8%；2001—2010 年平均径流量为 1465 亿 m³，与多年平均值相比偏多 1.8%；输沙量为 1.64 亿 t，较多年平均值偏少 31.2%。1991—2000 年是屏山站沙量最多的时段，而 2001—2010 年是屏山站沙量最少的时段。考虑到 1998 年后雅砻江、二滩等水库建成拦沙，运用后 10 年内水库拦沙率接近 80%，1991—2000 年屏山站输沙量考虑二滩水库拦沙量后约为 2.536 亿 t，与多年（1955—2010 年）平均值相比偏多 6.4%，但较 2001—2010 年平均年输沙量（1.641 亿 t）多 0.895 亿 t，约合 54.5%。2001—2010 年金沙江屏山站输沙量减少应主要是上游支流水库建设的影响。

4.1.2.2　水利工程及拦沙作用

雅砻江是金沙江最大的支流，也是其主要的泥沙来源区之一，目前在雅砻江梯级开发中，二滩水库和锦屏一级已建成，两河口水库等已开工建设，二滩、锦屏一级和两河口水库对泥沙的控制作用较大。

二滩水电站系雅砻江梯级开发的第一个水电站，二滩水库总库容 58 亿 m^3，控制流域面积 11.64 万 km^2，占向家坝坝址控制流域面积的 25.5%，据长江科学院研究[2]，二滩水库运用 100 年平均拦沙率约为 63.8%。另根据实测水沙资料分析，1998 年为雅砻江特大水沙年，上游来沙量为 1.0 亿 t，水库拦沙量为 7000 万～9000 万 t，拦沙率为 70%～90%。二滩水库下游控制性水文站小得石站 1961—1997 年平均年输沙量为 3140 万 t，1999—2004 年年平均输沙量为 229 万 t，减少了 92.7%，主要是由于二滩水库拦沙的影响。

考虑到上游水库的陆续兴建，特别是库容达 77.6 亿 m^3 的锦屏一级于 2014 年竣工，库容为 96.87 亿 m^3 的两河口水电站于 2008 年正式开工，这两库总库容约是二滩水库库容的 3 倍，建成后也有巨大的拦沙能力，雅砻江（不含安宁河）来沙量会进一步减小或至少保持在目前的水平。因此，本研究预测三峡水库来沙时，雅砻江梯级水库运用 100 年，综合拦沙量取长江科学院计算的二滩水库拦沙量的 2 倍。

金沙江干流规划分 20 余级进行梯级开发，2010 年后建成运用的阿海、金安桥、龙开口、鲁地拉、向家坝、溪洛渡等大型电站，另有梨园、观音岩于 2014 年投产运用，这些水库库容大、拦截泥沙持续时间较长，对流域拦沙具有重要影响。

金沙江中游梯级水库的运用，拦截了绝大部分上游来沙，使得进入下游的沙量明显减少，根据长江科学院研究[2]，金安桥和观音岩运用 10 年平均排沙比为 15.7%，运用 50 年平均排沙比为 33.4%，运用 100 年平均排沙比为 54.4%。近几年建成运用的梨园、阿海、龙开口和鲁地拉水库总库容达 37.85 亿 m^3，约为金安桥和观音岩水库总库容的 1.2 倍，假定这些水库的拦沙量与金安桥和观音岩水库相当。金沙江中游 6 个梯级水库运用后，前 10 年攀枝花水文站年平均输沙量约为 518 万 t，与 2013 年实测输沙量 568 万 t 接近。

金沙江下游的溪洛渡水库控制流域面积为 45.44 万 km^2，占金沙江流域面积的 96%，水库总库容为 129.14 亿 m^3，已于 2013 年蓄水运用；向家坝水库控制流域面积为 45.88 万 km^2，占金沙江流域面积的 97%，水库总库容为 51.63 亿 m^3，首批机组已于 2012 年发电。

按照金沙江梯级开发规划，近期在建及筹建的大型水利工程还有乌东德、白鹤滩水库等。金沙江下游四级梯级水库拦沙作用巨大，具体的拦沙效果将在后面详述。

4.1.3　岷江流域水沙变化

4.1.3.1　水沙特性

岷江是长江主要支流之一，流域面积为 13.6 万 km^2，岷江干流河道总长 735km，天然落差为 3560m，平均坡降为 4.835‰，大渡河是岷江最大的支流。

岷江流域强产沙区 [输沙模数大于 $1000t/(km^2 \cdot a)$] 主要分布于岷江下游、大渡河石棉至沙坪段、青衣江多营坪以上干流段，其面积不到总面积的 10%，产沙量却达到岷江总沙量的 49%。

高场站为岷江出口控制站，从其水沙量变化来看，岷江水沙量基本以 20 世纪 60 年代为最大，70 年代有所减少，80 年代又有所增加，1990 年以来水沙量则大幅度减少。高场站 60 年代水、沙量分别达到 893 亿 m^3 和 5900 万 t，70 年代分别减少至 834 亿 m^3 和 3370 万 t，80 年代有所增大，分别为 888 亿 m^3 和 6160 万 t；90 年代水沙量与 70 年代相近，分别为 824 亿 m^3 和 3560 万 t，与 60 年代和 80 年代相比，沙量出现较大幅度的减少，其沙量为 60 年代和 80 年代的 60% 左右；2000 年以后，高场站水沙量减少明显，年径流量和年输沙量分别为 781 亿 m^3 和 3000 万 t。

4.1.3.2　水利工程及拦沙作用

根据岷江干支流水电规划，大渡河开发双江口、瀑布沟等流域控制性水库，干流进行莲花岩、紫坪铺梯级开发。

大渡河龚嘴水库已于 1971 年建成。1971—1986 年累计入库泥沙为 48370 万 t，水库累计淤积泥沙量为 28600 万 t，年平均淤积泥沙 1907 万 t（约合 1467 万 m^3），年拦沙淤积率（水库年淤积泥沙体积与水库总库容的比值）为 4.1%[3]，排沙比为 40.9%，并且龚嘴水库排沙比逐年增大，至 1987 年，排沙比已达到 94.5%，水库已基本达到淤积平衡[4]。

大渡河铜街子水库于 1994 年底建成蓄水，回水末端与龚嘴水库尾水衔接。1994—2000 年铜街子水库淤积泥沙量为 1.09 亿 m^3，占原始库容的 51.7%[5]，且悬移质泥沙淤积逐渐向三角洲淤积转化，以主槽淤积为主；铜街子水库也即将达到淤积平衡。

双江口水电站位于四川省阿坝藏族羌族自治州首府马尔康县、金川县境内的大渡河上，为大渡河干流梯级水电开发的上游控制性工程，坝址位于大渡河上源足木足河（东源）与绰斯甲河（西源）汇口以下 2~6km 河段上，控制流域面积为 39000km²，水库正常蓄水位 2510m 相应库容为 31.15 亿 m^3；工程于 2005 年开工，工期 10 年，2009 年截流，设计 2015 年建成。

瀑布沟水电站位于雅安市汉源和凉山州甘洛两县境内，控制流域面积为 68512km²，占大渡河全流域面积的 88.5%，是大渡河干流梯级规划 22 个电站中的第 17 个梯级电站，总库容为 51.77 亿 m^3，已于 2010 年建成。

紫坪铺水库是岷江干流的大型综合利用水利枢纽工程，总库容为 11.12 亿 m^3，坝址以上流域面积为 22662km²，占岷江上游流域面积的 98%；年径流量为 148 亿 m^3，占岷江上游径流总量的 97%；沙量占上游泥沙总量的 98%。紫坪铺水库于 2006 年开始拦沙。2008 年 "5·12" 汶川大地震使水库两岸山体大规模垮塌，大量泥沙进入水库，水库淤积严重。

岷江输沙量主要来自大渡河，因而大渡河上水库拦沙对岷江输沙量的减少有较为明显的影响。1991—2000 年高场站年径流量、年输沙量分别为 824 亿 m^3 和 3560 万 t，较多年平均值分别偏少 2.9% 和 21.8%，但较 2001—2010 年平均值分别偏多 42.7 亿 m^3 和 563 万 t，约 5.5% 和 18.8%。大渡河瀑布沟水库 2010 年建成，加之 2015 年后双江口水库将发挥拦沙作用，两库库容为 83 亿 m³，远大于龚嘴和铜街子水库库容之和，再加上水土保持和其他如深溪沟、龙头石、大岗山等即将陆续建成水库的拦沙作用，岷江出口输沙量还可能减小。所以，预测三峡水库未来入库水沙量时，采用岷江 1991—2000 年系列实测值还是偏大的。

考虑到 1994—2000 年铜街子水库淤积量为 1.09 亿 m³，约合 1.5 亿 t。若无铜街子水库拦沙，1991—2000 年高场站年平均输沙量为 5060 万 t，较多年平均值偏多 11.2%。

根据陶春华等[6]研究，瀑布沟水库建成后运行 100 年，其悬移质多年平均拦沙率在 86.8%～85.9% 之间，变化甚小，悬移质最大出库粒径为 0.025mm。天然情况下瀑布沟水电站坝址处多年平均悬移质年输沙量为 3170 万 t，按水库运行 100 年后的拦沙率 85% 考虑，则瀑布沟水库多年平均年拦沙量为 2695 万 t。若不考虑因瀑布沟水库蓄水拦沙而引起的下游河道的冲淤，则岷江出口沙量应相应减少，可以推算仅考虑瀑布沟水库的拦沙作用，高场站 1991—2000 年系列年平均输沙量约为 2365 万 t，此值与瀑布沟水库运用后的 2011—2013 年高场实测年平均输沙量 1940 万 t 略大。考虑到双江口、深溪沟、龙头石、大岗山等梯级即将陆续建成，大渡河沙量将进一步减少，因此预测三峡水库未来入库水沙量时，岷江高场年平均输沙量采用 2365 万 t 是安全、合理的。

4.1.4　沱江流域水沙变化

4.1.4.1　水沙特性

沱江发源于四川绵竹县西北九顶山，干流河长 634km，集水面积为 27840km²，天然落差为 2830m，平均坡降为 4.46‰。沱江流域主要产沙区［输沙模数 500～1000t/(km²·a)］分布于上游地区。根据沱江流域多年水沙资料统计分析：沱江多年平均年径流量和年输沙量分别为 122 亿 m³ 和 973 万 t，其悬移质泥沙主要来自登瀛岩水文站以上地区，其多年平均年径流量和多年平均年输沙量分别为 95.6 亿 m³ 和 755 万 t，均为李家湾站的 78%。

从 1990 年前后对比情况来看，登瀛岩水文站以上地区来水量比例有所增大，其占李家湾站的比例由 77% 增至 82%；但登瀛岩水文站年平均输沙量由 1990 年前的 893 万 t 减少至 1991—2000 年的 258 万 t，其占李家湾站输沙量的比例也由 78% 减少至 69%。

4.1.4.2　水利工程及拦沙作用

沱江干流规划 24 级开发方案，均为小型电站，总装机容量为 310.5MW，其中，金堂峡口九龙滩电站（装机容量为 15MW）、简阳县石桥电站装机容量 7.5MW、猫猫寺电站装机容量 8.15MW、资阳县南津驿电站装机容量 10.8MW、王二溪电站装机容量 10MW、资中县五里店电站装机容量 12MW、内江市石盘滩电站装机容量 3MW、富顺县黄葛浩电站装机容量 14MW 等 14 个梯级电站已建成。规划 2020 年前新建盘龙寺（443.5m/21MW，表示"正常蓄水位/装机容量"，下同）、幺滩（246m/24MW）梯级电站，其余 8 个梯级待河段水生态和环境状况得到有效改善后适时开发。

沱江下游控制站李家湾站多年平均年径流量和年输沙量分别为 119 亿 m³ 和 862 万 t，水沙量以 20 世纪 60 年代为最大，分别达 132 亿 m³ 和 1500 万 t。1991—2000 年李家湾站年平均径流量和输沙量分别为 109 亿 m³ 和 330 万 t，分别为多年平均值的 92.2% 和 38.3%，但其径流量较 2001—2010 年偏多 12.9 亿 m³，输沙量偏多 133 万 t；其径流量和输沙量仅分别占三峡入库水沙量的 3.0％和 2.0％，所以预测三峡水库未来入库水沙量时，采用沱江 1991—2000 年系列实测值是可行的，也是偏于安全的。

4.1.5　嘉陵江流域水沙变化

4.1.5.1　水沙特性

嘉陵江是长江上游含沙量最高的一级支流，其来水来沙对长江三峡地区的水沙局势有着重要影响，同时也是长江上游水土流失治理的重点区域之一。

嘉陵江流域径流主要来源于降雨，流域大部分地区位于四川盆地，气候温和，属亚热带湿润季风气候。流域降雨主要来源于西南暖湿气流，一般中下游盆地平均雨量年平均值在 1000mm 左右，上游略阳以上地区为 500～800mm，干流亭子口以上地区受气候影响，降雨较少；中下游地区年降雨量达 900～1400mm。

嘉陵江流域在长江各大支流中是水土流失比较严重的地区。根据流域多年径流、输沙资料分析，嘉陵江干流的来沙主要来源于干流略阳以上地区，西汉水、白龙江两条支流，渠江州河东林、巴河风滩等上游丘陵地区，以及涪江干流平武以上和通口河地区。

嘉陵江流域出口控制站为北碚站，其年径流量和年输沙量年际变化的基本规律为：①水沙变化过程基本对应，即水大沙大，水小沙少，输沙量随径流量增减而增减；②输沙量的年际变幅远大于径流量；③自 20 世纪 90 年代以来水量略有减少，而沙量减少幅度大于径流量减少幅度。

20 世纪 60 年代北碚站水沙量均较大，分别达 753 亿 m³ 和 17900 万 t，70 年代分别减少至 616 亿 m³ 和 11000 万 t，80 年代有所增大，分别为 762 亿 m³ 和 13500 万 t；20 世纪 90 年代水量为 552 亿 m³，沙量锐减至 4110 万 t；2001—2010 年，水量为 595 亿 m³，沙量为 2630 万 t，水沙量分别相当于 20 世纪 60 年代的 78.9％和 14.7％。

4.1.5.2　水利工程及拦沙作用

20 世纪 90 年代以来嘉陵江干支流水电工程的开发建设，是造成其来沙量大幅减少的重要原因。据统计，1991—2005 年流域内新建水库 447 座，总库容为 49.63 亿 m³，其中：大型水库 8 座，库容为 40.06 亿 m³；中型水库 13 座，库容为 5.59 亿 m³（其中渠江凉滩和富流滩等库容不详，未参与统计）；小型水库 426 座，库容为 3.98 亿 m³。1991—2005 年水库拦沙量为 6.06 亿 m³，年平均拦沙量 4038 万 m³。

嘉陵江流域青居、东西关、桐子壕、金盘子、富金坝等大部分大型水库都未达到淤积平衡，还能继续拦沙；而部分中型水库和大部分小型水库已达到淤积平衡，失去拦沙作用。

草街水库 2010 年建成，亭子口水库 2013 年下闸蓄水，都具有较大的拦沙库容，其拦沙量至少可以和其他已失去拦沙作用的中小型水库抵消。亭子口水库入库代表站亭子口站多年平均年径流量为 203 亿 m³，多年平均年输沙量为 6100 万 t，其中推移质为 14.9 万 t。根据长江科学院的计算结果[7]，水库运用初期库区泥沙淤积一般比较多，排沙比较小，水库运用 20 年末年排沙比为 28.8％，则年平均下泄沙量为 1760 万 t。随着水库运用年限的增加，库区泥沙淤积体的增大，水流挟沙能力不断增强，排沙比则随之增大。因此，嘉陵江水库在未来一段时间内至少可以维持目前的拦沙水平。

1991—2000 年北碚站年平均径流量为 552 亿 m³，年平均输沙量为 4110 万 t，较多年平均值分别减少 15.6% 及 60.3%，但与 2001—2010 年相比，年径流量偏少 42.3 亿 m³，而年输沙量偏多 1480 万 t。预测三峡水库未来入库水沙量时，采用嘉陵江 1991—2000 年系列实测值较近年沙量偏多，若考虑亭子口及草街水库的拦沙作用，则前 30 年北碚站年平均输沙量 2110 万 t，100 年年平均输沙量为 3000 万 t，大于 2001—2010 年的年均值 2630 万 t。

4.1.6　乌江流域水沙变化

4.1.6.1　水沙特性

乌江流域集水面积为 87920km²，河长 1030km，天然落差为 2120m。乌江流域内一般冬无严寒，夏无酷暑，季节不很分明。降雨主要集中于 5—9 月，秋雨较多，流域内降雨分布不均。乌江流域强产沙区 [输沙模数大于 1000t/(km²·a)] 主要分布于乌江上游六冲河、三岔河地区，其面积不到总面积的 6.24%，产沙量却达到乌江总沙量的 19.68%。

乌江下游控制站为武隆站，其径流量无明显趋势性变化，输沙量 1980 年前呈增加趋势，1980 年以后则减少趋势明显。武隆站水沙量 20 世纪 70 年代年平均值较大，分别达到 520 亿 m³ 和 3990 万 t，较 60 年代分别偏多 10 亿 m³ 和 1080 万 t；80 年代与 70 年代相比年平均径流量减少 65 亿 m³，年平均沙量减少 1740 万 t；90 年代年平均水量 538 亿 m³，较 70 年代偏多 3.4%，年平均沙量 2210 万 t，为 70 年代的 55.4%。2001—2010 年武隆水沙量分别为 443 亿 m³ 和 810 万 t，与 20 世纪 70 年代相比，分别减少 15% 和 80%。

4.1.6.2　水利工程及拦沙作用

乌江水力资源得天独厚，为全国十大水电基地之一。根据长江水利委员会水文局 1994 年 7 月的长江上游地区水库统计资料，截至 20 世纪 80 年代末，乌江流域内已建成各类水库 1630 座，总库容 44.06 亿 m³。

1991—2005 年新建水库 183 座，总库容为 76.92 亿 m³，其中，大型水库 4 座，总库容为 69.19 亿 m³；中型水库 26 座，总库容为 6.30 亿 m³；小型水库 153 座，总库容 1.43 亿 m³。1991—2005 年水库拦沙总量为 2.078 亿 m³，占总拦沙量的 42.7%，年平均拦沙量为 1386 万 m³（约合 1600 万 t），与 1956—1990 年均值相比，年平均拦沙量增加了 587 万 m³（约合 680 万 t）。武隆站 1991 年后年均减沙量为 1150 万 t，说明水库拦沙作用是引起乌江流域输沙量减小的主要原因。

截至 2005 年，乌江流域武隆站多年平均年输沙量为 2640 万 t，流域已建成的大型水库总库容达 100.52 亿 m³；彭水和构皮滩水库也于 2009 年和 2011 年相继建成，相对于流域输沙量，具有很大的拦沙库容，还会持续发挥拦沙作用。

彭水水库和构皮滩水库库容大，拦沙潜力大，由于乌江上游来沙总量较少，水库具有持续拦沙的能力。在没有彭水和构皮滩水库拦沙的情况下，乌江出口输沙量就已经很少，长江水利委员会水文局研究成果表明，两库拦沙后，乌江输沙量将进一步减少，将在较长的时间内维持在目前的 1000 万 t 或以下。

按照近年乌江水沙量变化趋势及考虑彭水、构皮滩水库的拦沙作用，预测三峡水库未来入库水沙量时，采用 1991—2000 年系列实测值沙量偏多，应考虑彭水和构皮滩等水库的拦沙作用。根据长江科学院成果，彭水和构皮滩等水库运用后，武隆站前 30 年年平均输沙量为 620 万 t，100 年时年平均输沙量为 800 万 t，与 2001—2010 年年平均输沙量 810 万 t 接近。

4.2　典型流域来水来沙解译

岷江上游镇江关以上流域（以下简称镇江关流域）是我国一个重要的大尺度、复合型生态过渡带和生态系统脆弱区[8]，降雨时空分布、地质地形和下垫面条件等要素在一定程度上影响洪水过程，引发洪水灾害；同时，自然条件（气候、地形地貌、地质活动等）和人类活动的长期作用，使得流域内水沙条件发生了很大变化。因此，有必要对流域内的水沙条件进行趋势性分析，掌握洪水和泥沙在年内的输移规律，并分离出人为因素和气候因素对水文要素的影响，为研究水沙自然变化对三峡入库水沙的影响提供技术支持。

4.2.1　镇江关流域水沙条件变化分析

4.2.1.1　趋势分析

镇江关流域降水时空分布不均，年际变化大，年内降水主要集中在夏季暴雨时期，成为引发自然灾害的主要因素之一。镇江关流域地质生态脆弱，遇极端天气易发生大规模洪水、泥石流等灾害。在全球气候变暖和区域社会经济发展的双重作用下，近年来镇江关流域来水来沙条件发生显著改变，径流的最大值发生在 1975 年，而最小值发生在 2002 年，流量呈现逐渐减小的趋势，含沙量的最大和最小值均发生在近年，泥沙输移也有减少的趋势。

镇江关出口控制水文站的月径流/输沙量数据样本共有 258 个，用 Db3 小波函数进行分辨率为 7 的快速小波分解，在 7a 尺度下，镇江关月径流和含沙量在 1986 年出现明显的拐点，拐点之前水沙呈上升趋势，之后则呈下降趋势，且径流的下降趋势更为明显。这种趋势说明：流域内 1986 年以前水土流失是主要问题，主要由于前期人类对大自然的过度开发引起；80 年代后期至今，国家先后启动的长江上游水土保持重点防治区治理工程（1989 年）、天然林保护工程（1998 年）、退耕还林林业重点生态工程（1999 年）以及四川省退耕还林规划等有效地减少了坡耕地的水土流失，流域内的水土保持措施取得一定成效，使得水土流失有所缓和，但该时期内的径流总量出现急剧减少的趋势。

4.2.1.2　周期分析

用 Morlet 小波将镇江关月径流及月输沙量的标准化过程进行连续小波变换，得到 Morlet 小波变换后的模平方和实部，绘制小波系数模平方和实部的时频等值线图。径流和泥沙序列在整个时间域上出现不同的强信号区域，即水沙序列在不同阶段表现出不同的周期特性。强弱信号的间断点在 1985—1987 年间，本研究认为周期特性也以 1986 年为拐点。1986 年以前，径流和泥沙序列以 8 年为最显著变化周期；1986 年以后，以 8 年为周期的信号强度减弱，径流序列信号以 5 年为最显著变化周期，周期时长缩短，同时泥沙序列信号以 16 年为最显著变化周期，周期时长显著增加。

在全时间域上径流和产沙量表现出明显的周期变化规律，可划分为前后两个阶段，且第二主周期明显，为 16 年。1986 年前，以 8 年为主要周期，周期性较强。1986 年后，输沙量序列第一主周期延长为 16 年，第二主周期明显，为 6 年；80 年代以来，流域内来水来沙条件的规律性减弱，不可预测性增强。泥沙的年际变化趋于缓和，从一定程度上说明了这段时期的水保措施取得了一定进展；径流来量年际变化增大，丰枯交替将变得更为剧烈。

4.2.2 基于 BPCC 的气候波动与覆被变化的流域水沙效应

气候波动和覆被变化是引起流域径流和泥沙输移在较长时期内趋势性变化的最主要因素。土地利用/覆被变化影响流域内降雨的截留、下渗、蒸发等水文要素及其产汇流过程，从而对流域的水文过程产生直接的影响。在一定的条件下，土地利用/覆被变化对流域水量与水质造成的影响非常巨大，可能引发或加剧洪涝、干旱、河流与地下水位异常变化以及水质恶化[9]，加大洪涝灾害、水源地污染等事件发生的频率和强度。

对土地覆被变化在流域范围内引发的水文效应，目前的研究方法主要有传统的水文分析方法（实验流域法、时间序列分析法[10]）、水文模型方法及模型试验与数值模拟相结合的方法。随着计算机技术的进步，研究流域水文过程及土地利用变化产生的水文效应的数值模型有了长足进步。集总式模型如 HBV、CSC、CHARM、新安江、陕北模型等，模型参数的物理意义不强，且将整个流域视为一个单元而没有考虑参数的变化特性和流域的空间差异，适用于土地利用/覆被变化单一的小尺度流域。分布式水文模型更能准确地描述水文循环的时空变化过程，能有效地利用地理信息系统技术、遥感技术和测雨雷达技术提供的大量空间信息，及时地模拟人类活动或下垫面因素的变化对流域水文循环过程的影响[11]。陈军锋等[12]用 CHARM 模型和 SWAT 模型模拟了大渡河上游梭磨河流域气候波动和覆被变化对水文的影响，得出气候波动造成的径流变化占 3/5～4/5、由覆被变化引起的径流变化占 1/5 的结论。陈利群和刘昌明[13]将 SWAT 和 VIC 模型应用于黄河源区，得出气候变化对黄河源区的径流影响在 95% 以上的结论。

由于在建立分布式水文模型时对各种参数的影响机理尚难以完整描述，模型参数有很大的不确定性，致使模型的计算结果存在不确定性；另外，相对于影响径流的另一主要因素降雨而言，覆被变化对径流到底起到多大作用迄今并没有较为明确的结论。本节将通过参数敏感性分析消除模型中各参数的不确定性对计算结果的影响，并在此基础上对比分析了覆被变化与气候波动的作用效果。

4.2.2.1 BPCC 模型原理

1. 模型综述

分布式水文及泥沙侵蚀模型 BPCC（Basic Pollution Calculated Center）从流域 DEM 高程数据开始，以地理信息系统提供的气象数据和下垫面数据（植被、土壤）等作为输入条件，采用 TOPAZ 模型划分 DEM 得到子流域。每个子流域对应唯一河段，且被划分为左、右、源三个坡面。当子流域划分足够细密时，三个坡面能够逼近自然坡面的划分方式。由于同一坡面各单元的下垫面条件（土壤类型、植被和土地利用方式等）不一定相同，需根据土地利用方式、土壤类型和植被类型的各种组合将坡面归类为单一的植被、土壤、土地利用方式，这样的坡面单元构成了模型基本计算单元。坡面单元和每个河段作为

"元流域"进行产流计算。其中，坡面单元是水文响应过程的核心，由植被截留、地表填注、地表径流、壤中流和地下水[14]等模块构成，分别用以求解降雨蒸散发、下渗、地表径流、壤中流、潜水出流等水文过程，并在此基础上考虑雨滴溅蚀与细沟侵蚀作用，作为坡面泥沙侵蚀模块进行坡面产沙计算，然后以坡面的产流和产沙过程作为输入，在连接这些子流域的沟道内进行汇流和泥沙输移计算，最后得到流域出口的各质量源输出过程。这样，将流域产汇流过程概化为"坡面-沟道"系统，可以反映流域降雨及下垫面条件的空间变化。采用具有一定物理机理的数学方程来描述产流和汇流过程，使模型既得到了简化又提高了精度，同时保持了分布式模型的优点。计算水流条件的水文模块与坡面产沙-沟道输沙模块相耦合，可以同时计算流域出口流量过程和含沙量过程。模型中各子模型的结构关系如图 4.2-1 所示。

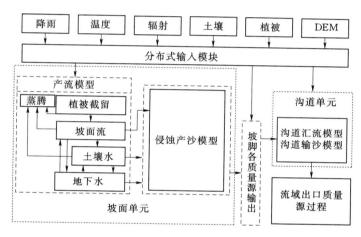

图 4.2-1　分布式水沙模型的结构

2. 坡面水文过程描述

坡面单元是流域水文响应过程的最小单元，需要完成产流、产沙计算，是模型的核心部分。坡面单元模型主要由植被截留模块、地表水模块、壤中流模块和土壤侵蚀模块等构成，水文过程涉及散发、入渗、地表径流、壤中流和潜水出流等，水力过程涉及坡面的侵蚀产沙和沟道的泥沙输移。以下主要对坡面径流模型、坡面产输沙模型、沟道汇流模型及沟道泥沙侵蚀模型进行详细论述。

（1）植被冠层截留模型。

植被冠层是影响降水传输的第一个作用层，降水通过林冠层后形成冠层截留和穿透雨，改变降雨特性，削减降雨动能，对土壤水分收支、地表径流、河川径流调节有重大影响。目前冠层截留模型，如 Horton 模型、Rutter 模型和 Gash 解析模型，多为机理性模型，参数较多，应用受限。在分布式水沙模型 BPCC 中，穿透雨量由降雨总量和植被冠层的截留容量共同影响，仅考虑了水量平衡而未考虑降雨在叶面上的运动，节约了计算空间。截留容量代表覆被冠层对降水的最大截留能力，受季节、植被种类和叶面积指数等因素的影响，其确定方法主要有浸水-叶面积法、基于野外实验数据的回归法和基于微波衰减技术的遥感法等[15]。

（2）蒸散发模型。

冠层截留的水分、开敞的水面、裸露土壤中的孔隙水或土壤水经植物根系至叶面气孔处的水分等，可转化为水蒸气返回大气中，发生蒸散发。对蒸散发过程的正确理解及蒸散发量的准确估算，是认识气候变化条件下水循环特征的关键问题之一。

潜在蒸发和实际蒸发，是计算蒸散发模型的两个关键问题。经验公式法、水汽扩散法、能量平衡法和综合法等，是计算潜在蒸发的主要方法，本研究选用世界上应用最广的 Penman 公式法。对于实际蒸散发的计算，包括传统的水量平衡法、波温比和涡度相关法、依据潜在蒸散发量进行换算的经验公式法和基于蒸发互补原理的一系列方法[16]。本研究实际蒸散发由植被冠层截留水分蒸发率、裸土蒸发和植物蒸腾率三部分组成。

（3）饱和-非饱和土壤水运动模型。

经植被截留后的穿透雨到达地表，在毛管力和重力的共同作用下，渗入地表并在土壤孔隙中运移。土壤水分通过土壤空隙的吸收、保持和传递作用，经降雨、蒸发、渗漏等，进行重新分布，当土壤达到饱和时，一部分水通过侧向排水作用形成壤中流，另一部分则受重力作用控制形成地下径流。本研究将饱和带和非饱和带（潜水层）的水分运动统一考虑，同时考虑蒸发、蒸腾、入渗以及水的再分配，确定潜水面位置和压力水头。

（4）坡面径流模型。

当降雨持续时间较长或降雨强度较大，即降雨使土壤达到饱和或降雨强度超过土壤的实际入渗能力时，地表渗透不会发生，多余的降雨会首先填充地表洼地，而后形成沿坡面流动的坡面流。一般情况下，坡面流是形成流域洪峰的主要部分。同圣维南方程相比，运动波模型是一种更好的数学描述方式，是目前坡面流模拟中最常用的方法。Woolhiser 和 Ligget[17]认为在运动波波数 $K > 10$ 时，运动波模型可以很好地描述坡面流运动，其后，陈力等证实自然界坡面流的运动波波数一般远大于 10。

3. 沟道汇流过程描述

经坡面单元产生的坡面流、壤中流和地下水在坡脚出流，后汇入沟道，经过沟道的逐级输移，在流域出口形成质量源的输出过程，即流域的径流过程。沟道汇流的演算可分为集总式和分布式两类[18]，前者仅考虑某个断面水流的时间函数，而后者则可取到沿沟道的若干断面，描述水文要素在空间的分布。汇流演算模型可分为水文学模型和水力学模型两类，前者一般只是时间的函数，而后者考虑了空间因素。

水流在自然沟道中输移和汇聚，往往会因地形地势等边界条件的改变而发生流态的变化，缓流、临界流及急流交替甚至同时出现，在地形跨度较大的流域，甚至伴随间断流的发生，因此需采用考虑空间因素的分布式水力学模型。考虑到沟道的复杂性，河道断面信息的不足，以及计算本身的稳定性要求，在汇流计算时采用了改进的扩散波方法[19]，扩散波方程为

$$\frac{\partial Q}{\partial t} + C\frac{\partial Q}{\partial x} = D\frac{\partial^2 Q}{\partial x^2} \qquad (4.2-1)$$

式中：Q 为流量；t 为时间；x 为纵坐标；C 为波速系数；D 为扩散系数。

Muskingum-Cunge 演算公式形式为

$$Q_{j+1}^{n+1} = C_1 Q_j^n + C_2 Q_j^{n+1} + C_3 Q_{j+1}^n \qquad (4.2-2)$$

其中 $\qquad C_1 = \dfrac{0.5\Delta t + K\varepsilon}{0.5\Delta t + K(1-\varepsilon)}$, $C_2 = \dfrac{0.5\Delta t - K\varepsilon}{0.5\Delta t + K(1-\varepsilon)}$, $C_3 = \dfrac{K(1-\varepsilon) - 0.5\Delta t}{K(1-\varepsilon) + 0.5\Delta t}$

式中：C_1、C_2、C_3 为马斯京根法流量系数。

马斯京根法的槽蓄系数 K 和流量比重因子 ε 分别为

$$\begin{cases} K = \dfrac{\Delta x}{C} \\ \varepsilon = \dfrac{1}{2}\left(1 - \dfrac{Q}{BS_f C\Delta x}\right) \end{cases} \qquad (4.2-3)$$

其中 $\qquad\qquad C = \left(\dfrac{5}{3} - \dfrac{2}{3}\dfrac{h}{B}\dfrac{\partial B}{\partial Z}\right)U \qquad\qquad (4.2-4)$

式中：C 为波速。

当 $\varepsilon \leqslant 0.5$ 时，达到稳定条件。柯朗数 $Cr = C\Delta t/\Delta x$ 越接近 1，收敛性越好。

式 (4.2-4) 适用于任何断面的河槽，断面平均流速 U 由曼宁公式推求。

4. 坡面产输沙模型

土壤侵蚀是流域地貌形态演变的主要过程之一，是造成土壤退化、生态环境破坏、河道萎缩等诸多自然灾害的根源之一[20]。

土壤侵蚀是一个极其复杂的能量耗散过程。具有一定动能的雨滴撞击土壤颗粒，破坏土壤结构，降雨形成的地表径流，在势能作用下携带泥沙沿坡面流向坡下或沟道，形成汇流过程。沟道中，水流由势能转化为动能，引起土壤冲刷，水流条件改变则发生河床淤积。水流以推移或悬移的方式将泥沙一起向下游输送，形成流域产沙。

土壤侵蚀和泥沙输移过程与水力条件和水流过程密不可分，因此，模型的泥沙侵蚀模块应与水流输移模块相一致，即在坡面产流和沟道汇流的基础上，计算坡面的产沙和沟道的输沙过程，最终得到流域出口的含沙量过程。

坡面水力侵蚀产沙过程可分为雨滴击溅侵蚀过程及坡面流的冲刷和输移两大子过程。雨滴击溅主要起破坏土壤结构作用，为坡面流输移提供物质来源。坡面流过程包括冲刷、输移和沉积三个子过程，而侵蚀方式可分为片流侵蚀和细沟侵蚀。坡面流的水力特性是决定其侵蚀产沙过程的最主要因素，此外，还受降雨、地形（坡度、坡长等）、土壤特性、植被和人类活动等因素的制约。

（1）雨滴击溅侵蚀。

降雨是引起流域土壤侵蚀的主要能量来源之一，其对坡面侵蚀产沙的影响主要为：第一，决定坡面径流量，影响坡面侵蚀方式的演变及产沙过程；第二，打击土壤表面，分离土壤颗粒，为坡面流提供泥沙来源；第三，加强坡面流紊动动能，提高径流输移能力。一般地，雨强是影响径流量和击溅侵蚀量的主要因素，击溅侵蚀量还受土壤特性（强度、结皮、矿物成分）、前期含水量和坡度的影响。

（2）坡面流侵蚀。

坡面流侵蚀主要包括片流侵蚀和细沟侵蚀。片流侵蚀是指沿坡面运动的薄层水流对坡面土壤的分散和输移过程，主要发生在坡面上部无细沟区和下部细沟间区，是沟间地泥沙输运的主要动力。坡面水流本身只能输送颗粒较小的悬移质，经雨滴击溅后，推移质方能被坡面流输运。细沟侵蚀是指汇集成股流后的坡面流对土壤的冲刷和搬运过程。细沟中的水流集中，流速及水深增大，侵蚀特性发生本质变化，侵蚀量明显增加。但是，细沟形成的过程和临界状态具有很强的随机性，细沟流态也不稳定，一般很难形成较为成熟的理论，目前仅依据观测和实验数据等得到经验公式。

自然界中，降雨影响片流侵蚀量，而片流侵蚀可直接传送到细沟边壁而引起细沟侵蚀，加之试验资料缺乏，在实际应用中，很难将片流侵蚀和细沟侵蚀划分出明显的界限。因此，模型中采用"侵蚀-沉积"理论[21]，及水流侵蚀能力是水流所耗费能量的函数，而与之携带的泥沙数量无关。水流耗费能量主要来自于水流与坡面之间的剪切作用以及水流的紊动动能。

5. 沟道产输沙模型

泥沙在沟道中输移过程中受到水流冲刷，发生浅沟、切沟侵蚀，随水流条件改变，也可在河道中淤积。天然情况下，水流和泥沙在自然输移过程中呈现出强烈的非恒定、非均匀的特性，河道的槽蓄和河床的冲淤变化，使得洪峰和沙峰在传播过程中表现出衰减和恢复等动态特性。模型采用非恒定悬移质不平衡输沙方程[22]，用以客观描述自然河道中水流、泥沙的动态演进过程。

6. 模型参数说明

分布式水沙模型 BPCC 涉及参数众多，但多出现在用以描述水文、水力及泥沙动力过程的数学物理方程中，因而具有明确的物理意义。根据物理过程描述，可分为地形参数、植被参数、土壤水分参数以及土壤侵蚀参数等四大类。在参数的选取过程中，本研究尽量参照国内外已有的数据库参数和已发表的研究成果，同时，对于无法直接获取的参数，则根据经验和模型率定予以确定。

4.2.2.2　模型率定与验证

选取典型代表年的日降雨-径流过程，进一步应用分布式水沙模型 BPCC 揭示和了解镇江关流域径流在不同年份的变化规律，分析径流和其他水文要素与气候、覆被等影响因子之间的相互关系。

将 1993 年、1996 年和 1998 年作为率定期，2000 年和 2001 年作为验证期，时间步长 1800s，在人工试错法的基础上对模型参数进行自动优化处理。采用 Nash - Sutcliffe 效率系数（E_{NS}）、相关系数（R^2）判断模型率定和验证结果的精度。如果日地表径流的 $E_{NS} \geqslant 0.5$，$R^2 \geqslant 0.6$，则认为率定后的参数符合要求。

率定期和验证期的日径流过程、日平均泥沙浓度过程和日输沙率过程如图 4.2-2～图 4.2-6 所示，图中雨强为流域的平均雨强，模型精度评价结果见表 4.2-1。

从率定和验证的结果来看，模拟镇江关流域出口日流量及日平均输沙浓度、日输沙率变化过程的相关系数和效率系数均符合要求，模拟精度较高且变幅不大，说明模型参数稳定，模拟结果合理有效。

4.2.2.3　模型敏感参数分析

为消除各种参数变化对模型计算带来的误差，在实际论证覆被和气候变化对流域水文的影响时，需首先通过对模型参数的敏感性分析找出最敏感参数并加以优化，在固定优化参数的基础上进行下一步计算。BPCC 模型中与覆被相关的主要参数包括地表最大填洼量、冠层截留指数及土壤饱和渗透率。选取 1996 年序列进行参数的敏感性分析，采用扰

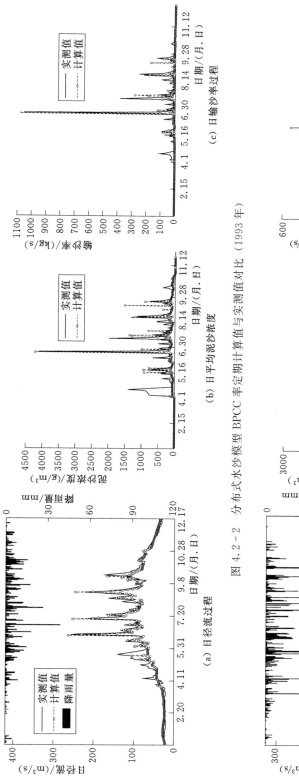

图 4.2 - 2 分布式水沙模型 BPCC 率定期计算值与实测值对比（1993 年）

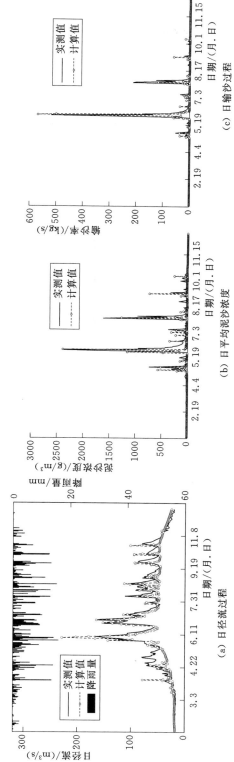

图 4.2 - 3 分布式水沙模型 BPCC 率定期计算值与实测值对比（1996 年）

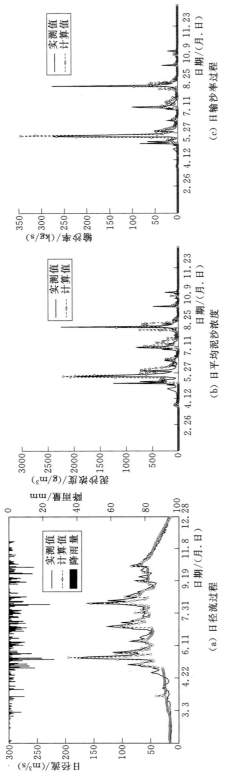

图 4.2 - 4　分布式水沙模型 BPCC 率定期计算值与实测值对比（1998 年）

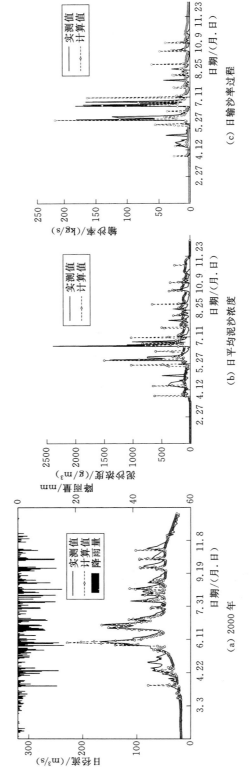

图 4.2 - 5　分布式水沙模型 BPCC 验证期计算值与实测值对比（2000 年）

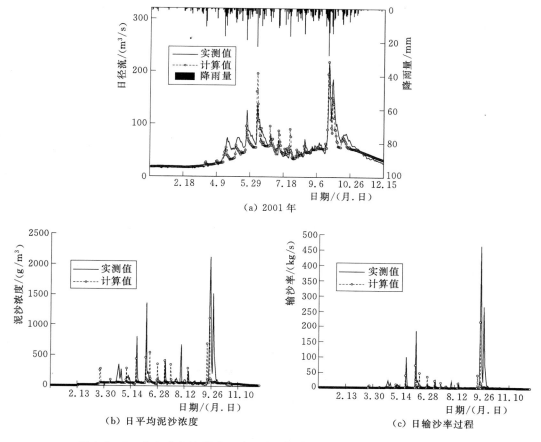

（a）2001 年

（b）日平均泥沙浓度

（c）日输沙率过程

图 4.2-6 分布式水沙模型 BPCC 验证期计算值与实测值对比（2001 年）

表 4.2-1　分布式水沙模型 BPCC 日径流及日平均输沙浓度、日输沙率过程评价参数

模拟期	时间段	日径流		日输沙浓度		日输沙率	
		E_{NS}	R^2	E_{NS}	R^2	E_{NS}	R^2
率定期	1993 年	0.79	0.84	0.50	0.68	0.53	0.72
	1996 年	0.81	0.84	0.56	0.70	0.64	0.76
	1998 年	0.80	0.86	0.62	0.81	0.70	0.86
验证期	2000 年	0.76	0.79	0.46	0.54	0.52	0.65
	2001 年	0.72	0.80	0.48	0.52	0.56	0.70

动分析法，即以最优参数为基准分别变化±15%和±30%，以考察模型输出年径流量 Q（主要考虑水量平衡）、Q_{max}（最大径流）、Nash-Sutcliffe 效率系数（E_{NS}）、相关系数（R^2）的变化情况。各参数变化后的径流过程见图 4.2-7（为显示变化规律图中仅列出参数变化±30%的结果）和表 4.2-2～表 4.2-4。

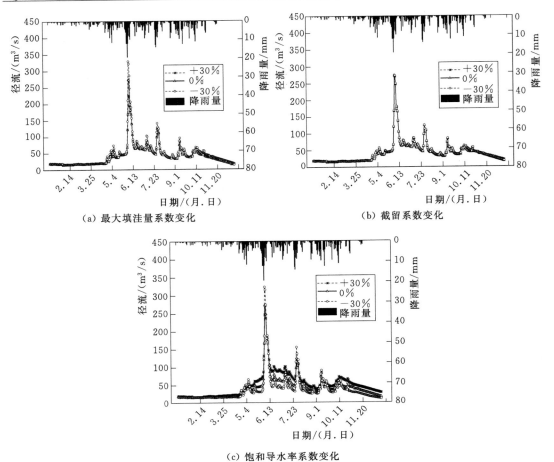

（a）最大填洼量系数变化　　　　（b）截留系数变化

（c）饱和导水率系数变化

图 4.2-7　BPCC 模型系数变化对应的径流过程

表 4.2-2　　　　　　　　　　BPCC 模型填洼系数改变后的径流变化情况

扰动	Q 变化/%	Q_{max} 变化/%	E_{NS} 值	R^2 值
+30%	−3.6	−17.7	0.80	0.83
+15%	−2.0	−9.3	0.80	0.84
0	0	0	0.81	0.84
−15%	2.6	10.4	0.78	0.84
−30%	5.0	20.2	0.74	0.85

表 4.2-3　　　　　　　　　　BPCC 模型截留系数改变后的径流变化情况

扰动	Q 变化/%	Q_{max} 变化/%	E_{NS} 值	R^2 值
+30%	−0.9	−0.5	0.80	0.83
+15%	−0.3	−0.3	0.81	0.83
0	0	0	0.81	0.84
−15%	0.3	0.3	0.80	0.84
−30%	1.1	1.1	0.80	0.83

表 4.2-4		BPCC 模型饱和渗透系数改变后的径流变化情况		
扰动	Q 变化/%	Q_{max} 变化/%	E_{NS} 值	R^2 值
+30%	21.3	−9.5	0.75	0.79
+15%	12.3	−4.5	0.79	0.82
0	0	0	0.81	0.84
−15%	−6.5	6.5	0.72	0.82
−30%	−12.9	18.3	0.61	0.78

考虑流域土地利用/覆被变化对填洼的影响，当雨强超过土壤下渗能力时，净雨开始填洼地表洼地，拦蓄的水量即为填洼量。流域地形、土地利用及覆被变化影响洼地的容积、数量、面积，从而影响填洼量[23]。由图 4.2-7（a）和表 4.2-2 中可见，填洼系数主要影响的是峰值，填洼量越小峰值越大，即最大径流量越大，但对径流总量的影响不显著。

降水经过林冠后，林冠拦截部分雨量，削减降雨动能，改变降雨分布格局，影响林下土壤水分配及营养物质的循环，同时，有学者研究认为植被的截留作用只有在对地表径流速度产生影响的小暴雨过程中才表现出来[24]。结合图 4.2-7（b）和表 4.2-3 可见，截留系数不属于敏感参数，不过，在水量平衡研究中，截留起着不可忽视的作用，有研究发现树冠拦截 10%～40% 的雨量，一般为 10%～20%，因地表覆被类型、密度、雨强、蒸发等多种因素而不同[23]。本研究中植被最大截留量等于叶面积指数（LAI）乘以一个特定的存储值，虽然截留系数不是敏感参数，但是变化值较大时仍能在一定程度上影响径流总量，是模型中重要的影响参数。

由图 4.2-7（c）和表 4.2-4 很容易看出，饱和渗透率是影响计算精度的最敏感参数。饱和渗透率越大，相应产生的壤中流和基流也越大，由水量平衡可知，地表径流的峰值越小，年径流量越大。在变化 30% 情况下总径流改变量达 21.3%，是模型中最主要的影响参数。

4.2.2.4 覆被变化与气候波动的流域水沙效应

气候与覆被状况（下垫面条件）是影响洪水径流及流域产沙的两个最主要条件，但多数研究只关注其中一个影响因子。本研究模拟了镇江关流域 20 世纪 80 年代以来的径流变化过程，同时研究了下垫面条件的变化与气候波动对径流和泥沙的影响以及各自的贡献，初步揭示了该流域径流变化的基本规律。

在 BPCC 模型中，与气候相关的因素包括降雨和温度，覆被条件包括土地利用方式、土壤属性和 $NDVI$（normalized difference vegetation index）值（由于模型三种因素相互作用，模型将其综合考虑为覆被条件）。为了避免采用单一年份计算引起的偶然性，模型统计了 1980—2003 年期间镇江关流域的降雨、温度和 $NDVI$ 值与 1980 年相比较的变化趋势（图 4.2-8）。图 4.2-9（彩图 4）给出了 1980 年和 2000 年的土地利用方式，由于土壤属性变化不大，不考虑其对径流改变的作用。按照波动趋势得到 24 年后的结果，见表 4.2-5，表中变幅记为 F_i。

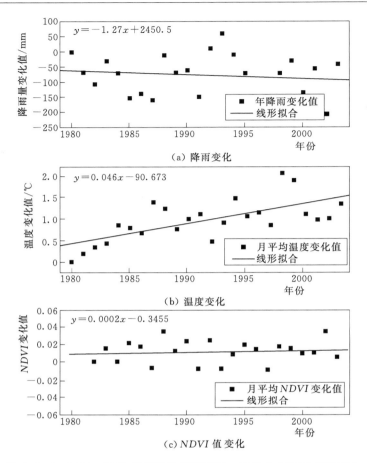

（a）降雨变化

（b）温度变化

（c）NDVI 值变化

图 4.2 - 8　1980—2003 年镇江关流域降雨、气温及 NDVI 值的变化

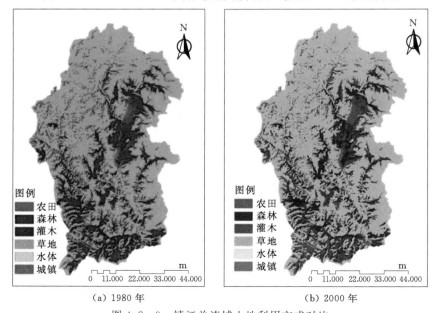

（a）1980 年　　　　　　　　　（b）2000 年

图 4.2 - 9　镇江关流域土地利用方式对比

图 4.2 - 9（彩图 3）与表 4.2 - 5 数据显示，1980—2003 年期间镇江关流域降雨有所减少，温度上升，植被覆盖增加，由图可见，土地利用中农田略有减少（0.1%），草地向灌木和森林转变（约 1%）。这说明经过 20 多年的森林保护和管理工作，覆被条件有所好转。

表 4.2 - 5　　　　　　　　　1980—2003 年镇江关流域波动前后各因子取值

变　　量	1980 年	24 年变化量	波动后取值	变幅 F_i/%
降雨量/mm	734.6	−30.5	704.1	−4.2
平均温度/℃	5.87	1.10	6.97	18.7
$NDVI$	0.371	0.005	0.376	1.3

以 1980 年资料作为比较标准，按照趋势线计算出 24 年后的降雨量、温度及下垫面数据。首先计算每个因子变化后的径流及泥沙过程，其次计算两种因子组合变化后的径流和泥沙过程，最后计算三种因子共同变化后的径流和泥沙过程，将每一种工况结果与 1980 年径流与泥沙过程比较，得到每种工况对径流深改变的"贡献率"和每种影响因子"单位贡献率"，以此作为流域水文和泥沙改变的定量化指标。采用上述方法的计算结果见表 4.2 - 6 和表 4.2 - 7。

表 4.2 - 6　　　　　　　BPCC 模型不同模拟工况下计算的流域径流深变化

模 拟 工 况	1980 年	三种因子波动	降雨波动	气温波动	覆被波动	降雨气温波动	降雨覆被波动	气温覆被波动
模拟径流深 H_i/mm	401.9	369.1	389.0	387.0	396.7	374.2	384.0	381.9
径流深变化量 D_i/mm		−32.8	−12.9	−14.9	−5.2	−27.7	−17.9	−20.0
不同工况的贡献 $C_i(C_i = -D_i/32.8)$/%		100.0	39.3	45.4	15.9	84.5	54.6	61.0
三种因子的单位贡献率 $U_i(U_i = C_i/\lvert F_i\rvert)$/%			9.4	2.4	12.2			

表 4.2 - 7　　　　　　　BPCC 模型不同模拟工况下计算的流域输沙量变化

模 拟 工 况	1980 年	三种因子波动	降雨波动	气温波动	覆被波动	降雨气温波动	降雨覆被波动	气温覆被波动
模拟输沙量 T_0/万 t	76.70	28.52	55.07	52.34	64.37	38.07	47.51	46.11
输沙量变化量 T_i/万 t		−48.18	−21.63	−20.33	−12.33	−38.63	−29.19	−30.59
不同工况的贡献率 $C_i(C_i = -T_i/48.18)$/%		100.0	44.9	42.2	25.6	80.2	60.6	63.5
三种因子的单位贡献率 $U_i(U_i = C_i/\lvert F_i\rvert)$/%			10.7	2.3	19.7			

表 4.2 - 6 中数据以 1980 年工况作为变化前的基数，以三种因子均发生波动的工况为变化后的结果，即 $D_0 = -32.8$mm，取各种组合工况的径流深变化量 D_i 与 D_0 绝对值的比值为该工况的"贡献率"，用以表述影响因子在相同时期内对径流的贡献；降雨、气温和覆被在单独改变工况下的"贡献率"与变幅（实际变化率）的绝对值的比值称为该影响

因子的"单位贡献率"，用以表述影响因子在单位变幅条件下对径流的贡献。由表 4.2-6 得到以下结论：

（1）岷江上游流域 1980—2003 年的 24 年来降雨、气温和覆被变化的综合影响使径流深减少了 11.5%。

（2）降雨、气温和下垫面三种因素单独改变对径流深变化的"贡献率"分别为 39.3%、45.4%、15.9%，气温的贡献率较降雨稍大，覆被的贡献率最小，说明 24 年来气温升高对流径流改变的作用最大。

（3）三种因素单独改变对径流深变化的"单位贡献率"分别为 9.4%、2.4%、12.2%，说明如果发生相同的变幅（波动率），地表覆被对径流的影响是最大的，如果短时间内地貌发生突变（如地质灾害、森林火灾、人类砍伐森林开垦土地等大规模高强度的经济活动），都会剧烈影响流域的径流过程，导致生态环境的恶化。

（4）如果将降雨和温度看作是气候波动，覆被条件看作人为因素，则气候波动和人为因素对径流量的贡献率分别为 84.5%、15.9%，人为因素占到总体变化的近 1/6，说明通过植被维护、退耕还林等工作改善了该流域的水文条件。

同样，表 4.2-7 中数据以 1980 年工况作为变化前的基数，以三种因子均发生波动的工况为变化后的结果，即 $T_0 = -48.18$ 万 t，取各种组合工况的产沙变化量 T_i 与 T_0 绝对值的比值为该工况的"贡献率"，用以表述影响因子在相同时期内对产沙的贡献；降雨、气温和覆被在单独改变工况下的"贡献率"与变幅（实际变化率）的绝对值的比值称为该影响因子的"单位贡献率"，用以表述影响因子在单位变幅条件下对产沙的贡献。由表 4.2-7 得到以下结论：

（1）岷江上游流域 1980—2003 年的降雨、气温和覆被变化的综合影响使产沙量减少了 62.8%。

（2）降雨、气温和下垫面三种因素单独改变对产沙量变化的"贡献率"分别为 44.9%、44.2%、25.6%，降雨的贡献率较气温稍大，覆被的贡献率最小，说明 24 年来降雨减少对产沙量改变的作用最大，而径流变化的趋势略有不同。

（3）三种因素单独改变对径流深变化的"单位贡献率"分别为 10.7%、2.3%、19.7%，与对径流的影响相比，覆被对产沙的影响更为显著。

（4）如果将降雨和气温看作是气候波动，覆被条件看作人为因素，则气候波动和人为因素对径流量的贡献率分别为 80.2%、25.6%，人为因素占到总体变化的近 1/3，说明人类活动对流域产沙的影响高于对径流的影响，通过植被维护、退耕还林等工作改善了该流域的产沙条件。

4.3　长江上游梯级水库群拦沙量与过程

根据规划，未来三峡及上游控制性水库总调节库容近 1000 亿 m³[25]，如此大规模的梯级水库群将会改变三峡入库泥沙条件，从而影响三峡水库的调度运用和库区淤积，并会对下游的河床演变造成巨大影响。

目前关于长江上游梯级水库群拦沙的研究大多针对已建水库群[26-28]、若干串并联型控制性水库[29-33]。而对于全流域水库群（已建、在建、拟建水库），由于问题的复杂性，研究相对较少，但也取得了一些成果[34-37]。然而目前长江上游梯级水库群拦沙的研究还存在对中远期水库考虑不足、拦沙预测时限较短等问题。

本节在对长江上游已建、在建、拟建水库群的基础资料及长江上游水沙数据进行分析的基础上，用建立的梯级水库群拦沙计算模型，对长江上游已建、在建、拟建水库群2015—2050年的拦沙效果进行了估算，进而分析了梯级水库群拦沙对三峡入库沙量的影响。整体的研究技术路线如图4.3-1所示。

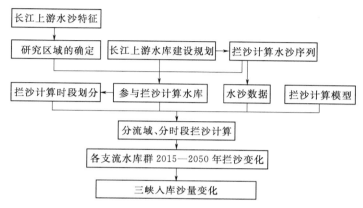

图4.3-1　梯级水库群拦沙研究技术路线图

4.3.1　长江上游梯级水库建设及规划

4.3.1.1　已建水库

1990年以前，长江上游的水库建设规模相对较小，并且以中小型水库为主，据统计，截至20世纪80年代末，长江上游建成水库11931座，总库容为205亿 m^3，其中大、中、小型水库分别为13座、165座、11753座，库容依次为97.5亿、39.6亿、67.9亿 $m^{3[38]}$。1991年以后，长江上游水库建设则以大型水库为主，其库容占同期兴建水库总库容的80%以上。按2005年统计资料，长江上游已建水库12994座，库容累计414.5亿 m^3。截至2013年，长江上游各支流已建的主要水库[39-40]见表4.3-1。

表4.3-1　　　　　　　　　　长江上游主要已建水库分布情况

流域	主　要　水　库	数量
金沙江	阿海、金安桥、龙开口、鲁地拉	4
雅砻江	锦屏1级、官地、大桥、二滩	4
岷江	泸定、龙头石、瀑布沟、深溪沟、龚嘴、铜街子、沙湾、紫坪铺	8
沱江	三岔湖	1
嘉陵江	碧口、宝珠寺、亭子口、金银台、红岩子、新政、马回、金溪场、凤仪场、小龙门、青居、东西关、桐子壕、草街	14
乌江	普定、引子渡、洪家渡、东风、索风营、乌江渡、构皮滩、思林、沙沱、彭水、银盘	11

4.3.1.2　在建、拟建水库

以2013年为时间节点，在建、拟建的主要水库[39-40]见表4.3-2。按照梯级开发规

划，长江上游 80 多座大型水利工程的总库容达 1990 亿 m³，总调节库容 1040 亿 m³，届时长江上游将形成复杂的水库群分布格局（考虑到川江河段的石硼、朱杨溪、小南海等工程因环保问题而导致开发的不确定性，所以在此未列出）。

表 4.3－2　　　　　　　　　长江上游主要在建、拟建水库分布情况

流域	主　要　水　库	数量
金沙江	东就拉、色乌、俄南、白丘、降曲河口、巴塘、王大龙、日冕、虎跳峡、两家人、梨园、观音岩、金沙、银江、乌东德、白鹤滩、溪洛渡、向家坝	18
雅砻江	仁青岭、格尼、通哈、英达、新龙、贡科、龚坝沟、两河口、牙根、楞古、孟底沟、杨房沟、卡拉、锦屏二级、桐子林	15
岷江	下尔呷、巴拉、达维、卜寺沟、双江口、金川、巴底、丹巴、猴子岩、长河坝、黄金坪、硬梁包、大岗山、老鹰岩、枕头坝、沙坪、安谷	17
嘉陵江	苗家坝、利泽、井口	3
乌江	白马	1

4.3.2　梯级水库群拦沙计算模型

4.3.2.1　模型建立的基础

由于梯级水库群数量众多、空间拓扑结构复杂以及水库运行方式多样，目前采用精确的水沙数学模型进行大范围水库群的拦沙计算还存在困难，而采用 Brune[41] 拦沙率、Vörösmarty[42] 流域水库群综合拦沙率等方法是可行的估算手段。

4.3.2.2　单一水库拦沙计算

1. 基本公式

对于单个水库拦沙计算采用 Brune 拦沙率公式：

$$TE = 1 - \frac{0.05}{\sqrt{\Delta\tau}} \tag{4.3-1}$$

其中

$$\Delta\tau = \frac{C}{I} \tag{4.3-2}$$

上二式中：TE 为水库的拦沙率，%；$\Delta\tau$ 为水库滞水系数；C 为水库淤积剩余库容，m³；I 为水库年入库径流量，m³。

Brune 拦沙率公式最早是根据美国 40 余座水库的淤积资料得到，后期在其他国家的水库拦沙计算中发现其依然可以提供较好的拦沙计算结果。

由于水库在拦沙过程中库容不断减少，由 Brune 拦沙率公式可知其拦沙率 TE 也在不断降低，因而，在运用该公式对单个水库长期拦沙计算时需要考虑水库拦沙量的年际变化。

2. 计算验证

采用 Brune 拦沙率公式对已建水库的拦沙率进行计算，计算值和实测值见表 4.3－3，计算得到的拦沙率与实测值较为吻合，验证了模型的可靠性。进一步对溪洛渡、乌东德水库进行拦沙计算，并与“九五”和“十一五”水沙数学模型计算结果[30,43]对比，计算结果吻合较好（表 4.3－4），拦沙率最大误差仅为 2.57%。

表 4.3 – 3	长江上游部分已建大型水库拦沙率计算值与实测值对比				
水库	库容/亿 m³	年径流量/亿 m³	拦沙率/%		差值(1)-(2)
			(1)计算值	(2)实测值	
二滩	58	438	86.3	90.5	-4.2
碧口	4.5	98	76.7	75.4	1.3
宝珠寺	21	106	88.8	93.9	-5.1
乌江渡	21.4	158	86.4	92.9	-6.5

表 4.3 – 4	长江上游部分在建、拟建水库拦沙率计算结果对比			
运行时间/a	溪洛渡水库拦沙率		乌东德水库拦沙率	
	本研究计算结果	数模成果(中国水利水电科学研究院,1998)	本研究计算结果	数模成果(李丹勋等,2010)
1~10	81.81	82.70	76.35	74.10
11~20	80.25	80.90	74.17	71.60
21~30	78.27	78.50	71.37	69.60
31~40	75.62	75.30	67.60	66.90
41~50	71.88	70.10	62.26	63.10

4.3.2.3 梯级水库群拦沙计算

以单一水库 Brune 拦沙计算方法为基础,理论上可以建立梯级水库群拦沙计算方法。为减少运算量、降低复杂程度,研究中常对其进行简化。Vörösmarty 提出流域水库群综合拦沙率方法[42],计算公式如下:

$$TE_j = 1 - \frac{0.05}{\sqrt{\Delta \tau_j}} \tag{4.3-3}$$

$$\Delta \tau_j = \frac{\sum_{i=1}^{n_j} C_i}{I_{j-\text{mouth}}} \tag{4.3-4}$$

$$TE_{\text{basin}} = \frac{\sum_{j=1}^{m} TE_j \times I_{j-\text{mouth}}}{I_{\text{mouth}}} \tag{4.3-5}$$

以上式中:C_i 为第 j 个子流域第 i 个水库的库容,m³;n_j 为第 j 个子流域的水库个数;$I_{j-\text{mouth}}$ 为第 j 个子流域最末一级水库的入库径流量,m³;$\Delta \tau_j$ 为第 j 个子流域的滞水系数;TE_j 为第 j 个子流域的拦沙率,%;m 为子流域个数;I_{mouth} 为全流域最末一级水库的入库径流量,m³;TE_{basin} 为全流域水库群的拦沙率,%。

假设某流域上游为弱产沙区,中下游为强产沙区,在流域水库群总库容一定的条件下,设定两种水库分布情况:①绝大部分水库分布在上游,少数水库分布在下游;②少数水库分布在上游,绝大部分水库分布在中下游。以上两种情况下,水库群实际拦沙效果后者大于前者,而 Vörösmarty 方法对两种情况的计算结果相同,无法反映这一差异,与实

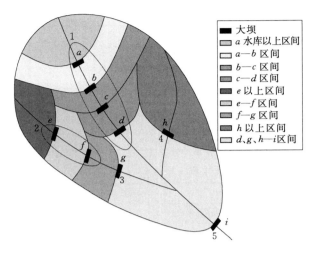

图 4.3 - 2　水库分组范例

际情况不符。

鉴于此,本研究提出分组拦沙率,在对水库群分组的基础上进行拦沙计算,以充分考虑水库分布和强产沙区分布对计算的影响。分组时遵循以下规则:①组内各水库空间位置相邻且处于弱产沙区;②拟建水库分组时投产时间须一致;③控制性水库原则上列为组内最末一级。以图 4.3 - 2 中的水库分组情况(5 组)为例,对计算方法进行说明。

将图 4.3 - 2 中的水库群按上述原则分为 5 组后,等价于将其视为 5

个水库进行计算,在保证计算精度的前提下,简化了运算。各水库组拦沙计算时,与 Vörösmarty 方法类似,即将组内水库集中至最末一级水库处进行计算,各水库组拦沙率计算公式如下:

$$TE_j = 1 - \frac{0.05}{\sqrt{\Delta\tau_j}} \tag{4.3 - 6}$$

$$\Delta\tau_j = \frac{C_j}{I_j} \tag{4.3 - 7}$$

上二式中:j 为水库组编号,TE_j 为第 j 组水库的拦沙率,%;$\Delta\tau_j$ 为第 j 组水库滞水系数;C_j 为第 j 组水库的淤积剩余库容,m^3;I_j 为第 j 组水库最末一级入库径流,m^3。

由各水库组的拦沙率,结合入库沙量,即可计算拦沙量,计算公式如下:

$$S_j = SY_j \cdot TE_j \tag{4.3 - 8}$$

式中:S_j 为第 j 组水库的拦沙量,t;SY_j 为第 j 组水库的入库沙量,t;其他符号意义同上。

由于上游水库对下游水库的入库沙量存在制约,故需自上至下依次迭代计算各水库组的入库沙量(以上一级水库组的出库沙量加上区间来沙量,作为下一级水库组的入库沙量)。以图 4.3 - 2 为例,各水库组的入库沙量计算公式如下:

$$SY_1 = SSY_d \cdot A_d \tag{4.3 - 9}$$

$$SY_2 = SSY_f \cdot A_f \tag{4.3 - 10}$$

$$SY_3 = SY_2(1 - TE_2) + SSY_{f-g}(A_g - A_f) \tag{4.3 - 11}$$

$$SY_4 = SSY_h \cdot A_h \tag{4.3 - 12}$$

$$SY_5 = SY_1(1 - TE_1) + SY_3(1 - TE_3) + SY_4(1 - TE_4) + SSY_{d,g,h-i}(A_i - A_d - A_g - A_h)$$

$$\tag{4.3 - 13}$$

其中:SSY_d、SSY_f、SSY_{f-g}、SSY_h、$SSY_{d,g,h-i}$ 分别为 d 以上、f 以上、$f-g$、h 以上、d,g,$h-i$ 区域的输沙模数,t/km^2;A_d、A_f、A_g、A_h、A_i 分别为水库 d、f、g、h、i 的控制流域面积,km^2;其他符号意义同上。

依据上述方法,采用 1961—1970 年水沙序列对乌东德和白鹤滩水库联合运行后综合拦沙率进行计算，并与相关单位水沙数学模型计算成果[43]进行对比，与水沙模型结果吻合较好（表4.3-5），拦沙率最大误差为1.55%。

表4.3-5　　　　　　乌东德和白鹤滩水库综合拦沙率计算结果对比

运行时间/a	乌东德、白鹤滩联合运行综合拦沙率/%	
	本研究	数模成果（李丹勋等，2010）
1～10	88.08	88.54
11～20	87.76	87.78
21～30	87.41	86.86
31～40	87.04	86.00
41～50	86.63	85.08

4.3.3　模型计算有关参数确定

4.3.3.1　研究区域

根据长江上游干支流水沙特征分布可知，长江上游干支流的强产沙区位于金沙江中下游、嘉陵江上游、涪江上游和渠江上游，而金沙江上游、雅砻江上游和沱江产沙量相对较少，其中沱江的多年平均年输沙量仅为910万t（截至2005年）。故本研究中长江上游梯级水库群拦沙计算将不考虑金沙江上游、雅砻江上游和沱江流域的梯级水库，而只考虑金沙江中下游、雅砻江中下游、大渡河流域、岷江流域、嘉陵江流域、乌江流域的梯级水库群的拦沙作用。

4.3.3.2　拦沙计算水沙序列

根据长江上游梯级水库建设情况可知，长江上游中小型水库主要建设于1990年以前，1991年之后则主要以大型水库建设为主，大型水库在1991年后新增水库中所占比例达到了85%。单个中小型水库的拦沙作用相对较小，但由于数量众多，总拦沙量在长江上游梯级水库拦沙计算中也不能忽略。

根据中小型水库的建设情况，选定1991—2000年典型水沙序列进行拦沙计算，该序列可以充分考虑到1990年以前建成的水库［大型水库13座（总库容97.5亿m³）、中型水库165座（总库容39.61亿m³）、小型水库11751座（总库容67.8亿m³）］，同时部分考虑到1991—2000年建成水库的拦沙作用。假定1991—2000年序列可以充分考虑到1995年前建成水库的拦沙作用，所以在运用1991—2000年序列对长江上游梯级水库群进行拦沙效益分析时，1995年前建成水库将不再参与拦沙计算，即假定其保持现在的拦沙状况。

水沙序列确定后，系统收集了长江上游各支流的主要控制水文站1991—2000年的径流、泥沙水文数据；由于研究区域不含沱江，故未对沱江水文数据进行收集。

4.3.3.3　参与拦沙计算水库

根据确定的研究区域、拦沙计算水沙序列，结合水库规划，本研究将金沙江中下游、雅砻江中下游、大渡河流域、岷江流域、嘉陵江流域、乌江流域内1995年后建成的主要水库作为长江上游梯级水库群拦沙效益分析的研究对象，对其进行拦沙计算。

对各流域水库基本资料进行收集，水库的基本资料主要来自《中国电力规划》

(2005)[39] 和《水力发电年鉴》（2004）[44]，对于已建、在建的水库还参考了相应的项目报告和相关文献材料。在此基础上，将 1995 年前建成、部分库容较小及库容不详的水库共计 14 座予以剔除，具体包括：①1995 年前建成的水库：大渡河上的龚嘴水库（1978 年）、铜街子水库（1994 年），嘉陵江上的碧口水库（1976 年）、马回水库（1992 年）、东西关水库（1995 年），乌江上的普定水库（1993 年）、乌江渡水库（1982 年）；②部分库容较小的水库：金沙江上的两家人水库（0.45 亿 m^3）、金沙水库（1.08 亿 m^3），雅砻江上的锦屏二级水库（0.14 亿 m^3、引水发电）、桐子林水库（0.912 亿 m^3），大渡河上硬梁包水库（0.7 亿 m^3、引水发电）、深溪沟水库（0.323 亿 m^3）；③库容不详的水库：金沙江上的银江水库。

最终本研究确定了长江上游参与拦沙计算的水库共计 66 座。长江上游干支流参与拦沙计算的水库空间分布如图 4.3-3 所示。

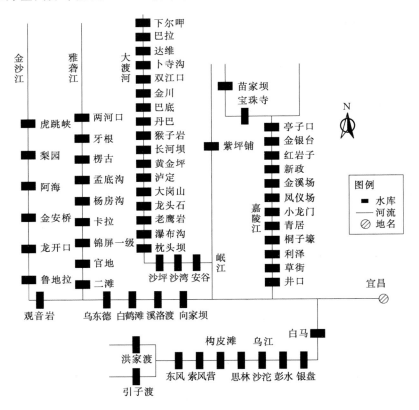

图 4.3-3　长江上游参与拦沙计算的水库分布示意图

4.3.3.4　已建水库库容修正

由建立的梯级水库群拦沙计算模型可知，水库的拦沙率与其剩余库容有关，在进行 2015 年梯级水库群拦沙计算时，对于 2015 年前投产的水库，需要考虑其运行至 2015 年时由于拦沙而造成的库容损失，对其进行库容修正。

水库的设计年限一般较长，其在短期内的拦沙淤积库容相对较小，计算时可近似忽略，故假定 2010—2015 年间投产的水库库容不变，而仅对 1995—2010 年间投产、淤积相对较大的水库进行库容修正。修正时依据水库淤积调查资料、部分水库淤积预测研究资料进行。

4.3.3.5 拦沙计算时段的划分

1. 拦沙计算时段划分的原因

对于某流域的梯级水库群而言，每当流域内新增水库时，该流域梯级水库群的空间拓扑结构将会发生变化，新增水库下游各梯级水库的拦沙情况将会发生较大改变，从而影响到流域出口的输沙量。

鉴于本次主要研究长江上游已建、在建、拟建梯级水库群2015—2050年的拦沙效益，故需要根据2015—2050年间建成水库的投产时间进行拦沙时段划分。

2. 拦沙计算时段划分的方法

梯级水库群投产时间具有离散性，其划分的拦沙计算时段往往较多，增加了拦沙计算的复杂程度。考虑到拟建水库的投产时间由于科研、设计、施工等方面的不确定性可能提前或延后1～3年，为方便计算，本研究对部分拟建水库的投产时间在1～3年内进行调整，划分了计算时段并对各时段内的水库进行分组，详见表4.3-6。

表4.3-6 　　　　　　　　长江上游水库拦沙计算时段划分及水库分组情况

流域	计算时段	水库分组编号	水 库
金沙江	2015—2019年	①	梨园、阿海、金安桥、龙开口、鲁地拉、观音岩
		②	锦屏一级、官地、二滩
		③	溪洛渡
		④	向家坝
	2020—2024年	①	梨园、阿海、金安桥、龙开口、鲁地拉、观音岩
		②	两河口、牙根、楞古、孟底沟、杨房沟、卡拉、锦屏一级、官地、二滩
		③	乌东德
		④	溪洛渡
		⑤	向家坝
	2025—2050年	①	梨园、阿海、金安桥、龙开口、鲁地拉、观音岩
		②	两河口、牙根、楞古、孟底沟、杨房沟、卡拉、锦屏一级、官地、二滩
		③	乌东德
		④	白鹤滩
		⑤	溪洛渡
		⑥	向家坝
岷江	2015—2019年	①	金川、巴底、丹巴、泸定、大岗山、龙头石、老鹰岩、瀑布沟、枕头坝、沙坪、沙湾、安谷
		②	紫坪铺
	2020—2050年	①	下尔呷、巴拉、达维、卜寺沟、双江口、金川、巴底、丹巴、猴子岩、长河坝、黄金坪、泸定、大岗山、龙头石、老鹰岩、瀑布沟、枕头坝、沙坪、沙湾、安谷
		②	紫坪铺

流域	计算时段	水库分组编号	水　　库
嘉陵江	2015—2050 年	①	苗家坝、宝珠寺
		②	亭子口
		③	金银台、红岩子、新政、金溪场、凤仪场、小龙门、青居、桐子壕、利泽
		④	草街、井口
乌江	2015—2019 年	①	引子渡、洪家渡、东风、索风营、构皮滩
		②	思林、沙陀、彭水、银盘
	2020—2050 年	①	引子渡、洪家渡、东风、索风营、构皮滩
		②	思林、沙陀、彭水、银盘
		③	白马

4.3.3.6　各计算时段初始条件

各计算时段的初始条件包括 4 个基本参数，分别为：水库组淤积剩余总库容 C，水库组控制流域面积 A，采用 90 水沙序列时水库组最末一级入库径流量 I 和区间输沙模数 SSY。

各时段淤积剩余总库容 C 需在前一时段计算结束后方能确定，故在此不再将库容参数列出。水库组控制流域面积 A 为各水库组最末一级水库的控制流域面积。采用 90 水沙序列时水库组最末一级入库径流量 I 和区间输沙模数 SSY 由水文站间水沙数据差值反推得到。各计算时段的初始条件见表 4.3 - 7。

表 4.3 - 7　　　　　　　长江上游水库拦沙各计算时段初始条件统计表

流域	拦沙计算时段	水库组编号	控制流域面积 A /万 km²	径流量 I /亿 m³	区　间	区间输沙模数 SSY/(t/km²)
金沙江	2015—2019 年	①	25.65	599	①以上	255
		②	11.64	534	②以上	435
		③	45.44	1497	①、②—③	2165
		④	45.88	1511	③—④	643
	2020—2024 年	①	25.65	599	①以上	255
		②	11.64	534	②以上	435
		③	40.61	1209	①、②—③	2938
		④	45.44	1497	③—④	1632
		⑤	45.88	1511	④—⑤	643
	2025—2050 年	①	25.65	599	①以上	255
		②	11.64	534	②以上	435
		③	40.61	1209	①、②—③	2938
		④	43.03	1337	③—④	526
		⑤	45.44	1497	④—⑤	2742
		⑥	45.88	1511	⑤—⑥	643

流域	拦沙计算时段	水库组编号	控制流域面积 A/万 km²	径流量 I/亿 m³	区间	区间输沙模数 SSY/(t/km²)
岷江	2015—2019 年	①	7.67	478	①以上	251
		②	2.27	87	②以上	158
	2020—2050 年	①	7.67	478	①以上	251
		②	2.27	87	②以上	158
嘉陵江	2015—2050 年	①	2.84	79	①以上	197
		②	6.26	152	①—②	512
		③	8.11	206	②—③	−197*
		④	15.62	559	③—④	362
乌江	2015—2019 年	①	4.33	246	①以上	79
		②	7.49	482	①—②	615
	2020—2050 年	①	4.33	246	①以上	79
		②	7.49	482	①—②	615
		③	8.37	543	②—③	741

* 此处负数是由该区间已建水库的泥沙淤积导致。

4.3.4 梯级水库群拦沙量与过程计算分析

4.3.4.1 各支流拦沙计算

依据建立的梯级水库群拦沙计算方法，对长江上游梯级水库群分流域、分时段进行拦沙计算（计算中考虑拦沙所造成的库容损失），结果如图 4.3-4 所示。由图可见，2015—2050 年期间，金沙江、岷江和乌江的水库拦沙量随着水库的兴建呈现阶梯式上升，嘉陵江则由于未有新建水库而呈下降趋势。同时，长江上游梯级水库群拦沙量以金沙江为主，约占 80%，这是由于金沙江输沙量占宜昌站的 70.6%[45]，同时诸多大型水库均位于该流域，拦截了该流域 95% 以上的泥沙。需要指出的是，由于水库建设情况的差异，各支流拦沙量跃变年份有所不同。

4.3.4.2 长江上游梯级水库群拦沙计算

从长江上游干支流梯级水库群 2015—2050 年的拦沙计算结果可以看出，由于各支流梯级水库建设进度的不一致，导致干支流拦沙量在 2015—2050 年的年际变化存在较大的差异。为了反映长江上游梯级水库群的拦沙效益，在干支流梯级水库群 2015—2050 年拦沙量计算的基础上，将干支流计算结果进行汇总，得到长江上游梯级水库群总拦沙量的变化趋势，如图 4.3-5 所示。由图可见，2015—2050 年，水库群拦沙量维持在 3.65 亿 t/a 以上，若以 2015 年、2025 年（水库全部投产）、2050 年为时间节点进行统计，长江上游水库群拦沙量分别为 3.661 亿 t/a、3.758 亿 t/a、3.743 亿 t/a，拦沙量的极值分别出现在 2019 年（最小值 3.657 亿 t/a）和 2025 年（最大值 3.758 亿 t/a）。由图 4.3-5 数据的变化趋势来看，长江上游梯级水库群将在未来相当长的时段发挥巨大的拦沙作用。

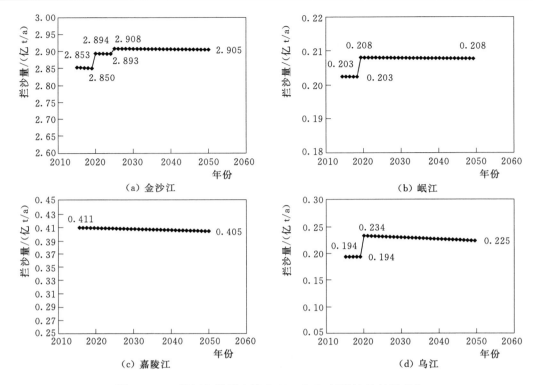

图 4.3-4　长江上游干支流 2015—2050 年拦沙量年际变化

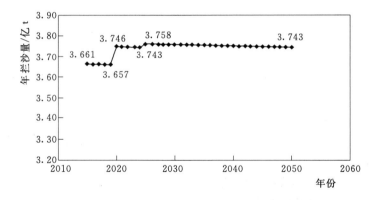

图 4.3-5　长江上游梯级水库群 2015—2050 年总拦沙量年际变化

4.3.4.3　三峡入库沙量计算

假设不考虑梯级水库拦沙对川江河段造成冲刷而引起的输沙补给，以及计算年限内流域内水土保持等减沙作用，对三峡的入库沙量进行计算，结果如图 4.3-6 所示。由图可见，由于梯级水库群的拦沙，2015—2050 年三峡入库沙量降至 0.6 亿 t/a 以下，约为论证期间入库沙量 5.29 亿 t/a[46] 的 10%，仅为 1991—2005 年入库沙量年均值的 14%~17%。与长江上游梯级水库群拦沙量相对应，若以 2015 年、2025 年（水库全部投产）和 2050 年为时间节点进行统计，三峡入库沙量分别为 0.579 亿 t/a、0.482 亿 t/a 和 0.497 亿 t/a，入库沙量的极值分别出现在 2019 年（最大值 0.583 亿 t/a）和 2025 年（最小值 0.482 亿

t/a)。由图4.3－6数据的变化趋势来看，三峡的入库沙量将在未来相当长的时段内维持在较低水平。

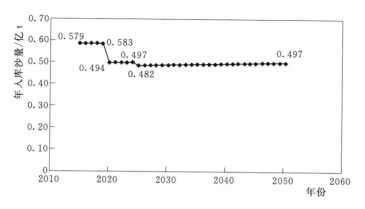

图4.3－6 三峡水库2015—2050年入库沙量年际变化

4.4 人工采砂对三峡入库泥沙的影响

长江河道采砂历史悠久，机械采砂始于20世纪70年代后期。随着长江流域经济社会的快速发展，建筑市场对砂石的需求量大幅度增加，促进了人工采砂行业的迅速发展。重庆主城区河段处于三峡水库175m运用方案变动回水区，城区河道研究及河床变形将直接影响重庆港区、航道和三峡水库的正常运行及使用寿命。目前长江上游河段人工采砂数量十分可观，但采砂具体数量及其对三峡水库的影响等问题至今尚无明确认识。

本研究收集了三峡水库上游重庆市、泸州市长江干流采砂历年审批情况，建立了基于GIS的历年采砂审批数据库；对部分采砂点进行了实地查勘，并开展了问卷调查，利用经济建设数据对近年来人工采砂数量进行了评估；利用实测地形断面资料对长江上游采砂特点及其对三峡水库的影响开展了研究；利用水槽开展了不同条件下采砂坑的演变变形试验，为进一步认识人工采砂对河床演变的影响提供技术支撑，为评估人工采砂对三峡入库泥沙的影响奠定了基础。

4.4.1 川江卵石覆盖数量

1966年4—6月，长办卵石调查组对川江及主要支流（包括岷江、沱江、嘉陵江、乌江和清江）进行了大量调查，调查推移量包括洲滩变化、航道疏浚、采石挖方等。于1980年编写了《川江卵石推移质调查报告》，报告分析了川江卵石的来源、去路和输移量。由初步统计得知，重庆段卵石铺盖量（嘉陵江汇入后）为29.8万m³。并估算了川江卵石覆盖数量，详见表4.4－1。由表可见：朱羊溪（重庆江津区）—云阳，卵石铺盖总量为15.03亿m³。若不考虑河道人工采砂等人为因素影响，则2015年长江重庆段卵石铺盖量为14.95亿m³，卵石的堆积密度取1.68t/m³，则卵石的铺盖总量为25.11亿t。由此可见，川江河道卵石资源丰富，具备大量开采的条件。

表 4.4-1　　　　　　　　　　　　　　　　川 江 卵 石 覆 盖 数 量

| 河段 | 断面地点 | 卵石铺盖断面积 | | 河长 /m | 卵石铺盖 总数量 /m³ | 卵石堆 积时间 /a | 多年平均卵石 推移沿程递减量 /m³ |
		单个 /m²	平均 /m²				
宜宾—泸州	安边金沙江大桥	1031	7005	123000	7005×123000	6000	143602.5
	南广河坝址	15400					
	石棚	8800					
	泸州	2790					
泸州—重庆	泸州	2790	2363	249000	2363×249000	6000	98064.5
	朱羊溪	2625					
	猫儿峡1	3160					
	猫儿峡2	433					
	玛璃滩	1300					
	鹅么岩	2070					
	白沙沱	4160					
重庆—涪陵			2363	123000	2363×123000	6000	48441.5
涪陵—云阳			2363	264000	2363×264000	6000	103972
云阳—南津关	美人沱Ⅱ	1000	2600	262000	2600×262000	6000	113533
	美人沱Ⅹ	1200					
	美人沱上围滩	1000					
	石碑	7200					
南津关—宜都	葛洲坝	8100	14250	43000	14250×34000	6000	102125
	古老背	20400					
宜都—江口	枝江大桥	15400	15400	59800	15400×59800	6000	153487

4.4.2　长江干流采砂审批量分析

随着经济社会的发展，建筑用砂需求量增加，而河道采砂具有成本低廉的巨大优势，加上长江上游丰富的卵石资源储备，造成大量非法采砂、乱采滥挖现象。2001 年国务院颁布了《长江河道采砂管理条例》（以下简称《条例》），2003 年水利部发布了《长江河道采砂管理条例实施办法》规范了长江河道采砂管理。

《条例》明确规定国家对长江采砂实行统一规划制度，河道采砂由水行政主管部门一家审批发证的管理体制，结束了长期以来河道采砂多头管理的局面。

4.4.2.1　重庆河段

《条例》实施以来，重庆市制订了《重庆市河道采砂管理办法》，印发《重庆市河道砂石资源费征收使用管理办法》《重庆市河道砂石资源开采权拍卖管理办法（试行）》等一系列管理办法，使采砂活动进一步法规化、规范化[47]。目前重庆市对长江干流采砂采用拍卖的方式实施许可。

2009—2014 年，重庆市累计审批许可采砂量为 5907 万 t，其中 2009—2011 年逐年增大，至 2011 年达到最大值，许可采砂量为 1729 万 t；2011—2014 年逐年下降，2014 年许可采砂量为 797 万 t。

从许可采砂量沿河道分布情况来看，2013 年之前大部分许可采砂点位于长仅 27km 的主城区河道，除 2012 年和 2014 年外，主城区总许可采砂量大于其他区县总许可采砂量（图 4.4-1）。主城区河道采砂强度最大达到 29 万 t/km，远大于其他区县少于 1 万 t/km；从数量上来看，采砂点主要集中在主城区、涪陵区及石柱县，其他各区县均为个位数（图 4.4-2）。

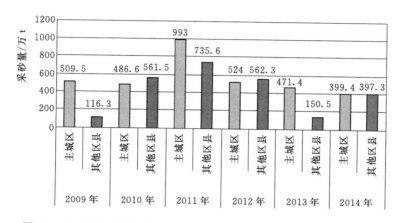

图 4.4-1　长江上游重庆河段 2009—2014 年河道采砂审批量分布图

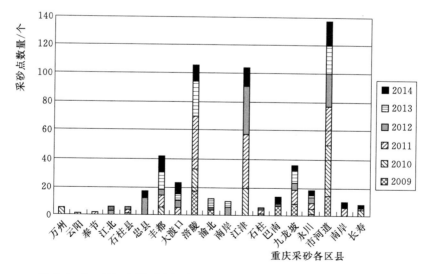

图 4.4-2　长江上游重庆河段 2009—2014 年河道采砂点数量分布图

4.4.2.2　泸州河段

泸州市 2009—2014 年共计审批许可采砂量 6714 万 t，其中，江阳区许可采砂量最大，占总量的 49%，见表 4.4-2。

表 4.4 - 2　　　　　　　　　　　泸州市 2009—2014 年许可采砂量

区　　县	采砂点数量	采砂量/万 t	占该年采砂量的百分比/%
合江	9	1876.82	27.94
江阳	19	3291.32	49.00
龙马潭	3	562.51	8.37
纳溪区	3	982.93	14.63
合计	34	6713.58	100.00

4.4.3　基于 GIS 的数据库分析

将所收集到的重庆市 2009—2014 年及泸州市 2009—2014 年采砂许可情况录入 Arcgis，建立了基于 GIS 重庆市长江河道采砂点分布数据库。

根据上述资料统计分析，重庆市 2010—2015 年历年较集中的几处许可采砂分布情况如下：

(1) 2010 年重庆市河道许可采砂量占许可总量的 46.43%，采砂活动集中在木关沱、良沱、唐家沱和白沙沱等河段，这些河段采砂量占重庆市河道采砂总量的 77.89%。

(2) 2011 年重庆市河道许可采砂量占许可总量的 44.49%，采砂活动集中在木关沱、良沱、唐家沱和南岸二塘至黄桷渡等河段，这些河段采砂量占重庆市河道采砂总量的 73.99%。

(3) 2012 年重庆市河道许可采砂量占许可总量的 36.73%，采砂活动集中在木关沱、良沱、唐家沱、郭家沱、蜘蛛碛、野骡子、南岸二塘至黄桷渡、南岸港船厂至黄蜡滩等河段，这些河段采砂量占重庆市河道采砂总量的 70.93%。

(4) 2013 年重庆市河道许可采砂量占许可总量的 50.99%，采砂活动集中在木关沱、郭家沱、蜘蛛碛、野骡子、巴南道角至黄家碛坝河段、南岸二塘至黄桷渡等河段，这些河段采砂量占重庆市河道采砂总量的 87.67%。

(5) 2014 年重庆各区县河道许可采砂量前四位是江津区、涪陵区、渝北区和市河道，分别占许可总量的 18.20%、16.61%、15.06% 和 12.00%，采砂活动集中在渝北下洛碛、渝北上洛碛、涪陵鼓泡滩至大土角、市河道木关沱、江津糖房嘴等河道，较 2011—2013 年采砂范围分散，采砂量也较均衡。

4.4.4　利用经济数据估算人工采砂量

根据 2003—2013 年重庆市统计年鉴，得到三峡水库运行以来 11 年的建筑业总产值和房屋建筑施工面积情况。根据统计数据，2013 年建筑业总产值较 2003 年增长了 707%；2013 年房屋建筑施工面积较 2003 年增长了 205%。建筑业的迅猛发展是以大量砂石资源作为支撑的，可见 2003—2013 年一直保持着旺盛的砂石资源市场需求。

房屋建筑施工面积与水泥生产量直接相关，根据三峡水库蓄水运用后 2003—2012 年重庆市统计年鉴的年水泥生产总量来估算各年总需砂量：以 2011 年为例，该年水泥生产总量为 4935 万 t，以水泥和砂浆比例 1∶2.5 计算，2011 年需砂量为 12238 万 t；这样可以估算出 2003—2012 年总用砂量为 8.26 亿 t。

目前重庆市砂石来源除本市河道采砂砂源外，还有进口砂源和本市机制砂源。考虑到重庆得天独厚的长江水运优势和运输成本等因素，进口砂源多选择水路运输。水运货物中进口砂运量接近总运量的20%，成为重庆水路运输第一货类。2011年重庆港口货物年吞吐总量为11605万t，2011年进口砂料约为2321万t，这样可以估算出2003—2012年进口砂量约为1.50亿t。

根据调查，随着重庆地区基础设施及房屋建筑的兴建，河道天然砂已经不能满足需求。因此，近几年来，重庆开始重视机制砂石相关勘探、研究、生产、应用等工作。重庆市主城区内建设所用的机制砂石主要来源于主城及周边地区供应，就近开采生产，就近供应。2002年重庆市机制砂产量仅100万t，经过十几年制砂技术的发展，其产量也逐年扩大。根据重庆市国土局编制的《重庆市主城及周边地区碎石资源规划（2011—2015年）》（以下简称《规划》）中的数据，适宜开采区碎石生产基地碎石年产量3908万t，估计2015年碎石年生产总规模达到7980万t左右；限制开采区碎石生产基地碎石年产量961万t，到2015年碎石年生产总规模基本维持现状，约1080万t左右；禁止新建区碎石年产量3299万t，2015年保留矿山碎石年生产总规模减少至940万t左右。按照线性插值得到各年机制砂产量，2003—2012年机制砂产量为4.99亿t。

根据上述统计，按"河道实际采砂量＝市场需砂量－进口砂量－机制砂产量"，可估算出2003—2012年重庆市实际河道采砂量约1.77亿t，见表4.4-3。

表4.4-3　　　　　　　　　　重庆市2003—2012年采砂量估算表　　　　　　　单位：万t

年份	市场需砂量	进口砂量	机制砂产量	河道实际采砂量	许可砂量
2003	4818	649	996	3172	
2004	4766	908	1893	1965	
2005	5252	1050	2789	1412	
2006	6335	1084	3686	1565	
2007	7050	1287	4582	1181	
2008	7838	1579	5479	781	
2009	9027	1722	6375	930	625.8
2010	11495	1934	7272	2290	1048.1
2011	12338	2321	8168	1849	1728.6
2012	13711	2500	8626	2585	1086.3
总量	82629	15034	49866	17730	

4.4.5　已有的调查资料及综合分析

长江上游干流宜宾—宜昌段河道采砂已具有较长的历史。自20世纪80年代以来，随着长江上游干流地区经济社会的快速发展和沿江城市建设的发展，砂石需求量不断增大，河道采砂规模和范围也逐渐扩大。长期以来，采砂对长江河势稳定、防洪安全、通航安全、水生态、环境保护和沿江涉水工程及设施运用的影响等问题一直备受关注。长江砂管局、长江水文局等均曾对长江上游采砂量做过调查研究。

据长江水利委员会水文局长江上游水文水资源勘测局（以下简称上游局）2011年调查统计[48]，2011年度重庆主城区河段采砂总量约为147.74万t，其中，长江铜锣峡—大渡口河段采砂量约为118.65万t，嘉陵江朝天门—井口河段采砂量约为29.09万t。报告中同时提到，据长江委荆江局1993年调查，1993年长江长寿—程家溪河段、嘉陵江朝天门—盐井河段共采砂1000万t；据长江委上游局2002年调查，2002年长江铜锣峡—沙溪口，嘉陵江朝天门—渠河嘴河段共采砂874万t。将以上几个调查结果进行列表对比，详见表4.4-4。

表4.4-4　　　　　　　　　　重庆河段采砂量不同调查结果对比

来　源	时　间	河　　段	数量/万t
长江委荆江局	1993年	长江长寿—程家溪河段、嘉陵江朝天门—盐井	1000
长江委上游局	2002年	长江铜锣峡—沙溪口、嘉陵江朝天门—渠河嘴	874
长江委上游局	2011年	重庆主城区	119
审批量	2011年	重庆长江河段	1729
经济数据计算量	2011年	重庆市	1849
《规划》批复量	2015—2019年	重庆市长江河段	1506

由表4.4-4可知，除上游局2011年调查资料较小外，其余几个数值基本处于同一个量级。考虑到上游局仅调查重庆主城区河段，数量较小也有一定可能性。综合考虑历年审批及实地调查结果，本研究认为重庆长江河段年采砂量大于1000万t。

4.5　三峡入库水沙系列预测

基于典型水沙系列的选取原则，并结合长江流域已有水沙代表系列，选定1991—2000年典型系列为主系列，同时采用河道非恒定水沙模型，对金沙江下游梯级水库进行拦沙计算分析，评估其对三峡入库水沙的影响。根据三峡入库朱沱、北碚、武隆站的不同水沙条件，初步拟定了六个三峡入库水沙系列方案，分别进行三峡入库水沙条件的分析预测，推荐合适的三峡入库水沙系列。

4.5.1　典型水沙系列分析

典型水沙系列是预测水库运用引起泥沙冲淤变化的主要依据，通常遵循以下原则选取：选取实测水沙系列，考虑水沙变化趋势，考虑水沙组合类型，考虑水沙产输的下垫面条件，径流量和输沙量的确定应留有余地。

在以往的三峡水库及其上游梯级水库泥沙问题研究中，有关单位在不同时期针对不同工程曾采用过3个水沙代表系列，分别为1961—1970年系列、1964—1973年系列和1991—2000年系列。其中，1961—1970年系列是三峡工程论证期间开始采用的代表系列，该系列三峡水库年平均入库（寸滩＋武隆）水量为4202亿m³，输沙量为5.10亿t，分别较多年（1953—1984年）平均值大5.0%和2.4%；1964—1973年系列是中南勘测设计研究院等单位在进行向家坝、溪洛渡水库泥沙问题研究时采用的代表系列，该系列金沙江屏山站年平均径流量为 1450 亿 m³，输沙量为 2.47 亿 t，分别较多年平均值大 0.7％和 1.6％；1991—2000 年系列是三峡水库蓄水运用后泥沙问题研究中采用的代表系列，该系列三峡水库年平均入库（朱沱＋北碚＋武隆）水量为 3759 亿 m³，输沙量为 3.68 亿 t，分别较多年（1955—2010 年）平均值小 3.6％和 12.0％。

　　2001—2010 年是 21 世纪第一个 10 年，受气象及水电工程的影响，金沙江及三峡水库来沙大幅减少，其中，屏山站年平均径流量为 1460 亿 m³，输沙量为 1.64 亿 t，分别较多年平均值偏大 1.4％和减小 31.1％；朱沱站年平均径流量 2570 亿 m³，输沙量为 1.90 亿 t，分别较多年平均值减小 6.9％和 34.3％；三峡入库年平均径流量为 2670 亿 m³，输沙量为 2.24 亿 t，分别较多年平均值减小 6.6％和 46.3％。

　　2000 年以前，除了雅砻江二滩水利枢纽工程外，长江干流及主要支流上尚未修建大型水利工程，水沙变化及过程受人为影响较小。2001—2010 年，正值长江流域水电开发鼎盛时期，上游干、支流水利工程是近期影响三峡入库水沙变化的主要因素。因此，本研究预测未来三峡入库水沙变化时，遵循上述水沙代表系列的选取原则，以 1991—2000 年典型系列为主，并充分考虑三峡水库上游水利工程对未来三峡入库水沙的影响，另取 2001—2010 年水沙过程作为参考系列。

4.5.2　金沙江下游梯级水库拦沙量与过程

4.5.2.1　乌东德水库淤积计算

　　攀枝花至乌东德电站河道长 214km，有雅砻江、龙川江、勐果河、普隆河、鲹鱼河等支流汇入。研究中采用 40 个实测断面资料描述金沙江干流河道形态，支流因缺乏实测地形资料，未对河道进行计算，其来水来沙量在模型中以点源的形式进行考虑；计算时考虑了金沙江上游干流金安桥枢纽、观音岩枢纽及雅砻江二滩水电站的拦沙影响。

　　乌东德水库入库水沙主要由金沙江上游来水来沙及区间水沙汇入组成，金沙江攀枝花站多年平均年径流量为 593 亿 m³，年输沙量为 5190 万 t。

　　乌东德水库淤积变化计算结果表明，乌东德水库是累积性淤积的，对于 1991—2000 年水沙系列，水库运行 60 年后淤积速率明显减缓。考虑絮凝作用，水库运行 10 年、50 年和 100 年累计淤积量分别为 6.14 亿 m³、28.45 亿 m³ 和 40.82 亿 m³；不考虑絮凝作用，水库运行 10 年、50 年和 100 年累计淤积量分别为 5.73 亿 m³、27.04 亿 m³ 和 40.58 亿 m³。考虑絮凝作用时，初期淤积较多，80 年后水库淤积接近平衡；不考虑絮凝作用时，前期淤积较少，至 100 年时与考虑絮凝作用方案基本一致。1991—2000 年系列水沙条件下，乌东德水库运用前 60 年，不考虑絮凝作用，排沙多于考虑絮凝作用的方案；60 年后情况正好相反。从累计效果看，考虑絮凝作用方案，100 年累计排沙量为 66.94 亿 t，与不考虑絮凝作用方案基本一致。

　　2001—2010 年系列，100 年内水库淤积速率未见明显减缓趋势，水库运行 10 年、50 年和 100 年时累计淤积量分别为 3.57 亿 m³、18.20 亿 m³ 和 34.11 亿 m³。乌东德水库运用过程中，排沙随时间逐渐增多，100 年累计排沙量为 29.66 亿 t，排沙量明显少于 1991—2000 年系列。

4.5.2.2　白鹤滩水库淤积计算

　　白鹤滩水电站上游距乌东德坝址 182km，下游距溪洛渡水电站 195km，坝址处控制流域面积为 43.03 万 km²。乌东德—白鹤滩水电站区间有 4 条主要支流汇入，分别为黑水河、普渡河、小江和以礼河。研究中，金沙江干流库区采用 102 个计算断面，支流黑水河、普渡河、小江和以礼河水沙量以点源的形式沿程汇入。白鹤滩水库区间支流入库泥沙级配采用华弹站 1998—2004 年实测平均值，金沙江来沙级配采用计算乌东德水库出库泥沙级配值。

对于 1991—2000 年典型系列，华弹站多年平均年径流量为 1338 亿 m³，年输沙量为 2.2334 亿 t。对于 2001—2010 年系列，华弹站多年平均年径流量为 1315 亿 m³，年输沙量为 1.315 亿 t。各系列白鹤滩水库支流普渡河、小江、以礼河和黑水河来水、来沙量均取多年平均值。

对于 1991—2000 年系列，考虑絮凝作用，水库淤积明显多于不考虑絮凝作用方案，两者水库运用 100 年累计淤积量分别为 64.80 亿 m³ 和 47.83 亿 m³。对于 2001—2010 年系列，尽管其来沙较少，但因考虑絮凝影响，泥沙沉降率高，所以前 50 年水库淤积与 1991—2000 年系列不考虑絮凝作用方案淤积接近，后期因 2001—2010 年系列来沙增加值少于 1991—2000 年系列，水库淤积差别逐渐加大，至水库运用 100 年，2001—2010 年水沙系列白鹤滩水库累计淤积量为 38.12 亿 m³，较 1991—2000 年系列不考虑絮凝作用方案少淤积 9.7 亿 m³。

对于 1991—2000 年系列，考虑絮凝作用，水库年平均排沙量由水库运用 1～10 年时的年均 785 万 t，逐渐增加到水库运用 91～100 年时的年均 1960 万 t，水库运用 100 年内平均年排沙量为 1260 万 t；不考虑絮凝作用，水库运用 1～10 年水库年平均排沙量为 2341 万 t，水库运用 91～100 年平均年排沙量为 4034 万 t，水库运用 100 年内平均年排沙量为 3091 万 t。对于 2001—2010 年系列，水库运用 1～10 年水库年平均排沙量为 480 万 t，水库运用 91～100 年平均年排沙量为 974 万 t，水库运用 100 年内平均年排沙量为 709 万 t。

4.5.2.3　溪洛渡水库淤积计算

溪洛渡坝址上距白鹤滩水电站 195.6km，区间有西溪河、牛栏江、美姑河等支流。研究采用 106 个点测河道横断面描述金沙江干流河段的河道形态，区间支流没有计算断面，以点源的形式沿程汇入金沙江干流。

根据白鹤滩坝址、屏山水文站及各支流水沙量资料推算，溪洛渡水库区间多年平均年来水量为 34 亿 m³，来沙量为 4044 万 t。计算时假定溪洛渡水库比乌东德、白鹤滩水库提前 10 年建成运用。

对于 1991—2000 年水沙系列，屏山站年平均径流量为 1482 亿 m³，年输沙量为 2.945 亿 t；对于 2001—2010 年水沙系列，屏山站年平均径流量为 1465 亿 m³，年输沙量为 1.641 亿 t。

模型计算结果表明，对于 1991—2000 年系列，考虑与不考虑絮凝作用，溪洛渡水库运用 100 年累计淤积量分别为 44.34 亿 m³ 和 42.10 亿 m³。对于 2001—2010 年系列，由于流域沙量较少，溪洛渡水库淤积明显少于 1991—2000 年系列计算值，水库运用 100 年累计淤积量为 24.81 亿 m³，约为 1991—2000 年系列（同为考虑絮凝作用方案）的 56.0% 左右。

对于 1991—2000 年系列，溪洛渡水库运用前 10 年，因上游乌东德、白鹤滩水库未拦沙，进入溪洛渡水库的沙量多，出库沙量相对也较大，考虑与不考虑絮凝作用，年平均水库排沙量分别为 4375 万 t 和 4984 万 t；运用 11～20 年，因上游乌东德、白鹤滩梯级水库运用，期间溪洛渡水库排沙量最少，考虑与不考虑絮凝作用，年平均水库排沙量分别为 2380 万 t 和 4293 万 t。此后溪洛渡出库沙量逐渐增加，至运用 91～100 年，两方案水库年平均排沙量分别为 4383 万 t 和 6282 万 t。水库运用 100 年，两方案平均年排沙量分别为 3281 万 t 和 5127 万 t。

对于 2001—2010 年系列，溪洛渡水库排沙变化趋势与 1991—2000 年系列一样，只是此系列流域沙量较少，溪洛渡水库排沙亦少。如，运用 1～10 年水库年平均排沙量 3155 万 t，运用 11～20 年水库年平均排沙量为 1346 万 t，运用 91～100 年水库年平均排沙量为 1805 万 t，水库运用 100 年内年平均排沙量为 1695 万 t。

4.5.2.4 向家坝水库淤积计算

向家坝水电站上距溪洛渡坝址 156.6km，区间有西宁河、中都河、大汶溪等 3 条支流汇入。本研究中向家坝水库金沙江干流河段，河道地形采用 65 个实测河道横断面描述，参照上、下游相关站的水沙资料分析，推算西宁河、中都河和大汶溪的多年平均年径流量为 33.74 亿 m³，年输沙量为 694 万 t，分别占屏山站的 2.3% 和 2.7%，所占比例较小。

对于 1991—2000 年系列，屏山站年平均径流量为 1482 亿 m³，年输沙量为 2.945 亿 t；对于 2001—2010 年系列，屏山站年平均径流量为 1465 亿 m³，输沙量为 1.641 亿 t，与 1991—2000 年系列相比，径流量接近，而输沙量仅为其 55.7%。

模型计算结果表明，由于上游梯级水库拦沙影响，向家坝水库淤积较少，且淤积增加缓慢。对于 1991—2000 年系列，考虑与不考虑絮凝作用，水库运用前 10 年水库淤积量分别为 1.801 亿 m³ 和 1.376 亿 m³，运用 50 年水库淤积量分别为 2.646 亿 m³ 和 1.597 亿 m³，运用 60 年后水库淤积量增加加快，运用 100 年两方案淤积量分别为 5.136 亿 m³ 和 3.317 亿 m³。

对于 2001—2010 年系列，水库运用前 10 年水库淤积量为 0.595 亿 m³，运用 100 年水库淤积量为 1.203 亿 m³，也就是说从第二个 10 年开始，上游乌东德、白鹤滩水库运用后 90 年向家坝水库淤积量为 6080 万 m³，年平均淤积量为 68 万 m³。

向家坝水库运用 11～20 年以后年排沙量是增加的，对于 1991—2000 年系列，考虑与不考虑絮凝作用，向家坝水库年平均排沙量分别为 983 万 t 和 2865 万 t，运用 91～100 年水库年平均排沙量分别为 2599 万 t 和 4638 万 t。对于 2001—2010 年系列，运用 11～20 年水库年平均排沙量为 637 万 t，运用 91～100 年水库年平均排沙量为 1254 万 t。

4.5.3 向家坝下游河段泥沙补给量

金沙江干支流梯级水库建设，对三峡入库水沙影响不仅反映为梯级水库的拦沙效果，还表现为水库坝下游河道的冲刷。为此，本研究应用数学模型模拟了向家坝下游至朱沱河道冲淤，模型计算范围为向家坝坝址至朱沱，共划分 80 个断面。区间考虑了横江、岷江、沱江和赤水河等四条主要支流的入汇。模型入口边界条件为向家坝水库出库流量、含沙量和级配，下游出口边界为朱沱水位，横江、岷江、沱江、赤水河和嘉陵江以点源的形式汇入长江。

对于 1991—2000 年水沙系列，支流横江、岷江、沱江和赤水河年平均径流量分别为 78 亿 m³、824 亿 m³、109 亿 m³ 和 82 亿 m³，年平均输沙量分别为 1511 万 t、3560 万 t、330 万 t 和 745 万 t（表 4.5-1）；对于 2001—2010 年水沙系列，上述支流年平均径流量分别为 72 亿 m³、781 亿 m³、90 亿 m³ 和 68 亿 m³，年平均输沙量分别为 620 万 t、3000 万 t、197 万 t 和 276 万 t（表 4.5-1）。

表 4.5-1　　　　三峡水库上游长江主要支流各水文站年水、沙量统计表

系　　列	项　　目	横江（横江站）	岷江（高场站）	沱江（李家湾站）	赤水河（赤水站）
1991—2000 年	径流量/亿 m³	78	824	109	82
	输沙量/万 t	1511	3560	330	745
2001—2010 年	径流量/亿 m³	72	781	96	68
	输沙量/万 t	620	3000	197	276

注　2001—2010 年系列中沱江和赤水河为 2001—2007 年多年平均值。

模拟计算向家坝下游河道冲淤演变时，对于 1991—2000 年系列，横江、岷江、沱江及赤水河径流量取系列实测值，输沙量考虑支流梯级水库建设等影响，如 4.1 节所述，分别为 1151 万 t、2365 万 t、330 万 t 和 552 万 t；对于 2001—2010 年系列，横江、岷江、沱江及赤水河径流量取系列实测值，输沙量考虑支流梯级水库建设等影响，分别为 620 万 t、2365 万 t、197 万 t 和 276 万 t。

对于 1991—2000 年系列，金沙江下游梯级水库考虑与不考虑絮凝作用条件下，模型计算向家坝下游河道冲淤量见表 4.5-2 和表 4.5-3；对于 2001—2010 年系列，金沙江下游梯级水库考虑絮凝作用，向家坝下游河道冲淤量见表 4.5-4。

表 4.5-2　　　1991—2000 系列向家坝下游河道冲淤量计算（水库不考虑絮凝）

运行时间/a	10	20	30	40	50	60	70	80	90	100
悬移质/万 m³	−1097	−1308	−1485	−1658	−1771	−1815	−1852	−1882	−1898	−1902
推移质/万 m³	−877	−1168	−1356	−1443	−1458	−1468	−1474	−1480	−1491	−1500
全沙/万 m³	−1974	−2476	−2842	−3101	−3229	−3282	−3326	−3362	−3388	−3402

表 4.5-3　　　1991—2000 系列向家坝下游河道冲淤量计算（水库考虑絮凝）

运行时间/a	10	20	30	40	50	60	70	80	90	100
悬移质/万 m³	−1169	−1465	−1688	−1884	−2012	−2079	−2132	−2170	−2192	−2203
推移质/万 m³	−918	−1177	−1437	−1579	−1611	−1626	−1631	−1639	−1658	−1667
全沙/万 m³	−2087	−2642	−3126	−3462	−3623	−3706	−3763	−3809	−3849	−3870

表 4.5-4　　　2001—2010 系列向家坝下游河道冲淤量计算（水库考虑絮凝）

运行时间/a	10	20	30	40	50	60	70	80	90	100
悬移质/万 m³	−885	−1068	−1229	−1371	−1498	−1596	−1670	−1728	−1760	−1780
推移质/万 m³	−716	−974	−1216	−1308	−1331	−1359	−1381	−1392	−1401	−1411
全沙/万 m³	−1600	−2041	−2445	−2679	−2828	−2955	−3051	−3120	−3161	−3191

向家坝水库出库水沙条件的不同，导致了下游河道冲淤的差别。对于1991—2000年系列，上游梯级水库考虑絮凝影响，出库沙量少，下游河道冲刷略多。水库运用100年，考虑与不考虑絮凝作用，下游河道悬移质冲刷量分别为2203万m³和1902万m³，全沙（悬移质和推移质之和）冲刷量分别为3870万m³和3402万m³。对于2001—2010年系列，虽然向家坝水库出库沙量较少，但其流量也小于1991—2000年系列，下游河道冲刷量较少，至运用100年，悬移质和全沙冲刷量分别为1780万m³和3191万m³。

4.5.4 三峡入库水沙系列预测与推荐

本研究中，三峡入库水沙量是指长江朱沱站、嘉陵江北碚站及乌江武隆站之和。嘉陵江北碚站和乌江武隆站数学模型计算来水来沙量见表4.5-5。数学模型计算长江朱沱站水沙量见表4.5-6。

表4.5-5　　　　　　　模型计算三峡库区主要支流年平均水沙量

运行时间/a	1991—2000年系列						2001—2010年系列			
	嘉 陵 江			乌 江			嘉 陵 江		乌 江	
	年径流量/亿 m³	年输沙量/亿 t		年径流量/亿 m³	年输沙量/亿 t		年径流量/亿 m³	年输沙量/亿 t	年径流量/亿 m³	年输沙量/亿 t
		不考虑工程拦沙	考虑工程拦沙		不考虑工程拦沙	考虑工程拦沙				
1～10	552	0.411	0.191	538	0.221	0.058	595	0.263	445	0.081
11～20	552	0.411	0.211	538	0.221	0.062	595	0.263	445	0.081
21～30	552	0.411	0.232	538	0.221	0.066	595	0.263	445	0.081
31～40	552	0.411	0.254	538	0.221	0.071	595	0.263	445	0.081
41～50	552	0.411	0.279	538	0.221	0.076	595	0.263	445	0.081
51～60	552	0.411	0.311	538	0.221	0.081	595	0.263	445	0.081
61～70	552	0.411	0.341	538	0.221	0.087	595	0.263	445	0.081
71～80	552	0.411	0.371	538	0.221	0.093	595	0.263	445	0.081
81～90	552	0.411	0.390	538	0.221	0.099	595	0.263	445	0.081
91～100	552	0.411	0.411	538	0.221	0.105	595	0.263	445	0.081
100年平均	552	0.411	0.299	538	0.221	0.080	595	0.263	445	0.081

表4.5-6　　　　　　　模型计算长江朱沱站年平均水沙量

运行时间/a	1991—2000年系列				2001—2010年系列		
	年径流量/亿 m³	年输沙量/亿 t			年径流量/亿 m³	年输沙量/亿 t	
		不考虑工程拦沙	考虑工程拦沙			不考虑工程拦沙	考虑工程拦沙
			考虑絮凝	不考虑絮凝			
1～10	2699	3.05	0.817	0.935	2570	1.897	0.713
11～20	2699	3.05	0.607	0.784	2570	1.897	0.557
21～30	2699	3.05	0.620	0.798	2570	1.897	0.558
31～40	2699	3.05	0.633	0.818	2570	1.897	0.565

运行时间 /a	1991—2000 年系列				2001—2010 年系列		
	年径流量 /亿 m³	年输沙量/亿 t			年径流量 /亿 m³	年输沙量/亿 t	
		不考虑工程拦沙	考虑工程拦沙			不考虑工程拦沙	考虑工程拦沙
			考虑絮凝	不考虑絮凝			
41～50	2699	3.05	0.645	0.833	2570	1.897	0.569
51～60	2699	3.05	0.657	0.850	2570	1.897	0.573
61～70	2699	3.05	0.670	0.865	2570	1.897	0.581
71～80	2699	3.05	0.688	0.883	2570	1.897	0.587
81～90	2699	3.05	0.708	0.905	2570	1.897	0.592
91～100	2699	3.05	0.731	0.934	2570	1.897	0.598
100 年平均	2699	3.05	0.678	0.860	2570	1.897	0.589

对于 1991—2000 年水沙系列，嘉陵江北碚站平均年径流量和年输沙量分别为 552 亿 m³ 和 4110 万 t；若考虑亭子口及草街的拦沙作用，北碚站运行 100 年平均年输沙量为 2990 万 t。对于 2001—2010 年系列，北碚站平均年径流量和年输沙量分别为 595 亿 m³ 和 2630 万 t。

对于 1991—2000 年水沙系列，乌江武隆站平均年径流量和年输沙量分别为 538 亿 m³ 和 2210 万 t；若考虑大彭水及构皮滩等梯级的拦沙作用，武隆站运行 100 年平均年输沙量为 800 万 t。对于 2001—2010 年系列，武隆站平均年径流量和年输沙量分别为 445 亿 m³ 和 810 万 t。

对于 1991—2000 年系列，长江朱沱站多年平均年径流量和年输沙量分别为 2699 亿 m³ 和 3.05 亿 t；上游梯级水库考虑与不考虑絮凝影响情况下，朱沱站未来 100 年平均沙量分别为 6780 万 t 和 8600 万 t。朱沱站级配变化如图 4.5-1 所示，未来 91～100 年，朱沱站泥沙仍明显细于 1991—2000 年实测值。对于 2001—2010 年系列，朱沱站年平均径流

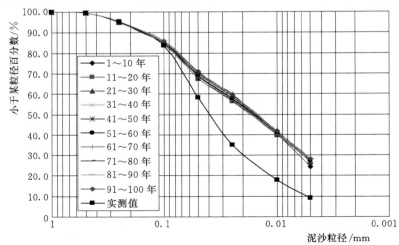

图 4.5-1 长江朱沱站悬移质级配变化图

量和年输沙量分别为 2570 亿 m³ 和 1.897 亿 t，考虑上游梯级水库影响，未来 100 年平均沙量为 5890 万 t。

依据上述三峡入库朱沱、北碚和武隆站不同的水沙条件，初步拟定三峡入库不同水沙系列方案计算结果见表 4.5 - 7 和图 4.5 - 2。

表 4.5 - 7 三峡水库不同方案年平均入库沙量

运行时间 /a	年入库沙量/亿 t					
	方案一	方案二	方案三	方案四	方案五	方案六
1~10	1.567	1.184	1.449	1.066	1.286	1.057
11~20	1.416	1.057	1.239	0.880	1.080	0.901
21~30	1.430	1.096	1.252	0.918	1.097	0.902
31~40	1.450	1.143	1.265	0.958	1.115	0.909
41~50	1.465	1.188	1.277	1.00	1.132	0.913
51~60	1.482	1.242	1.289	1.049	1.149	0.917
61~70	1.497	1.293	1.302	1.098	1.168	0.925
71~80	1.515	1.347	1.32	1.152	1.192	0.931
81~90	1.537	1.394	1.34	1.197	1.218	0.936
91~100	1.566	1.450	1.363	1.247	1.247	0.942
100 年平均	1.492	1.239	1.31	1.057	1.169	0.933

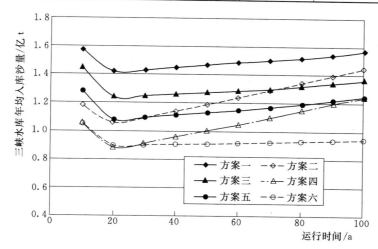

图 4.5 - 2 不同方案三峡水库入库沙量变化过程

各方案具体说明如下：

方案一：1991—2000 年水沙系列，上游梯级水库不考虑絮凝作用，嘉陵江和乌江不考虑工程拦沙。未来 10 年三峡水库年平均入库沙量为 1.567 亿 t，未来 41~50 年年平均入库沙量为 1.465 亿 t，未来 91~100 年年平均入库沙量为 1.566 亿 t，未来 100 年平均年入库沙量为 1.492 亿 t。

方案二：1991—2000 年水沙系列，上游梯级水库不考虑絮凝作用，嘉陵江和乌江考虑工程拦沙。未来 10 年三峡水库年平均入库沙量为 1.184 亿 t，未来 41～50 年年平均入库沙量为 1.188 亿 t，未来 91～100 年年平均入库沙量为 1.450 亿 t；未来 100 年平均年入库沙量为 1.239 亿 t。

方案三：1991—2000 年水沙系列，上游梯级水库考虑絮凝作用，嘉陵江和乌江不考虑工程拦沙。未来 10 年三峡水库年平均入库沙量为 1.449 亿 t；未来 41～50 年年平均入库沙量为 1.277 亿 t；未来 91～100 年年平均入库沙量为 1.363 亿 t；未来 100 年平均年入库沙量为 1.310 亿 t。

方案四：1991—2000 年水沙系列，上游梯级水库考虑絮凝作用，嘉陵江和乌江考虑工程拦沙。未来 10 年三峡水库年平均入库沙量为 1.066 亿 t；未来 41～50 年年平均入库沙量为 1.000 亿 t；未来 91～100 年年平均入库沙量为 1.247 亿 t；未来 100 年平均年入库沙量为 1.057 亿 t。

方案五：1991—2000 年水沙系列，上游梯级水库考虑絮凝作用，嘉陵江不考虑工程拦沙，乌江考虑工程拦沙。未来 10 年三峡水库年平均入库沙量为 1.286 亿 t；未来 41～50 年年平均入库沙量为 1.132 亿 t；未来 91～100 年年平均入库沙量为 1.247 亿 t；未来 100 年平均年入库沙量为 1.169 亿 t。

方案六：2001—2010 年水沙系列，上游梯级水库考虑絮凝作用，嘉陵江和乌江不考虑工程拦沙。未来 10 年三峡水库年平均入库沙量为 1.057 亿 t；未来 41～50 年年平均入库沙量为 0.913 亿 t；未来 91～100 年年平均入库沙量为 0.942 亿 t；未来 100 年平均年入库沙量为 0.933 亿 t。

三峡水库上游主要支流上的水利及航电工程的开发仍在进行，梯级水库的拦沙效果在一定时期内是可以维持的。在预测三峡上游梯级水库的拦沙量时遵循留有余地的原则，综合分析后推荐新的三峡入库水沙量系列采用方案四结果。新水沙系列前 10 年平均年入库沙量为 1.066 亿 t，其中 1994 年来沙量最小，为 0.552 亿 t，1998 年来沙量最大，为 2.033 亿 t，如图 4.5-3 所示；新水沙系列前 50 年年平均入库沙量为 1.000 亿 t，100 年平均年入库沙量为 1.057 亿 t。

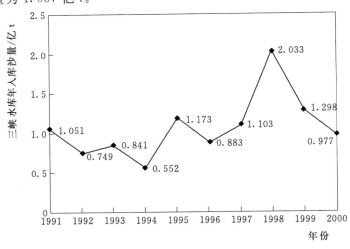

图 4.5-3　溪洛渡和向家坝水库运用后 10 年代表性水沙系列

4.6 小结

本章采用原型观测、数值计算、模型试验与综合分析等多种研究手段，分析了长江上游干支流上已建和在建大型水库在不同时期的拦沙效果，研究了推移质输沙规律，分析了人工采砂对三峡入库泥沙的影响，预测了三峡入库水沙变化及发展趋势，得到了如下主要认识：

（1）三峡水库上游水沙变化现状。

金沙江近年来径流无明显变化而输沙量则明显偏小，屏山站 2001—2010 年平均年来沙量与多年平均值相比偏少 31.2%；岷江 1990 年以来水量大幅度减少；嘉陵江自 20 世纪 90 年代以来水量略有减少，而来沙量大幅减少，2001—2010 年年平均水沙量分别相当于 60 年代年均值的 78.9% 和 14.7%；乌江径流量无明显趋势性变化，但输沙量 1980 年以后明显减少，2001—2010 年与 20 世纪 70 年代相比年平均沙量减少 80%。

（2）典型流域产流产沙变化特点。

应用流域分布式水沙模型 BPCC，对岷江镇江关以上流域的水沙变化分析表明，降雨、气温和覆被变化的综合作用使得径流深减小 11.5%，三种因素单独作用的"贡献率"分别为 39.3%、45.4% 和 15.9%，人为因素占到近 1/6。对于输沙量的变化，降雨、温度和下垫面三种因素单独改变的"贡献率"分别为 44.9%、44.2% 和 25.6%，人为因素占到总体变化的近 1/3。

（3）长江上游梯级水库群拦沙效益。

建立梯级水库群拦沙概化模型，对长江上游已建、在建和拟建水库群（66 座水库）在 2015—2050 年的拦沙效益进行估算，结果表明：2015—2050 年间上游梯级水库群拦沙量以及三峡水库的入库沙量基本保持稳定，2015 年、2025 年和 2050 年，上游梯级水库群的年拦沙量分别为 3.66 亿 t、3.76 亿 t 和 3.74 亿 t，相应的三峡年入库沙量分别为 5790 万 t、4820 万 t 和 4970 万 t，都仅为三峡工程论证期的 10% 左右，为 1991—2005 年的 17% 左右。

（4）人工采砂对三峡入库泥沙的影响。

根据现场查勘、问卷调查、资料分析、经济比对等手段，得到了长江干流重庆河段的年实际采砂量，自三峡水库建成运行以来，重庆市的人工采砂量为每年不低于 1000 万 t。据初步估算，人工采砂造成的三峡水库年入库推移质泥沙减少量约 6 万～10 万 t，造成入库悬移质年泥沙减少量在 100 万 t 左右，人工采砂同时造成入库推移质、悬移质泥沙粒径变粗。

（5）金沙江下游梯级水库拦沙计算。

采用 1991—2000 年水沙系列，通过数学模型计算乌东德、白鹤滩、溪洛渡和向家坝水库联合运行的各水库泥沙淤积量，水库运用 100 年累计淤积量分别为 40.82 亿 m^3、64.80 亿 m^3、44.34 亿 m^3 和 5.14 亿 m^3，向家坝水库年平均出库沙量为 1792 万 t。采用 2001—2010 年水沙系列，乌东德、白鹤滩、溪洛渡和向家坝水库联合运行 100 年各水库累计淤积量分别为 34.11 亿 m^3、38.12 亿 m^3、24.81 亿 m^3 和 1.20 亿 m^3，向家坝水库年平均出库沙量为 964 万 t。

（6）新的三峡入库水沙系列。

岷江、嘉陵江和乌江 1991—2000 年年平均输沙量分别为 3560 万 t、4110 万 t 和 2210 万 t，若考虑近期建成、在建及拟建水利工程的拦沙作用，年平均输沙量分别为 2365 万 t、2990 万 t 和 800 万 t；2001—2010 年年平均输沙量分别为 3000 万 t、2630 万 t、810 万 t。

根据三峡入库朱沱、北碚和武隆站水沙条件的不同，拟定了六个三峡入库水沙系列方案，计算三峡水库 100 年平均年入库沙量分别为 1.492 亿 t、1.239 亿 t、1.310 亿 t、1.057 亿 t、1.132 亿 t 和 0.933 亿 t。

三峡水库上游主要支流上的水利及航电工程的开发仍在进行，在预测三峡上游梯级水库的拦沙量时遵循了留有余地的原则，综合分析推荐新的三峡入库水沙量系列采用方案四结果，即采用 1991—2000 年水沙系列，金沙江下游干流梯级水库考虑絮凝作用，支流横江、沱江和赤水河不考虑工程拦沙，岷江、嘉陵江和乌江考虑工程拦沙方案。采用新水沙系列，前 10 年三峡平均年入库沙量为 1.066 亿 t，运用 41～50 年年平均入库沙量为 1.000 亿 t，100 年平均年入库沙量为 1.057 亿 t。

若考虑河道采砂、水土保持减沙效应等，未来 30 年内三峡入库沙量将稳定在低于每年 1 亿 t 的水平。

参 考 文 献

［1］ 刘毅，张平. 长江上游重点产沙区地表侵蚀及河流泥沙特性［J］. 水文，1991（3）：6-12.

［2］ 长江水利委员会长江科学院. 金沙江乌东德水电站预可行性研究水库泥沙淤积分析研究报告［R］，2006.

［3］ 石国钰. 岷、沱江流域水库群拦沙分析及计算［J］. 水文，1991（5）：20-26.

［4］ 张祥金. 龚嘴水库泥沙淤积发展浅析［J］. 四川水力发电，1998（1）：17-19.

［5］ 令狐克海. 铜街子水电站泥沙淤积探讨［J］. 四川水利，2000（3）：28-33.

［6］ 陶春华，杨忠伟，贺玉彬，等. 大渡河瀑布沟以下梯级水库水沙联合调度研究［J］. 水力发电，2013，38（10）：73-75.

［7］ 万建蓉，宫平. 嘉陵江亭子口水库泥沙淤积研究［J］. 人民长江，2006，7（11）：47-48.

［8］ 胡志斌，何兴元，江晓波，等. 岷江上游典型时期景观格局变化及驱动力初步分析［J］. 应用生态学报，2004，15（10）：1797-1803.

［9］ Meyer W B，Turner B L. Changes in Land Use and Land Cover：A Global Perspective. Cambridge：Cambridge University Press，1999：231-258.

［10］ 韩淑敏，谢平，朱勇. 土地利用/覆被变化的水文水资源效应研究评述［J］. 水科学研究，2007，1（1）：43-49.

［11］ Refsgaard J C. Terminology，Modelling Protocol and Classification of Hydrological Model Codes［M］. Distributed Hydrological Modelling. Springer Netherlands，1996：17-39.

［12］ 陈军锋，李秀彬，张明. 模型模拟梭磨河流域气候波动和土地覆被变化对流域水文的影响［J］. 地球科学，2004，34（7）：668-674.

［13］ 陈利群，刘昌明. 黄河源区气候和土地覆被变化对径流的影响［J］. 中国环境学，2007，27（4）：559-565.

［14］ 张超. 非点源污染模型研究及其在香溪河利用的应用［D］. 北京：清华大学，2008.

[15] 徐丽宏，时忠杰，王彦辉，等. 六盘山主要植被类型冠层截留特征 [J]. 应用生态学报，2010，21 (10)：2487 – 2493.

[16] 刘波，翟建青，高超，等. 基于实测资料对日蒸散发估算模型的比较 [J]. 地球科学进展，2010，25 (9)：974 – 979.

[17] Woolhiser D A，Ligget J A. Unsteady，one dimensional flow over a plane – the rising hydrograph [J]. Water Resource Research，1967，3 (3)：753 – 771.

[18] 王纲胜，夏军，牛存稳. 分布式水文模拟汇流方法及应用 [J]. 地理研究，2004，23 (2)：175 – 182.

[19] 王光谦，李铁健. 流域泥沙动力学模型 [M]. 北京：中国水利水电出版社，2008.

[20] 姚文艺，汤立群. 水力侵蚀产沙过程及模拟 [M]. 郑州：黄河水利出版社，2001.

[21] Smith R E，Goodrich D C，Quinton J N. Dynamic，distributed simulation of watershed erosion：the KINEROS2 and EUROSEM models [J]. Journal of Soil and Water Conservation，1995，50 (5)：517 – 520.

[22] 李义天，尚全民. 一维不恒定流泥沙数学模型研究 [J]. 泥沙研究，1998 (1)：81 – 87.

[23] 万荣荣，杨桂山. 流域土地利用/覆被变化的水文效应及洪水响应 [J]. 湖泊科学，2004，16 (3)：258 – 264.

[24] Calder I R，Maidment D R. Hydrologic effects of land – use change [M]. McGraw – Hill Inc，1992.

[25] 刘丹雅. 三峡及长江上游水库群水资源综合利用调度研究 [J]. 人民长江，2010，41 (15)：5 – 9.

[26] 陈家扬. 长江上游干、支流泥沙及水库对重庆港河段影响 [J]. 成都科技大学学报，1990 (1)：53 – 59.

[27] 石国钰，陈显维，叶敏. 长江上游已建水库群拦沙对三峡水库入库站沙量影响的探讨 [J]. 人民长江，1992 (5)：23 – 28.

[28] 张信宝，文安邦，Walling D E，等. 大型水库对长江上游主要干支流河流输沙量的影响 [J]. 泥沙研究，2011 (8)：59 – 66.

[29] 长江科学院. 向家坝及溪洛渡水库修建后三峡水库淤积一维数模计算报告 [G] //国务院三峡工程建设委员会办公室泥沙课题专家组，中国长江三峡工程开发总公司三峡工程泥沙专家组. 三峡工程泥沙问题研究 (1996—2000) (第五卷). 北京：知识产权出版社，2002：99 – 114.

[30] 中国水利水电科学研究院. 向家坝和溪洛渡水库对三峡水库泥沙淤积的影响 [G] //国务院三峡工程建设委员会办公室泥沙课题专家组，中国长江三峡工程开发总公司三峡工程泥沙专家组. 三峡工程泥沙问题研究 (1996—2000) (第五卷). 北京：知识产权出版社，2002：115 – 141.

[31] 胡艳芬，吴卫民，陈振红. 向家坝水电站泥沙淤积计算 [J]. 人民长江，2003，34 (4)：36 – 48.

[32] 黄仁勇，谈广鸣，范北林. 长江上游梯级水库联合调度泥沙数学模型研究 [J]. 水力发电学报，2012，31 (6)：143 – 148.

[33] 黄煜龄，黄悦，梁栖蓉. 长江上游干支流修建水库对三峡淤积影响初步分析 [J]. 人民长江，1992，23 (11)：37 – 41.

[34] 府仁寿，齐梅兰，方红卫，等. 长江上游工程对宜昌来水来沙变化的影响 [J]. 水力发电学报，2006，25 (6)：103 – 110.

[35] 冯秀富，杨青远，张欧阳，等. 二滩水库拦沙作用及其对金沙江流域水沙变化的影响 [J]. 四川大学学报 (工程科学版)，2008，40 (6)：37 – 42.

[36] 李海彬，张小峰，许全喜. 长江三峡上游大型水库群拦沙效应预测 [J]. 武汉大学学报 (工学版)，2011a，44 (5)：604 – 607.

[37] 李海彬，张小峰，胡春宏，等. 三峡入库沙量变化趋势及上游建库影响 [J]. 水力发电学报，2011b，30 (1)：94 – 100.

[38] 许炯心. 长江上游干支流近期水沙变化及其与水库修建的关系 [J]. 山地学报，2009，27（4）：385－393.

[39] 中国电力规划组. 中国电力规划 [M]. 北京：中国水利水电出版社，2005.

[40] 田雨. 长江上游复杂水库群联合调度技术研究 [D]. 天津：天津大学，2012.

[41] Brune G M. Trap efficiency of reservoirs [J]. Eos，Transactions American Geophysical Union，1953，34（3）：407－418.

[42] Vörösmarty C J，Meybeck M，Fekete B，et al. Anthropogenic sediment retention：major global impact from registered river impoundments [J]. Global and Planetary Change，2003，39（1－2）：169－190.

[43] 李丹勋，毛继新，杨胜发，等. 三峡水库上游来水来沙变化趋势研究 [M]. 北京：科学出版社，2010.

[44] 邴凤山，毛亚杰，黄景湖，等. 中国水力发电年鉴 [M]. 北京：中国电力出版社，2004.

[45] 陈松生，张欧阳，陈泽方，等. 金沙江流域不同区域水沙变化特征及原因分析 [J]. 水科学进展，2008，19（4）：475－482.

[46] 周建军. 关于三峡水库入库泥沙条件的讨论 [J]. 水力发电学报，2005，24（1）：16－24.

[47] 重庆：理顺管理体制强化采砂管理 [J]. 中国水利，2012（10）：31.

[48] 长江水利委员会水文局长江上游水文水资源勘测局. 2011 年度重庆主城区河段采砂调查报告 [R]，2011.

第5章　三峡水库及坝下游河道泥沙数学模型改进与冲淤预测

本章主要根据三峡水库与下游泥沙输沙规律等研究成果，对三峡水库及下游河道泥沙数学模型进行改进和完善。利用三峡水库蓄水运用以来的观测资料，特别是175m试验性蓄水以来的实测资料对数学模型进行验证，分析了影响数学模型精度的因素及其影响程度，明确了主要影响因素，以提高数学模型的模拟精度。运用改进完善后的泥沙数学模型，预测新的水沙条件和优化调度方式下三峡水库与下游河道冲淤变化、排沙比、冲淤分布等。

5.1　水库及下游河道泥沙数学模型简介

5.1.1　基本方程

三峡水库及下游河道水流泥沙数学模型是一维河网非恒定流模型，所用的水流及泥沙运动基本方程[1]分别为

水流连续方程：

$$\frac{\partial Q}{\partial X} + \frac{\partial A}{\partial t} = 0 \tag{5.1-1}$$

水流运动方程：

$$\frac{\partial Q}{\partial t} + \frac{\partial (Q^2/A)}{\partial X} + Ag\frac{\partial Z}{\partial X} = -g\frac{n^2Q^2}{AH^{4/3}} \tag{5.1-2}$$

悬移质泥沙运动方程：

$$\frac{\partial (AS_l)}{\partial t} + \frac{\partial (QS_l)}{\partial X} = \alpha_l B\omega_l(S_l^* - S_l) \tag{5.1-3}$$

其中

$$S_l^* = k\left(\frac{U^3}{H\omega_l}\right)^{0.9} Pb_l \tag{5.1-4}$$

式中：Q 为流量；U 为断面平均流速；A 为断面面积；B 为断面河宽；Z 为水位；S_l 为分组含沙量；S_l^* 为悬移质分组挟沙力；ω_l 为分组泥沙沉速；α_l 为恢复饱和系数；k 为挟沙能力系数；H 为断面平均水深；Pb_l 为床沙分组级配。

模型采用如下推移质输沙率（G_b）公式：

$$G_b = 0.95D^{0.5}(U - U_c)\left(\frac{U}{U_c}\right)^3\left(\frac{D}{H}\right)^{1/4} \tag{5.1-5}$$

$$U_c = 1.34\left(\frac{H}{D}\right)^{0.14}\left(\frac{\gamma_s - \gamma}{\gamma}gD\right)^{0.5} \tag{5.1-6}$$

式中：D 为床沙粒径；γ_s、γ 分别为床沙和水的容重；U_c 为临界起动流速。

悬移质及推移质不平衡输沙会引起河床冲淤变化和床沙级配的变化。根据沙量守恒关系，不平衡输沙引起的河床变形为

$$\rho_{\mathrm{s}} \frac{\partial Z_{\mathrm{b}}}{\partial t} = \sum_{k=1}^{l} \omega_l \alpha_l (S_l - S_l^*) + \frac{\partial G_{\mathrm{b}}}{\partial x} \qquad (5.1-7)$$

式中：ρ_{s} 为淤积物容重；Z_{b} 为河床高程。

5.1.2　关键问题的处理

5.1.2.1　节点连接方程

长江中下游河道与洞庭湖和鄱阳湖组成了复杂的河网。河网中的节点应该提供水力连接条件，对于交汇节点而言，应满足以下三个条件。

1. 流量守恒条件

对任意一个节点，与其相连接河段的流入流出流量之和为零，即

$$\sum_{i=1}^{l(m)} Q_i^{n+1} - Q_{\mathrm{cx}}^{n+1} = Q_m^{n+1} \qquad (5.1-8)$$

式中：$l(m)$ 为某节点连接的河段数目；Q_i^{n+1} 为 $n+1$ 时刻各河段进（或出）节点的流量，其中，流入该节点为正，流出该节点为负；Q_m^{n+1} 为 $n+1$ 时刻连接河段以外的流量（如源汇流等）；Q_{cx}^{n+1} 为 $n+1$ 时刻节点槽蓄流量，当节点可以概化为几何点时，Q_{cx}^{n+1} 为 0。

2. 动量守恒条件

（1）将节点概化为一个几何点，且假定各连接河段端点处水流平缓，不存在水位发生突变的情况，即与节点相连河段端点处断面的水位应相等，等于该节点的平均水位，即

$$Z_{i,1}^{n+1} = Z_{i,2}^{n+1} = \cdots = Z_{i,l(m)}^{n+1} = Z_i^{n+1} \qquad (5.1-9)$$

式中：$Z_{i,1}^{n+1}$ 为 $n+1$ 时刻与节点 i 相连的第 1 条河段近端点的水位；Z_i^{n+1} 为 $n+1$ 时刻节点 i 的水位。

（2）将节点概化为一个几何点，若各连接河段端点处断面面积相差较大，则按照伯努利（Bernouli）方程，略去汊点局部水头损失时，汊点周围各断面的能量水头应该相等，即

$$E_i = Z_i + \frac{Q_i^2}{2g A_i^2} = E_j = \cdots = E_{\mathrm{jd}} \qquad (5.1-10)$$

3. 节点输沙平衡条件

节点输沙平衡是指进出每一节点的输沙量必须与该节点的泥沙冲淤变化情况一致，也就是进出各节点的沙量相等，即

$$\sum Q_{i,\mathrm{in}} S_{i,\mathrm{in}} = \sum Q_{j,\mathrm{out}} S_{j,\mathrm{out}} + \rho_s A_0 \frac{\partial Z_0}{\partial t} \qquad (5.1-11)$$

式中：$Q_{i,\mathrm{in}}$、$S_{i,\mathrm{in}}$ 分别为流进节点的第 i 条河道的流量、悬移质含沙量；$Q_{j,\mathrm{out}}$、$S_{j,\mathrm{out}}$ 分别为流出节点的第 j 条河道的流量、悬移质含沙量；ρ_s 为淤积物容重；Z_0 为节点处的淤积或冲刷厚度；A_0 为节点处的面积。计算中可根据实际情况将节点当作可调蓄节点和几何点，若为后者，则 $A_0 = 0$，则有

$$\sum Q_{i,\mathrm{in}} S_{i,\mathrm{in}} = \sum Q_{j,\mathrm{out}} S_{j,\mathrm{out}} \qquad (5.1-12)$$

河网中有多少个节点，就可以列出多少个节点连接方程。

5.1.2.2　床沙分层

河床冲淤变形计算时，要对可冲床沙厚度进行分层，给定各层厚度和初始床沙级配。

当有冲淤发生时，相应调整底层厚度，冲刷时减小，淤积时增加。当冲刷使底层厚度不够时，分层数相应减少。冲刷过程中，床沙分层需要不断调整，级配也要相应调整。级配调整的办法是假定各层内级配是均匀的，冲刷时本层床沙级配与下一层划入本层的厚度内的床沙级配混合，顶层要同时考虑冲走的床沙级配；淤积时本层床沙级配与上一层划入本层厚度内的床沙级配混合，顶层与新淤积的床沙级配混合。

5.1.2.3　动床阻力计算

由于超出天然洪水位上湿周的糙率难以直接确定，且在水库淤积过程中，床沙级配会发生改变，也有可能出现沙波，引起沙波阻力等。确定水库淤积过程中的糙率变化是很困难的，考虑到沙波尺度和沙波糙率目前尚难可靠地预报，模型中采用床面沙粒阻力和边壁阻力叠加的方法确定水库淤积过程中的糙率变化，具体采用能坡分割法[2]如下：

$$n^2 \chi = n_b^2 \chi_b + n_w^2 \chi_w \tag{5.1-13}$$

式中：n 为综合糙率；n_b 为床面糙率；n_w 为边壁糙率；χ、χ_b、χ_w 分别为河床、河底和河岸湿周。

河道冲淤过程中床沙级配变化引起床面糙率变化为

$$n_b = n_{b0} \left(\frac{D}{D_0} \right)^{1/6} \tag{5.1-14}$$

式中：n_{b0} 为初始床面糙率；D_0 为初始床沙平均粒径；D 为冲淤变化后床沙平均粒径。

冲淤变化过程中边壁糙率不考虑变化。

5.2　水库泥沙数学模型改进

5.2.1　考虑库区支流和区间来水来沙

5.2.1.1　考虑库区支流

以前使用恒定流一维水流泥沙数学模型进行三峡水库长系列泥沙计算[3]时，三峡库区只考虑了干流河道和嘉陵江及乌江两条大支流，库区其他支流都未考虑。除嘉陵江和乌江外，库区还有一些较大支流，模型改进时考虑了 8 条支流，从上游至下游分别为：小江，流域面积为 5200km²，库容近 7 亿 m³；汤溪河，流域集水面积为 1707km²，库容约 1.5 亿 m³；磨刀溪，流域面积为 3170km²，库容约 2.0 亿 m³；梅溪河，流域面积近 2000km²，库容约 2.3 亿 m³；大宁河，流域面积为 4200km²，库容约 5.5 亿 m³；沿渡河，流域面积为 1047km²，库容约 2.4 亿 m³；清港河，流域面积为 780km²，库容约 1.3 亿 m³；香溪河，流域面积为 3099km²，库容约 4.1 亿 m³。

采用恒定流水流泥沙数学模型进行三峡水库泥沙长系列计算时，库区支流对泥沙淤积计算的影响不大可不考虑；但采用非恒定流泥沙数学模型进行三峡水库泥沙计算时，库区小支流必须考虑，因为它的总库容相对较大（约 25 亿 m³），对洪峰有明显的消减作用，同时影响泥沙输移。所以，对三峡水库水流泥沙数学模型的改进和完善需要考虑库区较大支流，并完善模型的库容曲线。

不考虑嘉陵江和乌江以外的库区支流时，模型计算库容在 150m 水位以下与标准库容曲线比较接近，但 150m 以上模型计算库容偏小较多：155m 时偏小约 10 亿 m³，165m 时偏小约 17 亿 m³，175m 时偏小约 58 亿 m³。考虑 8 条支流后，模型计算库容在 150m 以下比标准库容偏大 3 亿～7 亿 m³，但 160m 以上偏小程度明显改善，如 165m 时偏小约 10 亿 m³，175m 时偏小约 33 亿 m³。

考虑以上 8 条支流后，模型计算库容在 160m 以上仍比标准库容明显偏小，需要进一步修正。为此，选取沿渡河和汤溪河进行断面修正，增加 160m 以上河宽，进一步完善模型库容。完善后的模型库容曲线和标准库容曲线比较如图 5.2 - 1 所示，155m 以下计算容积比标准容积略有偏大，160m 以上计算容积与标准容积已基本一致。

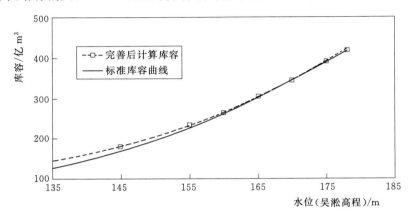

图 5.2 - 1　三峡库区完善后模型库容与标准库容比较

5.2.1.2　考虑区间来水来沙

三峡水库模型计算区间，干流上游以朱沱为起点。以前的计算中，区间一般只考虑了嘉陵江和乌江两大支流的来水来沙，区间其他支流水沙都未考虑，与实际情况存在差别，本研究对此进行了完善，分朱沱—寸滩和寸滩—大坝两段考虑区间来水来沙量。

（1）朱沱—寸滩河段，长约 152km，干流有朱沱和寸滩水文站，支流嘉陵江有北碚水文站，见表 5.2 - 1。受人类活动影响较小的 20 世纪 60 年代，朱沱—寸滩河段区间平均流量为 462m³/s，约占朱沱站流量的 5.2%；1991—2000 年，区间平均流量为 550m³/s，约占朱沱站流量的 6.5%；2003—2012 年，区间平均流量为 301m³/s，约占朱沱站流量的 3.8%。模型对区间流量的处理办法是把朱沱站每日流量都放大 5%，补偿区间流量。

表 5.2 - 1　　　　　　　　　　　长江朱沱至寸滩区间水沙量

时　　段	项　　目	朱沱	北碚	寸滩	朱沱—寸滩区间
1961—1970 年	平均流量/(m³/s)	8842	2387	11691	462
1991—2000 年	平均流量/(m³/s)	8463	1637	10650	550
	年平均沙量/亿 t	3.05	0.41	3.55	0.08
2003—2012 年	平均流量/(m³/s)	7994	2091	10386	301
	年平均沙量/亿 t	1.68	0.29	1.87	-0.10

20世纪60年代，沙量观测不连续，但能反映出区间有少量来沙；20世纪90年代，区间年平均来沙量约0.08亿t。2003—2012年，朱沱站与北碚站沙量之和大于寸滩沙量，可能是朱沱—寸滩河段存在淤积，但也可能是其他原因所致，因为三峡水库蓄水运用对此区间影响很小。现在此区间产沙总体可能不大，模型不考虑朱沱—寸滩河段区间的来沙量。

（2）寸滩—大坝区间，进口为寸滩水文站，出口取大坝下游的宜昌水文站，区间乌江有武隆水文站，见表5.2-2。20世纪60年代，寸滩—大坝区间平均流量1116m³/s，约占同期寸滩流量的10%；1991—2000年，区间平均流量为1391m³/s，约占同期寸滩流量的13%；2003—2012年，区间平均流量为879m³/s，约占同期寸滩流量的8.5%。模型对区间流量的处理办法是取区间年平均流量为900m³/s，按月分配。

表5.2-2　　　　　　　　　　三峡库区寸滩—三峡大坝区间水沙量

时　段	项　目	寸滩	武隆	宜昌	寸滩—三峡大坝区间
1961—1970年	平均流量/（m³/s）	11691	1618	14425	1116
	年平均沙量/亿t	4.50	0.29	5.56	0.76
1991—2000年	平均流量/（m³/s）	10650	1706	13747	1391
	年平均沙量/亿t	3.55	0.22	4.17	0.40
2003—2012年	平均流量/（m³/s）	10386	1338	12603	879

20世纪60年代，寸滩—大坝区间来沙量较大，达0.76亿t；1991—2000年已减少至0.40亿t，应是人类活动影响的结果。近年来，该区间的10条较大支流上进行了大量的梯级小水电开发，进入三峡水库的泥沙已大为减少，模型考虑寸滩—大坝区间来沙量时，取年平均沙量为0.1亿t。

5.2.2　考虑水库泥沙絮凝作用

泥沙絮凝主要是细颗粒泥沙通过彼此间的引力相互连接在一起，形成外形多样、尺寸明显变大的絮凝体，使细颗粒泥沙沉速增加。其对数学模型的影响表现为，悬沙运动方程式（5.1-3）右边项中分组泥沙沉速ω_l不同程度变大和分组挟沙能力公式（5.1-4）中S_l^*不同程度变小。

以往泥沙絮凝研究基本都是针对盐度引起的絮凝现象，发生速度比较快。三峡水库是淡水水库，水中有少量阳离子和有机物等，第3章研究表明，其阳离子浓度满足发生絮凝的条件，三峡水库普遍存在絮凝现象。三峡水库细颗粒泥沙所占比例较大，因此，是否考虑絮凝对水库淤积量影响较大。

模型中考虑三峡水库絮凝作用的方法是，修正小于0.004mm、0.004～0.008mm和0.008～0.016mm三个粒径组细颗粒泥沙沉速。参考第3章的有关成果（表3.3-4），通过模型率定，对细颗粒泥沙的絮凝沉速进行修正，结果见表5.2-3。最细一组泥沙沉速增大8.7倍，3组泥沙沉速修正后相差已较小。絮凝沉速修正时考虑了水流流速影响，当水流流速大于2m/s时，修正作用消失。

表 5.2 - 3　　　　　　　　　　　　三峡水库絮凝作用悬沙沉速最大修正值

沉　速	分　组　粒　径		
	<0.0074mm	0.0074～0.013mm	0.013～0.024mm
无絮凝沉速/(mm/s)	0.03	0.10	0.36
絮凝修正沉速/(mm/s)	0.26	0.30	0.37

5.2.3　恢复饱和系数取值方法改进

数学模型基本方程中的恢复饱和系数以前采用的是经验取值的方法，一般淤积时取 0.25，冲刷时取 1.0。第 3 章对恢复饱和系数计算方法进行了研究，非均匀沙不平衡输沙的恢复饱和系数计算式为

$$\alpha_l = \frac{(1-\varepsilon_{0,l})(1-\varepsilon_{4,l})}{\eta_l + 0.176\eta_l \ln\eta_l} \frac{\overline{U}_{y,u,l}}{\omega_l} \left(1 + \frac{\overline{U}_{y,u,l}}{\overline{U}_{y,d,l}}\right)^{-1} \qquad (5.2-1)$$

式中：$\varepsilon_{0,l}$、$\varepsilon_{4,l}$、$\overline{U}_{y,u,l}$、$\overline{U}_{y,d,l}$、η_l 分别为不止动概率、悬浮概率、悬移质颗粒上升和下降的平均速度及平均悬浮高。

泥沙数学模型改进恢复饱和系数取值时，采用第 3 章研究得出的各级泥沙粒径的平均综合恢复饱和系数（表 3.4 - 4）。

5.2.4　模型验证

5.2.4.1　验证条件

经过改进和完善后的一维非恒定流不平衡输沙水流泥沙数学模型，采用三峡水库 2003 年蓄水运用开始至 2012 年的观测资料进行了详细的验证，验证计算基本条件为：泥沙按非均匀沙计算，床沙级配共分 16 组，即小于 0.004mm、0.004～0.008mm、0.008～0.016mm、0.016～0.031mm、0.031～0.062mm、0.062～0.125mm、0.125～0.25mm、0.25～0.50mm、0.5～1mm、1～2mm、2～4mm、4～8mm、8～16mm、16～32mm、32～64mm、大于 64mm。前面 8 组计算悬移质，后面 8 组计算推移质。床沙组成分层计算，共分 5 层。

验证计算进出口水沙条件为：干流进口流量和含沙量采用朱沱站实测日平均流量与含沙量，悬沙级配采用月平均级配。支流嘉陵江和乌江，进口水沙分别采用北碚站和武隆站观测资料。区间流量和沙量按前面模型改进完善部分介绍的办法确定。出口由坝前水位控制，采用庙河站观测日平均水位。

计算河段干流长 758km，采用了 364 个断面；支流嘉陵江和乌江段河长分别为 64km 和 68km，采用断面数分别为 26 个和 36 个；其他 8 条支流采用其全部的实测断面，河长共计 215km，断面数共 128 个。模型计算河长总计 1105km，断面数总计 554 个，平均断面间距约 2km。计算初始断面，干流、嘉陵江和乌江为 2002 年实测断面，其他 8 条支流为 2007 年观测断面。

5.2.4.2　逐日水沙过程验证与误差分析

三峡水库蓄水运用（2003—2012 年）后，对库区寸滩、清溪场、万县和出库站的水

位流量过程、含沙量过程进行了连续模拟，对悬沙级配与冲淤等也进行了验证，见图 5.2-2 和表 5.2-4。由图和表可见，水位和流量计算结果与实测结果总体都符合良好，局部有时出现一定的偏差，分析主要是由于区间流量汇入带来的。模型改进完善前，寸滩站、清溪场站、万县站和庙河站流量年平均误差分别为 2.9%、3.0%、3.3% 和 7.5%，模型改进完善后分别为 0.9%、1.3%、1.1% 和 1.5%。

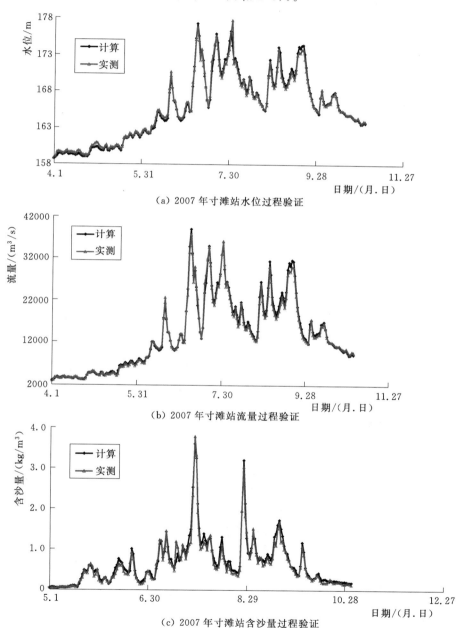

（a）2007 年寸滩站水位过程验证

（b）2007 年寸滩站流量过程验证

（c）2007 年寸滩站含沙量过程验证

图 5.2-2（一）　三峡水库各水文站水位流量与含沙量过程验证

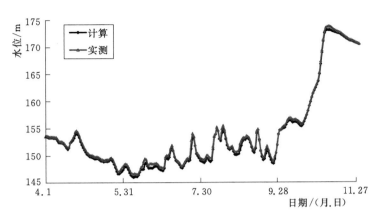

（d）2008 年清溪场站水位过程验证

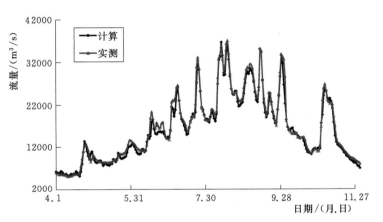

（e）2008 年清溪场站流量过程验证

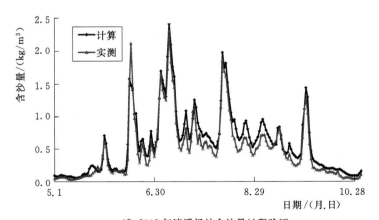

（f）2008 年清溪场站含沙量过程验证

图 5.2-2（二）　三峡水库各水文站水位流量与含沙量过程验证

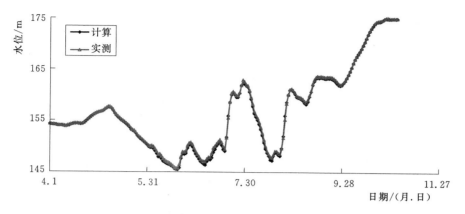

（g）2010 年万县站水位过程验证

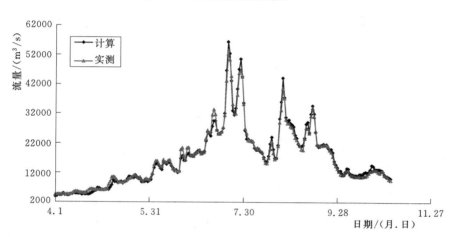

（h）2010 年万县站流量过程验证

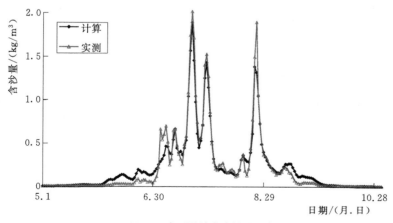

（i）2010 年万县站含沙量过程验证

图 5.2 - 2 （三） 三峡水库各水文站水位流量与含沙量过程验证

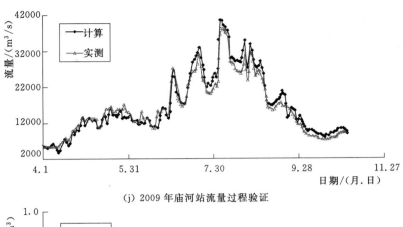

（j）2009 年庙河站流量过程验证

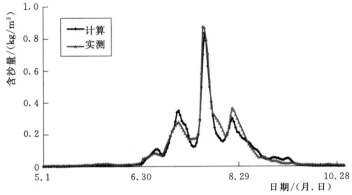

（k）2009 年庙河站含沙量过程验证

图 5.2 - 2（四）　三峡水库各水文站水位流量与含沙量过程验证

表 5.2 - 4　　　　三峡水库 2003—2012 年逐日水流过程验证误差范围分布

站名	水　　　位		流　　　量		含　沙　量	
	误差范围/m	置信度/%	误差范围/%	置信度/%	误差范围/%	置信度/%
寸滩	±0.1	41	±2	47	±10	54
	±0.2	63	±5	88	±20	76
	±0.4	84	±10	100	±30	92
清溪场	±0.1	21	±2	29	±10	34
	±0.2	51	±5	58	±20	50
	±0.4	73	±10	87	±30	79
万县	±0.1	35	±2	23	±10	34
	±0.2	63	±5	57	±20	56
	±0.4	80	±10	84	±30	71
庙河			±2	15	±10	30
			±5	42	±20	52
			±10	84	±30	69

含沙量结果总体也都符合良好，图中个别点子出现一定的偏差，多是由于模型以外的客观条件限制带来的。模型改进前水库上段计算含沙量精度已经较高，模型改进后提高不多，如寸滩站年平均含沙量计算精度提高不到 4%；水库下段计算含沙量精度提高较多，多在 20%～50% 之间。模型改进后，各站年平均含沙量计算误差都小于 14%。

从 2003—2012 年逐日水流过程验证误差范围分布来看，各站水位误差在 ±0.4m 区间的置信度为 80% 左右，各站流量误差在 ±10% 区间的置信度为 90% 左右。寸滩站汛期含沙量误差在 ±30% 区间的置信度为 92%，清溪场站为 79%，万县站为 71%，庙河站为 69%。

5.2.4.3 悬沙级配验证

由于计算时进口悬沙采用的是月平均级配资料，所以级配验证也验证月平均级配。图 5.2-3 为 2010 年寸滩、清溪场、万县和出库站计算悬沙级配和实测结果比较，由图可见，寸滩、清溪场和万县站计算级配与实测符合良好，没有明显系统性偏差。出库庙河站，计算悬沙级配总体比实测偏细，其中，汛期各月计算级配偏细较少，非汛期系统性偏细明显。

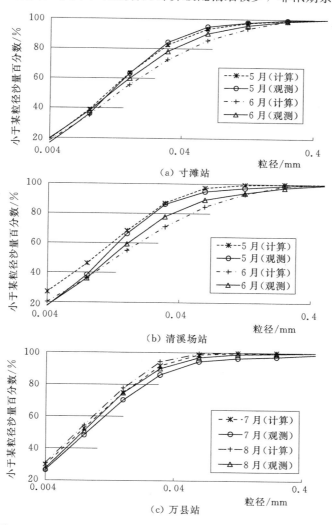

图 5.2-3（一）　2010 年三峡水库计算悬沙级配与实测结果比较

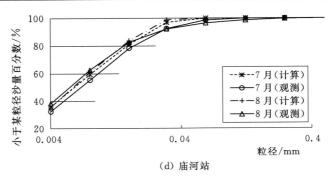

(d) 庙河站

图 5.2-3(二)　2010 年三峡水库计算悬沙级配与实测结果比较

5.2.4.4　冲淤综合验证与误差分析

表 5.2-5 为 2003—2012 年三峡水库模型计算冲淤量与实测结果的比较。2003—2012 年，分寸滩—清溪场、清溪场—万县、万县—庙河 3 个河段统计计算淤积量误差分布，共 30 个数据。由表可见，淤积量误差在 ±10% 区间的置信度为 30%，误差在 ±20% 区间的置信度为 51%，误差在 ±30% 区间的置信度为 77%。各年冲淤量对比表明，清溪场—万县段和万县—庙河段计算冲淤量与实测符合较好；寸滩—清溪场段由于受水库影响相对较小，有的年份冲刷，有的年份淤积，基本处于微冲微淤状态，验证相对误差大些。

表 5.2-5　　　　**2003—2012 年三峡干流库区模型计算冲淤量与实测结果比较**

年　份		冲　淤　量/万 t				误差/%
		寸滩—清溪场	清溪场—万县	万县—庙河	寸滩—庙河	
2003	改进前	−462	4280	5487	9306	−21.8
	改进后	−771	6131	8174	13534	13.8
	观测	−566	4713	7746	11893	
2004	改进前	611	4519	4539	9668	−12.0
	改进后	463	5011	6626	12100	10.1
	观测	745	3720	6524	10989	
2005	改进前	1785	5549	5867	13201	−10.3
	改进后	1274	6551	8614	16439	11.7
	观测	1623	4869	8231	14723	
2006	改进前	835	4158	3354	8347	−14.0
	改进后	1035	4982	3922	9939	2.4
	观测	1240	4796	3669	9705	
2007	改进前	378	6491	4969	11847	−21.6
	改进后	−467	10428	6891	16852	11.5
	观测	−682	9610	6185	15113	
2008	改进前	2490	7114	5313	15216	−12.5
	改进后	1701	10660	6409	18770	8.0
	观测	2329	8427	6630	17386	

年　份		冲　淤　量/万 t				误差/%
		寸滩—清溪场	清溪场—万县	万县—庙河	寸滩—庙河	
2009	改进前	589	6244	4042	10875	−16.4
	改进后	−613	9509	5591	14487	11.4
	观测	−911	7688	6224	13001	
2010	改进前	1820	7588	3819	13227	−25.8
	改进后	1257	9510	6853	17620	9.9
	观测	1685	7918	8230	17833	
2011	改进前	544	4986	2535	8065	−4.0
	改进后	195	5807	3020	9022	7.4
	观测	334	5737	2326	8397	
2012	改进前	1903	7029	3861	12793	−22.3
	改进后	1579	8693	5756	16028	9.7
	观测	2029	7585	6843	16457	
合计	改进前	10502	58257	43786	112545	−16.9
	改进后	5653	77282	61856	144791	6.9
	观测	7826	65063	62608	135497	

5.2.5　模型改进效果分析

对比三峡水库泥沙数学模型各因素改进前后的计算结果，改进效果分析如下。

5.2.5.1　考虑库区支流和区间来水来沙的改进效果

库区支流和区间来流的考虑主要是使出库年水量与实际一致，汛期使出库流量增加约 $2000\text{m}^3/\text{s}$，对流量计算结果影响很大。考虑库区支流和区间流量后，计算库区沿程各水文站的流量过程与实际总体符合较好，改善效果明显，见表 5.2－6。由图 5.2－4可见，以 2003 年和 2007 年为例，模型库容曲线和区间来水来沙改进完善前黄陵庙计算流量过程与实测流量比较如图 5.2－4（a）、（c）所示，计算出库流量普遍比实测流量小，5 月和 7 月差别明显；完善后，黄陵庙计算流量过程与实测结果比较如图 5.2－4（b）、（d）所示，完善后计算出库流量与实测值已没有明显的系统偏小现象，5 月和 7 月差别也明显减小。

表 5.2－6　　三峡水库考虑库区支流和区间来水来沙对水文站计算流量改善效果

年份	误　　差	水　文　站			
		寸滩/%	清溪场/%	万县/%	黄陵庙/%
2003	完善前最大误差	−15.5	−14.0	−24.1	−26.4
	完善后最大误差	−11.8	−6.1	−15.2	−18.4
	完善前平均误差	−2.6	−4.5	−3.5	−5.9
	完善后平均误差	0.9	−1.1	−3.0	−0.2

年份	误　差	水　文　站			
		寸滩/%	清溪场/%	万县/%	黄陵庙/%
2004	完善前最大误差	−14.9	−13.1	−15.4	−20.0
	完善后最大误差	−11.9	−10.2	−12.1	−17.7
	完善前平均误差	−3.6	−4.5	−5.3	−9.7
	完善前最大误差	0.3	−1.7	0	0.2
2005	完善前最大误差	−15.3	−13.6	−18.4	−20.1
	完善后最大误差	−11.8	−8.2	−13.1	−13.2
	完善前平均误差	−1.9	−2.3	−2.3	−8.2
	完善后平均误差	1.6	0.6	0.5	1.0
2006	完善前最大误差	−15.7	−10.6	−16.2	−19.0
	完善后最大误差	−13.6	−7.6	−14.1	−14.2
	完善前平均误差	−3.5	−2.3	−3.7	−8.0
	完善后平均误差	0.5	0.6	−0.3	3.8
2007	完善前最大误差	−14.3	−12.6	−19.6	−23.2
	完善后最大误差	−9.7	−5.8	−13.1	−17.5
	完善前平均误差	−2.3	−3.9	−4.3	−1.8
	完善后平均误差	1.4	−0.3	−1.6	0.5
2008	完善前最大误差	−19.1	−15.2	−23.4	−26.6
	完善后最大误差	−13.3	−6.9	−16.8	−18.7
	完善前平均误差	−2.4	−5.1	−3.2	−7.7
	完善后平均误差	1.3	−3.0	1.1	2.3
2009	完善前最大误差	−19.0	−14.4	−20.1	−21.2
	完善后最大误差	−12.4	−6.1	−15.1	−16.3
	完善前平均误差	−3.8	−5.1	−2.9	−6.9
	完善后平均误差	−0.2	−2.2	0.2	4.0
2010	完善前最大误差	−19.3	−13.4	−19.8	−21.2
	完善后最大误差	−17.3	−10.0	−15.9	−17.2
	完善前平均误差	−2.7	−1.5	−3.3	−6.6
	完善后平均误差	0.9	1.5	−0.1	2.1
2011	完善前最大误差	−19.4	−9.6	−22.3	−23.0
	完善后最大误差	−17.4	−5.4	−16.0	−22.8
	完善前平均误差	−3.7	−1.6	−0.1	−10.1
	完善后平均误差	−0.4	1.3	2.7	1.1
2012	完善前最大误差	−15.5	−11.4	−16.5	−19.2
	完善后最大误差	−12.4	−7.3	−16.4	−15.3
	完善前平均误差	−2.7	−2.3	−1.5	−9.9
	完善后平均误差	1.1	1.2	1.8	−0.2

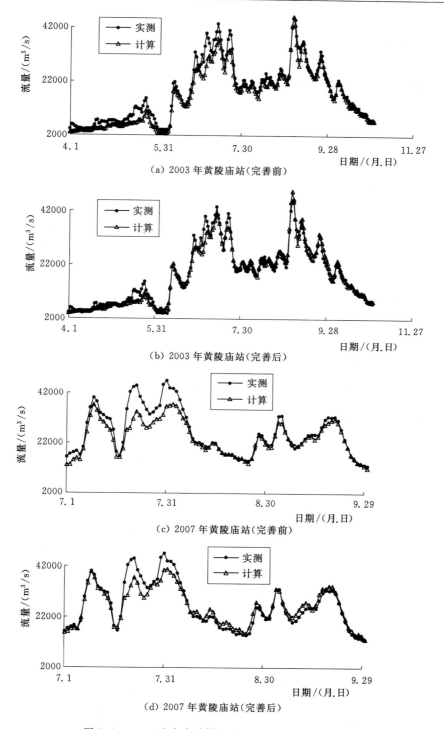

图 5.2-4 三峡水库计算出库流量与实测流量比较

从 2003—2012 年模型计算结果与实测比较来看，各年流量平均误差改善幅度基本一致。完善前，寸滩站、清溪场站、万县站和黄陵庙站流量年平均误差分别为 2.9%、

3.0%、3.3%和7.5%；完善后分别为0.9%、1.3%、1.1%和1.5%。因此，模型库容曲线和区间来水来沙完善使模型计算流量误差减小2%～6%。

　　模型库容曲线对计算出库流量过程的影响明显，对计算出库泥沙也有影响，但相对小些。考虑区间支流来沙后，支流库区产生泥沙淤积，由于支流库区流速很小，支流泥沙难以进入干流，对干流泥沙淤积和出库泥沙基本没有影响。

5.2.5.2　考虑水库泥沙絮凝的改进效果

　　在三峡水库泥沙计算中，考虑泥沙的絮凝作用，直接提高了库区沿程含沙量模拟精度，见图5.2-5和表5.2-7。由图和表可见，改进后模拟三峡水库出库含沙量过程与实测相符程度明显改善。其中，水库上段由于流速大、受絮凝作用影响小，考虑絮凝作用改进效果也小，如寸滩站年平均含沙量计算精度提高不到4%，清溪场站改善作用也较小；水库下段万县站和庙河站由于受絮凝作用影响大，考虑絮凝作用改进效果也大，以出库庙河站提高作用最大，年平均含沙量计算精度提高幅度多在20%～50%之间。

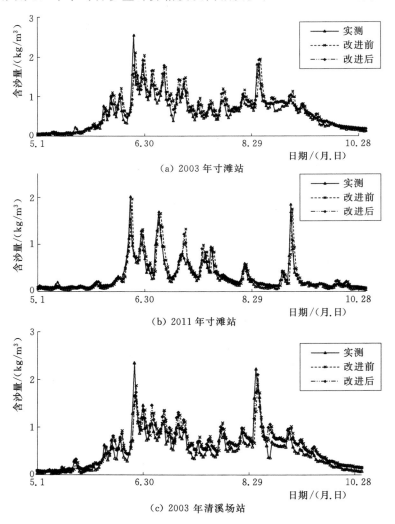

图5.2-5（一）　三峡水库考虑水库泥沙絮凝对提高含沙量模拟精度的效果对比

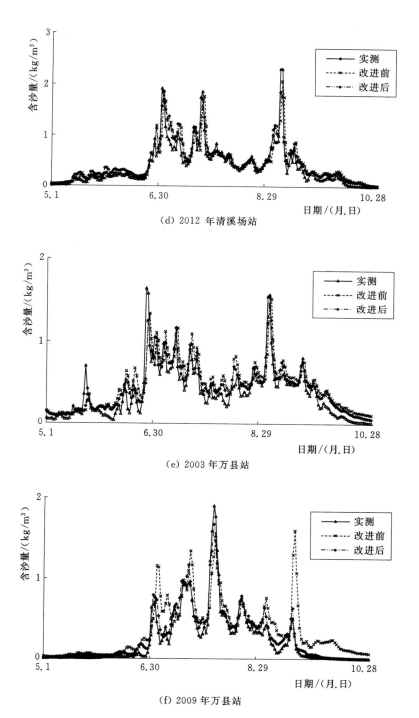

（d）2012 年清溪场站

（e）2003 年万县站

（f）2009 年万县站

图 5.2 - 5（二） 三峡水库考虑水库泥沙絮凝对提高含沙量模拟精度的效果对比

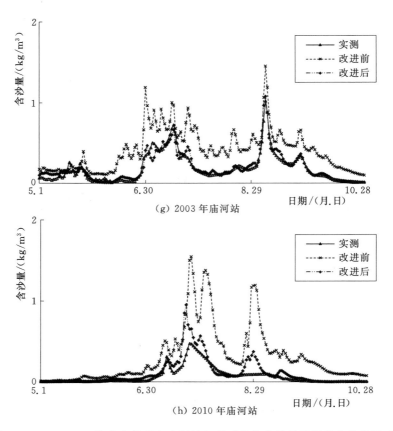

（g）2003 年庙河站

（h）2010 年庙河站

图 5.2－5（三）　三峡水库考虑水库泥沙絮凝对提高含沙量模拟精度的效果对比

表 5.2－7　　　　　　三峡水库考虑水库泥沙絮凝对含沙量计算精度改善效果

年份	误　差	水　文　站			
		寸滩/%	清溪场/%	万县/%	庙河/%
2003	完善前汛期最大误差	46	41	33	48
	完善后汛期最大误差	31	29	19	27
	完善前年平均误差	14	16	18	39
	完善后年平均误差	10	14	10	2.2
2004	完善前汛期最大误差	39	38	28	33
	完善后汛期最大误差	29	26	22	9.6
	完善前年平均误差	5.8	18	17	35
	完善后年平均误差	4.0	13	8.6	−0.8
2005	完善前汛期最大误差	28	31	19	39
	完善后汛期最大误差	16	24	14	26
	完善前年平均误差	−1.8	9.2	3.7	37
	完善后年平均误差	−0.5	7.2	0.8	−8.9

年份	误 差	水 文 站			
		寸滩/%	清溪场/%	万县/%	庙河/%
2006	完善前汛期最大误差	34	29	61	127
	完善后汛期最大误差	21	24	30	26
	完善前年平均误差	2.1	15	50	84
	完善后年平均误差	1.1	12	18	−0.9
2007	完善前汛期最大误差	39	38	52	56
	完善后汛期最大误差	19	28	29	13
	完善前年平均误差	5.5	7.1	40	65
	完善后年平均误差	5.2	6.2	24	18
2008	完善前汛期最大误差	43	31	52	62
	完善后汛期最大误差	34	28	16	18
	完善前年平均误差	5.0	19	36	83
	完善后年平均误差	4.5	15	17	14
2009	完善前汛期最大误差	45	44	56	34
	完善后汛期最大误差	28	27	21	25
	完善前年平均误差	7.1	11	23	55
	完善后年平均误差	6.3	8.3	8.7	3.1
2010	完善前汛期最大误差	40	36	42	51
	完善后汛期最大误差	23	21	19	23
	完善前年平均误差	4.4	15	34	49
	完善后年平均误差	2.3	9.0	13	29

从年内分时段看，考虑絮凝作用后非汛期出库含沙量明显减小，改善作用较大；但由于非汛期入库沙量少，出库沙量占全年比例很小，考虑絮凝作用后对年出库沙量影响不是很大。

从年际情况看，大水年或汛期流量大时，计算精度提高较少，如2010年庙河站年平均含沙量计算精度只提高了20%；小水年或汛期流量小时，计算精度提高较多，如2006年庙河站年平均含沙量计算精度提高了83%。但由于小水年入库沙量也少，沙量在系列年中占比较小，考虑絮凝作用后对系列年总出库沙量影响并不十分显著。

5.2.5.3 恢复饱和系数取值方法的改进效果

恢复饱和系数取值方法改进也主要是对含沙量计算精度有一定的提高作用，但不如絮凝作用改进效果显著。对比计算表明，寸滩、清溪场、万县和庙河站含沙量计算精度提高基本都在6%以内，如图5.2-6所示。

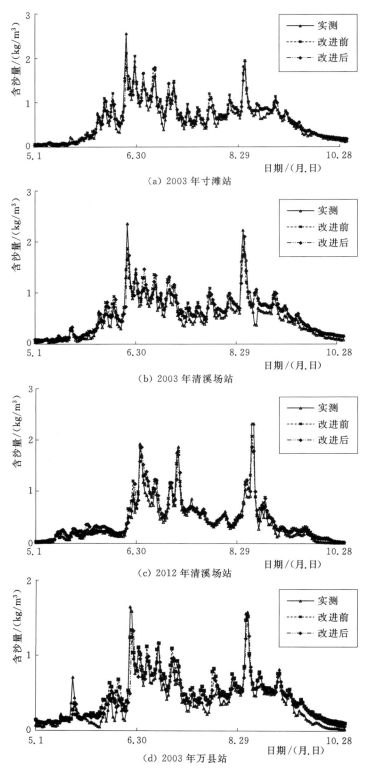

(a) 2003 年寸滩站

(b) 2003 年清溪场站

(c) 2012 年清溪场站

(d) 2003 年万县站

图 5.2-6（一）　三峡水库恢复饱和系数取值方法改进提高含沙量模拟精度的效果对比

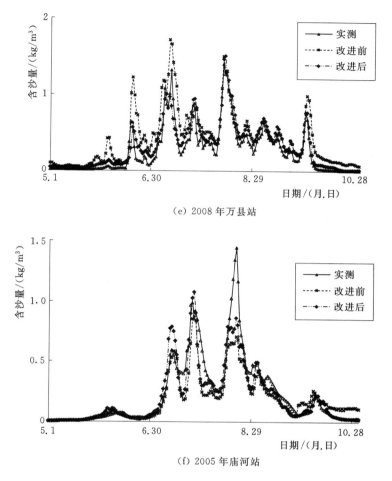

(e) 2008年万县站

(f) 2005年庙河站

图 5.2-6（二） 三峡水库恢复饱和系数取值方法改进提高含沙量模拟精度的效果对比

5.2.5.4 冲淤量改进效果分析

综合考虑上述几项因素，三峡水库泥沙数学模型改进前后，冲淤计算改进效果见表 5.2-8。由表可见，2003—2012 年干流库区水沙实测淤积总量为 13.5 亿 t，模型改进前，相应计算淤积总量为 11.25 亿 t，相对误差为 −16.9%；模型改进后，计算淤积总量为 14.5 亿 t，与观测值都符合较好，相对误差为 6.9%，误差缩小了 10%。从年际情况看，模型改进前，相对误差最大的年份为 2010 年，相对误差为 −25.8%；模型改进后，相对误差最大的年份为 2003 年，相对误差为 13.8%；年最大误差缩小了 12%。

从分河段情况看，精度提高最大的是万县—庙河段，模型改进前 2003—2012 年计算误差为 −30.1%，改进后为 −1.2%，误差缩小了 28.9%。

因此，多角度比较后说明，模型改进后三峡水库淤积量计算精度提高了 10%～28.9%。

表 5.2－8　　**三峡水库 2003—2012 年干流库区计算冲淤量与实测值比较**

年　份		分河段冲淤量/万 t				误差/%
		寸滩—清溪场	清溪场—万县	万县—庙河	寸滩—庙河	
2003	改进前	－462	4280	5487	9306	－21.8
	改进后	－771	6131	8174	13534	13.8
	观测	－566	4713	7746	11893	
2004	改进前	611	4519	4539	9668	－12.0
	改进后	463	5011	6626	12100	10.1
	观测	745	3720	6524	10989	
2005	改进前	1785	5549	5867	13201	－10.3
	改进后	1274	6551	8614	16439	11.7
	观测	1623	4869	8231	14723	
2006	改进前	835	4158	3354	8347	－14.0
	改进后	1035	4982	3922	9939	2.4
	观测	1240	4796	3669	9705	
2007	改进前	378	6491	4969	11847	－21.6
	改进后	－467	10428	6891	16852	11.5
	观测	－682	9610	6185	15113	
2008	改进前	2490	7114	5313	15216	－12.5
	改进后	1701	10660	6409	18770	8.0
	观测	2329	8427	6630	17386	
2009	改进前	589	6244	4042	10875	－16.4
	改进后	－613	9509	5591	14487	11.4
	观测	－911	7688	6224	13001	
2010	改进前	1820	7588	3819	13227	－25.8
	改进后	1257	9510	6853	17620	9.9
	观测	1685	7918	8230	17833	
2011	改进前	544	4986	2535	8065	－4.0
	改进后	195	5807	3020	9022	7.4
	观测	334	5737	2326	8397	
2012	改进前	1903	7029	3861	12793	－22.3
	改进后	1579	8693	5756	16028	9.7
	观测	2029	7585	6843	16457	
合计	改进前	10502	58257	43786	112545	－16.9
	改进后	5653	77282	61856	144791	6.9
	观测	7826	65063	62608	135497	

5.3 水库坝下游河道泥沙数学模型改进

5.3.1 非均匀沙挟沙能力计算方法改进

对于天然河流，无论是水流中的泥沙还是河床上的泥沙，其组成一般为非均匀沙，因此，对于天然河流的泥沙数学模型，非均匀沙分组挟沙力的计算是其关键问题之一。目前，针对非均匀沙挟沙力已开展了较多的研究，根据研究的出发点和研究思路的不同，大体上可以分为四类，即直接分组计算法、力学修正法、床沙分组法和输沙能力级配法，研究所得到的结果差异比较大。对于非均匀沙挟沙能力研究，计算时应充分考虑水流条件、泥沙自身特性和河床组成的影响。基于挟沙力的物理含义，本研究根据韩其为泥沙运动统计理论的泥沙沉降通量与上扬通量表达式[4]，推导得到了非均匀沙挟沙力表达式。在河床冲淤平衡条件下，当泥沙沉降通量与上扬通量相等时，河床底部附近挟沙力表达式为

$$S_{b,i}^* = \frac{2}{3} m_0 \rho_s P_{b,i} \frac{\beta_i}{1-(1-\varepsilon_{1,i})(1-\beta_i)+(1-\varepsilon_{0,i})(1-\varepsilon_{4,i})} \frac{\dfrac{1}{\sqrt{2\pi\varepsilon_{4,i}}} \dfrac{u_*}{\omega_i} e^{-\frac{1}{2}\left(\frac{\omega_i}{u_*}\right)^2} - 1}{\dfrac{1}{\sqrt{2\pi}(1-\varepsilon_{4,i})} \dfrac{u_*}{\omega_{0,i}} e^{-\frac{1}{2}\left(\frac{\omega_{0,i}}{u_*}\right)^2} + 1}$$

$$(5.3-1)$$

式中：m_0 为系数；$\varepsilon_{0,i}$、$\varepsilon_{1,i}$、$\varepsilon_{4,i}$ 分别为静止、滚动和悬浮概率；β_i 为起动概率；u_*、$\omega_{0,i}$ 分别为水流摩阻流速和泥沙颗粒沉速；ρ_s 为泥沙容重；$P_{b,i}$ 为床沙级配。

在平衡条件下，选取合适的含沙量沿垂线分布公式，沿垂线进行积分，即得出垂线平均含沙量与河床底部含沙量的关系，代入上式即可求得垂线平均挟沙力表达式：

$$S_i^* = \frac{2}{3} m_0 \rho_s P_{b,i} \frac{\kappa u_*}{6\omega_i} \left(1-e^{-\frac{6\omega_i}{\kappa u_*}}\right) \frac{\beta_i}{1-(1-\varepsilon_{1,i})(1-\beta_i)+(1-\varepsilon_{0,i})(1-\varepsilon_{4,i})}$$
$$\times \frac{\dfrac{1}{\sqrt{2\pi\varepsilon_{4,i}}} \dfrac{u_*}{\omega_{0,i}} e^{-\frac{1}{2}\left(\frac{\omega_i}{u_*}\right)^2} - 1}{\dfrac{1}{\sqrt{2\pi}(1-\varepsilon_{4,i})} \dfrac{u_*}{\omega_{0,i}} e^{-\frac{1}{2}\left(\frac{\omega_{0,i}}{u_*}\right)^2} + 1}$$

$$(5.3-2)$$

5.3.2 混合层厚度计算方法改进

本节从沙波运动的角度出发，改进了混合层厚度的计算公式。原则上来讲，当水流强度大于某一特定值后，虽然沙波高度随水流强度的增大而减小，但混合层厚度仍应具有随水流强度增大而增大的趋势。作为一种近似，王士强在计算黄河下游山东河段时，当水流强度大于某一特征值时，则把水流强度取该特征值。此种方法可以作为一种近似处理的办法。作为一种趋势的延伸，也可以根据沙垄阶段水流强度与混合层厚度的关系对沙垄阶段以后的相应关系进行外延插值处理。此外，由于天然河流中推移质运动一般处于饱和输沙状态，推移质输沙率既表征水流实际挟运的推移质数量，又反映水流挟运推移质的能力，而推移质的输移过程与床沙的交换过程是有密切联系的，推移质输沙强度的大小可在一定程度上反映床沙参与交换的范围。假定推移质全部由床沙交换而产生，则单位时间内床沙的活动层 E_m 厚度可表示为

$$E_{m} = \max\left(\frac{G_{b,i}\Delta t}{m_0 \rho_s P_{b,i}}\right) \qquad (5.3-3)$$

式中：$G_{b,i}$ 为推移质输沙强度，kg/(m·s)；$P_{b,i}$ 为推移质在床沙中的含量；i 为推移质粒径组编号；m_0 为床沙静密实系数；ρ_s 为泥沙密度。当沙波运动在沙垄阶段以后，在根据水流强度进行趋势性插值的同时，可根据上式对混合层厚度进行估算，综合比较后取较合理的值。

5.3.3　三口分流分沙模式改进

汊点是河网中水流、泥沙的分汇点，流出汊点的河段之间存在水量、沙量的分配比例问题。一般来说，在糙率确定的情况下，分流比可以通过水流模拟得到，但沙量的分配要复杂得多。汊点分沙模式欠合理，将难以保证进入主、支汊的泥沙总量合适，具体数值模拟过程中，若某一支流分沙模拟偏大，则与该汊点联结的另一支流分沙模拟偏小，进而导致模拟失真。因此，汊点分沙模式对河网水沙计算精度尤为关键。

目前，汊点分沙模式已有一些半理论半经验的处理方法[5]，由于影响分沙比的因素十分复杂，建立一个统一模式是困难的，以下给出三种分沙模式。

1. 分流比模式

这是一种简单的模式，其思想是分沙比等于分流比，即认为各分流口门含沙量是汊点平均含沙量，可表述为

$$S_{j,out} = \frac{\sum Q_{i,in} S_{i,in}}{\sum Q_{i,in}} \qquad (5.3-4)$$

式中：$Q_{i,in}$ 和 $S_{i,in}$ 分别为流入节点的流量和含沙量；$S_{j,out}$ 为分流含沙量。

2. 丁君松模式

对于单一河道的分汊问题，已有研究提出了考虑地形因素的分沙模式，丁君松等认为主、支汊河床上存在一鞍点，造成主、支汊引水深度差异，含沙量沿垂线的不均匀分布导致主、支汊含沙量不同。将这一思想应用于河网汊点，假设在汊点 m 对应的所有分流河道中，第 1 条河道进口口门高程最低，其参考点为 $n1$，$n1$ 点至水面的相对水深为 1，此进口含沙量为 S_{m1}，其余分流河段中任一河段的口门高程参考点为 ni，ni 相对 $n1$ 的相对水深为 ξ_i，则可以导出各分流河道进口含沙量 S_{mi} 与 S_{m1} 的关系：

$$\frac{S_{mi}}{S_{m1}} = \frac{c}{c+\xi_i} \qquad (5.3-5)$$

式中：c 为口门高程。

3. 挟沙力模式

对于任意粒径组，根据各分流河段进口断面挟沙力 S_* 确定汊点分沙比，认为各分流河道进口含沙量关系如下：

$$S_{1j} : S_{2j} : \cdots : S_{lj} = S_{*1j} : S_{*2j} : \cdots : S_{*lj} \qquad (5.3-6)$$

此模式形式简单，物理意义清晰。由于挟沙力与流速的高次方成正比，该模式实际是以流速为主分配沙量的，当各分流口门流速相近时，就变成分流比模式。

实际运用中，根据要求和实测资料情况选用不同的分沙模式。

5.3.4 模型验证

5.3.4.1 验证计算条件

本研究首先对一维河道水流泥沙数学模型进行了验证计算和分析，研究范围包括长江干流宜昌—大通河段、洞庭湖区及四水尾闾、鄱阳湖区及五河尾闾，区间汇入的主要支流为清江、汉江。

进口水沙条件：长江干流进口水沙采用宜昌站 2002 年 10 月—2012 年 10 月相应时段的实测逐日流量、含沙量过程；干流区间支流清江、汉江、湖区尾闾入汇水沙均采用同期各控制站的实测逐日流量与含沙量过程。

下游出口控制水位：计算河段下游水位控制为大通站断面，出口边界采用大通站同时期水位过程。

5.3.4.2 水流验证

利用前述一维河道水流泥沙数学模型，通过对 2003—2007 年实测资料的演算，率定出干流河道糙率的变化范围为 0.015～0.034，三口河道和湖区糙率的变化范围为 0.02～0.05。采用率定的糙率，对 2008—2012 年各主要水文站的水文实测资料进行验证计算。干流枝城、沙市、监利和汉口等水文站的水位流量验证成果如图 5.3-1 和图 5.3-2 所示。由图可见，长江宜昌以下河道各主要水文站流量和水文计算结果与实测过程符合较好，峰谷对应，涨落一致。

由三口河道的新江口、沙道观、弥陀寺、康家港和管家铺等控制站的流量计算结果可知，计算分流量与实测分流量基本一致，可以反映洪季过流、枯季断流的现象，能准确模拟出三口河段的断流时间和过流流量，说明该河道水沙模型能够较好地模拟出三口分流现象。

由上述分析可知，模型所选糙率基本准确，计算结果与实测水流过程符合较好，能够反映长江中下游干流河段、复杂河网以及各湖泊的主要流动特征，具有较高精度。

5.3.4.3 冲淤验证成果

由图 5.3-3 给出的 2002 年 10 月—2012 年 10 月模型冲淤计算结果表明，各分段计算冲淤性质与实测一致，宜昌—湖口河段冲淤量计算值为 11.33 亿 m³，较实测值 11.88 亿 m³（含采砂量）略小。除了宜昌—枝城和枝城—藕池口计算误差约为 12% 外，其他各分段误差均在 7% 以内，具有较高精度。

5.3.5 模型改进效果分析

通过对比三峡水库坝下游河道泥沙数学模型各因素改进前后的计算结果，改进效果分析如下。

5.3.5.1 非均匀沙挟沙能力计算方法改进效果

河道泥沙模型改进非均匀沙挟沙力计算方法后的长江干流河道冲淤计算成果见表 5.3-1。由表可见，改进非均匀沙挟沙力计算方法后，宜昌—湖口河段计算误差由改进前的 -7.6% 减小到改进后的 -5.6%，误差减少 2 个百分点；但部分河段仍然有较大误差，如宜昌—枝城河段、城陵矶—汉口河段，相对误差分别为 15.7% 和 15.1%。

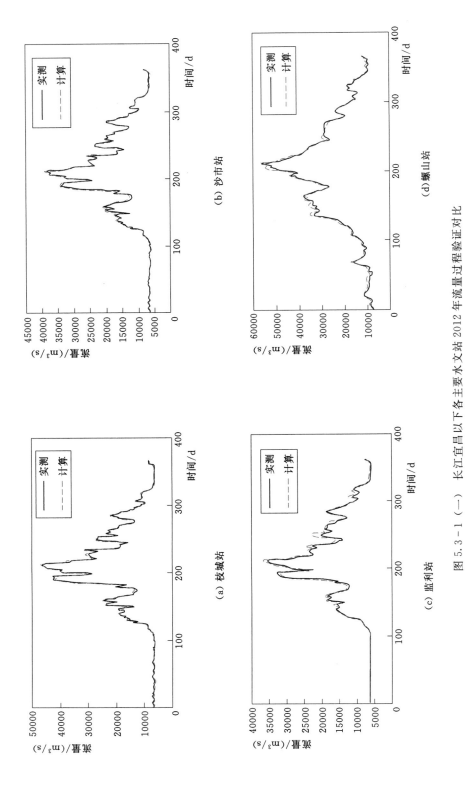

图 5.3 - 1 (一)　长江宜昌以下各主要水文站 2012 年流量过程验证对比

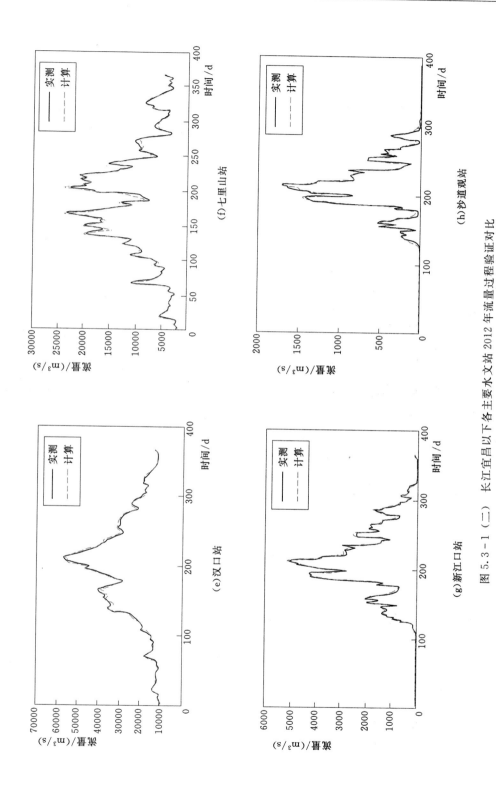

图 5.3-1 (二) 长江宜昌以下各主要水文站 2012 年流量过程验证对比

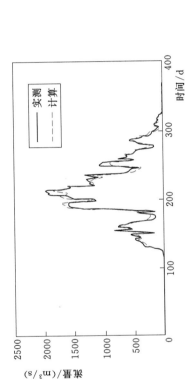

图 5.3-1（三）　长江宜昌以下各主要水文站 2012 年流量过程验证对比

(i) 弥陀寺站

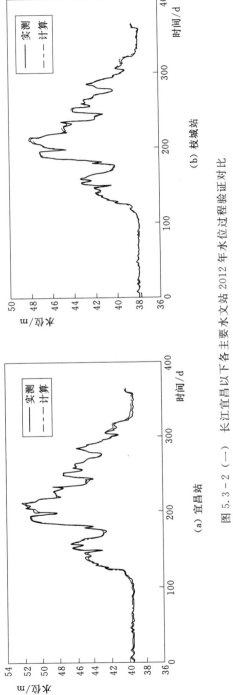

(a) 宜昌站

(b) 枝城站

图 5.3-2（一）　长江宜昌以下各主要水文站 2012 年水位过程验证对比

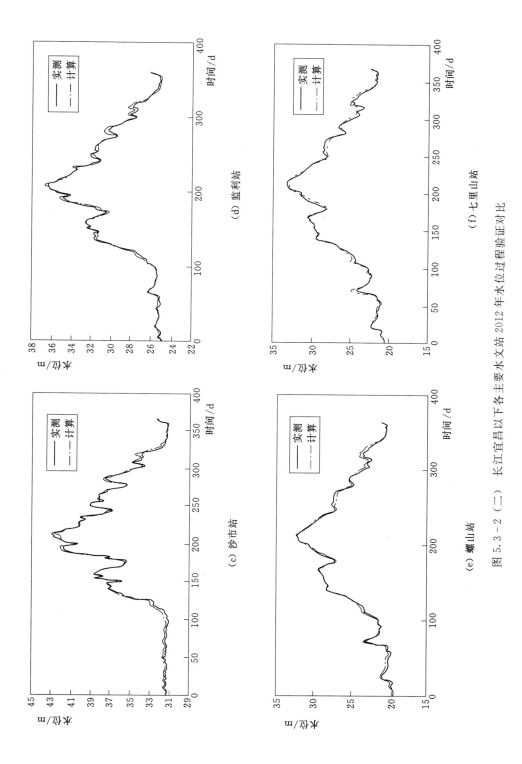

（d）监利站

（f）七里山站

（c）沙市站

（e）螺山站

图 5.3-2（二） 长江宜昌以下各主要水文站 2012 年水位过程验证对比

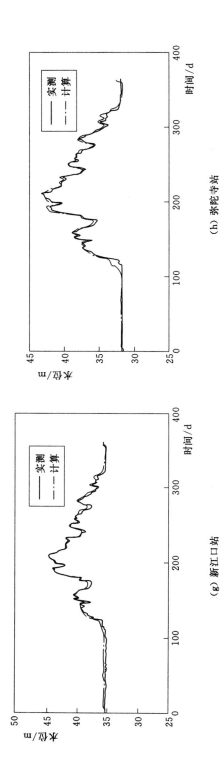

(g) 新江口站

(h) 弥陀寺站

图 5.3 - 2 （三） 长江宜昌以下各主要水文站 2012 年水位过程验证对比

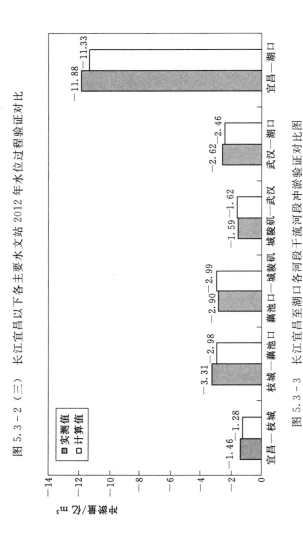

图 5.3 - 3　长江宜昌至湖口各河段干流河段冲淤验证对比图

表 5.3-1　2002 年 10 月—2012 年 10 月长江干流河道冲淤计算成果（改进非均匀沙挟沙力后）

河　段	实测值/亿 m³	计算值/亿 m³	相对误差/%
宜昌—枝城	−1.46	−1.23	−15.7
枝城—藕池口	−3.31	−2.90	−12.3
藕池口—城陵矶	−2.90	−2.75	−5.2
城陵矶—汉口	−1.59	−1.35	−15.1
汉口—湖口	−2.62	−2.99	13.8

模型改进后，对藕池口—城陵矶河段的影响相对较大，计算误差由改进前的 9.2% 减小到改进后的 5.2%；城陵矶—汉口河段的计算误差略有减小，汉口—湖口河段计算误差有所增加；宜昌—枝城和枝城—藕池口河段计算误差与模型改进前的差别不大。

5.3.5.2　混合层厚度计算方法改进效果

模型改进混合层厚度计算方法后，计算长江干流河道冲淤成果见表 5.3-2。由表可见，改进后宜昌—湖口河段冲淤量计算值为 11.32 亿 m³，较实测值偏小，计算误差由改进前的 −7.6% 减小到改进后的 −4.6%，误差减少 3 个百分点；但部分河段仍然有较大误差，例如宜昌—枝城河段相对误差为 −12.2%。

表 5.3-2　2002 年 10 月—2012 年 10 月长江干流河道冲淤计算成果（改进混合层厚度后）

河　段	实测值/亿 m³	计算值/亿 m³	相对误差/%
宜昌—枝城	−1.46	−1.28	−12.2
枝城—藕池口	−3.31	−2.96	−10.7
藕池口—城陵矶	−2.90	−2.98	2.8
城陵矶—汉口	−1.59	−1.63	2.6
汉口—湖口	−2.62	−2.48	−5.4

模型改进后，藕池口以下河段的计算精度有所提高，如藕池口—城陵矶河段相对误差由改进前的 9.2% 减小到改进后的 2.8%，汉口—湖口河段的计算误差由改进前的 9.2% 变化为改进后的 −5.4%，宜昌—枝城和枝城—藕池口河段计算精度略有减小。

5.3.5.3　三口分流分沙模式改进效果

模型改进分流分沙计算方法后，计算长江干流河道冲淤成果见表 5.3-3。由表可见，改进后宜昌—湖口河段冲淤量计算值为 10.97 亿 m³，较实测值偏小，相对误差为 −7.6%，但部分河段仍然有较大误差，如宜昌—枝城河段相对误差为 −15.9%。

表 5.3-3　2002 年 10 月—2012 年 10 月长江干流河道冲淤计算成果（改进分流分沙计算模式后）

河　段	实测值/亿 m³	计算值/亿 m³	相对误差/%
宜昌—枝城	−1.46	−1.23	−15.9
枝城—藕池口	−3.31	−2.91	−12.0
藕池口—城陵矶	−2.90	−2.63	−9.4
城陵矶—汉口	−1.59	−1.34	−15.6
汉口—湖口	−2.62	−2.87	9.3

模型改进后与改进前比，宜昌—枝城和汉口—湖口河段计算精度差别不大，枝城—藕池口和藕池口—城陵矶河段冲刷量略有减少，城陵矶—汉口河段冲刷量略有增加。总体来看，荆江三口分流分沙模式的改进对长江干流河段冲淤量的计算精度影响不大，主要对三口口门河段的局部冲淤及三口河道的冲淤等有一定的影响。

　　对比上述各因素的改进效果，混合层厚度的改进对宜昌—湖口干流河段模拟精度的提高影响相对较大，非均匀沙挟沙力的改进影响次之。

5.3.5.4　模型改进综合效果

　　对河道泥沙模型采取前述各因素综合改进后，计算长江干流河段冲淤成果与实测值比较见表5.3-4。在上述非均匀沙挟沙力计算方法、混合层厚度计算方法、河网分流模式和分沙模式改进的基础上，同时还根据最新实测资料对床沙级配进行了更新。由表可见，综合改进后宜昌—湖口河段冲淤量计算值为11.33亿 m³，较实测值偏小，各分段相对误差均在12%以内。总体看来，模型改进后，各河段冲淤量计算值与实测值相比，误差减少，计算精度有了一定程度的提高，宜昌—湖口全河段计算精度提高了3%。

表5.3-4　2002年10月—2012年10月长江干流河道冲淤计算成果（综合改进后）

河　段	实测值/亿 m³	计算值/亿 m³	相对误差/%
宜昌—枝城	−1.46	−1.28	−11.9
枝城—藕池口	−3.31	−2.97	−10.3
藕池口—城陵矶	−2.90	−2.99	3.1
城陵矶—汉口	−1.59	−1.62	1.8
汉口—湖口	−2.62	−2.46	−6.1

5.4　新水沙条件下三峡水库与坝下游河道泥沙冲淤预测

5.4.1　水库泥沙冲淤预测

5.4.1.1　入库水沙条件

　　针对三峡水库上游干支流建库后的新水沙条件，本研究进行了三峡水库淤积的长系列计算，计算时间是50年，相应干流入库水沙采用前述4.5节的研究结果（表5.4-1）。金沙江向家坝水电站出库水沙，考虑雅砻江梯级、金沙江中游梯级及下游的溪洛渡和向家坝水库的拦沙作用，考虑溪洛渡、向家坝水库运用10年后上游再修建乌东德、白鹤滩梯级水库，则前30年向家坝年平均出库沙量为0.261亿 t，前50年平均出库沙量为0.254亿 t，前100年平均年出库沙量为0.278亿 t。在向家坝水库下游支流上，也适当考虑了水库的拦沙作用。三峡入库朱沱站和嘉陵江及乌江的水沙情况见表5.4-1，第1个10年，干流入库沙量为1.07亿 t；第2个10年开始，因考虑了乌东德和白鹤滩的拦沙作用，沙量有所减少，第2～第5个10年入库沙量分别为0.883亿 t、0.918亿 t、0.955亿 t和0.995亿 t。此外，三峡库区除嘉陵江和乌江外的支流，年均入库泥沙总量按1000万 t考虑。

表 5.4-1   三峡水库淤积计算方案入库水沙量

运行时间/a	朱 沱		嘉 陵 江		乌 江		合 计	
	径流量/亿 m³	输沙量/亿 t	径流量/亿 m³	输沙量/亿 t	径流量/亿 m³	输沙量/亿 t	径流量/亿 m³	输沙量/亿 t
10	2669	0.820	552	0.191	538	0.058	3759	1.069
20	2669	0.610	552	0.211	538	0.062	3759	0.883
30	2669	0.620	552	0.232	538	0.066	3759	0.918
40	2669	0.630	552	0.254	538	0.071	3759	0.955
50	2669	0.640	552	0.279	538	0.076	3759	0.995

5.4.1.2 计算方案

计算方案有方案 1（初步设计方案）、方案 2（现行方案）和方案 3（综合优化方案），见表 5.4-2。考虑三峡入库径流的减小和汛后上游干支流的拦蓄作用，方案 1 的 10 月 1 日开始蓄水已不可能实行，按 9 月 10 日开始蓄水，9 月底控制蓄水位不超过 165m。方案 2 基本同现在的实际运行方案，9 月 10 日开始蓄水，但汛期实行中小洪水调度，汛期控制下泄流量不超过 45000m³/s，汛后水位与蓄水相衔接。方案 3 是第 8 章研究提出的综合优化方案，即汛期水位 148m；8 月中旬入库平均流量小于 40000m³/s 时，8 月 21 日开始蓄水，8 月底控制不超过 155m；8 月中旬入库平均流量大于 40000m³/s 时，9 月 1 日开始蓄水，9 月底不超过 165m；汛期采取先减小流量后加大流量再减小流量的沙峰调度方式；三峡水库为城陵矶补偿调度水位为 158m。

表 5.4-2   三峡水库淤积计算方案

计算方案	起蓄时间	控 制 条 件
方案 1	9 月 10 日	汛期水位 145m；9 月底 165m
方案 2	9 月 10 日	汛期水位 145m，实行中小洪水调度；9 月底 165m
方案 3	提前蓄水	汛期水位 148m；为城陵矶补偿调度水位 158m；汛期沙峰调度方式；9 月底不超过 165m

5.4.1.3 水库淤积与分布

三峡水库不同方案运用 50 年计算淤积量见表 5.4-3 和图 5.4-1。由图可见，计算 50 年内，三峡水库泥沙淤积基本呈线性增加，说明水库离淤积平衡还相差很远，淤积速率没有明显变化。累积淤积量以方案 1 最少，为 32.08 亿 t，年平均淤积约 0.64 亿 t；方案 3 最多，为 38.96 亿 t，年平均淤积量约 0.78 亿 t。

表 5.4-3   三峡水库不同方案计算干支流总淤积量   单位：亿 t

运行时间/a	方案 1	方案 2	方案 3
10	7.69	8.42	9.07
20	13.73	15.07	16.36
30	19.84	21.81	23.79
40	25.98	28.60	31.33
50	32.08	35.41	38.96
年均	0.64	0.71	0.78

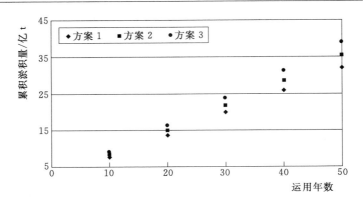

图 5.4-1　三峡水库不同方案计算干支流总淤积量变化过程

与方案 1 相比，方案 2 在 50 年内累积淤积量增加了 3.32 亿 t，年平均增加约 664 万 t，增幅为 10%；方案 3 累积淤积增加了 6.88 亿 t，年平均增加约 1376 万 t，增幅为 21%。由此可见方案 2 和方案 3 较方案 1 增加淤积比率都比较大，增加淤积量较多。

表 5.4-4 为三峡水库不同方案计算干流分段累积淤积量，由表可见，不同方案淤积都主要出现在坝址以上约 440km 范围内，即丰都至坝址库区。丰都以上至重庆河段略有冲刷，重庆以上至朱沱河段基本稳定。不同方案计算沿程累积淤积量分布是相似的，图 5.4-2 给出了方案 3 计算干流沿程累积淤积量分布情况。

表 5.4-4　　　　　　　　三峡水库不同方案计算干流河段分段淤积量　　　　　　单位：亿 m³

运行时间/a	蓄水方案	朱沱—寸滩	寸滩—清溪场	清溪场—万县	万县—大坝	朱沱—大坝
10	方案 1	−0.012	−0.13	2.39	3.36	5.61
	方案 2	−0.012	−0.13	2.91	3.37	6.13
	方案 3	−0.012	−0.14	3.82	3.01	6.67
20	方案 1	−0.039	−0.22	3.93	6.30	9.96
	方案 2	−0.039	−0.22	4.84	6.33	10.9
	方案 3	−0.041	−0.25	6.51	5.71	11.9
30	方案 1	−0.063	−0.30	5.15	9.59	14.4
	方案 2	−0.063	−0.30	6.44	9.69	15.8
	方案 3	−0.067	−0.34	8.56	8.81	17.3
40	方案 1	−0.084	−0.36	6.08	13.2	18.8
	方案 2	−0.084	−0.36	7.96	13.4	21.0
	方案 3	−0.090	−0.41	10.5	12.3	22.7
50	方案 1	−0.10	−0.42	6.69	17.1	23.3
	方案 2	−0.10	−0.41	8.66	17.5	25.6
	方案 3	−0.11	−0.47	12.6	16.3	28.3

图 5.4-3 为方案 3 库区干流河段沿程各断面计算冲淤面积变化情况。由图可见，即使运用至 50 年，三峡库区淤积仍具有间断性，淤积主要出现在宽阔段，窄深段淤积较小，

甚至略有冲刷。

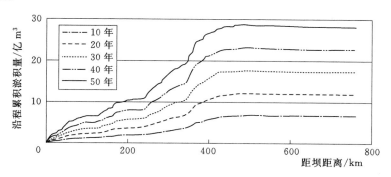

图 5.4-2 方案 3 三峡水库计算干流沿程累积淤积量分布

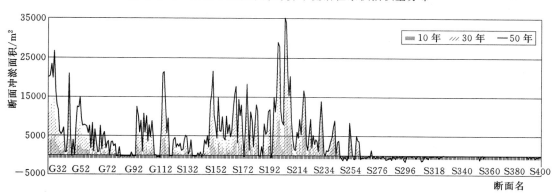

图 5.4-3 方案 3 三峡水库库区干流河段沿程各断面冲淤面积变化过程

为了进一步反映不同方案对库区泥沙淤积分布的影响，以方案 1 为比较对象，图 5.4-4 给出了其他 2 个方案与方案 1 沿程冲淤差值的分布情况。由图可见，与方案 1 相比，方案 2 及方案 3 在坝前约 60km 库段内淤积有所减少，三峡水库运用 50 年时，方案 2 减小了约 0.28 亿 m³，方案 3 减少了约 1.6 亿 m³。

与方案 1 相比，方案 2 在坝前约 60～490km 库段内淤积是增加的，水库运用 50 年时，增加了约 2.6 亿 m³。方案 3 则在坝前约 250～490km 库段内淤积是增加的，运用 50

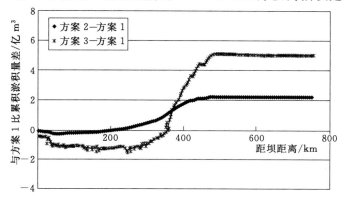

图 5.4-4 不同方案对三峡库区干流河段沿程冲淤的影响（运用 50 年）

年时，增加了约 6.7 亿 m³。淤积分布变化过程说明，方案 3 由于汛限水位升高，淤积位置明显上移。

5.4.1.4　库容损失情况

表 5.4-5 为三峡水库运用 50 年时，不同方案计算干支流库区 145～175m 高程和145m 高程以下库容损失情况。由表可见，在新水沙条件下，不同方案库区泥沙淤积主要出现在 145m 高程以下，145～175m 高程范围淤积较少。其中，方案 1 在 145～175m 高程范围内基本没有累积性淤积；运用 50 年时，方案 2 累积淤积量为 0.80 亿 m³，方案 3 为2.15 亿 m³。由于 145～175m 高程范围淤积直接减小了水库的有效库容，方案 3 提高汛限水位后对有效库容的影响仍值得注意。

表 5.4-5　　　　三峡水库运用 50 年时不同方案干支流总库容损失　　　　单位：亿 m³

高程范围	方案 1	方案 2	方案 3
145～175m	0.09	0.80	2.15
145m 以下	25.4	27.2	28.7
合计	25.5	28.0	30.9

5.4.1.5　出库泥沙变化

表 5.4-6 为三峡水库运用不同年数各方案的计算出库沙量。各方案出库沙量随时间的变化过程都基本是一致的，如图 5.4-5 所示。由于前几年未考虑白鹤滩和乌东德的拦沙作用，三峡入库沙量较大，因而出库沙量也较大。从第 2 个 10 年开始，三峡水库出库沙量呈增加趋势。第 3 个 10 年出库沙量比第 2 个 10 年增加了约 7%，第 4 个 10 年出库沙量比第 3 个 10 年增加了约 8%，第 5 个 10 年出库沙量比第 4 个 10 年增加了约 11%。与第 1 个 10 年比，第 5 个 10 年出库沙量增加了约 18%。

表 5.4-6　　　　　　　　　三峡水库各方案计算出库沙量变化

运行时间/a	方案 1		方案 2		方案 3	
	沙量/万 t	排沙比	沙量/万 t	排沙比	沙量/万 t	排沙比
1～10	42297	0.362	35623	0.305	28836	0.247
11～20	38987	0.397	33150	0.337	26785	0.272
21～30	41739	0.410	36112	0.355	29317	0.288
31～40	45174	0.428	39279	0.372	32297	0.306
41～50	50114	0.458	43695	0.399	35778	0.326
年均	4366	0.410	3757	0.353	3060	0.288

不同方案对三峡水库排沙比的影响也列在表 5.4-6 中。由表可见，各方案排沙比都是随时间增加的，50 年内增幅约为 30%。从各方案比较看，方案 1、方案 2 和方案 3 排沙比依次减小，方案 2 与方案 1 相差 14% 左右，出库年沙量减少约 600 万 t；方案 3 与方案 1 相差 30% 左右，出库年沙量减少约 1300 万 t。

需要说明的是方案 2，计算的排沙比大于三峡水库最近 10 年的实际排沙比，原因主要有两方面：一是方案计算入库沙量是新水沙条件下的沙量，明显小于三峡水库近 10 年

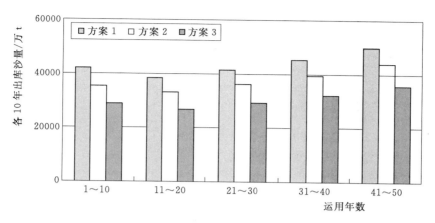

图 5.4 - 5　三峡水库运用不同时期各方案计算的出库沙量对比

的实际入库沙量，而入库水量较近 10 年水量大；二是方案计算中，中小洪水调度是按出库 45000m³/s 控制的，而近几年三峡水库实际中小洪水调度出库洪水经常按 40000m³/s 或更小控制，汛期库水位经常高于方案计算中的对应水位。

表 5.4 - 7 为三峡水库运用不同时期各方案计算出库泥沙级配组成。出库泥沙粒径基本都在 0.062mm 以下，平均粒径在 0.008mm 左右。小于 0.004mm、0.004～0.008mm、0.008～0.016mm 和 0.016～0.031mm 四组粒径泥沙所占比例较大，0.031～0.062mm 和 0.062～0.125mm 粒径组泥沙依次明显减少。从出库泥沙随时间的变化来看，各方案出库泥沙都有随时间略有粗化的趋势，但变化幅度较小。

由此可见，计算 50 年内，不同方案对出库泥沙量虽然有一定影响，但对出库泥沙组成的影响很小，各粒径组出库泥沙所占比例基本相同。

表 5.4 - 7　　　　　　　　　三峡水库方案计算出库分组泥沙组成　　　　　　　　单位：万 t

方案	运行时间/a	粒 径 组/mm					
		小于 0.004	0.004～0.008	0.008～0.016	0.016～0.031	0.031～0.062	0.062～0.125
方案 1	1～10	14640	6748	10170	7920	2685	135
	11～20	14392	5418	8740	7387	2913	138
	21～30	15573	5665	9217	7895	3224	162
	31～40	16924	6077	9967	8496	3519	189
	41～50	18776	6740	11070	9340	3953	230
	年均	1606	613	983	821	326	17
方案 2	1～10	12793	5792	8469	6605	1910	54
	11～20	12676	4694	7360	6234	2129	56
	21～30	13922	4993	7909	6789	2432	68
	31～40	15171	5382	8619	7350	2677	78
	41～50	16871	5985	9599	8113	3028	100
	年均	1429	537	839	702	244	7.1

续表

方案	运行时间/a	粒　径　组/mm					
		小于 0.004	0.004～0.008	0.008～0.016	0.016～0.031	0.031～0.062	0.062～0.125
方案 3	1～10	10877	4836	6662	5229	1209	22
	11～20	10824	3842	5771	4944	1384	19
	21～30	11869	4151	6295	5423	1559	20
	31～40	13103	4533	6947	5944	1746	23
	41～50	14525	5029	7704	6536	1955	28
	年均	1224	448	668	562	157	2.0

5.4.1.6　入库沙量对三峡水库泥沙淤积的影响

为进行敏感性分析，计算不同入库沙量对三峡水库泥沙淤积的影响。前面采用新水沙系列计算三峡水库泥沙淤积，对比计算是中国水利水电科学研究院曾采用 1991—2000 年 10 年水沙系列为三峡入库水沙条件[6]进行的三峡水库泥沙淤积量计算。作为对比的水沙系列，1991—2000 年水沙系列三峡水库平均年入库水量为 3756 亿 m³，前 10 年平均年入库沙量为 2.99 亿 t，运用 10 年后平均年入库沙量为 2.16 亿 t。

敏感性分析计算方案主要针对现行方案，同新水沙条件下水库淤积计算的现行方案相同，只是入库沙量不同。敏感性分析计算方案为 9 月 11 日开始蓄水，限制水位 150m 方案（旧方案），该方案在蓄水时间上与新水沙条件下的现行方案基本一致，限制水位比现行方案高些。但由于该方案没有中小洪水调度，而新水沙条件下现行方案是有中小洪水调度的，因而两者汛期平均水位接近。因此，对比计算的旧方案与新水沙条件下计算的现行方案具有一定的可比性，主要的不同在于入库泥沙量，见表 5.4 - 8。

表 5.4 - 8　　　　　　　　　三峡水库不同入库泥沙条件下的计算方案对比

方　案	起蓄时间	限制水位/m	汛期控制	年平均入库沙量/亿 t
现行方案	9 月 10 日	145	实行中小洪水调度	0.96
旧方案	9 月 11 日	150	不实行中小洪水调度	2.33
方案 1	9 月 1 日	145	实行中小洪水调度	0.96
旧方案 1	9 月 1 日	150	不实行中小洪水调度	2.33
方案 2	8 月 21 日	145	实行中小洪水调度	0.96
旧方案 2	8 月 21 日	150	不实行中小洪水调度	2.33

下面把这两种水沙系列计算的水库泥沙淤积结果进行比较，以反映入库泥沙不同时对水库泥沙淤积影响的差别。

不同入库水沙系列计算水库淤积量对比见表 5.4 - 9。由表可见，由于对比水沙系列比新水沙系列沙量大，且汛期水位也略高，水库淤积量也相应要大。水库运用至 30 年时，与现行方案比，旧方案累积淤积量增加了 40.3 亿 t，年均增加约 1.34 亿 t。可见旧水沙系列由于入库泥沙多，且泥沙级配粗些，计算的水库泥沙淤积量增加很多。

表 5.4-9 两种入库水沙系列对三峡水库淤积量的影响对比

运行时间/a	三峡水库泥沙淤积量/亿 t		
	对比水沙系列 （旧方案）	新水沙系列 （现行方案）	差 值
10	21.5	8.42	13.08
20	42.6	15.1	27.5
30	62.1	21.8	40.3
年平均	2.07	0.73	1.34

表 5.4-10 为两种入库水沙系列对淤积分布的影响比较。由表可见，不同来沙条件下，水库淤积范围是相似的，主要淤积在清溪场以下的常年回水区。但不同来沙条件下沿程累积淤积量分布也有一些差别，主要表现在清溪场以上变动回水区。新水沙条件下，丰都以上至重庆河段略有冲刷，重庆以上至朱沱河段基本稳定；但 1991—2000 年水沙系列条件下，清溪场以上库段存在累积性淤积。如运用至 30 年时，新水沙条件下清溪场以上库段总体冲刷泥沙量为 0.36 亿 m³，而 1991—2000 年水沙系列条件下淤积了 5.34 亿 m³，两者年平均相差 0.19 亿 m³，增加量还是比较大的。

表 5.4-10 三峡水库不同入库水沙系列对淤积分布的影响

运行时间/a	入库水沙系列	朱沱—清溪场		清溪场—大坝	
		冲淤量/亿 m³	差 值	冲淤量/亿 m³	差 值
10	新	−0.14	3.03	6.28	12.37
	旧	2.89		18.65	
20	新	−0.26	4.57	11.17	27.09
	旧	4.31		38.26	
30	新	−0.36	5.70	16.13	40.59
	旧	5.34		56.72	

5.4.2 水库坝下游河道冲淤预测

5.4.2.1 水沙条件与计算方案

采用前述河道一维水沙数学模型对三峡水库运用 50 年坝下游河道冲淤情况进行了计算预测。计算范围包括长江干流宜昌—大通河段、洞庭湖区及四水尾闾、鄱阳湖区及五河尾闾，以及区间汇入的主要支流清江和汉江。

计算地形：长江干流宜昌—大通河段为 2011 年实测地形、荆江三口分流河道及洞庭湖区、鄱阳湖区计算断面取自 2011 年地形图，该地形资料均由长江委水文局施测并提供。宜昌—大通河道全长 1123km，共剖分计算断面 819 个，其中干流断面 714 个，支汊断面 109 个，平均断面间距 1.57km。

采用考虑上游干支流建库拦沙影响的 1991—2000 年水沙系列，进行新的水沙条件和优化调度方式下三峡水库运行 50 年库区泥沙冲淤计算，如 5.4.1 节所述，其下泄水沙作为坝下游河道冲淤计算的进口边界条件。计算方案也与 5.4.1 节相同，包括方案 1（初步设计）、方案 2（试验性蓄水期方案）和方案 3（综合优化方案）。此外，增加方案 4（大沙方案），该方案的三峡水库调度方式与方案 2 相同，但入库水沙系列采用入库沙量相对更大的水沙系列，即金沙江下游乌东德、白鹤滩、溪洛渡、向家坝四库不考虑絮凝影响，如 4.5 节所述。本节重点研究方案 2、方案 3 和方案 4。

计算范围内沿程支流和洞庭湖区四水等的入汇水沙均采用 1991—2000 年相应时段的实测值。下游水位控制站为大通水文站，实测资料表明，20 世纪 90 年代以来大通站水位流量关系比较稳定。

干流河床组成以已有的河床钻孔资料、江心洲或边滩的坑测资料及固定断面床沙取样资料等综合分析确定。本研究计算补充了 2009 年宜昌—螺山河段坑测资料，对局部河段的河床组成进行了调整。

5.4.2.2　冲淤分布

采用三峡水库坝下游河道一维水沙数学模型，进行不同方案坝下游河道的冲淤计算，研究坝下游河道的冲淤变化趋势。以下重点分析方案 2 计算成果，从 2014 年开始起算。由表 5.4－11 可见，水库联合运用至 2033 年年末，长江干流宜昌—大通河段悬移质累计总冲刷量为 23.30 亿 m³，其中宜昌—城陵矶河段冲刷量为 14.58 亿 m³；至 2063 年年末，宜昌—大通河段悬移质累计冲刷量为 43.90 亿 m³，其中宜昌—城陵矶河段累积最大冲刷量为 21.91 亿 m³，城陵矶—汉口河段为 14.09 亿 m³，汉口—大通河段为 8.90 亿 m³。

表 5.4－11　　　三峡水库蓄水运用后不同时期宜昌—大通分段悬移质累积
冲淤量（方案 2）计算成果

河段名称	河段长度 /km	冲　淤　量/亿 m³				
		2023 年	2033 年	2043 年	2053 年	2063 年
宜昌—枝城	60.8	−0.42	−0.42	−0.43	−0.43	−0.43
枝城—藕池口	171.7	−3.83	−4.63	−4.90	−5.06	−5.19
藕池口—城陵矶	170.2	−4.94	−9.53	−13.08	−15.24	−15.29
城陵矶—汉口	230.2	−2.82	−5.90	−9.86	−13.20	−14.09
汉口—湖口	295.4	−1.03	−1.81	−3.05	−3.83	−5.36
湖口—大通	204.1	−0.57	−1.01	−1.34	−1.72	−3.54
宜昌—大通	1132.4	−13.61	−23.30	−32.66	−39.48	−43.90

由于宜昌—大通河段跨越不同地貌单元，河床组成各异，各分河段在三峡水库蓄水运用后出现不同程度的冲淤变化。

宜昌—枝城河段河床由卵石夹沙组成，表层粒径较粗。三峡水库蓄水运用初期本河段悬移质强烈冲刷基本完成，2063 年年末最大冲刷量为 0.43 亿 m³。

枝城—藕池口河段为弯曲型河道，弯道凹岸已实施护岸工程，险工段冲刷坑最低高程已低于卵石层顶板高程，河床由中细沙组成，卵石埋藏较浅。该河段在水库运用至 2033 年年末，冲刷量为 4.63 亿 m³，2063 年年末冲刷量为 5.19 亿 m³。

藕池口—城陵矶河段（下荆江）为蜿蜒型河道，河床沙层厚达数十米。三峡水库初期运行时，本河段冲刷强度相对较小；2023 年年末和 2033 年年末，本河段冲刷量分别为

4.94 亿 m³ 和 9.53 亿 m³；至 2063 年年末，本河段冲刷量为 15.29 亿 m³，是冲刷量及冲刷强度最大的河段。

三峡水库运行初期，由于下荆江的强烈冲刷，进入城陵矶—汉口河段水流的含沙量较近坝段大。待荆江河段的强烈冲刷基本完成后，强冲刷下移。水库运用至 2023 年年末和 2033 年年末，本河段冲刷量为 2.82 亿 m³ 和 5.90 亿 m³；至 2053 年末，本河段冲刷量为 14.09 亿 m³。

汉口—大通河段为分汊型河道，随着上游河段冲刷减弱，汉口—湖口河段开始冲刷，2033 年年末和 2063 年年末冲刷量分别为 1.81 亿 m³ 和 5.36 亿 m³，湖口—大通河段 2033 年年末和 2063 年年末冲刷量分别为 1.01 亿 m³ 和 3.54 亿 m³。

总体看来，坝下游宜昌—大通河段将发生长距离长时间的冲刷，冲刷强度由上游向下游逐步发展。由于宜昌—大通河段跨越不同地貌单元，河床组成各异，各分河段在三峡水库蓄水运用后出现不同程度的冲淤变化。其中，宜昌—枝城河段在三峡水库蓄水运用初期 10 年内悬移质强烈冲刷基本完成，枝城—藕池口河段在水库运用 30 年末冲刷基本完成，藕池口以下河段在三峡水库运用 50 年末尚未完成冲刷。

表 5.4 - 12 为方案 3 坝下游河道计算冲淤量统计表，各河段总体均呈冲刷趋势。从宜昌—大通河段总体情况来看，与方案 2 相比，方案 3 冲刷量有所增加，2023 年年末和 2063 年年末，分别增加约 0.29 亿 m³ 和 0.27 亿 m³，增幅约为 2.2% 和 0.6%。从各分段来看，与方案 2 相比，宜昌—城陵矶河段冲刷量略有增加，城陵矶—湖口河段冲刷量有所减少。方案 3 的藕池口—城陵矶河段冲刷量略有增加，2023 年年末增加约 6.8%；城陵矶—汉口河段冲刷量略有减小，减幅为 3.3%；其他河段差异不大。分析其原因，方案 3 出库泥沙减少，在抗冲性较差的藕池口—城陵矶河段的冲刷能力变大，冲刷量增加。

表 5.4 - 12　　三峡水库运用不同时期宜昌—大通计算分段悬移质累积冲淤量 （方案 3）

河段名称	河段长度 /km	冲 淤 量/亿 m³				
		2023 年	2033 年	2043 年	2053 年	2063 年
宜昌—枝城	60.8	−0.43	−0.43	−0.44	−0.43	−0.43
枝城—藕池口	171.7	−3.89	−4.67	−4.95	−5.10	−5.21
藕池口—城陵矶	170.2	−5.27	−9.89	−13.19	−15.30	−15.34
城陵矶—汉口	230.2	−2.72	−6.05	−10.17	−13.21	−14.07
汉口—湖口	295.4	−1.01	−1.79	−3.21	−3.90	−5.31
湖口—大通	204.1	−0.57	−0.96	−1.35	−1.83	−3.78
宜昌—大通	1132.4	−13.89	−23.79	−33.31	−39.77	−44.14

表 5.4 - 13 为方案 4 坝下游河道计算冲淤量统计表，各河段总体均呈冲刷趋势。从宜昌—大通河段总体情况来看，与方案 2 相比，方案 4 冲刷量有所减少，2023 年年末和 2053 年年末，分别减少约 0.10 亿 m³ 和 0.12 亿 m³，减幅约为 0.7% 和 0.3%。从各分段来看，与方案 2 相比，方案 4 藕池口—城陵矶河段冲刷量略有减少，2023 年年末减幅约为 5.0%；城陵矶—汉口河段冲刷量略有增加，增幅约为 4%；其他河段差异不大，如图 5.4 - 6 和图 5.4 - 7 所示。随着时间增长，各方案间的差异也逐渐缩小。

表 5.4 - 13 三峡水库运用不同时期宜昌—大通计算分段悬移质累积冲淤量（方案 4）

河段名称	河段长度/km	冲 淤 量/亿 m³				
		2023 年	2033 年	2043 年	2053 年	2063 年
宜昌—枝城	60.8	−0.42	−0.42	−0.43	−0.43	−0.43
枝城—藕池口	171.7	−3.80	−4.62	−4.87	−5.06	−5.21
藕池口—城陵矶	170.2	−4.69	−9.17	−12.95	−15.18	−15.25
城陵矶—汉口	230.2	−2.96	−5.97	−9.69	−13.20	−14.13
汉口—湖口	295.4	−1.09	−1.87	−3.02	−3.79	−5.30
湖口—大通	204.1	−0.54	−1.05	−1.36	−1.66	−3.46
宜昌—大通	1132.4	−13.50	−23.10	−32.32	−39.32	−43.78

5.4.2.3　水位流量关系变化

三峡水库蓄水运用后，由于长江中下游各河段河床冲刷，沿程各水文站同流量的水位呈下降趋势。由于各计算方案间冲淤量差别不大，本研究重点分析方案 2 干流各水文站的水位变化，且重点分析 2033 年年末和 2053 年年末的水位变化，表 5.4 - 14 和表 5.4 - 15 分别为 2033 年年末和 2053 年年末计算干流各水文站水位变化情况。

表 5.4 - 14　三峡水库运用至 2033 年年末计算坝下游干流各水文站水位变化

流量/(m³/s)	枝城水位/m	沙市水位/m	调弦口水位/m	监利水位/m	城陵矶水位/m
7000	−1.06	−2.19	−2.09	−2.07	
10000	−1.00	−1.99	−1.87	−1.85	−1.83
20000	−0.90	−1.49	−1.28	−1.23	−1.44
30000	−0.85	−1.12	−0.93	−0.87	−1.10
40000	−0.72	−0.82	−0.69	−0.62	−0.80

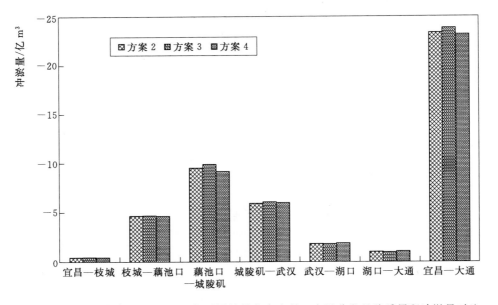

图 5.4 - 6　三峡水库运用至 2033 年不同计算方案宜昌—大通分段悬移质累积冲淤量对比

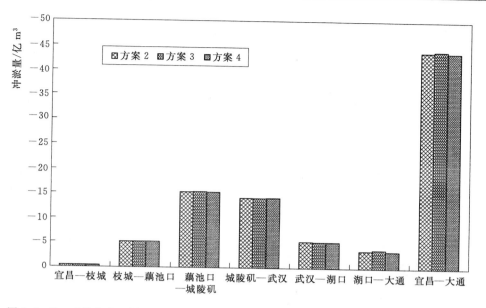

图 5.4-7 三峡水库运用至 2063 年不同计算方案宜昌—大通分段悬移质累积冲淤量对比

表 5.4-15 三峡水库运用至 **2053 年年末计算坝下游干流河道水位变化**

流量/(m³/s)	枝城水位/m	沙市水位/m	监利水位/m	城陵矶水位/m
7000	−1.22	−2.82	−2.68	
10000	−1.19	−2.64	−2.49	−2.95
20000	−1.10	−2.18	−2.01	−2.40
30000	−1.02	−1.83	−1.66	−1.92
40000	−0.85	−1.54	−1.34	−1.47

枝城站位于宜昌—太平口河段内，上距宜昌 58km，下距沙市 180km。由于宜昌—枝城河段为卵石夹沙河床，三峡水库蓄水运用后很快形成抗冲保护层，限制该河段继续冲刷发展。由表 5.4-14 和表 5.4-15 可见，水库运用至 2033 年年末，流量为 7000m³/s 和 20000m³/s 时，枝城站水位分别比现状水位（2012 年，下同）下降 1.06m 和 0.90m；至 2053 年年末，相应水位比现状水位分别下降 1.22m 和 1.10m。

沙市站位于太平口—藕池口河段内，距宜昌约 148km。由于该河段河床组成为中细沙，冲刷量相对上游段要多，使沙市站水位下降相对较多。当水库运用至 2033 年年末，流量为 7000m³/s 和 20000m³/s 时，沙市站水位比现状水位分别下降 2.19m 和 1.49m；至 2053 年年末，相应水位比现状水位分别下降 2.82m 和 2.18m。

监利站位于藕池口—城陵矶河段内，该河段河床发生剧烈冲刷，是冲刷量及冲刷强度最大的河段，水位下降也较多。水库运用至 2053 年年末，流量为 7000m³/s 和 20000m³/s 时，该站水位比现状水位分别下降 2.68m 和 2.01m。

城陵矶（莲花塘）站位于城陵矶—汉口河段内，此处有洞庭湖入汇。水库运用至 2053 年年末，流量为 10000m³/s 和 20000m³/s 时，水位比现状水位分别下降 2.95m

和 2.40m。

三口河道是长江干流向洞庭湖分流分沙的连通道，表 5.4-16 为荆江三口口门处水位变化情况。

表 5.4-16　　　　三峡水库蓄水运用后不同时期三口口门处计算水位变化

流量/(m³/s)	2033 年年末水位/m			2053 年年末水位/m		
	松滋口	太平口	藕池口	松滋口	太平口	藕池口
7000	−1.11	−1.98	−2.47	−1.42	−2.32	−3.07
10000	−1.09	−1.79	−2.06	−1.38	−2.21	−2.83
20000	−1.01	−1.34	−1.88	−1.30	−1.93	−2.49
30000	−0.94	−1.00	−1.43	−1.20	−1.72	−2.28
40000	−0.87	−0.74	−0.98	−1.11	−1.55	−1.86

松滋口口门段干流河床由卵石夹沙组成，表层粒径较粗，水库运用后，该口门段河床发生冲刷，由表 5.4-16 可见，水库运用至 2053 年年末，不同流量级下水位比现状水位降低约 1.11～1.42m。

太平口口门段干流河床由中细沙组成，卵石埋藏较浅，水库运用的 2013—2053 年，该口门段河床发生较大冲刷，口门段水位下降相对较多。由表 5.4-16 可见，水库运用至 2053 年年末，不同流量级下水位比现状水位降低约 1.55～2.32m。

藕池口口门段干流河床为细沙，沙质覆盖层较厚，三峡水库运用 50 年，该口门段冲刷强度较大，河床平均冲深约 5m，水位下降较多。由表 5.4-16 可见，水库运用至 2053 年年末，不同流量级下水位比现状水位降低约 1.86～3.07m。

上述结果表明，三峡水库蓄水运用 50 年，荆江河道和城汉河段冲刷量较大，荆江河段各水文站水位流量关系变化较大，中枯水位下降较多；三口口门中以藕池口口门水位下降最大。

5.5　小结

本章主要根据三峡水库与下游泥沙输沙规律等研究成果，对三峡水库及下游河道泥沙数学模型进行了改进和完善，提高了模拟精度。运用改进完善后的数学模型，预测新的水沙条件和优化调度方式下三峡水库与下游河道冲淤变化，得到如下主要认识：

（1）通过考虑水库泥沙絮凝作用、改进恢复饱和系数取值方法、考虑库区支流和区间来水来沙、完善模型库容曲线等措施提高了三峡水库泥沙数学模型精度。从水位、流量、含沙量及级配等方面对三峡水库泥沙数学模型进行了验证，验证结果良好，三峡水库总淤积量计算误差为 7%。多角度比较说明，模型改进后，冲淤量计算精度提高了 10%～28.9%。对水沙过程验证中个别明显偏离的点，详细分析了误差原因，结果表明未控区间的突发洪水影响、采用的日平均水沙数据和月平均悬沙级配数据对峰值的削平作用及计算误差等都是重要影响因素。

（2）采用改进完善后的三峡水库泥沙数学模型，计算分析了新水沙条件下三峡水库泥沙淤积趋势。由于入库泥沙大幅减少，新水沙条件下三峡水库泥沙淤积减轻。与基本方案比，现行方案及综合优化方案虽然增加的淤积量不是很大，但增加的淤积比率都比较大。水库运用 50 年时，淤积仍主要位于常年回水区，有效库容损失 2.15 亿 m³，但采用沙量较多的 1991—2000 年水沙系列时，水库淤积明显加快，说明入库泥沙对水库淤积影响很大。

（3）以宜昌—大通河段、洞庭湖和鄱阳湖为研究对象，建立了三峡水库坝下游河道一维水沙数学模型，重点对水库坝下游数值模拟的关键技术进行了研究与改进，包括非均匀沙的挟沙能力、床沙混合层厚度计算方法和三口分流分沙模式等。采用三峡水库蓄水运用后实测资料对模型进行了验证，干流和湖区各水文站水位与流量计算结果与实测过程符合较好，能准确模拟出三口河道的断流时间和过流流量，具有较高的精度；冲淤计算能较好地反映各河段的总体变化，各分段计算冲淤性质与实测一致，冲淤量计算误差在 12% 以内。与改进前相比，宜昌—湖口长河段冲淤量计算精度提高了约 3%。

（4）采用改进后的三峡水库坝下游河道一维水沙数学模型，预测了新的水沙条件和优化调度方式下坝下游河道冲淤变化趋势。预测结果表明，坝下游宜昌—大通河段将发生长距离长时间冲刷，冲刷强度由上游向下游逐步发展。宜昌—枝城河段在水库运用 10 年后悬移质强烈冲刷基本完成，枝城—藕池口河段在水库运用 30 年末冲刷基本完成，藕池口以下在水库运用 50 年末尚未完成冲刷。三峡水库蓄水运用后，荆江河道和城陵矶—汉口河段冲刷量较大，故荆江河段的沙市、螺山和监利等水文站水位流量关系变化相对较大，枯水流量下水位下降较多，2053 年年末不同流量下的水位下降 0.6～2.8m。

参 考 文 献

[1] 方春明，鲁文，钟正琴. 可视化河网一维恒定水流泥沙数学模型 [J]. 泥沙研究，2003（6）：60 - 64.

[2] 武汉水利电力学院河流泥沙工程学教研室编著. 河流泥沙工程学 [M]. 北京：水利出版社，1980.

[3] 国务院三峡工程建设委员会办公室泥沙专家组，中国长江三峡集团公司三峡工程泥沙专家组. 三峡水库淤积观测成果分析与近期（2008—2027）水库淤积计算 [M]. 长江三峡工程泥沙问题研究 2006—2010：第二卷. 北京：中国科学技术出版社，2013.

[4] 韩其为. 扩散方程边界条件及恢复饱和系数 [J]. 长沙理工大学学报（自然科学版），2006（3）：8 - 19.

[5] 丁君松，丘凤莲. 汊道分流分沙计算 [J]. 泥沙研究，1981（1）：59 - 66.

[6] 中国水利水电科学研究院. 三峡水库近期淤积计算研究 [M]. 长江三峡工程泥沙问题研究 2006—2010：第二卷. 北京：中国科学技术出版社，2013.

第6章　三峡水库坝下游河道滩群演变
对航道影响与治理措施

三峡水库蓄水运用后，水库拦截了大量泥沙，将会引起坝下游河道长距离、长历时的冲淤演变调整，加之水库调蓄作用引起进入坝下游径流量过程改变，从而给坝下游河道航运带来一定影响。

三峡水库引起的坝下游河道冲淤演变，在三峡工程论证阶段、运行期间到现在，一直在持续研究中[1]，如对三峡水库蓄水运用前后水沙条件变化进行分析[2-3]；通过物理模型或数值模拟等手段对坝下长距离、长历时冲刷发展进程的定量预测[4-5]；基于蓄水后的观测资料，对沿程各区段输沙量和冲淤量的统计分析[6]；以及从局部尺度上对个别典型河段的河势调整分析等[7-11]。三峡水库对下游河道的影响主要在于改变了进入坝下游的来水来沙条件。水流是塑造河床的基本动力，径流大小、变幅、各流量级持续时间等要素决定了水沙两相流的造床动力特征；泥沙则是改变河床形态的物质基础，沙量的多少、颗粒的粗细影响着河床演变的方向。不同的水沙组合特征决定了河床的平面形态、断面特征、蜿蜒度等[12]。

三峡水库蓄水运用后，枯水流量增加，枯水河槽冲刷，这都有利于改善航道条件。但水库蓄水也带来一些问题，如砂卵石河床的航道会因冲刷幅度不同而引起局部河段坡陡流急或水深不足；心滩与边滩冲刷萎缩，导致中枯水河槽展宽明显，使得航槽纵向下切被削弱，枯水期局部航道水深不足；弯道段水流摆幅及顶冲点洪枯变幅会因流量变幅减小而有所减小，弯道发展可能对航槽位置有所影响。河道演变不仅受年际河床演变的影响，还与年内水沙过程密切相关，如蓄水期退水加快，可能使得"洪淤枯冲"浅滩变成"洪淤枯不冲"，从而可能加剧原有的碍航状况。

目前针对三峡工程运行后河道演变研究大多基于实测资料的定性分析，或基于模型计算年际演变过程，需开展浅滩演变与三峡水库水沙调节之间对应关系的研究，在此基础上针对水库水沙调节提出合理的应对措施。针对三峡水库坝下游的航道问题需要用辩证的观点，充分认识有利和不利的一面，深入分析河道演变和航道治理措施，才能保证航道的长治久安。

航道整治工程采用的整治建筑物形式各种各样，如调整水流、束水冲沙的丁坝（群）工程，控制汊道间分流分沙比的鱼嘴工程，稳定岸线的护岸工程，稳定边滩江心滩的护滩工程，控制汊道间分流比或防止串沟发展的锁（潜）坝工程等。研究显示，具有三维特性的局部绕流是这些整治工程破坏的一个重要原因。其中应用最为广泛的丁坝，其坝头绕流三维结构最为复杂，水毁现象也最严重。本研究选择丁坝为主要研究对象，研究其水毁机理及防护措施具有典型意义。

本章围绕三峡水库蓄水运用后坝下游航道面临的核心问题，以长江中游典型浅滩河段为主要对象，阐述了典型滩群演变规律及对航道的影响，构建了岸滩侧蚀三维水沙动力学模型，明晰了三峡水库坝下游典型浅滩演变与三峡工程水沙过程调节的响应关系，研发了新型丁坝坝头结构，分析了典型河段航道整治措施，并进行了应用示范。

6.1 长江中游典型滩群演变及长期清水冲刷对航道的影响

长江中游按照河型可分为顺直微弯、弯曲、分汊三类，不同类型河段滩槽格局不同，滩群演变特征也有所差异[13]。

长江中游顺直河段，主要包括周天河段、大马洲河段、铁铺水道和界牌河段等。顺直河段两岸一般均交错分布有边滩，构成上下、左右互相影响的滩群。如铁铺水道的何家铺边滩和广兴洲边滩，界牌河段上段的螺山边滩和上边滩，石头关水道的腰口边滩和白沙洲边滩，湖广水道的魏家坦边滩和赵家矶边滩等。顺直河段滩群演变主要特点为：左右岸边滩周期性的此冲彼淤，且年际间周期性下移，但不同河段因受边界条件限制而下移的幅度差别较大。长顺直段多出现在两个反向弯道之间，由于顺直段过长，受两反向弯道水流影响，水流极不稳定，不易形成稳定深槽，两岸一般有交错分布的边滩，也是航道治理的难点之一。

弯曲河段在下荆江分布较为密集，如调关水道、莱家铺水道、反咀水道、尺八口水道等。该类河段凸岸有较大规模的边滩，凹岸一般没有边滩或边滩规模很小。弯曲段主流"大水趋直、小水坐弯"，即大水时主流偏向凸岸边滩，凸岸边滩冲刷，而小水时主流摆离凸岸边滩，凸岸边滩淤积，使得凸岸边滩一般遵循"洪冲枯淤"的年内演变规律。凸岸边滩年际演变特征与凹岸抗冲性有关，若凹岸抗冲性较弱，凸岸边滩年际间持续淤长；若凹岸抗冲性较强，凸岸边滩年际间冲淤消长，但总体变化不大。

分汊河段在长江中下游分布尤为广泛，如芦家河河段、瓦口子—马家咀河段、窑监河段、陆溪口河段、嘉鱼—燕子窝河段、天兴洲河段、马当河段等。绝大多数分汊河道均分布有凹岸边滩、凸岸边滩及洲头低滩等边心滩。以监利水道为例，该分汊河道凹岸有洋沟子边滩，凸岸有新河口边滩，洲头有低滩，其中顺直分汊由进出口对峙节点控制，横向展宽受到限制，一般没有凹岸边滩和凸岸边滩发育，仅发育有洲头低滩。分汊河段凸岸边滩年内遵循"洪淤枯冲"的演变规律，而洲头低滩、凹岸边滩则表现为"洪冲枯淤"。切滩是分汊河段滩体演变的另一个主要特征，分汊河段的边滩和洲头低滩均存在切割现象。边滩切割方向与水流方向大致平行，洲头低滩切割方向则与水流方向大致垂直，两者切割过程中均伴随着倒套的溯源发展。

下面分别以典型滩段为例，分析顺直微弯河段、弯曲河段和分汊河段在三峡工程运行前后的河床演变规律及对航道条件的影响。

6.1.1 顺直微弯河段滩群演变规律

以荆江周天河段和大马洲河段为例，分析三峡水库蓄水运用后顺直微弯河段浅滩演变和航道条件变化。

6.1.1.1 周天河段

周天河段位于长江中游上荆江河段，如图6.1-1所示，以胡汾沟为界自上而下分为周公堤和天星洲两个水道。三峡水库蓄水运用前，周天河段河床演变主要表现为洲滩的消长和过渡段深泓平面位置的摆动。

三峡水库蓄水运用以来，心、边滩呈现冲刷态势，如九华寺边滩、戚家台边滩、周公堤心滩、蛟子渊边滩和新厂边滩均出现了不同程度的冲刷。为此，航道部门先后在蛟子渊边滩中上段、九华寺、周公堤和颜家台等实施控导工程，修建护滩、丁坝、潜丁坝等，并对左岸新厂边滩和天星洲左缘进行高滩守护。控导工程的实施限制了心、边滩的冲刷发展。

主流摆动是顺直微弯河段的一个重要特征。三峡水库蓄水运用后至控导工程实施前，周公堤水道过渡段主流变化较大，出现了主流左摆的迹象；控导工程实施后，过渡段虽然稳定为上过渡形式，但主流还在一定幅度内摆动。三峡水库蓄水运用后至控导工程前，天星洲水道主流变化较大，同时由于控导工程布置在周公堤水道，工程实施后，天星洲水道主流依然有所摆动。其中，在茅林口一带，由于水面展宽，加上天星洲滩头年际间呈现往复冲淤的变化，导致过渡段主流不稳，左右摆动较大，造成天星洲左缘冲刷后退。

6.1.1.2　大马洲河段

大马洲河段位于下荆江，河势如图6.1-2（彩图5）所示。三峡水库蓄水运用后，该河段来沙量大幅减少，边滩冲刷，河道展宽，同时过水面积增大，水流速度降低，促使河道达到新的平衡。随着边滩的冲刷，主流向冲刷方向摆动，使原先居于深槽位置的河床高

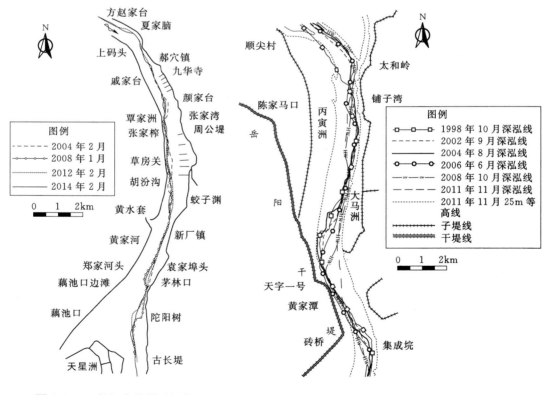

图6.1-1　长江中游周天河段
河道形态与主流摆动

图6.1-2　长江中游大马洲河段河道
形态与深泓线变化

程不再适应流速的变化,加之边滩冲刷造成局部含沙量增加,因而发生淤积,如图 6.1-3 所示。水库调蓄作用使本河段径流量过程在年内发生较大改变,汛期由于三峡水库的削峰作用,本河段发生大洪水的概率大大减小,有利于上下河段河势稳定,从而在大格局上对本河段通航条件有利。三峡水库汛末蓄水,较明显加快了汛末退水速度,可能导致本河段高滩的崩塌,崩塌的泥沙淤积到河槽里,增加了河槽的宽度,加大主流摆动的空间。同时退水过程加快,径流量大幅度减小,由于挟沙能力与流量高次方成正比,必然导致汛后冲刷能力大大降低,来不及冲刷航槽里的泥沙,使得局部河段由偏 V 形向较为宽浅的 U 形发展(图 6.1-3),从而对航槽稳定性产生不利的影响。

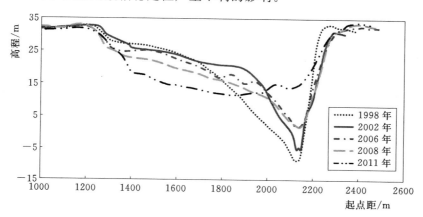

图 6.1-3　长江中游大马洲典型断面 1998—2011 年变化

大马洲河段河势调整受上游河势变化影响较大,但近些年来随着上游乌龟洲一系列航道整治工程的相继实施,监利弯道的左右汊分流格局进一步稳固,将为大马洲河段提供稳定的来流条件,大马洲河段的滩槽格局近期内将不会发生大的调整。

总而言之,在大马洲河段进口来流不发生大变化的前提下,预计该河道滩槽变化将继续呈现滩冲槽淤的规律,河道沿程将发生不同程度的展宽,其中有边滩河段河宽增加大,无边滩河段河宽增加小,河床将向较宽平的 U 形河道发展。同时,由于汛后退水速度明显加快,可能导致本河段高滩崩塌,从而增加主流摆动的空间,不利于本河段航槽稳定。

6.1.2　弯曲河段滩群演变规律

以盐船套—城陵矶河段(图 6.1-4)为例,分析弯曲河道的演变规律。该河段为典型的蜿蜒型河道,在弯道凹岸未被护岸工程控制以前,河道演变特点主要表现为凹岸不断崩退、凸岸不断淤长、弯顶逐渐下移,河身向下游蠕动。

三峡水库蓄水运用以来,该河段的河道演变特点主要表现为,主流出熊家洲弯道后不再过渡到右岸,而直接沿八姓洲西岸下行,七弓岭和观音洲弯道发生"撇弯切滩",如图 6.1-5 与图 6.1-6 所示,弯道凹岸深槽上段淤积、下段冲刷并向下游方向延伸;凸岸边滩上游面冲刷、下游面回淤,以及洲头切滩撇弯;弯道凹岸护岸段下游的未护岸地段岸线崩塌。

汛期,由于三峡水库削峰作用,进入本河段大洪水的概率大大减小,有利于本河段河势稳定,在一定程度上减少了本河段在发生大洪水时发生自然裁弯的可能性,从而避免了下荆江河段发生重大河势调整,河势稳定对本河段通航条件产生有利影响;汛后退水期,

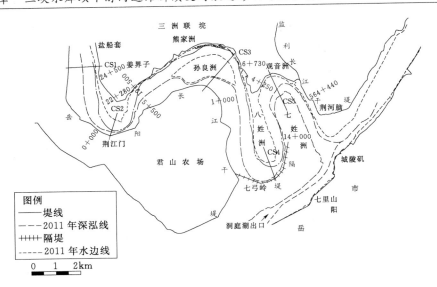

图 6.1-4　长江中游盐船套—城陵矶河段河势变化

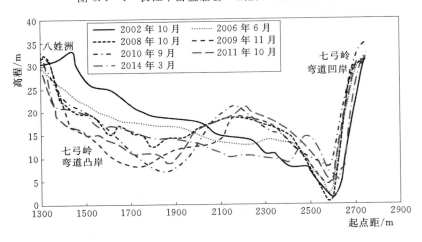

图 6.1-5　长江中游熊家洲—城陵矶河段七弓岭典型横断面变化

由于水库蓄水导致本河段退水速率明显加快，可能导致本河段边滩与高滩等崩塌，使崩塌的泥沙淤积到河槽里，不利于河势稳定。同时，汛后径流量的快速减少，也不利于本河段汛后航槽的冲刷，对通航条件造成一定的不利影响。枯水期，径流量明显增加，不利于小水坐弯，导致在枯水期主流更偏于凸岸，这也是近期七弓岭和观音洲弯道发生"撇弯切滩"的主要原因之一。

在近期水沙条件不发生大的变化前提下，随着三峡工程运行年限的增加，预计盐船套—城陵矶河段总体处于持续冲刷阶段，河床呈沿程逐步整体冲刷下切的趋势，深槽有所刷深拓展，过渡段主流下挫，弯道顶冲点下移，主流贴岸距离下延，局部河段主流平面摆动明显，局部河势变化较剧烈，其中以七弓岭弯道段河势变化较显著。八姓洲岸线将持续崩退，将导致七弓岭弯道弯曲半径继续减小，主流顶冲七弓岭凹岸，严重威胁岸坡稳定。若遇特殊不利水文年，八姓洲有发生自然裁弯的可能，进而引起上下游河势和江湖关系的巨大变化。

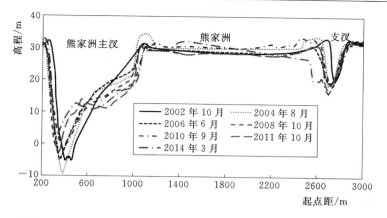

图 6.1-6 长江中游熊家洲—城陵矶河段熊家洲典型横断面变化

通过以上分析可知，坝下游弯曲型河道受上游河势变化影响较为明显，一旦上游河段发生河势调整，很容易出现"一弯变，弯弯变"的现象，并且受清水冲刷与径流过程改变的影响，在一些弯道河段的凸岸出现了"撇弯切滩"的现象。同时，在凹岸深槽处形成心滩，弯道段河势不稳，也导致部分河段狭颈处宽度不断减小，一旦遇到特殊水文年，有可能发生自然裁弯的现象。因此，有必要抓住有利时机，在现阶段尽早对该类型河段未护的岸滩进行加固守护，维护现有河势稳定。

6.1.3 分汊河段滩群演变规律

分汊河段是长江中游分布最为广泛的河型。以下分别以关洲分汊河段、窑监河段、陆溪口河段、嘉鱼—燕子窝河段为例，分析分汊河道的演变规律。其中关洲分汊段属卵石夹砂河床的分汊型河段，窑监河段属沙质河床的弯曲分汊型河段，而陆溪口分汊河道属沙质河床的鹅头型分汊河道，嘉鱼—燕子窝河段属于顺直微弯分汊型河道。

6.1.3.1 卵石夹砂河床分汊河道——以关洲河段为例

关洲河段位于荆江进口段，主要为砂卵石河床，属弯曲分汊型，如图 6.1-7 所示。

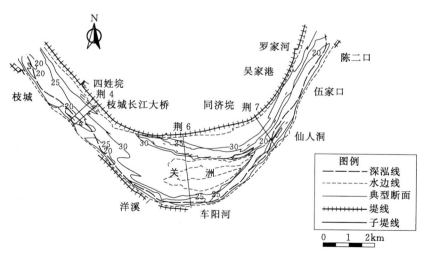

图 6.1-7 长江中游关洲分汊段近期河势图（2011 年 11 月）

三峡水库蓄水运用之前的近50年来，该河段河势格局基本稳定，主流线遵循"高水取直，中低水走弯"的规律。三峡水库蓄水运用后，关洲左汊道年际间开始出现持续性冲刷，尤其是三峡水库试验性蓄水运用后，关洲左汊冲刷幅度较大，2008年10月至2011年11月左汊深槽平均冲深为7.7m，局部最大冲深为18.2m，冲刷主要分布在左汊中、下段，上段进口沙卵石槛顶面高程变化较小，但砂卵石槛顺水流方向的宽度明显缩窄（30m等高线间距缩窄90m）。由于大洪峰流量得到有效控制，20000m³/s以下流量时间延长，加上左汊基岩分布较高，并有胶结岩裸露，且堆积着粗径卵砾石等，左汊冲刷发展为主汊需较长时期，故近期关洲分汊段总的河势格局基本不变。但考虑到关洲左汊的采砂情况比较严重，将在一定程度上影响关洲左汊的河道形态，当采砂累计总量超出了关洲分汊段的承受力，不排除采砂改变这一河段河势格局的可能性，如图6.1-8所示。

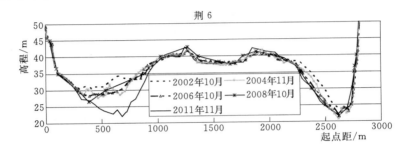

图6.1-8 长江中游关洲分汊段典型断面历年变化

综上所述，卵石夹砂型分汊河段位于近坝段，经过10多年的清水冲刷，一般左、右汊均发生较大规模的冲刷下切，边滩局部略有冲淤变形，目前基本冲刷调整完毕，未发现主支汊明显移位的迹象，该类型河段河势格局基本稳定。

6.1.3.2 弯曲分汊河型——以窑监河段为例

窑监河段位于下荆江中段，属沙质河床弯曲分汊河型，如图6.1-9所示，既有分汊

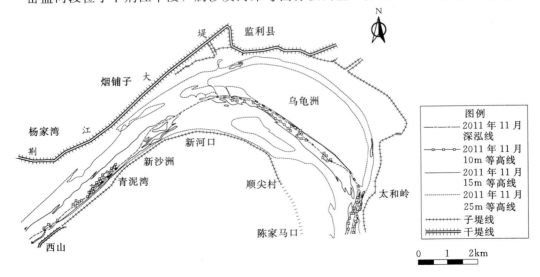

图6.1-9 长江中游窑监河段近期河势（2011年11月）

型河道的演变特征，又具有弯曲型河道的演变特征。以汊道周期性兴衰交替和主流摆动为主要特点，河床演变较为剧烈，水沙运动复杂，碍航问题也较为突出，大多数年份枯水期航道水深不足 2.9m。

三峡水库蓄水运用以来，主流一直走乌龟洲右汊，乌龟洲洲头低滩冲散后，造成分汊口门过于放宽，深泓在口门处摆幅较大，最大达 900m。由于口门放宽，引起枯水季节乌龟洲进口段滩型散乱，水流分散，易形成多槽争流的不利航道条件。随着洲头的崩退和来沙条件的改变，乌龟洲右缘也逐年崩退，右汊河宽大幅增加；左汊则以微冲为主，2009年航道部门对乌龟洲洲头及右缘上段和乌龟洲洲头心滩进行了守护，乌龟洲洲头冲刷及右缘崩退受到遏制，口门段河势趋于稳定，但右汊河道将会向纵向发展；乌龟洲左汊将会维持微冲的格局，有可能导致乌龟洲左缘冲刷。预计乌龟洲主、支汊将可能维持相对稳定，这为大马洲河段提供一个稳定的来流条件，对维护大马洲航道条件稳定有利。

由上可知，沙质型弯曲分汊型河道受上游主流摆动影响而具有汊道周期性兴衰交替的特点，坝下游河段经过长期治理，该类型河段上游河势一般较为稳定。三峡水库蓄水运用后，在清水长期冲刷下，主、支汊均出现不同程度的冲刷，其中主汊冲刷幅度较大，而支汊冲刷幅度相对较小。由于江心洲一般较少实施护岸工程，因此洲头、洲尾及靠近主汊侧的边滩一般会处于冲刷崩退状态。近期有关部门对该类型河段的江心洲洲头、洲尾及左右缘等均实施了大量的整治工程，在一定程度上稳定了江心洲，有利于该类型河段的河势稳定，如图 6.1-10 所示。随着三峡及上游梯级水库群联合运用，该类型河段将会长期遭受清水冲刷，在上游河势稳定的前提下，预计该类型河道基本维持现有格局。但主、支汊将会长期处于冲刷状态，横比降加大，可能引起局部边滩或者高滩等发生不同程度的崩塌，对已实施的整治工程可能造成一定的不利影响，需要抓住有利时机，对出现的不利局面进行及时加固处理。

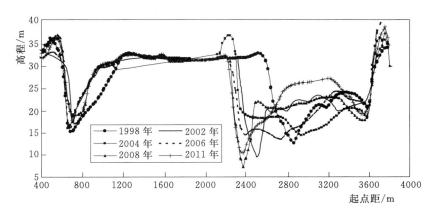

图 6.1-10　长江中游新河口典型断面变化

6.1.3.3　鹅头型分汊河型——以陆溪口河段为例

陆溪口河段属于典型的鹅头型分汊河道，如图 6.1-11 所示，具有凸岸新汊生成—新汊弯曲发展成为主汊—主汊衰退—新汊重生成的一般性演变规律。三峡水库蓄水运用以来，陆溪口河段出现了一定程度的冲刷调整，河床冲刷的部位主要发生在弯道段的凹岸近岸河床和高程较低的滩体。受赤壁山自然节点和老湾、套口、陆溪口、邱家湾段护岸工程以及陆溪口航道整治工程的控制影响，陆溪口河段河势格局将维持目前的特征。在同一水文年的不同时期，主流在新洲左右汊道的交替变化，直接影响冲刷区域的年内调整变化。中洲右缘、窑咀、洪庙、陆溪镇、刘家墩、亭子湾、邱家湾、桃红段的近岸河床在影响范围内，年内近岸河床冲淤交替变化，总的趋势是近岸河床冲刷调整，水下岸坡变陡，局部地段可能出现岸坡滑挫或崩塌险情。

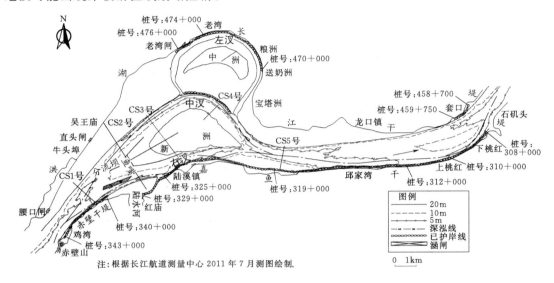

注：根据长江航道测量中心2011年7月测图绘制。

图6.1-11　长江中游陆溪口河段河势图

三峡水库蓄水运用后，该河段左、中、右三汊均出现不同程度的冲刷下切，陆溪口河段CS3号断面变化如图6.1-12所示，局部边滩出现不同程度的崩塌，受已建护岸与航道整治工程等影响，该类型河段河势格局将维持目前的特征。在同一水文年的不同时期，上游河势通过调整进口主流走向，改变节点挑流作用，从而对下游汊道的演变产生影响。一般在中大水流情况下，在上游节点挑流作用下主流走中汊；而在中小水流条件下，节点挑流作用减弱，主流坐弯走右汊道。长期遭受清水冲刷的影响，可能引起局部洲滩与边滩崩塌，导致汊道河势不稳，宜提前进行工程加固与实施护岸工程等。

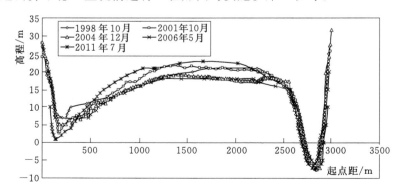

图6.1-12　长江中游陆溪口河段典型横断面变化（CS3号）

6.1.3.4 顺直微弯分汊河型——以嘉鱼—燕子窝河段为例

嘉鱼—燕子窝河段上起石矶头，下至潘家湾，全长 36km，由嘉鱼水道、王家渡水道、燕子窝水道组成，其中，王家渡水道为嘉鱼水道与燕子窝水道之间的顺直连接段，如图 6.1-13 所示。该河段进口有石矶头节点控制，出口有殷家角节点控制。三峡水库蓄水运用前，该河段河道演变具有周期性，主流摆幅较大，主要表现为边心滩的冲淤消长和深泓的左右摆动，当主次槽交替或不利水文年汛后冲刷不利时，容易引发碍航问题。

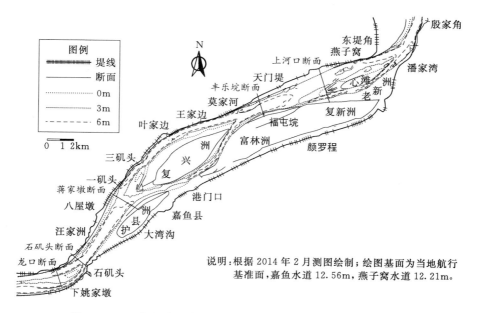

说明：根据 2014 年 2 月测图绘制；绘图基面为当地航行基准面，嘉鱼水道 12.56m，燕子窝水道 12.21m。

图 6.1-13　长江中游嘉鱼—燕子窝河段河势及分析断面位置图

三峡水库蓄水运用后，该河段河势基本稳定，局部高滩崩退，低滩冲刷，嘉鱼中夹、嘉鱼夹有所淤积，燕子窝心滩整体冲刷萎缩，冲刷主要集中在枯水河槽，占河段总冲刷量的 98％。因此，为巩固当时较为完整的洲滩，稳定航槽，嘉鱼—燕子窝河段于 2006—2009 年实施了航道整治工程，对关键部位进行了必要的守护，关键中低滩体的冲刷得到了一定程度的限制，工程河段内滩槽格局得到了初步控制。但是，随着三峡水库蓄水运用后影响程度的加深，加之已建的整治工程本身力度偏弱，对关键部位的控制尚未完成。河段来水条件，尤其是来沙条件发生了较大变化，高滩崩退、低滩冲刷以及支汊发展的不利现象仍然存在，嘉鱼—燕子窝河段航道条件仍不稳定。加之近年来以中小水文年为主，位于中枯水流路上的滩体与汊道受影响更为突出，如图 6.1-14 所示。

综上所述，三峡水库蓄水运用后，嘉鱼—燕子窝河段汛期泥沙淤积有所减少，但随着河道冲刷，引起边滩、心滩的冲退或萎缩以及支汊的发展，使得浅滩区域水流进一步分散，加剧过渡段主流摆动。加之河床的粗化及汛后退水加快，使得汛后水流挟沙能力降低，淤沙浅滩汛后水浅的问题在逐步凸显。浅滩年际间虽有冲淤调整，但就年内冲淤来看，三峡水库蓄水运用后，浅滩仍遵循洪淤枯冲的规律，但冲淤幅度总体明显减缓，不利于航道条件稳定。

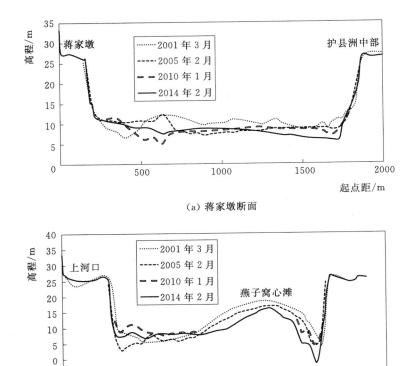

（a）蒋家墩断面

（b）上河口断面

图 6.1-14　长江中游嘉鱼—燕子窝河段典型断面变化

6.1.4　典型滩段演变对三峡水库水沙调节的响应

三峡水库蓄水运用后，调节了进入坝下游河道水沙过程的年内分配，而河床演变与水沙过程关系密切。浅滩演变与三峡水库水沙调节之间存在怎样的关联？三峡工程对流量和含沙量过程的调节分别对河床冲淤产生了多大幅度的影响？下面以窑监河段和马当河段为例，通过数值模拟计算，研究浅滩演变对三峡水库水沙调节的响应。

6.1.4.1　荆江弯曲分汊窑监河段河道演变与三峡水库水沙调节的响应

一般碍航浅滩表现为"涨淤落冲"的演变规律，航道水深取决于洪水期间淤积和汛后退水期冲刷之间的关系。从定性来看，三峡水库蓄水运用后，削减洪峰，蓄水期下泄流量减小，改变了原有的退水过程，从而导致冲刷动力减弱而对航道不利；同时由于汛期淤积的泥沙减少，而且在枯水期和消落期，下泄流量比建库前增大，这对下游枯水浅滩航深的增加是有利的。在两者综合作用下，航道会发生调整，从某种程度上来说，航道水深变化取决于汛期淤积减少幅度和冲刷动力减少幅度之间的对比关系，需开展定量研究。该研究不仅有利于加深对窑监河段航道条件变化的理解，且对认识三峡水库蓄水运用后河床年内演变规律与水沙过程之间的响应关系有很大的帮助。

收集到窑监河段 2002 年 4 月、9—11 月和 2007 年 8—11 月资料，进行年内河床冲淤分析。2002 年监利站的年平均流量为 11109m³/s，2007 年平均流量为 11570m³/s，基本属于中水年，两者具有一定的可比性。历史上，航道浅段主要位于右汊进口段，统计结果表明：2002 年 4 月至 9 月 24 日，上游泥沙大量淤积，右汊进口段淤积 405.3 万 m³，汛后 9 月 24 日—11 月 20 日冲刷泥沙量为 94.2 万 m³，到 11 月 25 日，又冲刷 5.4 万 m³。由此可见，在三峡水库蓄水运用前，右汊进口段枯期冲刷量远小于汛期淤积量，导致浅滩碍航。三峡水库蓄水运用后，2007 年汛期仅收集到 8 月 11 日—9 月 19 日的资料，比 2002 年历时短了很多，该时段内右汊进口段淤积泥沙量为 80.5 万 m³。退水期，9 月 19 日—11 月 25 日，右汊进口段合计冲刷量为 49.1 万 m³。

综上所述，从年内变化规律来看，监利河段年内滩槽冲淤规律基本没变，右汊进口段浅滩"洪淤枯冲"。由于来沙量减少，2007 年监利河段淤积强度较 2002 年减弱，甚至总河段有所冲刷，但右汊进口段仍有所淤积，虽然汛期淤积的泥沙大幅减少，但汛后冲刷强度也减弱，该河段正是航道出浅段，是引起航道条件持续恶化的主要原因之一。

2010 年来水较大，三峡水库蓄水至正常蓄水位 175m，调节也较显著。选择 2010 年进行水沙还原计算，将监利站流量过程还原到不受三峡调度影响，计算三峡水库蓄水运用前后冲淤过程变化。监利站流量和含沙量还原过程如图 6.1-15 所示。计算工况分为四个：①实测水沙条件（有三峡水库蓄水影响的实测数据）；②还原流量到三峡水库蓄水运用前，而含沙量根据实测输沙率与流量关系推算，以反映三峡工程对流量过程改变的影响；③流量含沙量均还原到三峡水库蓄水运用前，认为不受三峡水库调节影响。

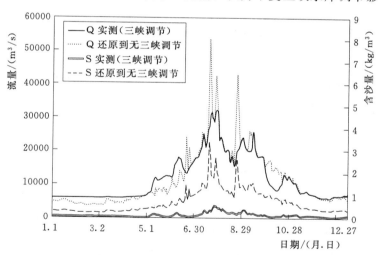

图 6.1-15 2010 年长江中游监利站还原到不受三峡工程
调节的流量与含沙量

图 6.1-16 为数学模型计算的各水沙过程逐日冲淤过程线，表 6.1-1 为整治线内河道不同时期冲淤量统计结果。由图和表可见，实测水沙过程作用下（工况①），乌龟洲进口段汛期淤积量为 442 万 m³，汛后蓄水期冲刷量为 384 万 m³，之后仍有所冲刷，汛后基本可完全冲刷；仅还原流量过程后（工况②），出现几次洪峰，大于实测流量，汛期淤积量大于实测过程，乌龟洲进口段汛期淤积量为 556 万 m³，与实测相比增加了 25%，汛后冲刷量为 436 万 m³，较实测增加了 14%，冲刷强度较三峡水库蓄水运用后有所提高；还

原水沙过程后（工况③），汛期淤积量为 1014 万 m³，汛后冲刷量为 340 万 m³，不足以将淤沙冲走。

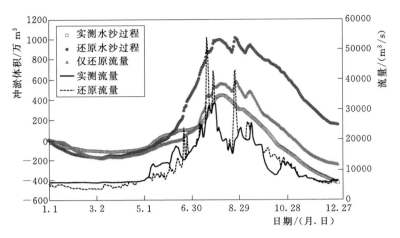

图 6.1－16　长江中游窑监河段右汊进口航道浅段 2010 年逐日冲淤过程

表 6.1－1　　　　　　　　2010 年三峡水库蓄水运用前后乌龟洲右汊进口段河床变化

时　期	①实测水沙过程		②仅还原流量		③还原水沙过程	
	汛期	蓄水期	汛期	蓄水期	汛期	蓄水期
冲淤量/万 m³	442	−384	581	−436	1014	−340
冲刷百分比	86.8%		75.1%		33.5%	

　　若不考虑三峡工程运行后输沙率的变化，仅考虑流量过程变化。汛末蓄水期，由于下泄流量减少，冲刷动力相应减小，导致冲刷幅度降低 14%。从冲刷比变化过程来看，实测（计算①）冲刷比为 87%，还原到不受三峡工程影响（计算③）为 34%。表明三峡水库的水沙调节引起汛期淤积大幅减少，但汛后冲刷幅度却未相应增加。

　　综上所述，三峡水库蓄水导致退水过程加快，汛后冲刷幅度减弱 14%，但汛期淤积也大幅减少。在 2010 年水沙条件下，两者综合作用将会使本河段航道条件较蓄水运用前略有好转，但在乌龟夹进口段继续出现双槽争流的格局，航道形势仍不稳定。因此，三峡工程运行后河道含沙量大幅减小，并未使航道条件得到根本改善，航道条件仍存在不利发展趋势。

6.1.4.2　马当分汊河段滩槽演变对三峡水库年内水沙过程调节的响应

　　马当河段位于长江下游九江与安庆之间，上起小孤山，下至华阳河口，全长约 30km，如图 6.1－17 所示。采用 2014 年河道地形，以 2008—2012 年水沙系列为基础，开展了三峡工程调节前后河道演变计算。如图 6.1－18 所示，计算工况包括：①实测水沙条件（有三峡水库蓄水影响的实测数据）；②还原流量到三峡水库蓄水运用前，实测输沙率不变，仅反映三峡水库对流量过程的改变；③实测流量过程不变，还原含沙量到三峡水库蓄水运用前，仅反映三峡工程对含沙量过程的影响；④流量含沙量均还原到三峡水库蓄水运用前，认为不受三峡工程影响。

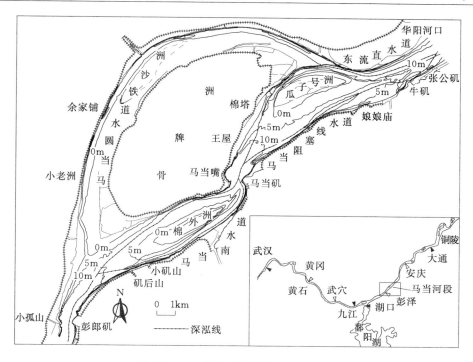

图 6.1-17 长江下游马当河段示意图

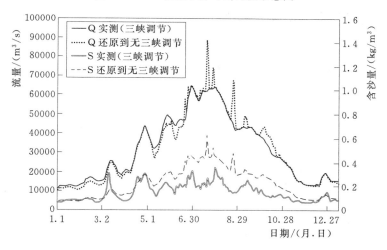

图 6.1-18 2010 年长江下游大通站还原至不受三峡工程
调节影响的流量和含沙量过程

选择 2010 年作为典型年份还原计算，并在此基础上开展系列年 2008—2012 年循环两次共计 10 年的计算。图 6.1-18 为还原前后水沙过程，表 6.1-2 给出了涨水期和落水期冲淤体积统计值。由表可见，三峡工程运行前后，马当南水道的冲淤规律基本没有发生变化，即棉外洲头进口段涨淤落冲，棉外洲左槽涨淤落冲，右槽涨冲落淤。

三峡工程调节引起洪水流量平坦化，使得涨水期淤积（冲刷）有所减小，落水冲刷期的冲刷（淤积）幅度有所减小，两者叠加总体上引起河段偏冲。流量的改变将引起主流位置的时间分配变化，对滩槽形势的影响是长期的，值得关注。若仅改变含沙量，而不改变流量过程，冲淤性质不变，冲淤幅度发生较大调整，三峡水库蓄水运用后清水下泄仍是导致大幅冲刷的主要原因。

表 6.1-2　　　　　长江下游马当南水道 2010 年水沙系列还原前后冲淤体积　　　　　单位：万 m³

工　　况	时　　段	进口段	棉外洲左槽	棉外洲右槽
实测水沙系列（工况①）	涨水期	565.8	32.1	−79.7
	落水期及枯水期	−276.8	−9.9	35.7
	1 年合计	289.0	22.2	−44.0
仅还原流量（工况②）	涨水期	591.7	39.3	−86.0
	落水期及枯水期	−284.1	−5.7	43.4
	1 年合计	307.6	33.6	−42.7
还原流量含沙量（工况③）	涨水期	825.5	79.2	−38.8
	落水期及枯水期	−349.5	−6.2	79.8
	1 年合计	476.0	72.9	41.1

注　2010 年涨水期为 4 月 20 日—9 月 10 日，其余为落水期及枯水期。进口段指彭郎矶至棉外洲洲头河段，棉外洲左槽为棉外洲左侧河道，棉外洲右槽为棉外洲右侧河段。

综合考虑流量和含沙量还原计算结果，三峡水库蓄水运用后，总体上减小了淤积，加速了棉外洲左槽发展，并使得右槽冲刷，如图 6.1-19（彩图 6）所示。三峡水库蓄水运用后淤积速率大幅减小，局部河段转为冲刷，对于 2010 年水沙过程，马当南水道进口段、左槽和右槽引起的相对冲刷幅度分别为 39%、70% 和 207%。2011 年为小水年，马当南水道总体冲刷，三峡水库蓄水运用后冲刷速率大幅增加，马当南水道进口段、左槽和右槽引起的相对冲刷幅度分别为 41%、20% 和 720%。

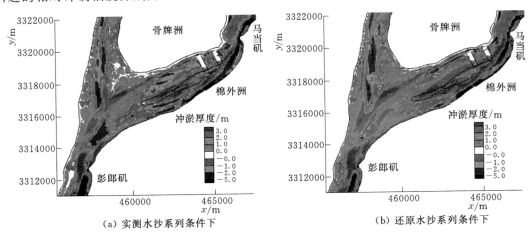

图 6.1-19　三峡水库蓄水运用后年水沙过程还原前后马当河段冲淤分布的比较（计算 10 年）

由图 6.1-19 给出的冲淤分布变化比较可知，三峡水库蓄水运用后的实测水沙条件下，棉外洲左槽继续冲刷发展，右槽亦然，两槽争流的态势比较明显，由于洲头护滩工程限制了洲头冲刷，有利于保持相对稳定的滩槽形势；而在不考虑三峡工程影响的还原水沙条件下，进口段整体淤积，虽然棉外洲左右槽也有所冲刷，但冲刷幅度在 1m 以内，小于实测水沙系列的 1～2m，并且左槽的发展速度明显小些。

由此可见，三峡工程的水沙调节，加速了棉外洲左槽发展、右槽萎缩的演变态势，使得位于右槽的主航道条件有所恶化。

6.1.5 三峡工程对长江中游航道影响综合分析

三峡水库蓄水运用后改变了坝下游来水来沙过程，不可避免地会引起航道条件变化，既有有利方面也有不利方面。这里根据前文 6.1 节三峡水库水沙调节分析、浅滩群演变分析和数值模拟计算、物理模型试验等结果，综合分析三峡工程水沙过程调节对长江中游航道条件的影响。

6.1.5.1 对坝下游航道的有利影响

三峡工程对坝下游航道的有利影响，包括枯水流量增加、洪峰削减稳定河势、含沙量大幅减小引起枯水河槽冲刷等几个方面。

（1）三峡水库运行后，枯季流量增加，对改善枯水期航道条件非常有利。据统计，三峡水库蓄水运用前，宜昌至监利站每年流量小于 5000m³/s 的天数为 80～90 天，三峡工程运行后（2003—2012 年）减小为 30～50 天。枯水期 12 月至次年 4 月，流量增加了 1％～23％，尤其是 1—3 月，增幅达到 17％～23％。

（2）洪峰流量削减对航道有利。长江中游大部分航道走中枯水深槽，大洪水期间易产生大冲大淤，对航道稳定极为不利。三峡工程削减洪峰，减少了坝下游大流量出现的概率，有利于河势稳定和航道边界稳定。据统计，三峡水库蓄水运用以来，宜昌站 30000～40000m³/s 和大于 40000m³/s 级流量的持续时间，分别由三峡水库蓄水运用前的每年 24 天和 11 天减小至 14 天和 6 天。

（3）含沙量大幅减少，枯水河槽冲刷，有利于改善航道条件。三峡工程运行后（2003—2012 年），长江中游各水文站输沙量减小 72％～90％；长江中下游河道由原有的冲淤相对平衡状态转变为"滩、槽均冲"，且枯水河槽冲刷量占平滩河槽的 70％以上，对航道水深是有利的，局部浅滩的碍航状况得到改善；并且下游水沙条件由随机转变为可控，也给下游航道的治理和深入研究提供了良好的条件[13]。

（4）水沙条件变化有利于整治工程发挥效果。含沙量减小，有利于整治工程发挥束水攻沙效果；中枯水流量的增加，使得冲刷时间延长。另外，从整治工程设计参数来看，对于已建工程，由于河床冲刷下切，水位下降，整治水位应该相应调低，但已建整治工程的高程不会发生变化，相当于抬高了整治建筑物的高程，增强工程效果。

综上所述，三峡工程运行后，在枯水和洪峰流量调节、含沙量减小引起河槽冲刷等宏观方面起到有利作用。从长江中游航道近些年发展的事实也可以说明三峡工程的航运效益，三峡工程运行前长江中游航深仅能维持 2.9m，而现在普遍达到 3.5～4m，这有大量整治工程的功劳，但三峡工程创造的一些有利条件无疑也发挥了重大作用。

6.1.5.2 三峡工程对坝下游航道的不利影响

三峡水库蓄水运用后，对长江中游航道条件的不利影响主要表现为枯水水位下降、汛后退水过程加快、局部冲刷不平衡等。

（1）枯水水位下降对航道尺度的维护不利。三峡水库蓄水运用后，长江中游河道总体以冲刷为主，沿程枯水水位持续下降，在一定程度上削弱了三峡工程的枯水补偿效应。三峡水库蓄水运用以来，宜昌站流量为 5500m³/s 时的水位累积下降了 0.50m；沙市站流量为 6000m³/s 时，与 2003 年水位相比，2013 年水位下降了约 1.50m，随着流量增大，降幅逐渐变小；螺山站 2013 年水位与 2003 年水位相比，当流量为 8000m³/s 时，下降了约 0.95m；汉口站从 2003 年至 2013 年，当流量为 10000m³/s 时，水位累积降低了 1.18m。除砂卵石河段的补水效应较枯水同流量水位下降效应略有盈余外，沙质河段的沙市、螺山和汉口三站的补水效应已不足以抵消枯水同流量水位下降效应。但随着运行时间增加，冲刷发展速率会变缓，三峡工程的枯水期补水效益会逐渐明显。

（2）汛后退水过程加快，不利于浅滩冲刷。以窑监河段为例，通过还原三峡工程调节前后 2010 年水沙过程后定量计算表明，三峡水库蓄水导致退水过程加快，流量变化导致汛后冲刷幅度减弱 14%。因此，三峡工程拦沙后造成的大幅冲刷并未使航道条件得到根本改善，由于汛后冲刷强度也减弱，航道条件仍有恶化的趋势，同时边滩冲刷和崩岸加剧等使得航道不稳定，将引起新的航道问题。

（3）局部冲淤不平衡对航道维护不利，清水冲刷条件下崩岸加剧也不利于航道条件的稳定。三峡工程削减洪峰，对中洪水通航汊道发展有不利影响，如前文所述嘉鱼—燕子窝水道。

综上所述，三峡工程运行后在枯水和洪峰流量调节、含沙量减小引起河槽冲刷等宏观方面起到有利作用。三峡工程对长江中游航道也存在不利影响，表现为枯水水位降落、汛后退水过程加快不利于浅滩冲刷以及局部冲刷不平衡等，造成不同类型河段出现不同的新碍航特征。这些碍航原因和发展趋势是可以探明的，在可控范围之内，通过适当的工程措施可提高航道条件或控制不利发展趋势，保障航道稳定。

6.2　岸滩侧蚀数值模拟

长江中游河道岸滩侧蚀引起河床横向变形的现象十分普遍，往往对航道稳定形成不利影响。但对于因岸滩侧蚀引起的河床横向变形研究相对较少，联系长江中游航道的研究则更少，主要是岸滩侧蚀后产生崩塌，涉及水、土两方面的因素，力学机制十分复杂，对河床横向变化规律的认识、数学描述以及模拟均明显滞后。因此，针对长江中游典型河段，深入研究岸滩侧蚀模拟关键技术，探讨三峡水库蓄水运用后河床横向变形规律，分析其发展趋势及其对航道影响，具有重要意义。

6.2.1　岸滩侧蚀坍塌力学机制及理论模式

天然冲积河流中，岸滩沿垂向往往具有分层特征，其中二元结构岸滩是最为常见的形式之一，其下部为非黏性砂组成，上部为黏性土，长江中游荆江岸滩即为典型的二元结构。当河床下部非黏性土被水冲走后，而上部黏土层能够保持原状时，则出现悬挂的土块，如底部淘刷而使得土块的宽度增大、强度降低，将使悬挂土块不能支持而坍落。其侧蚀坍塌机理可分为两个相互作用的过程，如图 6.2-1 所示，一个是水流直接淘刷下部非黏性沙层的侧蚀过程，另一个就是上部黏性土层在重力作用下的失稳过程。二元结构岸滩上部黏性土层由悬移质（包括冲泻质）中的细颗粒泥沙沉积而成，并经历了长时间的密实和黏结过程，具有较强的抗冲性，坍塌后的上部黏性土体将堆于近岸坡脚处，对覆盖的近岸河床起着掩护作用，但随着水流的冲刷搬运，岸滩将进一步侧蚀坍塌。因此，需对坡脚侧蚀冲刷模式、上部土体坍塌模式以及坍塌后的掩护作用机制等动力学过程进行研究，并建立相应的力学模式，从而为岸滩侧蚀数值模拟提供力学依据。

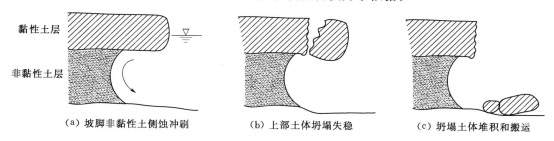

（a）坡脚非黏性土侧蚀冲刷　　　（b）上部土体坍塌失稳　　　（c）坍塌土体堆积和搬运

图 6.2-1　二元结构岸滩侧蚀坍塌过程示意图

6.2.1.1　坡脚侧蚀冲刷模式

对于坡脚侧蚀后退过程而言，与水流的直接冲刷密切相关。本研究认为坡脚侧蚀后退为坡脚受水流直接冲蚀而造成的后退过程。基于水流冲刷分析，在基础层面上建立了坡脚侧蚀冲刷模式，岸滩侧蚀冲刷速率为

$$\omega_f = \lambda \sqrt{\frac{\gamma(u^2 - u_c^2)}{\gamma_b}} \qquad (6.2-1)$$

式中：λ 为岸滩侧蚀系数，与岸体性质有关，由实测值确定；γ_b 为岸滩容重；u 为近岸处水流流速；u_c 为泥沙起动流速。

利用南京水利科学研究院关于岸滩侧蚀冲刷水槽试验结果对坡脚侧蚀模式进行分析验证，并对式（6.2-1）中的岸滩侧蚀系数 λ 进行了初步率定。验证结果如图6.2-2所示，随着水流冲刷力的增强、岸滩抗冲性的减弱，岸滩的侵蚀速率增大，公式的计算值与实测值基本吻合。因此，

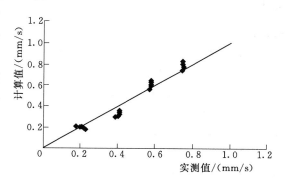

图 6.2-2　侧蚀速率计算值与实测值对比

所建立的公式（6.2-1）可较好地反映岸滩侧蚀规律。

6.2.1.2　上部土体坍塌模式

当河岸下层的非黏性土层冲蚀的宽度达到极限状态后，上部挂空的黏性土层将会受拉崩裂，基于三维受力分析，求得以绕轴坍塌方式崩岸时二元结构中上部黏性土层的临界挂空长度为

$$\Delta W_c = \sqrt{\frac{T_b H_u}{3\{\gamma_b - c[p_b(i-1) + p_b(i+1)]/B\}}} \qquad (6.2-2)$$

式中：γ_b 为土体容重；H_u 为上层土体厚度；B 为上层土体宽度；T_b 为土体抗拉强度；c 为土体黏性系数；p_b 为掩护系数；i 为序号。

根据二元结构下层非黏性层的实际冲刷距离 ΔW 以及临界挂空长度 ΔW_c 就可以判断上层黏性土层的稳定与否：当 $\Delta W < \Delta W_c$ 时，河岸上部黏性土层不会受拉而发生坍塌；当 $\Delta W = \Delta W_c$ 时，河岸上部黏性土层处于坍塌临界状态；当 $\Delta W > \Delta W_c$ 时，河岸上部黏性土层将会受拉而发生坍塌。

结合日本新川河槽野外试验数据对本模式进行计算分析。试验数据中黏性土层 $T_b =$ 14.3kN/m²、$c = 10$kN/m²、$\gamma_b = 18.9$kN/m³、$H_u = 1.2$m。由式（6.2-2）计算得到的临界挂空长度为 0.8m，与实际坍塌的临界挂空长度 0.7m 较为一致。

6.2.1.3　上部坍塌土体对近岸河床的掩护作用机制

对于具有明显分层特征的二元结构岸滩，上、下层抗冲性差异较大，当坍塌的上层黏性土体堆积在坡脚处河床时，其抗冲性增强，对覆盖的近岸河床起着掩护作用。这里假定二元结构岸滩上部黏性土层坍塌后，按一定比例（掩护系数 p_b）均匀分布在近岸处形成掩护层，另一部分（$1 - p_b$）则以源项形式转化为悬沙。掩护系数 p_b 由水流条件确定，当流量大、水体紊动强时，该值较小，也即坍塌体转化为悬沙的比例较大；反之 p_b 则较大。由于坍塌的黏性土层并未及时与原床沙进行交换，此时河床级配可由上层黏性土层级配来确定，同时记录原河床级配及掩护层厚度 H_f。其中掩护层厚度 H_f 由上部黏性土层的坍塌厚度 H_u、长度 ΔW_c 以及岸坡长度 l_b 来确定，即

$$H_f = \frac{H_u \Delta W_c}{l_b} p_b \tag{6.2-3}$$

式中：H_f 为掩护层厚度；l_b 为岸坡长度；p_b 为掩护系数，取值一般为 0.3～0.9。

6.2.2　岸滩侧蚀数值模拟关键技术

6.2.2.1　局部网格自适应技术

在应用水沙模型对岸滩侧蚀进行模拟时，岸滩崩塌宽度并不一定正好与崩塌处计算网格宽度一致，这就使网格对边岸的准确拟合变得困难。因此，一般的固定网格系统很难准确地处理这种动态的变化过程，不能实时反映边岸变形对水沙输运的影响。采用动网格技术虽能准确地拟合边岸的变化过程，但是需要实时生成网格，特别是在边界复杂时，网格的生成，尤其是正交网格的实时生成存在较大困难。此外，大范围新、旧网格之间的频繁插值也会给计算带来一定的额外误差。

鉴于目前存在的一些不足，本研究基于非正交网格提出局部网格自适应技术对崩岸过程进行跟踪，其基本思路为：在整个大计算域内生成网格，在模拟过程中，仅对发生崩岸附近的网格进行移动，使其能够准确地跟踪边岸位置，同时其余网格位置不变。这样做既能较为准确地拟合崩岸后的岸坡位置，以实时反映边岸变形对水沙输运计算的影响，又无须重新生成整个计算域内的网格，弥补了传统固定网格以及动网格的一些不足，并可提高计算效率。

由三维水沙模型计算得到床面冲刷深度 ΔZ 及横向冲刷值 ΔB，然后根据边坡纵向与横向变形的计算结果，修正边坡的实际形态。初始时刻网格布置如图 6.2-3（a）所示，图中节点 (i_0, j_0) 与 (i_0, j_0+1) 的连线即为原来的边坡。经过水流冲刷及坍塌后，网

格移动情况如图 6.2-3（b）所示，此时计算网格节点 (i_0, j_0) 移动至 (i, j) 处，从 (i_0, j_0+1) 展宽至 $(i, j+1)$ 处，对边坡坡脚及坡顶位置进行了实时跟踪，同时还保留原网格节点 (i_0, j_0) 与 (i_0, j_0+1) 的平面位置信息 (x_0, y_0)。当坍塌发生后，判断跟踪坡脚的网格节点 (i, j) 是否已靠近原网格节点 (i_0, j_0+1) 的位置 $(\Delta Y_1 > \Delta Y_2)$，若靠近，则节点 (i, j) 返回原网格节点 (i_0, j_0) 所在的平面位置，坡脚的网格节点由 $(i, j+1)$ 进行跟踪，以避免奇异网格的产生，如图 6.2-3（c）所示。此时节点 (i, j) 的冲淤情况则由水流泥沙模型计算来决定，而节点 $(i, j+1)$ 则处于坡脚位置，需计算 ΔZ 及 ΔB。此时坡顶位置则由节点 $(i, j+2)$ 进行跟踪，如图 6.2-3（d）所示。由此实现了由岸滩坍塌引起边坡后退过程的模拟。

在模拟过程中，采用数组来记录二元结构岸滩上层黏性土层及下层非黏性土层的厚度 H_u 和 H_d [图 6.2-3（d）]，以及上层黏性土层的实际悬空长度 ΔW，并由前文所建立的二元结构岸滩坍塌力学模式计算岸滩的失稳过程及相应的坍塌体积。崩塌土体中一部分将以源项形式进入悬沙，剩余部分则均匀分布于坡脚处，对近岸起到掩护作用。

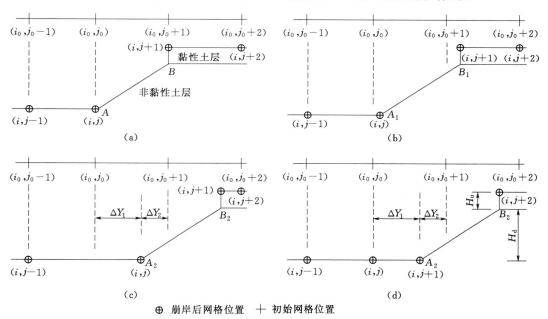

图 6.2-3　二元结构岸滩局部网格自适应技术示意图

6.2.2.2　垂向网格跟踪技术

非均质岸滩（如二元结构）侧蚀模拟过程中，如何实现侧蚀沿垂向差异的拟合与跟踪，是其中一大难点。在应用模型对岸滩侧蚀进行模拟时，岸滩在垂向各点的侧蚀宽度不一致，且往往与该处计算网格宽度也不一致，这就使网格对岸滩侧蚀的准确跟踪变得困难。因此，一般的固定网格系统无法准确地处理这种动态的变化过程，不能实时反映岸滩侧蚀变形对水沙输运的影响。针对目前存在的不足，本研究基于非正交网格提出垂向网格跟踪技术，对岸滩侧蚀过程进行跟踪，其基本思路为：在整个大计算域内生成网格，在模拟过程中，仅对岸滩侧蚀附近的垂向网格进行移动，使其能够准确地跟踪岸滩垂向各点的位置，同时其余网格位置不变。这样做既能较为准确地拟合岸滩侧蚀后的岸坡位置，以实时反映岸滩侧蚀对水沙输运计算的影响，又无须重新生成整个计算域内的网格，弥补了传统固定网格以及动网格在这方面的一些不足。

岸滩侧蚀前形态如图6.2-4中折线 ABE 所示，BE 由初始网格 $(i+1)$ 描述。模拟过程中，由三维水沙动力学模型计算岸滩侧蚀分布，受岸滩组成沿垂向差异的影响，下部冲蚀多，上部冲刷少，岸滩侧蚀后形态为悬臂式，如图6.2-4中折线 $AB'C'D'E'$ 所示。此时，侧蚀后的岸滩形态则通过垂向网格跟踪技术对其进行描述：通过移动初始网格 $(i+1)$ 中相应垂向网格 $(K_1 \sim K_2)$ 的水平位置，使其与 $B'C'$ 位置保持重合；通过移动初始网格 (i) 中相应垂向网格 $(1 \sim K_1)$ 的水平位置，使其与 $D'E'$ 的位置保持一致。网格跟踪过程中，采用数组记忆岸滩垂向各点位置与水平相邻网格节点的距离，如图6.2-4中 dy_1、dy_2 所示，经水流冲刷、岸滩侧蚀后，依据 dy_1 与 dy_2 的相互关系来识别、确定和跟踪网格，以避免奇异网格的产生；当 $dy_1 < dy_2$ 时，岸坡位置由网格 (i) 跟踪，网格 $(i+1)$ 保持在原初始网格位置不变；当 $dy_1 > dy_2$ 时，岸坡位置由网格 $(i+1)$ 跟踪，网格 (i) 同样保持在原初始网格位置不变。由此即可实现基于非正交网格的垂向网格跟踪技术对岸滩侧蚀过程的识别与描述。

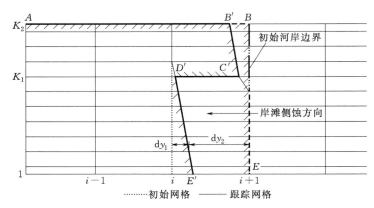

图 6.2-4 垂向网格跟踪示意图

6.2.2.3 垂向网格跟踪技术应用——岸滩侧蚀沿垂向差异特征及其水动力响应

采用连续弯道对岸滩侧蚀沿垂向的差异特征及其水动力响应进行概化模拟分析。连续弯道宽4m，弯顶处8号断面初始断面形态如图6.2-5 (a) 所示，可冲蚀岸坡设置在左侧凹岸，岸坡上部为黏土（厚0.3m，粒径0.02mm），下部为非黏性沙（粒径0.20mm）。概化模拟过程为强清水冲刷，流量恒定为 $2.6m^3/s$，平均流速约为1.2m/s；为分析岸滩侧蚀沿垂向的差异特征及其水动力响应，假定弯道底部不可冲，抗冲层沿图6.2-5 (a) 所示的1:5.5斜坡分布。

图6.2-5（彩图7）给出了弯顶处断面岸滩侧蚀过程及其水动力变化特征。由图可见，坡脚沿着抗冲层发生冲刷，底部主流向左侧凹岸偏移，如图6.2-5 (b) 所示；随着下部非黏性土层的冲刷发展，底部主流进一步偏向凹岸，同时在已有逆时针弯道环流的基础上，于坡脚处出现一顺时针方向（反向）次生流，如图6.2-5 (c) 所示；上部黏性土层坍塌后，崩塌土体堆积于坡脚处，上部主流明显左偏，下部次生流消失，如图6.2-5

（d）所示；随着坡脚堆积体的冲刷搬运，下部主流进一步向凹岸偏移，如图 6.2-5（e）所示。如此循环，主流不断向左侧凹岸偏移，致使岸坡持续崩退、河道摆动。

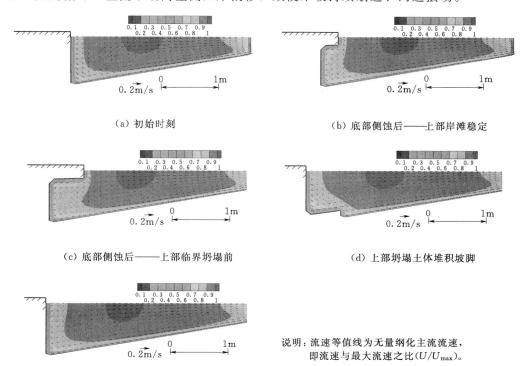

（a）初始时刻

（b）底部侧蚀后——上部岸滩稳定

（c）底部侧蚀后——上部临界坍塌前

（d）上部坍塌土体堆积坡脚

（e）坍塌堆积体冲刷搬运后

说明：流速等值线为无量纲化主流流速，
即流速与最大流速之比（U/U_{max}）。

图 6.2-5　岸滩侧蚀过程及其水动力响应特征

由此可见，采用垂向网格跟踪技术，可较好地识别和跟踪河岸侧蚀沿垂向的差异；数值模型可较好地模拟河岸侧蚀过程中三维水流结构的变化特征。应当指出，本研究仅对非均质岸滩侧蚀坍塌过程及其水动力响应进行了概化模拟分析，天然实际岸滩侧蚀机理及形态均十分复杂，还有待进一步深入研究。

6.2.3　典型河段岸滩侧蚀对航道影响

本节采用岸滩侧蚀三维数值模型，以洲滩冲淤变化显著的长江中游太平口水道为例，研究清水冲刷条件下岸滩侧蚀对航道条件的影响。

6.2.3.1　河道概况

太平口水道位于长江中游上荆江的中上段，上起陈家湾，下至玉和坪，全长 22km，如图 6.2-6 所示。近年来，腊林洲头部及低滩部位处于持续崩退的状态，且崩退速度有所加快，洲滩的崩退使主流右移，三八滩南汊分流比增加，北汊易淤积，从而影响太平口水道"南槽-北汊"的航道格局。建立太平口水道岸滩侧蚀三维水沙动力学模型，并采用实测资料进行模型验证，研究清水冲刷条件下腊林洲边滩侧蚀对该水道航道条件的影响。

6.2.3.2　模型范围与计算域网格

模型计算范围上起竹林子，下至玉和坪，模拟主河道长约 18km，包括太平口心滩、

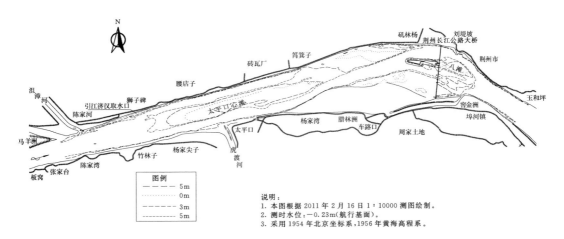

图 6.2-6　长江中游太平口水道河势图

腊林洲边滩和三八滩等洲滩。模型采用贴体曲线非正交网格，平面计算网格为 280×130，垂向网格分为 10 层。

6.2.3.3　模型验证情况

根据 2012 年 2 月 23 日枯水（$Q=6233\text{m}^3/\text{s}$）测验资料和 2010 年 8 月 14 日中水（$Q=16350\text{m}^3/\text{s}$）测验数据，进行模型水流动力条件的验证计算，验证计算内容包括中水、枯水两种水情下河道沿程水位和断面流速分布。验证结果表明，模型计算断面流速和水位分布与实测结果符合较好。

河床冲淤验证计算以 2011 年 1 月的地形作为初始地形，模型进口流量、含沙量以及悬沙级配采用 2011 年 1 月—2013 年 7 月沙市站实测资料，出口边界由水位控制。验证结果表明，模型计算结果与实测结果符合较好。三峡水库运行后，该河段总体以冲刷为主，模型可较好地反映河段的冲淤分布特征，能够反映时段内河道右侧腊林洲边滩的侧蚀冲刷情况，相应的，三八滩南汊出现明显冲刷，北汊进口处则呈淤积态势。

6.2.3.4　腊林洲边滩侧蚀对航道条件影响分析

三峡水库蓄水运用后，腊林洲头部及低滩部位处于持续崩退的状态，且崩退速度有所加快，洲滩的崩退使主流右移、三八滩南汊分流比增加，从而影响太平口水道"南槽-北汊"的航道格局。计算中选取三峡水库 175m 试验性蓄水运用后的 2009—2013 年水沙过程（共计 5 年），以 2011 年 1 月地形为起始地形，对不同岸滩边界条件下（腊林洲边滩可冲或不可冲）的河道演变特征进行模拟研究，分析腊林洲边滩稳定与否对太平口水道 3.5m 航道条件的影响。

2011 年 1 月现状航道条件下，太平口水道 3.5m 航道维持从太平口心滩南侧深槽向三八滩北侧深槽（即荆州公路大桥的主通航孔侧）过渡的态势，即"南槽-北汊"的航道格局，且三八滩北汊 3.5m 航宽略大于南汊。

河道右侧腊林洲边滩不考虑侧蚀冲刷时（即考虑全面的洲滩守护工程），经过 2009—2013 年水沙过程后，太平口水道 3.5m 航道条件预测结果如图 6.2-7 所示。结果表明，河道整体表现为冲刷，其中三八滩南汊冲刷表现较为明显，但腊林洲边滩仍具有一定的挑流效果，该水道 3.5m 航道仍可基本维持"南槽–北汊"的航道格局，且三八滩南、北汊 3.5m 航宽基本一致，但三八滩北汊进口衔接段航宽仍较窄。此外，从南汊右侧边滩变化来看（腊林洲边滩下游），由上游冲刷带来的泥沙在此出现淤积，边滩尾部呈下延态势。

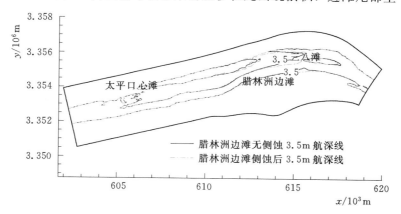

图 6.2-7　长江中游腊林洲边滩有、无侧蚀条件下 3.5m 航道条件预测结果对比

考虑侧蚀冲刷时，经过 2009—2013 年水沙过程后，河道总体表现为冲刷，三八滩南汊的冲刷程度较腊林洲边滩不可冲时更为明显。此外，腊林洲边滩侧蚀崩退后，其挑流作用减弱，主流南移，三八滩南汊 3.5m 航宽大于北汊，且三八滩北汊进口衔接段 3.5m 航道宽度缩窄明显，3.5m 航深线有明显断开趋势，使该水道 3.5m 航道无法维持"南槽–北汊"的航道格局。此外，从南汊右侧边滩来看（腊林洲边滩下游），与腊林洲边滩不考虑侧蚀冲刷时相似，由上游冲刷带来的泥沙（包括河道冲刷以及边滩侧蚀）在此出现淤积，边滩尾部呈明显下延态势，且下延态势较腊林洲边滩不考虑侧蚀冲刷时更为明显。

为了更直接地说明清水冲刷后洲滩边界变化特征，将起始洲滩边界与清水冲刷后洲滩边界进行对比，结果如图 6.2-8 所示。由图可见，清水冲刷条件下，心滩面积均有所减小（包括太平口心滩及三八滩）；从腊林洲边滩来看，其侧蚀后退后，主流南偏，对三八滩北汊挑流的作用减弱，相应的，对岸边滩下移，使得三八滩北汊进口出现淤积，航道条

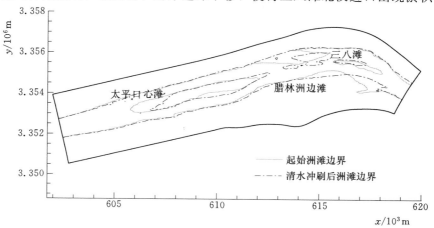

图 6.2-8　清水冲刷后长江中游太平口水道洲滩边界变化

件恶化；另外，从上游岸滩侧蚀及河道冲刷带来的泥沙，在腊林洲尾部出现一定程度淤积，边滩尾部表现为下延态势。

由腊林洲边滩有、无侧蚀情况下太平口水道 3.5m 航深线的预测对比结果可看出，腊林洲边滩的守护措施，对于"南槽-北汊"航道格局的稳定具有重要作用。因此，对于具有显著洲滩变化的太平口水道航道治理而言，首先应控制住不断变化的河势格局。因此，以已建航道整治工程为依托，进一步实施航道整治工程措施，守护较为有利的洲滩格局，同时适当恢复腊林洲低滩的滩体，是强化和稳定该水道"南槽-北汊"航道格局的基础。

综上所述，对于洲滩冲淤变化显著的太平口水道而言，该河段河床以及未守护低滩部位将会进一步产生冲刷。河道右侧腊林洲边滩稳定与否，对于太平口水道"南槽-北汊"航道格局的稳定具有重要作用。因此，以已建航道整治工程为依托，进一步实施航道整治工程措施，守护较为有利的洲滩格局，防止腊林洲边滩侧蚀后退，同时适当恢复腊林洲低滩的滩体，是强化和稳定该水道"南槽-北汊"航道格局的基础。

6.3　新型航道整治建筑物结构及应用

6.3.1　丁坝水毁动力特性

丁坝的存在束窄了过水断面，使坝头水流集中，流速增大，形成集中绕流；在水流集中绕过坝头时，其流线曲率、速度、旋度及压力梯度都很大，促使水流在绕过坝头一定角度后发生边界层分离，形成坝后竖轴漩涡，漩涡区及其内部水流属于复杂的三维流态，其速度、流向和压力发生周期性脉动；同时，行近水流在抵达丁坝时，受丁坝阻挡，上游水面壅高，丁坝上下游出现水位差，形成下潜流；下潜流与集中绕流相互作用在坝头形成马蹄形漩涡；另外，当丁坝漫水时，除一部分形成下潜流外，另一部分水体将漫过坝顶，也会在坝顶发生边界层分离，形成坝顶下游的尾涡，该尾涡同样发生周期性的脉动。可见，坝头的水流结构主要包括坝头集中绕流、下潜流及坝头后方竖轴漩涡，三者的综合作用是产生坝头局部冲刷、导致丁坝间接水毁的主要动力。丁坝局部绕流三维结构如图 6.3-1 所示。

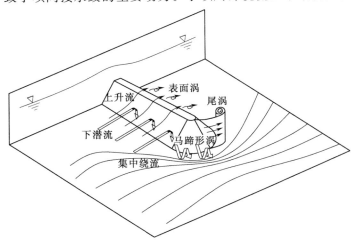

图 6.3-1　丁坝局部绕流三维结构示意图

6.3.2 透水坝头稳定性试验及参数确定

从消减水毁动力出发，本研究提出实体坝身加透水坝头的新型结构型式，实体坝身保证了整治效果，透水坝头可有效消散坝头水流动力，减小局部冲刷坑深度，从而增强坝体的稳定。

6.3.2.1 试验设计

试验在平坡宽水槽中进行。实体坝身坝长 $b=1\mathrm{m}$，其他参数根据长江中游原型丁坝概化而得。透水坝头模型采用铰接式透水框架层叠而成，高度与实体坝身一致，可通过嵌套堆叠的方式得到不同的透空率；坝头及上下游面做成一定的边坡，如图 6.3 - 2 所示。

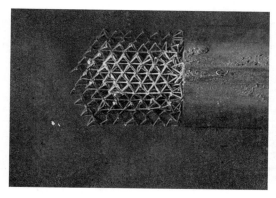
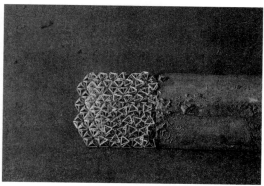

(a) ε=0.94　　　　　　　　　　　　　(b) ε=0.64

图 6.3 - 2　透水坝头示意图

6.3.2.2 试验组次

试验考虑两级水流条件，分别为 $Q=26.1\mathrm{L/s}$、$H=6\mathrm{cm}$ 和 $Q=81.0\mathrm{L/s}$、$H=10.2\mathrm{cm}$，主要对比研究透水坝头不同透空率、不同长度及宽度对局部冲刷坑深度的影响，试验组次见表 6.3 - 1。

表 6.3 - 1　　　　　　　　　　　透水坝头稳定性试验组次

试验组次	透空率 ε	相对长度	相对宽度
T1 - 1	0.94	0.30	1
T1 - 3	0.88	0.30	1
T1 - 4	0.64	0.30	1
T2 - 1	0.72	0.11	1
T2 - 2	0.72	0.23	1
T2 - 3	0.72	0.37	1
T3 - 1	0.72	0.23	0.6
T3 - 2	0.72	0.23	1
T3 - 3	0.72	0.23	1.5

注　透水坝头相对长度=透水坝头长度 l/丁坝长度 b；相对宽度=透水坝头宽度 c/实体丁坝宽度 a。

6.3.2.3　试验结果及分析

1. 冲淤形态

图 6.3-3（彩图 8）给出了在整治流量（非淹没）和洪水流量（淹没）作用下，具有实体坝头丁坝冲刷完成后的地形等值线图。由图可见，在淹没或非淹没条件下，实体丁坝坝头都形成了冲刷坑，最大冲深处均紧贴坝头，偏丁坝轴线下游。整治流量下冲刷坑最大深度为 15.5cm，洪水流量下冲刷坑最大深度为 24.3cm。

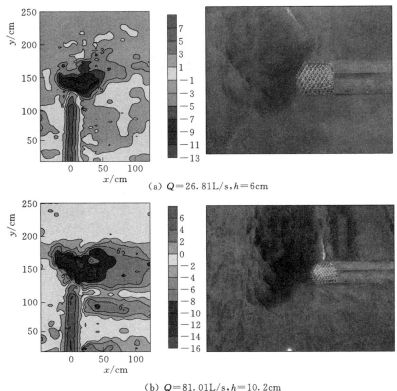

(a) $Q = 26.81\text{L/s}, h = 6\text{cm}$

(b) $Q = 81.01\text{L/s}, h = 10.2\text{cm}$

图 6.3-3　透水坝头试验冲淤情况（$\varepsilon = 0.94$）

图 6.3-4（彩图 9）和图 6.3-5（彩图 10）分别给出了在非淹没和淹没条件下，设置不同参数的透水坝头丁坝周围冲刷平衡后的床面形态。由图可见，由于透水坝头对坝头水流动力有很大的消弱作用，图中几种参数的透水坝头局部冲刷坑深度的发展均得到有效控制。设置透水坝头后，丁坝处于非淹没状态，透水坝头挑流作用显著，坝头冲刷坑最大深度的位置远离坝头，有利于坝头的稳定；洪水流量下，丁坝处于淹没状态，挑流作用减弱，冲刷坑趋近坝头；值得注意的是，水流穿过透水坝头后，流速减弱，这样在透水坝头下游这块小区域内形成相对静水区，从上游或冲刷坑内冲起的泥沙在此得以淤积；这样的静水区阻隔了越过实体坝顶的高速水流和坝头绕流的直接作用，虽然越过坝顶的高速水流与静水区之间也因发生剪切作用而在剪切面上（透水坝头与实体坝身连接处的下游）发生冲刷，但与实体丁坝相比其坝头与坝身连接处的冲刷坑深度有很大程度的减小。

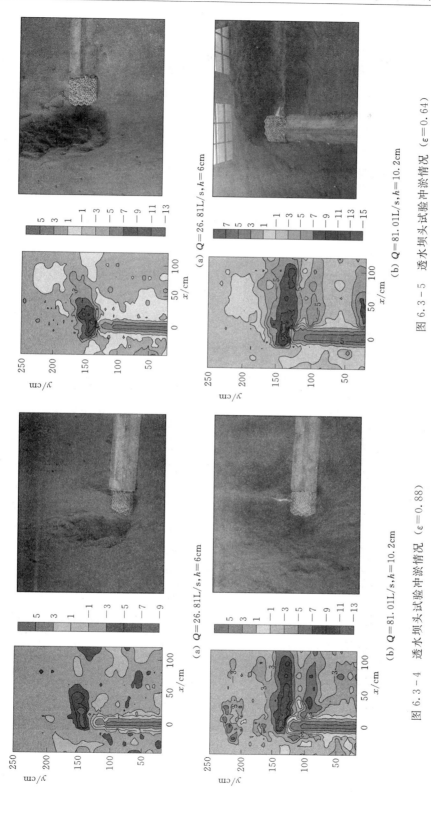

(a) $Q=26.81\text{L/s}, h=6\text{cm}$

(b) $Q=81.01\text{L/s}, h=10.2\text{cm}$

图 6.3-5 透水坝头试验冲淤情况 $(\varepsilon=0.64)$

(a) $Q=26.81\text{L/s}, h=6\text{cm}$

(b) $Q=81.01\text{L/s}, h=10.2\text{cm}$

图 6.3-4 透水坝头试验冲淤情况 $(\varepsilon=0.88)$

2. 透空率对坝头局部冲刷的影响

透水坝头的透空率直接影响其透水性能，图 6.3-3～图 6.3-5 分别给出了透水坝头透空率为 0.94、0.88 和 0.64 的冲淤地形图。由图可见，不同透空率的透水坝头都产生了局部冲刷，但与常规丁坝相比，最大冲刷坑深度得到了有效控制，最大冲刷坑深度见表 6.3-2。冲刷坑的减小程度随透空率的变化如图 6.3-6 所示，图中 x 轴为透空率 ε，y 轴为最大冲刷坑深度减小百分比 P。由图可见，透水坝头能够有效减小坝头局部冲刷坑深度，减小达 20% 以上，甚至达到 50%。最大冲刷坑深度减小百分比随透空率的变化曲线呈上凸型，透空率过大或过小时，透水坝头对局部冲刷坑深度的控制有限；存在一个合适的透空率（或区间），使透水坝头减小局部冲刷的效果最好。试验中，透空率 $\varepsilon = 0.94$ 时，透水坝头透水能力较强，不能很好地分散因实

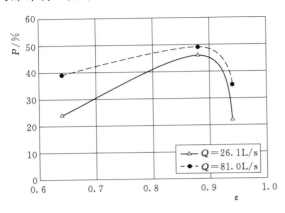

图 6.3-6　冲刷坑深度减小百分比与透空率的关系

体坝身产生的绕流，对坝头局部冲刷坑的控制有限，此外，其内部杆件绕流产生较大的紊动，使内部床面冲刷，可以观察到透水坝头自身发生整体下沉；$\varepsilon = 0.88$ 时，透水坝头能充分发挥其透水和阻水的双重特性，能分散水流动力，自身内部又不致产生较大紊动，从而能够很好地控制坝头的局部冲刷；$\varepsilon = 0.64$ 时，透水坝头阻水作用起主导作用，坝头绕流逐渐增强，冲刷坑也逐渐增大。

表 6.3-2　不同透空率坝头试验冲刷坑深度

透空率	水　流　条　件	最大冲刷坑深度 /cm	冲刷坑深度减小百分比 /%
$\varepsilon = 0$	$Q = 26.81\text{L/s}, \ h = 6\text{cm}$	15.5	
	$Q = 81.01\text{L/s}, \ h = 10.2\text{cm}$	24.3	
$\varepsilon = 0.94$	$Q = 26.81\text{L/s}, \ h = 6\text{cm}$	12.5	22
	$Q = 81.01\text{L/s}, \ h = 10.2\text{cm}$	15.7	35
$\varepsilon = 0.88$	$Q = 26.81\text{L/s}, \ h = 6\text{cm}$	8.6	46
	$Q = 81.01\text{L/s}, \ h = 10.2\text{cm}$	12.2	49
$\varepsilon = 0.64$	$Q = 26.81\text{L/s}, \ h = 6\text{cm}$	12.1	24
	$Q = 81.01\text{L/s}, \ h = 10.2\text{cm}$	14.6	39

3. 透水坝头长度对坝头局部冲刷的影响

图 6.3-7～图 6.3-9（彩图 11～彩图 13）分别给出了不同长度透水坝头丁坝周围冲刷平衡后的床面形态。不同长度透水坝头均能有效减小其坝头局部冲刷坑深度。坝头最大冲刷坑深度统计见表 6.3-3，冲刷坑深度减小百分比随透水坝头长度的变化如图 6.3-10 所示。

丁坝在坝头一定范围内的局部区域水流动力较强，当透水坝头较短，小于这一范围时，对水流的分散效果有限，防护效果也有限；随着透水坝头的增长，透水坝头长度等于或略大于此范围时，对水流的分散效果最好，防护效果也应是最好的；此后继续增加透水坝头长度，则防护效果不再明显增大。由图6.3-10可见，冲刷坑深度减小的百分比，先是随着透水坝头的增长而增加，然后趋于一个稳定值，此后，继续增加透水坝头长度，冲刷坑深度减小的百分比不再有明显变化。

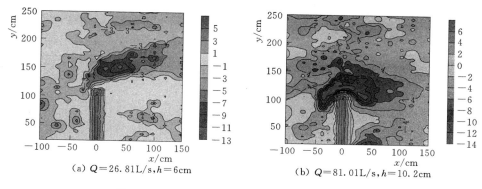

图 6.3-7　透水坝头试验冲淤情况（$l/b=0.11$）

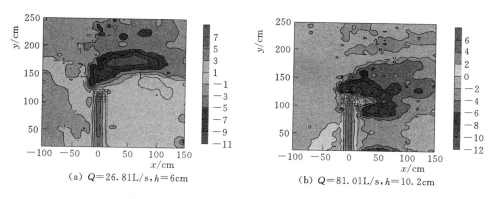

图 6.3-8　透水坝头试验冲淤情况（$l/b=0.23$）

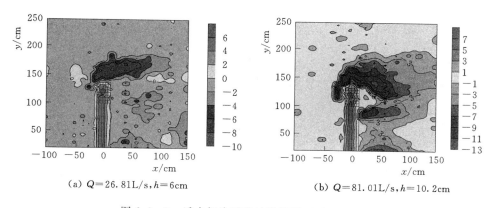

图 6.3-9　透水坝头试验冲淤情况（$l/b=0.37$）

表 6.3-3　　　　　　　　　　　不同长度坝头试验冲刷坑深度

相对长度	水　流　条　件	最大冲刷坑深度 /cm	冲刷坑深度减小 /%
$l/b = 0.11$	$Q = 26.81 \text{L/s}$，$h = 6\text{cm}$	12.6	19
	$Q = 81.01 \text{L/s}$，$h = 10.2\text{cm}$	13.8	43
$l/b = 0.23$	$Q = 26.81 \text{L/s}$，$h = 6\text{cm}$	10.1	35
	$Q = 81.01 \text{L/s}$，$h = 10.2\text{cm}$	11.8	52
$l/b = 0.37$	$Q = 26.81 \text{L/s}$，$h = 6\text{cm}$	9.5	39
	$Q = 81.01 \text{L/s}$，$h = 10.2\text{cm}$	12.3	50

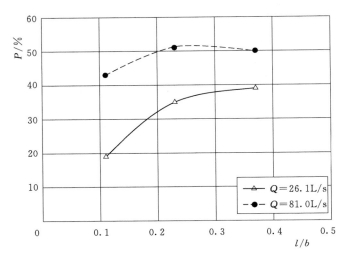

图 6.3-10　冲刷坑深度减小百分比与透水坝头相对长度的关系

4. 透水坝头宽度对坝头局部冲刷的影响

不同宽度透水坝头对水流的作用主要是通过其对水流的阻力大小不同而影响其透水能力。透水坝头在水流方向上越宽，其对水流的阻力也越大，透水能力也相应变小。透水坝宽度较小时，如 $c/a = 0.6$，由于透水性较强，穿过的水流流速及紊动都较大，防护效果有限；宽度较大时，如 $c/a = 1.5$，由于对水流阻力较大，透水性较差，坝头易形成集中绕流。说明透水坝头过宽或过窄对抑制坝头局部冲刷坑深度的发展都是不利的。图 6.3-11（彩图 14）和图 6.3-12（彩图 15）给出了不同宽度的透水坝头的冲淤形态。坝头最大冲刷坑深度见表 6.3-4，冲刷坑深度减小百分比随透水坝头相对宽度的变化如图 6.3-13 所示。从图可见，设置透水坝头后，最大冲刷坑深度有很明显的减小；随着透水坝头宽度的增大，最大冲刷坑趋近坝头，最大冲刷坑深度减小百分比先增大，后减小，呈上凸型曲线，因此存在一个最适宜的宽度使其对冲刷坑深度的限制最大。对于试验中透空率为 0.88 的透水坝头，取相对宽度 $c/a = 1$ 是较合适的，即透水坝头宽度与实体丁坝宽度一致。

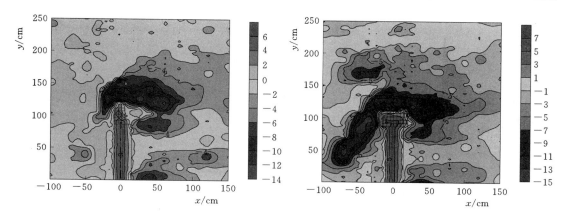

图 6.3-11 透水坝头试验冲淤情况
($c/a=0.6$，$Q=81.01\text{L/s}$，$h=10.2\text{cm}$)

图 6.3-12 透水坝头试验冲淤情况
($c/a=1.5$，$Q=81.01\text{L/s}$，$h=10.2\text{cm}$)

表 6.3-4 不同宽度透水坝头试验冲刷坑深度

透水坝头相对宽度	水 流 条 件	最大冲刷坑深度/cm	冲刷坑深度减小/%
$c/a=0.6$	$Q=26.81\text{L/s}$，$h=6\text{cm}$	10.3	34
	$Q=81.01\text{L/s}$，$h=10.2\text{cm}$	13.4	45
$c/a=1.0$	$Q=26.81\text{L/s}$，$h=6\text{cm}$	10.1	35
	$Q=81.01\text{L/s}$，$h=10.2\text{cm}$	11.8	52
$c/a=1.5$	$Q=26.81\text{L/s}$，$h=6\text{cm}$	12.5	19
	$Q=81.01\text{L/s}$，$h=10.2\text{cm}$	14.6	40

6.3.3 台阶式坝头稳定性研究及参数确定

本研究提出了设置台阶式坝头的新型丁坝结构，即将传统的顺坡式坝头设置成台阶式。台阶式坝头的设置对水流起到两方面的作用，一方面台阶台面在阻挡坝头下潜流的同时，兼具挑流作用，可将紊动区挑向下游远处；另一方面台阶式坝头分层错开，使得集中绕流在横向上得到一定程度的分散。从台阶丁坝水动力特性试验来看，台阶式丁坝能够很好地阻挡下潜流，减弱近坝头区的水动力强度，并使得最大紊动强度区相应外移，这些都有利于坝头的稳定。采用动床模型试验的主要目的是验证台阶坝头减小局部冲刷的效果，并研究台阶尺度对减小冲刷效果的影响。

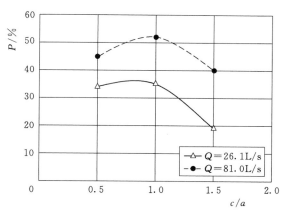

图 6.3-13 最大冲刷坑深度与透水
坝头相对宽度的关系

6.3.3.1 试验设计

模型比尺、模型沙选择、测量仪器与透水坝头冲刷试验相同。试验流量及水深也与之相同。试验采用的台阶式丁坝与常规丁坝尺寸基本相同，唯一的区别在于坝头是否设置台阶。另外，为使丁坝挡水效果尽量接近，台阶式丁坝结构尺寸根据其挡水面积与常规丁坝挡水面积相等而确定。试验丁坝结构型式及尺寸如图 6.3-14 所示，试验方案见表 6.3-5。

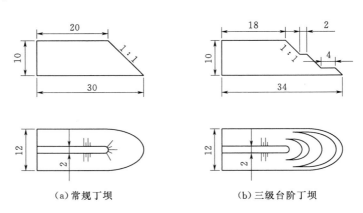

（a）常规丁坝　　　　　　　　　　　　（b）三级台阶丁坝

图 6.3-14　台阶式丁坝模型结构图

表 6.3-5 台阶式丁坝稳定性试验方案

试验方案	丁 坝 型 式	台阶级数	台阶宽/cm	坝长/cm
A0	常规坝头	1	0	100
A1	台阶式坝头	2	2	
A2	台阶式坝头	2	5	
A3	台阶式坝头	3	5	
A4	台阶式坝头＋坝身台阶式边坡	3	5	

6.3.3.2 结果及分析

图 6.3-15～图 6.3-18 给出了不同规格的台阶式坝头的丁坝冲刷后地形等值线图。由图可见，台阶的存在对下潜流有很好的抑制作用，同时台阶台面对坝头绕流起到挑流作用。这两种作用在冲刷地形上表现为局部冲刷坑最大深度减小，最大冲刷坑位置也远离坝头，有利于坝体的稳定。台阶式坝头可以使坝头局部冲刷坑深度减小 20% 以上，最大能达到 50%。

为分析台阶式坝头台阶级数对冲刷坑的影响，选择 A2（两级）和 A3（三级）两个方案进行比较，这两种方案坝高相同，且台阶宽度相同，均为 5cm。

图 6.3-15（彩图 16）和图 6.3-16（彩图 17）分别为两级和三级台阶的坝头冲刷完成后的地形等值线图。由图可见，不管是两级或三级台阶，坝头冲刷坑深度均有很大的减小。台阶式坝头主要作用是在逐级阻挡下潜流的同时，分级向外挑出每级坝头的集中绕

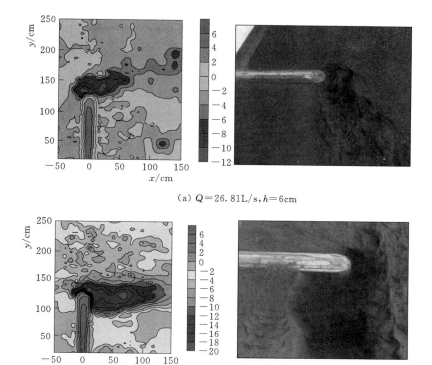

(a) $Q=26.81\text{L/s}, h=6\text{cm}$

(b) $Q=81.01\text{L/s}, h=10.2\text{cm}$

图 6.3-15 台阶式丁坝试验冲淤情况（方案 A2）

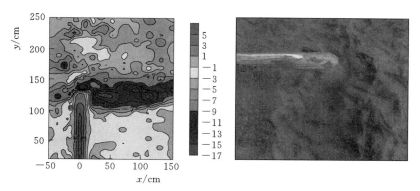

$Q=81.01\text{L/s}, h=10.2\text{cm}$

图 6.3-16 台阶式丁坝试验冲淤情况（方案 A3）

流。相对来说，级数越多，最底一级坝头处的下潜流及集中绕流将会越小，同时，坝头后方形成的脱离涡的动力也越弱，这样，台阶级数越多的丁坝减小局部冲刷的效果也越好。从图中还可看出，在 $Q=26.81\text{L/s}$ 和 $Q=81.0\text{L/s}$ 条件下，两级台阶坝头冲刷坑深度分别减小约 25% 和 20%，三级台阶坝头分别减小约 25% 和 29%，三级台阶减小局部冲刷坑深度的效果要优于两级台阶坝头。此外，从最大冲刷坑位置来看，与两级台阶坝头相比，三级台阶坝头处最大冲刷坑位置显著外移，对坝头的稳定更有利；两级台阶的最底一级坝头高度相对较大，坝头处的下潜流及集中绕流也相对较大，致使坝头冲刷坑深度较深，位置也紧贴坝头。

方案 A1 和 A2 均为两级台阶，宽度分别为 2cm 和 5cm。图 6.3－17（彩图 18）为方案 A1 冲淤地形等值线图，图 6.3－15 为方案 A2 冲淤地形等值线图。对比两图可见，台阶宽度越大，对下潜流阻挡效果越好，随着坝头台阶宽度的增大，其最大冲刷坑深度相应减小，在 $Q=26.81\text{L/s}$ 和 $Q=81.0\text{L/s}$ 条件下，台阶宽度为 2cm 坝头冲刷坑深度分别减小约 19％和 20％，5cm 宽度的台阶式坝头局部冲刷坑分别减小约 25％和 20％。此外，较宽台阶台面的挑流效果更好，最大冲刷坑深度的位置相应外移，有利于坝体稳定。

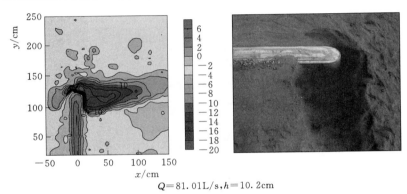

$Q=81.01\text{L/s},h=10.2\text{cm}$

图 6.3－17　台阶式丁坝试验冲淤情况（方案 A1）

方案 A3 和 A4 均为 3 级台阶，且宽度均为 5cm，其中方案 A4 坝身下游侧设置与坝头同宽的台阶。图 6.3－16 为方案 A3 的冲淤地形图，图 6.3－18（彩图 19）为方案 A4 的冲淤地形图。两图对比可见，采用方案 A4，即在坝身下游边坡采用台阶式，冲刷坑深度显著减小，在两级流量下，最大冲刷坑深度减小约 56％和 41％，同时，位置也显著外移。这是因为坝头绕流时，最大下潜流及坝头脱离涡的形成位置主要位于紧贴坝头的下游侧，坝身下游设置台阶时，相当于增大了该处的防护宽度，更有利于阻挡下潜流及漩涡对坝头床面的直接作用。

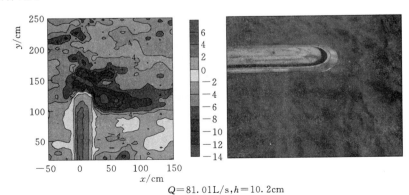

$Q=81.01\text{L/s},h=10.2\text{cm}$

图 6.3－18　台阶式丁坝试验冲淤情况（方案 A4）

6.3.4 新型航道整治建筑物的应用

研究提出的实体坝身与透水结构坝头组合的新型丁坝结构型式，已成功应用于与长江中游河型、水沙条件、河床组成及河道边界基本一致的东流水道航道整治工程——老虎滩鱼骨坝工程中。通过测量老虎滩鱼骨坝建成前后的地形变化，分析新型丁坝的工程效果。

6.3.4.1 工程简介

东流水道位于长江下游九江—安庆之间，安徽省安庆市以上 30～61km 处，如图 6.3-19（彩图 20）所示。

注：图中绿色部分表示透水框架坝

图 6.3-19 长江下游东流水道

老虎滩头部鱼骨坝工程位于老虎滩滩头部位，其主要目的是为了加强对斜向水流的拦截作用，限制东港进口宽度，以限制东港发展，同时控制老虎滩左侧整治线宽度，增加老虎滩左侧流速，改善左侧航道水深。在老虎滩头部布置由 1 道脊坝和 2 道刺坝组成的鱼骨坝，其中脊坝长度为 1050m，1 号、2 号刺坝长度分别为 342m 和 521m，脊坝根部与已建工程平顺衔接。刺坝坝身结构分为透水框架坝体和抛石坝体两种类型，其中 1 号刺坝位于脊坝轴线右侧坝身前 100m，采用四面六边透水框架坝体；其他部分为抛石坝。2 号刺坝脊坝轴线右侧坝头为四面六边透水框架结构，脊坝轴线左侧坝头为抛石结构。

6.3.4.2 工程效果分析

2013 年 2 月，对东流水道进行了详细的地形观测。在工程建成后，2014 年 11 月，对鱼骨坝附近的地形再次进行测量。2013 年 2 月和 2014 年 11 月各断面冲淤分析比较如图 6.3-20 所示，1 号刺坝断面位置如图 6.3-21 所示。

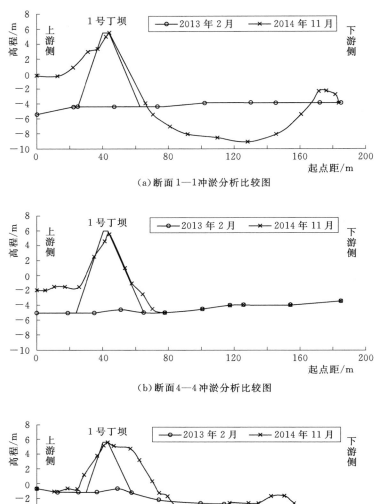

(a)断面 1—1 冲淤分析比较图

(b)断面 4—4 冲淤分析比较图

(c)断面 6—6 冲淤分析比较图

图 6.3-20　长江下游东流水道鱼骨坝工程各断面冲淤情况比较

由断面位置图可知，断面 1—1～4—4 位于实体坝部分，断面 5—5 和 6—6 位于透水坝部分。由断面冲淤分析比较图可知，断面 1—1 和 2—2 坝后 5m 以下均有一定程度的冲刷，冲刷深度为 1～4m。断面 3—3 和 4—4 虽然位于实体坝部分，但由于受脊坝保护，基本没有冲刷。断面 5—5 和 6—6 在坝后 15～20m，产生了 7～8m 的淤积，并且在 20m 开外的冲刷幅度也远远小于断面 1—1 和 2—2，透水坝减速促淤作用显著。

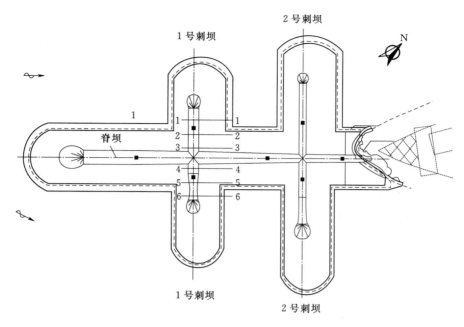

图 6.3-21 鱼骨坝断面位置图

6.4 长江中游典型浅滩整治措施与应用示范

三峡水库蓄水运用后，针对新水沙条件下的航道问题，航道部门在长江中游河段实施了大量整治工程，见表 6.4-1[14]。在宜昌—城陵矶河段，实施整治工程的河段包括枝江—江口、沙市、瓦口子、马家咀、周天、藕池口和窑监等水道。整治工程取得了较好效果，目前荆江河段航道维护水深达到 3.5m，但仍有一批水道维护压力较大。

表 6.4-1　　三峡水库蓄水运用后长江中游已实施的航道整治工程情况[14]

序号	河　段	工　程　措　施	备　注
1	枝江—江口河段	水陆洲低滩护滩、窜沟锁坝工程、护岸，边滩护滩、护底工程等	2009—2011 年
2	沙市河段	三八滩：2004 年三八滩应急守护工程（滩面护滩带），2005 年、2008 年加固护滩	2004—2008 年
		腊林洲守护：腊林洲边滩守护，杨林矶等水下加固	2010—2012 年
3	瓦口子河段	野鸭洲边滩及金城洲低滩护滩，部分水下坡脚加固	2007—2009 年
		金城洲中下段护滩带	2010—2012 年
4	马家咀河段	支汊口门护滩带、护底带	2006—2008 年
		雷家洲护岸、西湖庙护岸，南星洲右缘护滩、支汊护底带	2010—2012 年
5	周天河段	九华寺潜丁坝、蛟子渊潜丁坝、张家榨抛石护脚	2006—2008 年
6	藕池口河段	陀阳树边滩护滩带、天星洲尾护岸、护滩，藕池口心滩左缘护岸、沙埠护岸	2010—2012 年

序号	河　段	工　程　措　施	备　注
7	窑监河段	洲头心滩鱼骨坝、乌龟洲护岸，太和岭清障	2009—2012 年
8	界牌河段	采取鱼嘴和鱼刺滩对新淤洲前沿过渡段低滩进行守护，加固右岸上簰洲护岸，守护左岸下复粮洲岸线	2012—2014 年
9	陆溪口河段	新洲头部鱼嘴及顺坝工程，中洲护岸工程	2004 年开工建设
10	嘉鱼—燕子窝河段	复兴洲洲头护滩带及复兴洲高低滩交界处封堵窜沟；燕子窝心滩头部护滩带，燕子窝右槽进口护滩带	2006—2007 年
11	天兴洲河段	洲头守护工程	2003—2004 年
12	罗湖洲河段	东槽洲护岸、窜沟锁坝、洲头心滩滩脊护滩带	2005—2007 年
13	戴家洲河段	新洲头滩地鱼骨坝、圆水道左岸及直水道右岸安坡加固	2009—2010 年
		戴家洲右缘中下段守护工程	2010—2011 年
14	牯牛沙河段	牯牛沙边滩守护工程（护滩）、左岸抛石护脚	2009—2011 年
15	武穴河段	鸭儿洲心滩顺坝和护滩带	2006—2008 年
16	新洲—九江河段	徐家湾边滩守护工程（护滩带）、左岸新洲洲尾及蔡家渡高滩守护、鳊鱼滩滩头梳齿坝工程、鳊鱼滩滩头及右缘高滩守护工程、右岸岸线加固	2011—2013 年
17	张家洲河段	左岸心滩边滩丁坝群、岸坡防护工程，右岸官洲尾护岸守护工程	2002—2005 年
		南港上浅区航道整治工程：官洲头部梳齿坝、官洲夹进口护底带工程、江洲—大套口护岸加固	2009—2011 年

城陵矶—武汉河段实施整治工程的河段包括界牌、陆溪口、嘉鱼—燕子窝、天兴洲等水道，武汉—湖口河段实施整治工程的河段包括罗湖洲、戴家洲、牯牛沙、武穴、新洲—九江、张家洲等。整治工程实施后航道条件得到改善，城陵矶—武汉河段达到 3.7m 航深标准，武汉以下河段达到了 4.5m 航深标准。

从目前的整治思路来看，由于三峡水库蓄水运用后下游心边滩冲刷，已破坏或将要破坏良好的洲滩形态，对于出现不利于航道变化趋势的水道，及时守护滩槽格局，遏制不利发展势头，维持较好航道条件；对于通航条件差的碍航水道，在守护洲滩的同时，因势利导，采用低水整治建筑物改善水深条件。因此，正确预测洲滩演变趋势对采取适当的治理措施非常重要，需深化对河道演变机理的认识。尤其是在三峡工程引起的水沙变化未达到平衡之前，应预先分析航道条件变化趋势，扬长避短，及时遏制不利发展势头，可取得事半功倍的效果。

本节在前文浅滩演变分析的基础上，进一步研究典型浅滩的航道治理，总结提出航道治理的原则和思路，并对治理措施开展研究。

6.4.1　典型浅滩整治参数与整治时机探讨

6.4.1.1　整治线宽度变化

整治水位和整治线宽度是有机统一的，通常的做法是先确定整治水位，再确定整治线宽度。在河床没有达到相对平衡之前，整治线宽度也是变化的。现有的整治线宽度计算方法，如输沙率方法，是基于输沙平衡原理推导而来的，不能直接用于三峡工程影响下的变化河道中。三峡水库蓄水运用后长江中游整治线宽度的变化趋势是什么样的？这是航道整治人员非常关注的问题。为探讨整治参数的变化规律，选取河床调整较为显著的窑监河段为典型河段，采用唐存本提出的"河床断面关系法"[15]来分析长江中游河段整治线宽度的变化规律。

根据河床断面关系法，在航道图上选择若干断面并在各断面图上找出相应于整治水位的水位线，并量出这两点的河宽以表示整治水位 Z 下的河宽 B。与此同时查找出该断面规划航槽宽度内的最小水深，以示在该整治水位 Z 对应河宽 B 情况下所获得的相应航深 t，然后利用枯水地形资料分段点绘 $t-B$ 关系曲线。河床断面关系法用的航深是整治水位对应的最小水深，宽度表示整治水位对应的宽度，不同的整治水位绘制的 $t-B$ 曲线是不同的，反映了整治水位和整治宽度的联动关系。

河床断面关系法主要适用于比较顺直的河道，窑监河段近些年来分流比比较稳定，选取窑集佬河段（塔市驿—乌龟洲头河段）、乌龟洲右汊进口段、乌龟洲右汊段和大马洲河段（太和岭—徐家铛河段）进行分析，上述河段均符合河床断面关系法的适用范围，计算河段如图 6.4-1 所示。

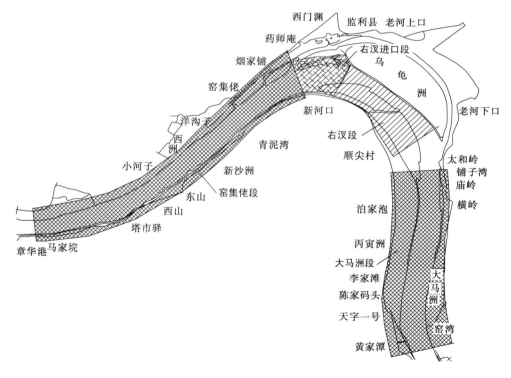

图 6.4-1　长江中游窑监河段断面关系法计算分段示意图

窑监河段各年份的 $t-B$ 关系内包络线如图 6.4-2 所示，用以分析整治线宽度的变化趋势。由图可见：

（1）三峡水库蓄水运用以来，窑监河段进出口段总体冲刷，整治线宽度逐渐变大，但调整幅度逐年减小。各年份汇总后的 t-B 关系逐年变化，表示目前仍难以给出一个稳定的 t-B 关系，整治线宽度在变化中。以窑集佬河段为例，根据断面关系法，2002年三峡水库未蓄水时点绘得到 3.5m 航深对应的整治线宽度为 681m，2006 年 1 月、2008 年 1 月、2010 年 1 月、2012 年 1 月、2014 年 2 月分别为 950m、990m、990m、1110m 和 1025m，增加幅度分别为 67m/a、20m/a、0m/a、60m/a 和−43m/a（减小），整治线宽度逐年增加，增加幅度逐渐减小。2012—2014 年整治线宽度缩小可能与个别年份的来水来沙有关，总体趋势上仍是增加的。同样，4.5m 航深对应的整治线宽度也有类似变化规律。截至目前，窑监河段的河床调整远未达到平衡，整治线宽度仍在变化中。

（2）窑监河段要达到冲淤平衡还需要很长时间，在现阶段可以利用河床断面关系法分析整治线宽度的变化趋势，在常规理论计算的整治线宽度基础上，考虑整治线宽度变化值。根据本章的研究，考虑三峡水库蓄水运用引起的冲刷，整治线宽度需要适当放宽，若以窑集佬河段 2012 年作为基准与乌龟洲整治工程实施前比较（2008 年），则 3.5m 航深对应的放宽幅度为 12％左右。远期放宽幅度可根据河床演变趋势和数学模型计算预测河相关系，再点绘到 t-B 关系图上确定。

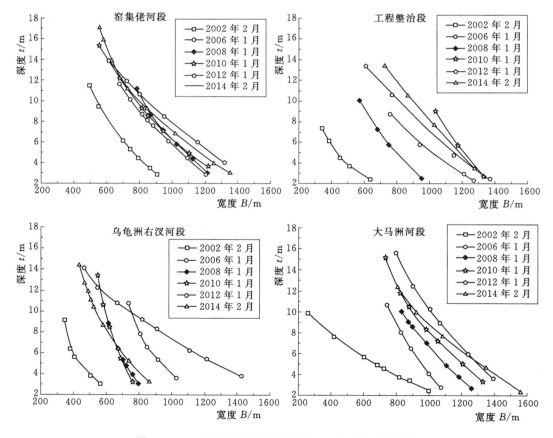

图 6.4-2　长江中游窑监各分河段 t-B 关系内包络线

6.4.1.2　整治时机探讨

冲积性河流的洲滩是不断变化的，应该存在一个有利的整治时机。一般认为，浅滩水深比较大就是有利时机。冲积性河流的河槽断面面积的大小同呈周期性变化的来流关系密切，虽然河床冲淤变化同来水来沙存在时间差，即河床的变形滞后，但一般而言，大洪水河槽过水面积大，同时洲滩切割频繁，很多浅滩在这种条件下水深改善。如果单从浅滩水深而言，这种条件下是"有利时机"，但这是有条件的，它的断面形态、流路和大洪水的径流条件相适应，是一种极端的情况，浅滩断面面积大小和大多数年份的来水来沙是不相协调的，河床必定会回淤。

对于"有利时机"的认识、把握和选择，更应该关注的是洲滩的合理布局以及未来水沙条件下的河床演变发展趋势，而不应拘泥于浅滩的水深大小，有利时机应更能适应一般的来水来沙年份，而不仅仅是代表性差的特殊年份。

对三峡水库坝下游河道而言，航道整治还需按轻重缓急，分期实施，主要从以下三个方面进行考虑：

（1）问题严重程度。充分考虑三峡工程影响下航道发展变化的趋势。在河演分析的基础上，依据三峡工程调度后的水沙条件，开展物理模型或数学模型研究，探讨河道冲淤及航道条件的发展趋势及发展变化的速度快慢。

（2）外部环境限制。航道整治工程不仅对航道条件有影响，同时对河道行洪、桥梁、生态保护区等都可能产生有利或不利的作用，因此要统筹兼顾，考虑航道整治工程布置对外部环境的影响。

（3）分期治理协调性。总体规划，分期治理。分期整治在思路上具有一定延续性，应在航道条件较为有利的时机稳定洲滩边界条件和滩槽格局，为进一步改善航道条件打下基础，并且考虑社会经济发展的需求，未来航道条件仍有继续提升的空间，前期治理应有一定的前瞻性，为后续治理工作提供基础和空间。

6.4.2　近坝段砂卵石河段整治

长江中游枝城—大步街河段习称芦家河河段，全长 52km，上距三峡水库大坝 104km，距葛洲坝枢纽 64km。该河段属长江中游上荆江河段上端，包括枝城水道、关洲水道、芦家河水道、枝江水道、刘巷水道、江口水道和大步街水道，如图 6.4-3 所示。三峡水库蓄水运用以来，芦家河水道航道条件有了较大改善，特别是芦家河水道沙泓进口汛期泥沙淤积量大幅减少，对主航道常年维护在沙泓起了决定性作用。但由于汛后来水过程陡涨陡落，不利于沙泓进口段局部河床冲刷，枯水期航路变得弯曲。毛家花屋—姚港一带坡陡流急的碍航问题成为目前芦家河水道维护的主要问题，其下游的枝江—江口河段水陆洲、柳条洲出现洲头退缩、滩体面积冲刷减小的不利变化，张家桃园、水陆洲、吴家渡边滩高程也出现了冲刷降低的趋势，对航道条件极为不利。

枝江—江口已实施洲滩守护工程，改善了航道条件，有利于维持较好的航道发展态势，同时减小洲滩冲刷，减小水位降落，有利于缓解芦家河水道坡陡流急的问题，属于系统治理。在此基础上重点研究芦家河水道碍航问题，主要有两个：一是毛家花屋水深航宽不足，坡陡流急，宜适度开挖，通过增加水深减小流速，但幅度也不能太大，不能影响到

图 6.4-3　长江中游芦家河河段河势图及已建整治工程

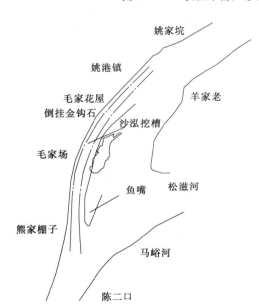

图 6.4-4　长江中游芦家河治理整体
方案平面布置图

上游，这可以增加水深航宽和调小比降改善水流；二是进口段冲刷不利，宜尽量加快汛后水流归槽，通过潜顺坝分流鱼嘴引导汛后水流及时归槽加大冲刷时间。因此，整体方案采用沙泓开挖及鱼嘴工程，如图 6.4-4 所示。

根据数值模拟研究，芦家河河段治理整体方案实施后，上游水位下降，陈二口水位下降 0.579m，枝城水位下降 0.445m，毛家花屋一带最大比降由 1‰减小至 0.48‰，局部最大流速由 3m/s 以上下降至 2.35m/s。整体方案的实施，能够较好地缓解坡陡流急的问题。同时，整体方案实施后，沙泓进口处近岸大堤水位最大增加 0.021m，对荆江河段的防洪影响较小。

选择 2008—2012 年实测水沙系列，循环计算 10 年，预测航道整治效果。图 6.4-5（彩图 21）给出了工程影响下的相对冲淤变化和航深图。由图可见，挖槽的吸流及鱼嘴束水综合作用使得枯水期沙泓分流比增大，石泓的分流比减小，沙泓挖槽范围流速减小，其余位置流速增大，而石泓流速有所减小，从而导致沙泓除了挖槽范围回淤，其他位置均冲刷，石泓普遍有所淤积。工程实施 1~3 年后，沙泓挖槽有所回淤，其他位置普遍冲刷深度在 0.10m 以内，而石泓最大淤积 0.09~0.23m，普遍淤积 0.10m 以内；5~10 年后，沙泓挖槽最大回淤 0.39~1.20m，其他位置普遍冲刷 0.10~0.50m，石泓最大淤积 0.55～0.85m，普遍淤积 0.25～0.42m。工程实施后 1～10 年后，均可满足航深要求。

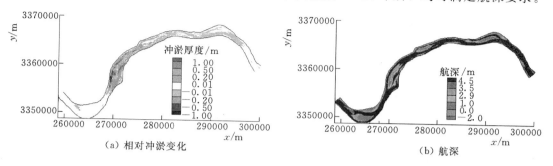

（a）相对冲淤变化　　　　（b）航深

图 6.4-5　长江中游芦家河治理工程实施后的相对冲淤变化和航深图（计算 10 年）

6.4.3　顺直微弯河段整治

　　周天河段为顺直微弯河型，如图 6.4-6 所示。三峡水库蓄水运用后，周天河段边滩有所冲刷，不利于形成稳定深槽，出现了不利于航道条件的冲淤变化；主流仍摆动多变；蛟子渊边滩滩面刷低，岸线出现一定崩退，不利于航道边界的稳定。长江航道局于 2006 年 12 月至 2008 年 4 月对周天河段实施了航道整治控导工程，达到了预定目标，但为了进一步提高航道水深，控导工程力度有限，治理措施需要加强洲滩守护和主流控制。

　　根据前述周天河段河床演变规律分析以及航道存在的问题，整治原则应为：守护洲滩，稳定主流，统筹兼顾，分期实施。周天河段治理思路为：以已建航道整治工程为基础，进一步完善工程平面布置，有效控制局部放宽段（周公堤浅区颜家台附近）的主流变化，增加浅区水流动力，同时遏制蛟子渊高滩岸线冲刷后

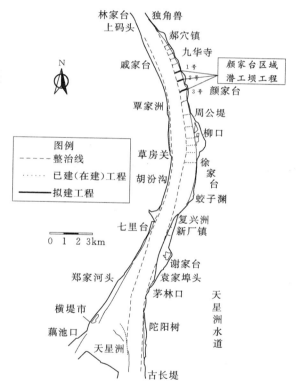

图 6.4-6　长江中游周天河段航道整治方案

退，维护航道边界的稳定。整治措施方面，由于长顺直段航道问题主要是由于边滩冲淤变化造成主流不稳，在放宽段形成碍航浅滩，因此采用护滩带或潜丁坝的形式守护河段内边滩，稳定航道边界条件，适度增强中枯水对水流的控制作用。具体措施为填补控导工程布置在颜家台闸一带形成的空当，减小水流扩散，以减少过渡段的淤积，提高过渡段的航道尺度。

　　周天河段整治方案如图 6.4-7（彩图 22）所示，由图可见，周天河段在颜家台空挡区域布设 3 条潜丁坝工程，作用是集中水流冲刷过渡段浅区，达到提高水深的目的。潜丁坝坝头顶部高程均为 26.0m（黄海高程，与设计水位齐平）。

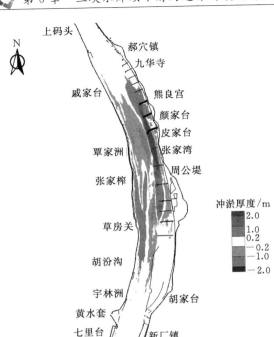

图 6.4-7　周天河段整治方案实施 5 年
年末泥沙冲淤变化

数值模拟计算结果表明，周天河段整治工程实施后，有效控制了颜家台放宽段主流摆动，增加了浅区水流动力，浅区河床得到冲刷，天然情况下颜家台附近航宽不足的局面得到改善。从工程实施后河床冲淤来看，受到颜家台丁坝作用，5 年末颜家台边滩有所淤积，幅度在 2～3m 左右；颜家台对开河槽内有所冲刷，幅度在 1～2m 左右。

从航道尺度来看，经过典型年水沙条件作用后，工程实施后周天河段设计水位下 4.0m 水深线能够贯通。其中，计算 3 年末，颜家台附近过渡段未出现浅梗，设计水位下 4.0 等深线宽度可达 400m；5 年末，颜家台附近航深、航宽均较好，设计水位 4.0m 等深线最小宽度为 210m，满足规划设计要求；10 年末，河段内总体航深、航宽条件较好，最小宽度为 250m，改变了天然条件下颜家台附近空当区水流分散、过渡段出浅碍航的不利局面。

综上所述，顺直微弯段河道通常两岸有交错分布的边滩，边滩冲淤频繁，主流不稳，在上下深槽之间的过渡放宽段易出现浅滩碍航。因此，边滩等边界条件的稳定及中枯水期主流的稳定是航槽浅滩冲刷的保证。针对该类浅滩河段在三峡水库蓄水运用后航道条件的变化趋势，整治技术总结如下：

（1）整治原则为"守护洲滩，稳定主流，统筹兼顾，分期实施"。考虑长顺直段航道浅滩变化特点及三峡水库蓄水运用后的不利发展趋势，提出要重点守护河道内边滩及心滩等，稳定中枯水主流，统筹上下游河道及航道变化的影响，兼顾防洪及生态功能，分期逐步完善对航道边界的守护控制。

（2）整治思路为"完善洲滩平面控制，守护高滩，控制过渡段主流，增加浅区动力"。长直段主要受边界条件冲淤变化影响，主流上提下挫、摆动频繁，枯水期放宽段冲刷不力、形成浅滩，使上下深槽交错，不利于航道条件的稳定。因此，通过完善对洲滩的平面控制，守护高滩边界，控制主流摆动，适当增加浅区动力，是该类河段航道整治的主要思路。

（3）整治措施以平面控制工程为主，采用护滩或潜丁坝的形式守护河道内洲滩，稳定航道边界条件，根据实际碍航情况配合疏浚等工程措施来共同保障航道条件。

6.4.4　分汊河段整治

6.4.4.1　荆江弯曲分汊河段整治总结——以瓦马河段和窑监河段为例

荆江河段以弯曲分汊河型居多，在前述浅滩演变分析的基础上，以窑监河段、瓦口子—马家咀河段为例，开展了已建整治工程效果分析和航道提升方案计算，总结弯曲分汊河段的整治经验，提出三峡工程运行后新水沙条件下的治理思路和措施。

1. 瓦口子—马家咀河段

瓦口子—马家咀河段（瓦马河段）处于上荆江中段，上起沙市下至青龙庙，全长30km，如图6.4-8（彩图23）所示。根据2002年10月—2014年2月实测河床冲淤分布来看，整治工程2006—2012年才陆续建成，该时段主要还是自然的演变，反映三峡水库清水下泄引起的河床演变情况。三峡工程运行以来新水沙条件下瓦马河段航道变化的主要原因在于，该河段普遍冲刷，瓦口子金城洲左右汊均发生冲刷，洲头及洲体也发生冲刷，若不控制金城洲洲头和右汊冲刷，可能会造成两槽同时发展的态势，对左汊主航槽不利；马家咀南星洲左右汊也同时发生较大冲刷，对右汊主航道的维护不利；同时伴随枯水位下降，对航道水深也可能产生不利影响。瓦马河段的航道整治工程已实施，如图6.4-8所示，且效果良好，本节主要分析总结航道整治经验。整治思路为防止支汊的进一步发展，守护洲滩，维护良好的滩槽形态。主要工程措施包括：马家咀水道航道整治一期工程（2006年10月—2008年10月），左汊口门附近建两道护滩带及一道护底带；瓦口子水道航道整治控导工程（2007年12月—2009年12月），在右岸野鸭洲边滩及金城洲头部低滩上建三道护滩带；瓦马河段航道整治工程（2010年10月—2012年10月）在金城洲中下段新建两道护滩带；南星洲右缘布置一条护滩带，南星洲左汊中下段布置一道护底带，并对已建护底带进行加固。

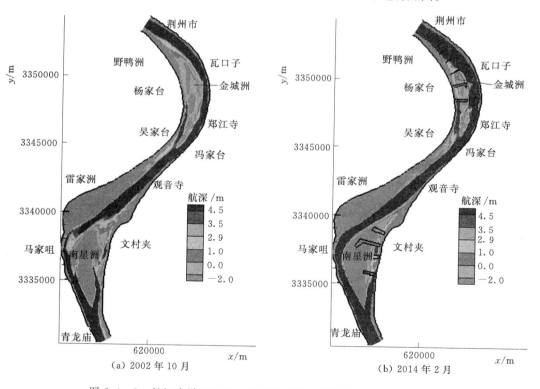

图6.4-8 长江中游瓦口子—马家咀河段航深图及整治工程示意图

根据2002年10月和2014年2月航道测图，2002年马家咀河段2.9m航深还不能贯通，瓦口子河段航深虽可以满足，但支汊有发展态势，对主汊航道产生不利影响。至2014年2月，瓦口子河段主汊（左汊）水深和航宽明显增加，金城洲洲头和支汊（右汊）在护滩带作用下冲刷幅度受到限制；马家咀右汊4.5m航槽贯通，支汊（左汊）的发展受到护滩等工程措施的限制。整治工程限制了支汊冲刷的发展态势，避免了两槽争流态势，增加了主汊航道水深，整治工程是成功的。瓦马河段航道整治成功的经验在于，针对主汊航道不利发展态势，对洲滩和支汊进行守护，控制洲头冲刷和支汊发展，保持和稳定良好的滩槽形态。

2. 窑监河段

三峡工程运行后，荆江河段持续冲刷，弯曲分汊河段的演变规律表现为凸岸边滩或凸岸侧支汊冲刷，曲率有减小态势；弯曲分汊河段主汊面临航道向不利方向发展的态势，主要包括心、边滩萎缩，洲头冲刷后退，窜沟发展，主支汊或主支槽均冲刷导致多汊争流等，对河势未来发展带来不确定性影响；枯水位降低进一步加剧航道条件恶化。这些都可能造成碍航浅滩航道条件进一步恶化，或良好航道条件向不利方向发展。针对航道出现的不利发展趋势开展航道治理研究。

左利钦等于2008—2010年开展了窑监河段一期航道整治工程计算[16]，该工程于2010年实施。对比实测效果与当年预测结果，检验整治工程的有效性。一期航道整治原则为：顺应总体河势发展，选择南汊为主航道，以守护为主，稳固洲滩，守护岸线，限制边滩和心滩的冲刷和窜沟的形成，引导水流归槽冲刷浅区，减小主流摆动范围。此外，荆江河段崩岸时有发生，需加强岸线守护。航道整治工程包括：洲头心滩鱼骨坝及护滩带、乌龟洲洲头及右缘上段护岸等，如图6.4-9（彩图24）所示。洲头心滩工程主要作用是稳定和巩固洲头心滩的高滩部分，封堵窜沟，并与乌龟洲相接，使洲头心滩与乌龟洲联成一体，在乌龟夹进口形成高大完整的凹岸岸线，适当减小主流的摆动范围，集中水流冲刷进口段浅区航槽，改善并稳定乌龟夹进流条件。

图6.4-9给出了预测的整治工程冲淤分布。整治方案实施后在心滩整治线前沿形成航槽，经过3年的作用，心滩右侧整治线前沿深槽逐步形成主槽，可满足2.9m航深要求，新河口下深槽也有所发展。窑监一期航道整治工程于2010年竣工。根据2014年2月测图（图6.4-10，彩图25），原乌龟夹进口浅段形成凹岸深槽，水深超过3.5m，航道条件良好，与预测的深槽位置一致。

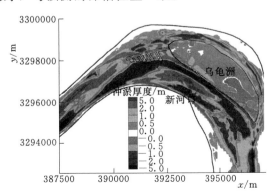 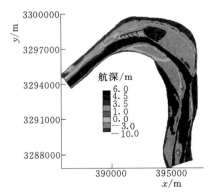

图6.4-9 长江中游窑监河段预测的航道　　　图6.4-10 长江中游窑监河段
整治工程方案实施后冲淤分布　　　　　　2014年2月航深

图 6.4-11（彩图 26）为实测 2010 年 1 月—2014 年 2 月实测冲淤分布，图 6.4-9 为预测值，比较两图可知，实测冲淤分布与计算非常接近，航道浅段乌龟夹进口冲刷，乌龟洲右汊中上段边滩有所淤积，新河口边滩上游侧发生一定冲刷，下游侧淤积，这些冲淤部位都与预测计算的类似。由于水沙系列和作用年份不一致，冲淤幅度不具有可比性，但仍能看到，若换算到同一时期，实测和计算幅度处于同一量级。说明所建平台航道治理效果的预测研究与后期实测结果很接近，得到了工程实践的检验，整治工程是成功的，可以用来总结航道整治经验。

根据上荆江瓦马河段和下荆江窑监河段的整治效果，总结分析荆江弯曲分汊河段的整治经验。瓦马河段和窑监河段滩群或滩段整治成功的经验表明：

（1）在分析河床演变和趋势预测的基础上，顺应河势发展趋势，选择通航主汊。

（2）守护洲头冲刷后退，控制窜沟发展，守护心边滩，保持良好的洲滩形态。

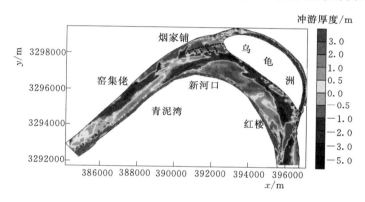

图 6.4-11 长江中游窑监河段
2010 年 1 月—2014 年 2 月实测冲淤图

（3）控制分流，限制支汊，维护主汊地位；对于航道浅段，适当采取工程措施引导水流冲刷浅区。

（4）加强岸线守护。

（5）统筹兼顾，考虑防洪影响和对周边敏感点的影响等。

由于三峡工程引起的河床调整远未达到平衡，因此，现阶段整治应以守护为主，避免大规模的工程，可概括成二十四字整治原则："顺应河势，加固洲滩，稳定主流，控制分流，守护岸线，统筹兼顾"。鉴于长江水流泥沙运动的复杂性，在解决具体河段问题时，还需具体问题具体分析，结合所研究河段的特点进行分析。

6.4.4.2 顺直微弯分汊河段整治——以嘉鱼—燕子窝河段为例

基于长江已实施的航道整治工程，结合三峡水库坝下游河床调整规律和机理的认识，以嘉鱼—燕子窝浅滩河段为例，系统研究航道整治具体措施和方案。在前述对浅滩演变规律认识的基础上，采用物理模型试验，综合探索性方案、典型年试验结果，重点开展系列年试验研究，提出适应新水沙条件下航道整治措施，并为长江中游航道整治工程提供技术支撑。

综合已有研究取值及物理模型试验等综合确定整治参数取值，设计水位取航基面上

1m，整治水位取设计水位上 3m，整治线宽度 1100m。航道目标尺度为 3.7m×150m×1000m。整治工程建筑物的高程采用经验和模型试验结果综合论证，不同部位不同功能的建筑物高程取值不同。

在嘉鱼—燕子窝河段中，燕子窝水道的航道问题较为突出，故优先考虑对燕子窝水道开展航道整治。在单项工程探索性试验及趋势分析的基础上，依据守护型和进攻型两种整治思路形成方案，开展了燕子窝水道的动床模型试验研究。

虽然燕子窝心滩滩头在护滩带及防冲墙的作用下较为稳定，但燕子窝水道呈现出右槽冲刷发展、心滩前沿低滩及左右缘冲刷萎缩、左槽宽浅主流摆动空间较大的演变特点，导致燕子窝左槽进口上河口一带航槽条件不稳定，航道条件趋于变差。因此，在工程部位方面，主要考虑加强心滩前沿低滩守护，适当恢复低滩滩型，并采用工程措施进一步限制右槽冲刷发展。基于不同的工程力度，分别提出守护型和进攻调整型两类工程措施开展试验研究，工程布置见表6.4-2。

表 6.4-2　　　　　　　　长江中游嘉鱼燕子窝河段整治工程方案一览表

工　程　布　置　图	工　程　布　置
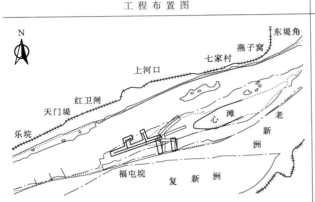	（1）心滩头部护滩带工程：一纵两横护滩带，调整护滩带勾头位置，护滩带分别长 1727m、471m（包括 200m 的勾头段）、347m，轴线 30m 范围内抛石 1.5m 厚。 （2）右槽已建护底带修复加固工程：右槽护底带与水流方向正交，避免不良流态的产生，护底带加固工程轴线分别长 552m、439m，轴线抛石体顶宽 3m，顶高程 8.5m。 （3）右岸护岸工程：守护护底带根部岸线，守护工程长 877m。
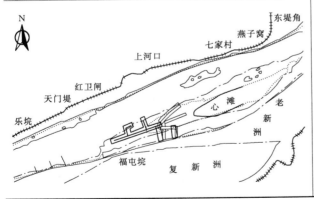	（1）福屯垸短丁坝工程：为避免洲头工程力度过大造成工程局部冲刷过大及不良流态的产生，在过渡段右岸布置潜丁坝工程挑流。工程布置具体为守护福屯垸高滩，长度为 2125m，并建 3 道短丁坝，长度分别为 444m、340m、424m，坝顶高程控制为 10.2m。 （2）燕子窝心滩头部梳齿坝工程：平面布置同方案二，坝顶高程控制为 16.2m（航基面上 3m）。 （3）右槽护底带工程：平面布置同方案二，高程控制为 10.2m。 （4）右岸护岸工程：同守护型方案

现状条件下趋势性预测结果表明，经过系列年作用，由于燕子窝心滩低滩冲退，右槽冲刷发展，左槽水流动力减弱，上河口一带淤积的边滩向左槽内延伸，挤压航槽，航宽缩窄，左槽航道条件恶化，系列年末 3.7m 航槽宽度减小为 80m 左右，不满足航宽要求。虽然典型年末各工程措施都能保证 3.7m 航道条件，但在三峡水库蓄水运用后的长系列年作

用下的效果需通过系列年试验,分析对比守护型和进攻型两种整治措施在保证河道航道条件的效果和影响。(水沙系列采用 2009—2013 年水沙过程＋1998 年减沙 2/3 水沙过程＋2010—2013 年水沙过程。)

1. 守护型方案效果

整治方案实施后,左右槽分流比基本稳定,至系列年末,燕子窝左槽分流比微增了 0.6%,工程有效抑制了燕子窝心滩的冲刷后退,稳定了心滩位置,部分阻止了进入右槽的主流,右槽加固的两道护底带上游泥沙淤积,护底带之间仍有所冲刷,护底带下游左侧河床淤积、右侧冲刷。其中,燕子窝心滩头部滩体基本保持稳定,实施后 10 年末,心滩前沿低滩淤积幅度达到 2～3m 左右;左槽进口段受到来水来沙条件影响较大,上河口一带泥沙有所淤积,航宽较小。实施后 10 年末,左槽 3.7m 航槽最小航宽约为 260m,如图 6.4-12 所示。方案实施后,局部近岸流速有所增大,但增幅较小。左岸上河口至七家村一带近岸流速均有不同程度的增加,增幅为 0.04～0.07m/s;右岸护底带附近护岸段近岸流速有所增加,增幅为 0.05m/s 左右。

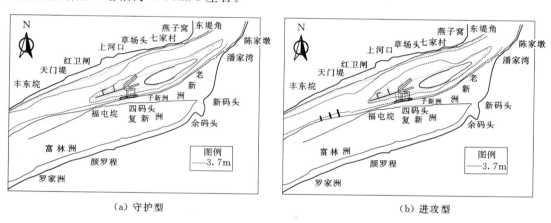

(a) 守护型　　　　　　　　　　　　　　(b) 进攻型

图 6.4-12　长江中游嘉鱼—燕子窝河段物理模型试验整治措施实施后航道情况

2. 进攻型方案效果

整治方案实施后,燕子窝右槽冲刷发展得到一定程度的控制,左右槽分流比基本稳定,系列年末左槽分流比略有增加,增幅为 1.9%,工程有效守护了燕子窝心滩头部前沿低滩和心滩左缘,福屯垸护底带和梳齿坝相配合,抑制了右槽的冲刷发展,增强了左槽浅滩的枯季冲刷能力。其中,心滩头部低滩基本保持稳定,有冲有淤,变幅在 1m 以内,梳齿坝下游心滩左缘淤积、右缘冲刷,福屯垸潜丁坝坝田间及丁坝下游淤积,工程的实施阻止了部分进入右槽的水流,右槽进口有冲有淤,幅度较小,右槽第一道护底带下游冲刷,最大冲深约 3.8m,第二道护底带下游河床有所淤积,右槽中段则有冲有淤;左槽左岸红卫闸附近边滩仍向河心淤积,但范围和淤积厚度均比无工程时小,上河口—草场头附近冲刷幅度较大,冲幅为 5m 左右。实施后 10 年末,左槽 3.7m 航槽最小航宽约为 400m,如图 6.4-12 所示。

从冲刷航槽保障航道尺度的角度,进攻型的工程措施虽然更能够集中水流增强浅区的冲刷能力,航道尺度优于守护型方案;但进攻型方案工程力度较大,引起工程局部及近岸流速的变化也较大,进攻型措施引起近岸流速增幅明显大于守护型措施,易引起岸线淘刷崩退，需要同时开展较长范围的护岸守护；同时工程力度较大的方案，引起工程局部水流紊动强度也较大，建筑物局部冲刷深度较大。

综合来看，通过优化工程布局，守护型措施和进攻型措施均能够起到有效地稳定滩槽格局、抑制燕子窝右槽的冲刷发展的效果，在两种类型的工程措施均能够满足航道条件的前提下，守护型措施相对更优。

6.4.4.3　藕节状分汊河段整治总结——以马当河段为例

城陵矶—湖口河段长约 547km，河道平面形态呈宽窄相间的藕节状，河道窄段一般有节点控制，如陆溪口、天兴洲、罗湖洲、戴家洲、张家洲和马当等河段。本研究选择历史上著名的碍航水道——马当河段为例，开展藕节状分汊河段治理措施研究。该河段虽然已在湖口以下，但河道性质与长江中游一致。

马当河段 2007—2014 年航深图如图 6.4 - 13 所示。在马当南水道，虽然目前 6m 航深基本满足，但其宽度逐渐缩窄，棉外洲头逐渐刷深，右槽航道进口条件呈恶化态势，2012 年 8 月 6m 线一度断开，主要可能是涨水期淤积所致，随后的枯水测次水深条件又有所好转。从航道条件来看，棉外洲挤压右槽的趋势比较明显。因此，该河段的主要问题是，马当南水道棉外洲左槽发展，原主航道右槽受到挤压，虽然马当南航道整治工程实施后左槽发展的势头得到遏制，但左右槽双槽争流对航道远期发展和维护不利；同时，棉外洲的南移压缩了现行主航道，使其航槽流路更加弯曲，马当矶上游附近的扫弯水更加强烈，对航道流态与通航安全均产生不利影响。

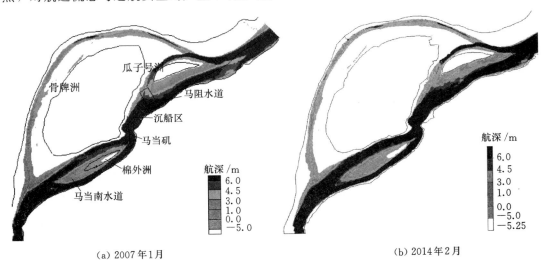

（a）2007 年 1 月　　　　　　　　　　（b）2014 年 2 月

图 6.4 - 13　长江中游马当河段 2007—2014 年航深图

马当河段的整治原则是顺应河势发展，加强洲头守护，减少洲头冲刷，限制支汊或副槽发展（护底或潜坝），稳定主流。根据一期整治工程经验及分项工程探讨，马当南水道的整治思路为：稳定棉外洲两槽分流比或使得右槽分流比有所增加；稳定并加高棉外洲头及洲头低滩，防止棉外洲分汊口门向宽浅方向发展，改善右槽进口条件；稳定棉外洲洲体中下部，防止滩体冲刷或下移。具体工程措施如图 6.4 - 14 所示，主要是对棉外洲心滩进行守护和洲头上延，在棉外洲左槽布置护滩带等。

采用泥沙数学模型，根据 2008—2012 年实测水沙条件开展泥沙冲淤效果计算，如图 6.4-14（彩图 27）和图 6.4-15（彩图 28）所示。计算结果表明，整治方案实施后，棉外洲左槽微淤，1~3 年整体淤积厚度在 1m 以内，5~10 年淤积厚度在 2m 以内，深槽内以微冲微淤为主，10 年冲淤厚度在 1m 以内。棉外洲右槽普遍冲刷，3 年后冲刷厚度 1~4m，5~10 年冲刷幅度中上段冲刷 2~4m。整体而言，工程起到了促使棉外洲左槽淤积萎缩、右槽冲刷发展的作用，且进口浅区冲刷明显。方案实施后均可满足预期 6.0m 航深的目标。

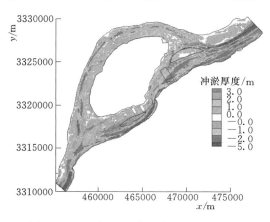

图 6.4-14 长江中游马当河段航道提升方案实施 10 年后冲淤变化

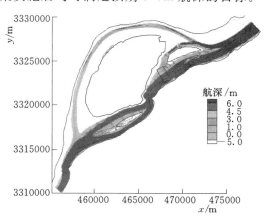

图 6.4-15 长江中游马当河段航道提升方案实施后的航深图

6.4.5 燕子窝整治方案应用

建立嘉鱼—燕子窝长河段滩群联合整治技术物理模型，为长江中游典型浅滩整治方案优化提供技术支撑。通过物理模型试验，对工程布置进行优化，综合论证不同类型工程措施的实施效果，相关成果已被应用于长江中游航道整治，其中，2013 年 2 月，试验成果被应用于嘉鱼—燕子窝河段工程可行性研究阶段的论证；2014 年 12 月，模型试验成果被应用于燕子窝水道航道整治初设阶段的研究，报告通过了交通运输部组织的审查；2015 年 3 月，根据模型试验提出的工程布置方案被应用于燕子窝水道航道整治工程的施工设计中，如图 6.4-16 所示。

（a）软体排施工　　　　　　　　（b）右岸护岸工程

图 6.4-16 长江中游燕子窝水道现场施工图

依托浅滩河段物理模型取得的相关成果具有典型示范作用，可为三峡水库蓄水运用后同类型浅滩河段航道整治提供借鉴。三峡水库蓄水运用后，长江中游分汊河段的演变体现出一些共性特征，河道冲刷引起的水位下降一定程度上削弱了三峡工程补偿泄水作用，不利于航道条件稳定。虽然各分汊河段的浅滩碍航程度不同，但其航道问题和发展变化趋势与所选典型浅滩河段基本一致。因此，基于嘉鱼—燕子窝河段物理模型提出的航道整治措施等，可为同类型浅滩河段航道整治提供示范。

6.5　小结

本章以长江中游典型浅滩河段为主要对象，研究了典型滩群演变规律及对航道的影响，明晰了三峡水库坝下游典型浅滩演变与三峡工程水沙过程调节的响应关系，研究了典型河段航道整治措施，取得了以下主要认识：

（1）分析了三峡水库蓄水运用以来长江中下游顺直微弯、弯曲及分汊河道变化特征。研究表明，三种类型河道河势基本保持稳定，河型未发生根本变化，但河道断面形态却发生了一定调整，具体表现为：三峡水库坝下游顺直微弯河道边（心）滩普遍冲刷下移，中枯水时主流流路取直，河道"滩冲槽淤"，河宽有一定增加，断面形态向宽浅型变化，主流年内摆幅明显加大；弯曲型河道受上游顺直过渡段流路取直的影响，一般呈现"凸岸边滩冲刷，凹岸深槽淤积"的现象，河道宽度增加，断面形态由偏 V 形向 U 形转化，弯顶断面形态由"单深槽向双深槽"方向发展；三峡水库蓄水运用后卵石夹砂河床的分汊型河段的滩体、主支汊冲刷幅度不大，主支汊格局稳定；沙质河床分汊型河道主支汊均以冲刷下切发展为主，分汊段多呈现"凸岸边滩崩退、汊道冲刷发展，凹岸汊道淤积萎缩、分流比减小"的现象。

（2）基于岸滩侧蚀坍塌机理，构建了二元结构岸滩侧蚀崩塌过程的理论模式，包括坡脚侧蚀冲刷、上部岸滩崩塌以及坍塌土体的掩护作用机制等动力学过程，为岸滩侧蚀及河床横向变形数值模拟提供了力学依据。解决了岸滩侧蚀三维水沙动力学模拟中的关键技术，构建了岸滩侧蚀及河道横向变形的动力学耦合模型，为冲积河流复杂河床演变过程的模拟提供了技术支撑。以太平口水道为例，研究了清水冲刷条件下岸滩侧蚀对航道条件的影响。结果表明：三峡水库蓄水运用后下游来沙量减少，该河段河床以及未守护低滩部位将会进一步产生冲刷；清水冲刷条件下，腊林洲边滩侧蚀冲刷后，主流南偏，北汊进口淤积，从而影响太平口水道"南槽-北汊"的航道格局。腊林洲边滩的稳定与否，对于太平口水道"南槽-北汊"航道格局的稳定具有重要作用。

（3）以窑监河段和马当河段为例，研究了浅滩演变对三峡水库水沙调节的响应。通过还原三峡工程调节前后水沙过程，进行窑监河段浅滩冲淤计算，结果表明，三峡水库蓄水导致退水过程加快，流量变化导致汛后冲刷幅度减弱 14%；从含沙量减少的角度来看，汛期淤积大幅减小，对增加水深有利；在两者的综合作用下，虽然汛后动力有所减小但同时汛期淤积也减小，将会使本河段航道条件较蓄水运用前略有好转，但河道冲刷后在乌龟夹进口段出现双槽争流的格局，航道形势仍不稳定。因此，三峡工程拦沙后并非使得航道条件得到根本改善，而是由于汛后冲刷强度也减弱，航道条件仍有恶化趋势，同时边滩冲刷和崩岸加剧等使航道不稳定，将引起新的航道问题。马当南水道滩槽演变对三峡水库水沙调节的响应研究表明，三峡工程加速了棉外洲左槽发展、右槽萎缩的演变态势，使马当南水道航道条件向不利方向发展的态势有所加快，揭示了这是航道条件向不利趋势发展的原因。

（4）提出了透水坝头和台阶式丁坝两种新型结构，透水坝头能够有效地消弱坝头水流动力，减小坝头局部冲刷；透水坝头的防护效果与其透水能力有关，透水坝头透空率及其沿水流向的宽度直接影响着其透水能力，过大或过小的透空率或宽度都不利于坝头水流动力的消减。对于本研究采用的模型，透空率为 0.88，宽度与实体坝身宽度相同时，防护效果最好；在丁坝影响的局部范围，丁坝越长防护效果越好。透水坝头已成功应用于东流水道航道整治工程。台阶式坝头能够阻挡下潜流，使得最大流速或最大紊动强度区远离坝头，坝头局部冲刷坑深度得到很大程度的控制，最大冲刷坑位置远离坝头，有利于坝头的稳定。台阶式坝头的防护效果与台阶级数和宽度有关。台阶级数越多，台面宽度越大，水流能够得到更好的分级消弱，防护效果也就越好。

（5）在浅滩演变分析的基础上，总结提出了航道治理的原则和思路，并对治理措施开展了研究。在整治参数的确定方面，提出动态设计水位法，采用"河床断面关系法"分析了三峡水库蓄水运用后长江中游整治线宽度的变化规律。目前坝下河床冲淤调整仍在持续，整治参数的确定不但要考虑到工程建成初期的效果，还要顾及远期影响，航道整治应以适应平常水沙年的较好洲滩格局为基础，整治时机的选择应遵循轻重缓急、分期实施的原则。

以芦家河河段为例计算分析了近坝段砂卵石河床航道治理措施。砂卵石河段的抗冲性和下游沙质河段的易冲性导致"坡陡流急"现象加剧，同时局部存在冲刷不利、航道尺度不足的问题，可以通过适当开挖来缓解"坡陡流急"问题，对冲刷不利河段实施控导工程，同时应重点考虑避免枯水位的下降。

以周天河段为例研究了顺直微弯河段的治理原则和措施。顺直微弯段河道通常两岸有交错分布的边滩，边滩冲淤频繁，主流不稳，在上下深槽之间的过渡放宽段易出现浅滩碍航。整治思路为"完善洲滩平面控制，守护高滩，控制过渡段主流，增加浅区动力"。

根据上荆江瓦口子—马家咀河段、下荆江窑监河段、顺直微弯分汊河段嘉鱼—燕子窝河段、藕节状分汊河段马当河段航道条件变化和整治工程案例研究，总结提出一般分汊河段航道整治经验，可概括成二十四字整治原则："顺应河势，加固洲滩，稳定主流，控制分流，守护岸线，统筹兼顾"。

参 考 文 献

［1］ Lin B，Zhang R，Dai D，et al. Sediment research for the Three Gorges Project on the Yangtze River since 1993 ［J］. International Journal of Sediment Research，2005（1）：30 - 38.

［2］ 府仁寿，虞志英，金镠，等. 长江水沙变化发展趋势 ［J］. 水利学报，2003，11：21 - 29.

［3］ Yang S L，Milliman J D，Xu K H，et al. Downstream sedimentary and geomorphic impacts of the Three Gorges Dam on the Yangtze River ［J］. Earth - Science Reviews，2014（138）：469 - 486.

［4］ 毛继新，韩其为，鲁文. 三峡水库下游河道冲淤计算研究 ［J］. 长江三峡泥沙问题研究（1996—

2000），2002，7：149-210.

［5］　李义天，孙昭华，邓金运. 论三峡水库下游的河床冲淤变化［J］. 应用基础与工程科学学报，2004，11（3）：283-295.

［6］　许全喜. 三峡工程蓄水运用前后长江中下游干流河道冲淤规律研究［J］. 水力发电学报，2013，32（2）：146-154.

［7］　赵琳，李义天，孙昭华. 水沙过程对道人矶-杨林岩顺直分汊河段洲滩演变影响初步研究［J］. 泥沙研究，2013（4）：26-33.

［8］　韩剑桥，孙昭华，黄颖，等. 三峡水库蓄水后荆江沙质河段冲淤分布特征及成因［J］. 水利学报，2014，45（003）：277-285.

［9］　江凌，李义天，曾庆云，等. 上荆江分汊性微弯河段河床演变原因探讨［J］. 泥沙研究，2010（6）：75-82.

［10］　李宪中，陆永军，刘怀汉. 三峡枢纽蓄水后对荆江重点河段航道影响及对策初步研究［J］. 水运工程，2004（8）：55-59.

［11］　陆永军，陈稚聪，赵连白，等. 三峡工程对葛洲坝枢纽下游近坝段水位与航道影响研究［J］. 中国工程科学，2002，4（10）：67-72.

［12］　傅开道，黄河清，钟荣华，等. 水库下游水沙变化与河床演变研究综述［J］. 地理学报，2011，66（9）：1239-1250.

［13］　李义天，唐金武，朱玲玲，等. 长江中下游河道演变与航道整治［M］. 北京：科学出版社，2012.

［14］　长江航道规划设计研究院. 三峡工程运行后长江中游航道条件及整治［R］，2012.

［15］　唐存本，贡炳生，左利钦. 再论航道整治线宽度与整治水位的确定［J］. 水运工程，2013（A01）：62-68.

［16］　左利钦，陆永军，季荣耀，等. 下荆江窑监河段河床演变及整治初步研究［J］. 水利水运工程学报，2012（4）：39-45.

第7章 三峡水库蓄水运用后江湖关系变化与对策研究

本章对三峡水库蓄水运用后长江与洞庭湖关系变化和长江与鄱阳湖关系变化进行了分析，研究了长江与洞庭湖关系变化对荆江三口分流分沙的影响，以及对防洪和水资源利用的影响，分析了鄱阳湖近年来枯水情势变化的原因等。采用数学模型预测了长江与洞庭湖关系和长江与鄱阳湖关系的变化趋势，探讨了松滋口建闸和鄱阳湖水利枢纽对江湖关系的影响。

7.1 长江与洞庭湖关系变化与影响

三峡水库蓄水运用后，水库坝下游河道将面临长期"清水"冲刷的形势，对长江与洞庭湖关系造成较大影响。在三峡工程论证阶段，不少科研单位也对此展开了预测分析[1-3]。随着三峡水库蓄水运用，坝下游河道冲刷不断发展，观测资料不断积累，趋势规律更趋明确。李义天[4]、栾震宇[5]、李玉荣[6]、韩剑桥[7]、方春明[8]等对三峡水库蓄水运用后江湖关系变化进行了研究。由于江湖关系十分复杂，近年来实测资料分析结果与已有预测结果存在一定差异，主要表现为：一方面，由于三峡入库、出库年水沙条件与原来相比发生了显著变化，长江干流河道实际冲淤量与水位降幅与预测值有一定差异；另一方面，三峡水库蓄水运用以来荆江三口分流比尚未发生明显变化，而论证阶段预测三口分流分沙将持续减少。因此，三峡水库蓄水运用后江湖关系变化规律及其对防洪、航运、用水等方面的影响有待深入研究。

7.1.1 长江干流水沙情势

根据实测资料统计结果，宜昌站年径流量多年来无趋势性变化，如图 7.1-1 所示。三峡水库蓄水运用前（1954—2002 年）多年平均年径流量为 4369 亿 m³，三峡水库蓄水

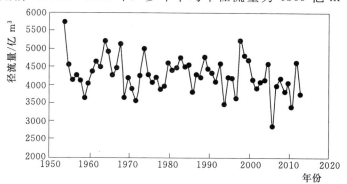

图 7.1-1 长江宜昌站多年径流量变化

运用后（2003—2013 年）年平均径流量为 3958 亿 m³，相比蓄水运用前减少 9.3%。宜昌站输沙量在三峡水库蓄水运用后大幅减小，如图 7.1-2 所示，三峡水库蓄水运用前年平均输沙量为 49200 万 t，蓄水后年平均输沙量为 4660 万 t，减小了 90%。

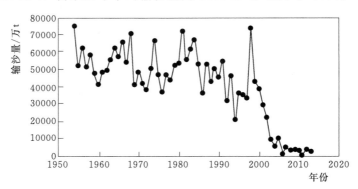

图 7.1-2　长江宜昌站多年输沙量变化

从年内变化来看（表 2.3-2），由于水库调节作用，宜昌站 1—3 月径流量较蓄水运用前增加约 23%～32%，汛后蓄水期径流量略有减少，而由于近几年多为中小水年，汛期流量较多年平均值也有所减小。从减小的比例看，蓄水期 10 月减小最大，约 34%，汛期 7—9 月减小 9%～17%，蓄水运用前后各月输沙量降幅均超过 80%（表 2.3-2）。

三峡水库蓄水运用以后，水库拦截大量泥沙，造成荆江河段处于冲刷状态，长江中游河段中低水位有所下降。根据 2013 年数据分析，蓄水以来长江中游各水文站水位有不同程度的下降，如 2.3 节所述。

7.1.2　三口分流分沙变化

7.1.2.1　三口分流分沙变化影响因素

统计历年三口分流分沙比（图 7.1-3），下荆江裁弯前（1955—1965 年），三口分流比呈现缓慢递减的趋势，此期间年平均分流比平均值为 29.9%；下荆江裁弯期间及裁弯后初期（1966—1989 年），三口分流比急剧递减，分流比减小至 15.63%，1990 年至三峡水库蓄水运用前，三口分流比变化较小，平均值为 14%。三峡水库蓄水运用后，三口分流比年平均值略小于蓄水运用前，多年分流比稳定在 12% 左右。此外，2006 年与 2011 年为小水年，上游来水量较小，三口分流比与分沙比也显著下降。

影响三口分流分沙比的直接因素是荆江河段水位变化、分流河道的冲淤变化等，这些变化直接决定了长江干流水位与三口口门高程的差值变化（图 7.1-4），即三口分流的大小。从荆江裁弯前后的实际现象来看，裁弯前的自然情况下荆江河道基本冲淤平衡，而三口河道缓慢淤积，三口口门高程逐渐抬高，分流比缓慢减小；裁弯后，干流水位大幅下降，河道淤积加重，长江干流水位与三口口门高程的差值不断变大，三口分流比也急剧减小，尤其以水位下降最多的下荆江河段藕池口分流比减小最多。这些现象说明冲淤所造成的口门高程变化、干流水位变化与分流比之间的紧密相关性。分流量与干流水位和分流河道河床高程的差值可用 $Q=f(Z_{干流}-Z_{河床})$ 表达，近似采用多项式可表达为

$$Q_{分流量}=a(Z_{干流}-Z_{河床})^2+b(Z_{干流}-Z_{河床})+c \tag{7.1-1}$$

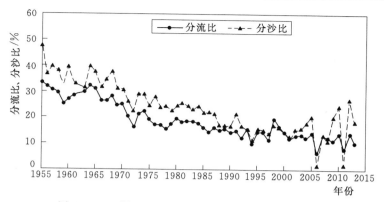

图 7.1-3 荆江三口分流分沙比年平均值变化过程

先用 1996 年的三口实测流量 Q、附近长江干流水位 $Z_{干流}$ 及三口分流河道河床高程 $Z_{河床}$ 的实测资料，建立 $Q=f(Z_{干流}-Z_{河床})$ 的经验关系式，确定有关系数，得到三口分流量与附近长江干流水位之间的相关关系。

松滋口分流量与枝城水位之间的关系：

$$Q_{松}=50.811Z_{枝}^2-3772.8Z_{枝}+70030$$

$$(7.1-2)$$

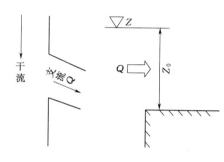

图 7.1-4 分流口示意图

太平口分流量与沙市水位之间的关系：

$$Q_{太}=16.414Z_{沙}^2-1043.2Z_{沙}+16557 \qquad (7.1-3)$$

藕池分流量与新厂水位之间的关系：

$$Q_{藕}=43.118Z_{新}^2-2606.1Z_{新}+39238 \qquad (7.1-4)$$

根据实测资料得到 1997—2004 年期间三口口门的河床高程和实测长江干流水位，可计算得到三口分流量 Q。计算与实测结果对比情况如图 7.1-5～图 7.1-7 所示。由图可见，计算值与实测值拟合较好，说明式（7.1-2）～式（7.1-4）能够较好地反映三口分流量的变化，可以用来估算三峡建库后的三口分流量。

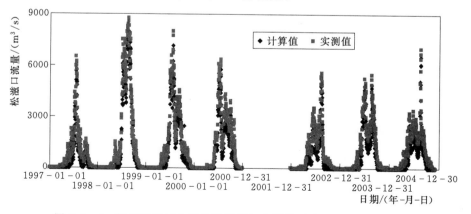

图 7.1-5 荆江松滋口分流量计算值与实测值对比（1997—2004 年）

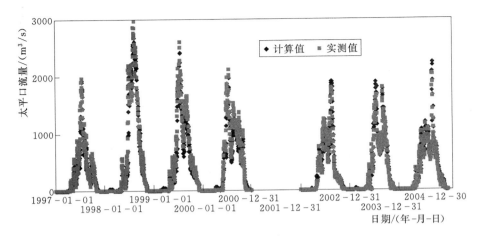

图 7.1-6　荆江太平口分流量计算值与实测值对比（1997—2004 年）

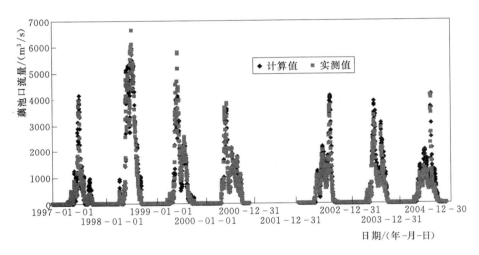

图 7.1-7　荆江藕池口分流量计算值与实测值对比（1997—2004 年）

7.1.2.2　三口河道冲淤变化

据实测资料统计，长江经三口河道分流的泥沙有 13.1% 淤积在三口河道内，1952—2003 年三口河道共淤积泥沙 6.52 亿 m^3，年均淤积泥沙 0.125 亿 m^3。特别是进口段的河床淤积致三口进流不畅，除松滋西支新江口断面相对稳定外，三口河道进口段河床均呈现单向淤积态势。根据已有计算成果，1952—1995 年三口河道泥沙总淤积量为 5.69 亿 m^3，其中松滋河淤积量为 1.67 亿 m^3，约占进口两站同期总输沙量的 10.4%；虎渡河淤积量为 0.71 亿 m^3，约占弥陀寺站同期总输沙量的 10.7%；松虎洪道淤积量为 0.4424 亿 m^3，藕池河淤积量为 2.87 亿 m^3，合计约占进口两站同期总输沙量的 13.6%。1995—2003 年，三口河道枯水位以下河床冲淤基本平衡，泥沙淤积主要集中在中、高水河床，总淤积量为 0.4676 亿 m^3，其中藕池河淤积最为严重，淤积量为 0.3106 亿 m^3，占淤积总量的 66%，淤积强度为 9.1 万 m^3/km；虎渡河次之，淤积量为 0.1317 亿 m^3，占总淤积量的 28%，淤积强度为 9.8 万 m^3/km；松滋河淤积量不大，淤积量为 0.0348 亿 m^3，仅占总淤积量的 7%，淤积强度为 1.1 万 m³/km。松虎洪道则略有冲刷，冲刷量为 0.0095 亿 m³。

三峡水库蓄水运用后，根据 2003 年、2005 年、2009 年和 2011 年断面资料，得到不同年份间洪水对应的三口河道冲淤变化量（表 7.1-1）。由表可见，三口河道在三峡水库蓄水运用后发生普遍冲刷，冲刷的沿程分布为：松滋河水系冲刷主要集中在松西河及松东河，其支汊冲淤变化较小；虎渡河冲刷主要集中在口门—南闸河段，下游河段则表现为淤积；松虎洪道表现为较强的冲刷；藕池河则发生普遍冲刷。

表 7.1-1　　　　　　　　荆江三口河道冲淤变化（洪水）　　　　　　单位：万 m³

河系	河段	2003—2005 年	2005—2009 年	2009—2011 年	2003—2011 年
松滋河	松滋河（松滋口至大口）	−33	−266	−451	−750
	松滋东河（大口—中河口）	−439	55	−361	−745
	松滋东河（中河口—瓦窑河）	−247	−227	223	−251
	松滋西河	−450	−230	−118	−798
	松滋东支（大湖口河）	−70	−1008	890	−188
	松滋中支（自治局河）	−556	258	−26	−324
	松滋西支（官垸河）	−453	78	50	−325
	采穴河	−14	14	34	34
	小计	−2262	−1326	241	−3347
松虎洪道	松虎洪道（包括松滋洪道）	−514	−335	−22	−871
虎渡河	虎渡河	−1273	−1071	801	−1543
藕池河	藕池河（藕池口—江波渡）	−266	92	−352	−526
	藕池西支（安乡河）	−370	−158	95	−433
	藕池中支	225	−635	−16	−426
	鲇鱼须河	87	−156	28	−41
	梅田湖河	−456	59	26	−371
	注滋河	201	−274	24	−49
	沱江	287	−396	170	61
	小计	−292	−1468	−25	−1785
三口河道合计		−4341	−4200	995	−7546

7.1.2.3　三峡水库蓄水运用前后三口断流变化

三口河道在干流水位低至某值后出现断流的情况，断流一般出现在每年 10—11 月干流退水期，断流日期一般与 10—11 月的流量直接相关，在河道断流时对应干流流量变化不大的情况下，10—11 月的月均流量越小，河道的断流日期越早，年平均断流天数也相应增加。三峡水库蓄水运用后，9—11 月的蓄水降低了荆江干流流量，影响三口分流。

1. 松滋口

1990 年后沙道观站断流对应干流流量逐年增加，1995—2003 年变化不大，三峡水库蓄水后断流对应临界流量有较大起伏但没有明显变化趋势，如图 7.1-8（a）所示。沙道观断流起始日期，蓄水后相比蓄水运用前显著提前，1990—2002 年平均日期为 11 月 8

日，蓄水后 2003—2011 年为 10 月 13 日，提前将近一个月，如图 7.1-8（b）所示；沙道观站年断流天数，蓄水后高于蓄水运用前，如图 7.1-8（c）所示。沙道观站断流起始日期及年内断流天数均高于蓄水运用前，这与沙道观站断流对应干流平均流量的变化及三峡水库蓄水期干流流量减小有关。蓄水运用前 1990—2002 年沙道观断流对应干流平均流量为 9515m³/s，而干流枝城站 10—11 月平均流量为 12600m³/s，高于沙道观站断流时对应干流流量；蓄水后 2003—2011 年沙道观站断流对应干流平均流量为 10400m³/s，而枝城站 10—11 月平均流量为 10500m³/s，接近沙道观站断流对应干流流量，造成沙道观站的断流日期提前，且年均断流天数增加。溪洛渡、向家坝水库运行后，由于其设计蓄水时间与三峡水库重合，若梯级水库运行，9 月荆江流量可能显著降低，沙道观站断流日期可能进一步提前。

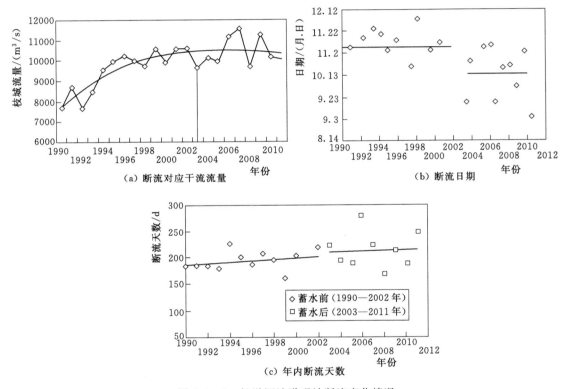

（a）断流对应干流流量　　　　　　　（b）断流日期

（c）年内断流天数

图 7.1-8　松滋河沙道观站断流变化情况

2. 太平口

弥陀寺站断流时干流临界流量较蓄水运用前的 1990—1995 年有下降趋势，1995—2003 年则相对稳定，蓄水后又出现趋势性下降，如图 7.1-9（a）所示。蓄水运用前弥陀寺站断流对应干流临界平均流量为 8070m³/s，蓄水后降低为 7330m³/s，故三峡水库 10—11 月的蓄水作用对弥陀寺的断流时间影响不大。弥陀寺断流起始日期，蓄水后相比蓄水运用前推后 7 天，1990—2002 年平均日期为 11 月 18 日，蓄水后 2003—2011 年为 11 月 25 日，如图 7.1-9（b）所示，这与蓄水后弥陀寺断流对应干流流量的降低有关。弥陀寺年断流天数，蓄水后低于蓄水运用前，如图 7.1-9（c）所示。由上述分析可知，三峡水库蓄水运用后对河道断流影响不大，其断流日期及天数变化主要与干流的同流量水位变化及河道口门的冲刷引起的断流对应干流流量减小有关。

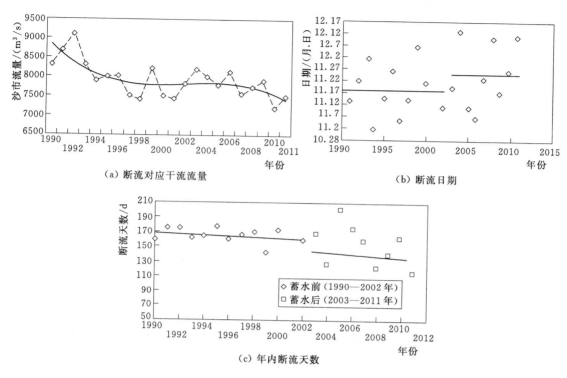

（a）断流对应干流流量

（b）断流日期

（c）年内断流天数

图 7.1-9　虎渡河弥陀寺站断流变化情况

3. 藕池口

藕池河康家岗站在三峡水库蓄水运用前 1990—2002 年断流时干流临界流量变化不大，蓄水后起伏较大且略有下降趋势；断流起始日期在蓄水运用前后无明显差别；年断流天数在蓄水运用前后变化不大，且蓄水后有一定的增加趋势。管家铺站在三峡水库蓄水运用前 1990—2002 年断流时干流临界流量略有增加趋势，蓄水后则呈下降趋势；断流起始日期在蓄水运用前后差别不大，且与干流临界流量的变化趋势相对应，管家铺断流时对应干流流量趋势性增加时，其断流日期则趋势性提前，反之，断流对应干流流量减小而其断流日期推后。由于蓄水后其断流对应流量趋势性减小，所以其年断流天数大于蓄水运用前且有下降趋势。

由上述分析可知，一方面，三口断流时间与其断流时干流流量的变化有关，在月径流量变化不大的情况下，断流流量增大，则河道的断流日期提前，且年断流天数增加，反之则相反；另一方面，通过分析三峡水库蓄水运用后荆江干流月平均流量变化可知，其对三口各河道的影响各不相同，对于干流断流流量高于蓄水后 10 月和 11 月月均流量的河道，蓄水作用对其断流时间的影响并不明显，而对于干流断流流量低于蓄水后 9 月和 10 月月均流量的河道，蓄水作用则明显影响其断流时间及年断流天数，也说明三峡水库的蓄水作用会影响三口断流时间。

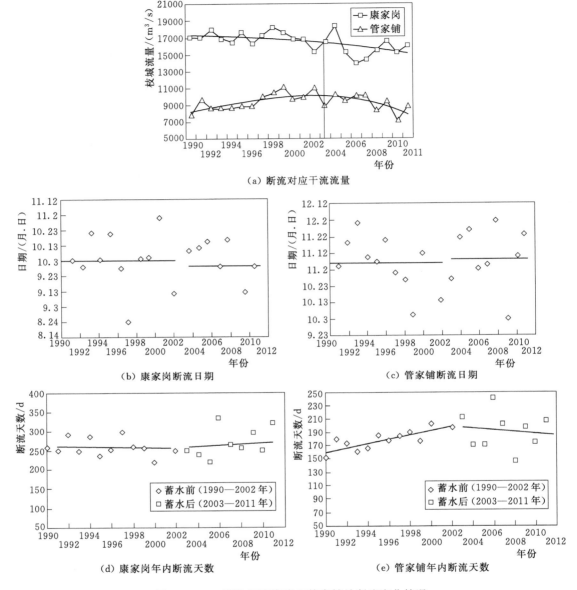

（a）断流对应干流流量

（b）康家岗断流日期

（c）管家铺断流日期

（d）康家岗年内断流天数

（e）管家铺年内断流天数

图 7.1-10 藕池河康家岗和管家铺站断流变化情况

7.1.3 城陵矶水位变化

城陵矶水位变化主要受螺山水位流量关系影响。三峡水库蓄水运用后，水沙条件发生了全新变化，干支流来流过程和城汉河段冲淤情况与蓄水运用前存在较大差异，城陵矶水位变化也有了新的趋势。

7.1.3.1 螺山站水位流量关系变化

三峡水库 2003 年蓄水运用以来，螺山站水位流量关系变化见表 7.1-2 和图 7.1-11。与 2003 年水位相比，2014 年水位总体呈下降趋势，当流量为 8000m³/s 时，水位下降约

0.99m，当流量为18000m³/s时，水位下降1.01m左右。与2013年相比，2014年流量为8000m³/s时，水位下降约0.04m，流量为18000m³/s时，水位下降了0.17m左右。

表7.1-2　　　　　　　三峡水库蓄水运用后螺山水位流量关系变化　　　　　　单位：m

流量级/(m³/s)	2003—2004年	2003—2005年	2003—2006年	2003—2007年	2003—2008年	2003—2009年	2003—2010年	2003—2011年	2003—2012年	2003—2013年	2003—2014年
8000	−0.42	−0.29	−0.47	−0.47	−0.52	−0.54	−0.57	−0.59	−0.73	−0.95	−0.99
10000	−0.44	−0.30	−0.47	−0.47	−0.42	−0.42	−0.47	−0.67	−0.79	−0.79	−0.99
14000	−0.55	−0.43	−0.43	−0.43	−0.50	−0.58	−0.60	−0.81	−0.81	−0.79	−1.02
16000	−0.59	−0.54	−0.51	−0.51	−0.58	−0.65	−0.66	−0.89	−0.83	−0.82	−1.06
18000	−0.53	−0.52	−0.45	−0.45	−0.61	−0.69	−0.71	−0.92	−0.75	−0.84	−1.01

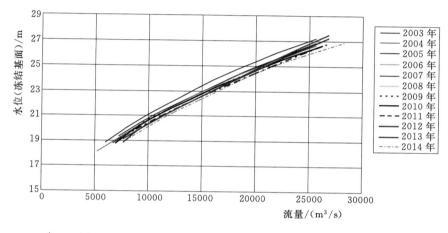

图7.1-11　三峡水库蓄水运用后螺山站水位-流量关系

7.1.3.2　城陵矶站水位变化

统计三峡水库蓄水运用前后城陵矶站枯水期月平均水位变化（表7.1-3），可见三峡水库蓄水运用后，城陵矶枯水水位呈抬高趋势，与蓄水运用前相比，2003—2008年城陵矶水位普遍抬高0.3m左右；与2003—2008年相比，2008—2013年1月与2月城陵矶站水位有所抬高，3月水位有所降低，这与2008—2013年螺山流量减少而未能补偿由冲刷引起的水位下降有关，但城陵矶站水位仍较蓄水运用前有所抬高。

截至2013年，三峡水库蓄水运用后城汉河段呈现出冲刷状态，三峡水库枯期的补水作用使得城陵矶枯水水位整体上变化较小。

表7.1-3　　　　　　　三峡水库蓄水运用前后城陵矶站水位变化　　　　　　单位：m

统计系列	1月	2月	3月
1954—2002年	20.72	19.91	21.80
2003—2008年	20.98	21.23	22.66
2008—2013年	21.36	21.37	22.21

7.1.4 江湖关系变化对防洪及水资源利用的影响

7.1.4.1 江湖关系变化对长江中下游防洪的影响分析

在上游干支流控制性水库配合三峡水库对长江中下游防洪调度过程中，选取 1931 年、1935 年、1954 年和 1998 年等 4 场流域性大洪水为典型，采用螺山站 30 天洪量放大倍比，进行实际洪水及 1%、2%、3.33%、5% 频率洪水进行调洪演算，与三峡水库优化调度方案成果相比，上游水库与三峡水库联合调度，可进一步减少长江中下游的超额洪量，减少的超额洪量分别为 6 亿～78 亿 m³、18 亿～71 亿 m³、16 亿～24 亿 m³、3 亿～38 亿 m³ 和 0～35 亿 m³，其中，城陵矶地区减少量最为明显。

随着上游干支流控制性水库与三峡联合调度运用时期的延长，针对不同频率不同年型设计洪水，城陵矶附近区域超额洪量逐渐减少，遇 1954 年洪水，现状为 251 亿 m³，2022 年年末减小为 240 亿 m³ 左右，2032 年年末为 226 亿 m³ 左右。

7.1.4.2 江湖关系变化对长江中下游水资源利用的影响分析

三峡水库蓄水运用后由于河段冲刷引起中枯水位下降，直接影响荆南三河水系地区的工农业生产用水和居民饮水。据初步计算，三峡水库运行 20 年内（以 20 世纪 90 年代水沙系列为代表），枯水期 12 月至次年 4 月三口河道基本断流。随着三峡水库运用时间的延长，长江干流河道的冲刷发展，中枯水位继续下降，枝城不同流量下进入洞庭湖区的三口河道分流量将减少更多，三口河道枯水期断流的时间更长。

三峡水库的蓄泄调度及荆南三河河口水位在中枯水流量时水位降低，导致荆南三河河道断流时间提前，进水时间延后，总的断流时段延长。荆南三河沿岸的农业灌溉大部分依靠从三河引水，大部分沿河灌溉涵闸在春灌期间不能正常引水；现有的提灌站由于河道水位降低导致扬程增大，机组不能正常使用。由于断流，部分城区自来水取水口无法取水；同时，由于分流量的减少及断流时间延长，导致供水保证率下降；流速变缓，导致水体自净能力下降，水质变差，常发生水华。

根据《长江流域综合规划（2012—2030 年）》，长江上游还将陆续兴建一批控制性水库，随着这些水库的建设运用，洞庭湖在蓄水期的水位降低趋势将更明显，枯水期延长也会趋势化，对水资源的利用影响将进一步加大。

7.2 长江与鄱阳湖关系变化与影响

三峡及长江上游干支流控制性水库蓄水运用后，将对长江与鄱阳湖的关系造成一定影响，随着观测资料的不断积累，长江与鄱阳湖江湖关系的变化也越来越受到各界的关注，研究也逐步深入。方春明[9]通过研究长江与鄱阳湖江湖水流相互作用关系机理，提出三峡水库汛后蓄水将对鄱阳湖水文情况产生重要影响。许全喜[10]研究了三峡水库蓄水运用前后（至 2012 年）河湖泥沙冲淤的时空格局和变化特征，认为鄱阳湖淤积大为减缓；胡春宏等[11]的研究表明，三峡工程运行后坝下游河道产生强烈的、大范围的冲刷，鄱阳湖湖口水位下降，枯水期出现了水资源供需矛盾尖锐等问题；徐照明等[12]对近年来鄱阳湖区枯水情势、成因以及未来上游干支流水库调度运用后的枯水变化趋势进行了研究。三峡水库蓄水运用导致的江湖关系变化，给鄱阳湖的水资源利用和水生态环境等带来了一定的影响[13-15]。

7.2.1　近年来鄱阳湖区枯水情势

7.2.1.1　近年来湖区枯水变化

近年来鄱阳湖区枯水位出现了新的变化，不仅枯水出现时间大幅提前，枯水持续时间显著延长，而且湖区控制站普遍出现历史最低水位。相较于 1956—2002 年、2003—2012 年湖区各站 9 月至次年 3 月水位普遍下降，只有湖口站 1—3 月由于三峡水库补水作用有所抬高，见表 7.2 - 1。湖区各站低水位持续时间延长，低水位出现的时间也大幅提前，星子站枯水位持续时间变化见表 7.2 - 2。

表 7.2 - 1　　　　　　鄱阳湖区各水文站 9 月至次年 3 月平均水位变化　　　　　　单位：m

测站	9 月	10 月	11 月	12 月	1 月	2 月	3 月
湖口	−0.80	−2.20	−1.60	−0.54	0.25	0.38	0.67
星子	−0.80	−2.17	−1.64	−0.77	−0.40	−0.55	−0.22
都昌	−0.81	−2.14	−1.67	−1.12	−1.03	−1.06	−0.60
棠荫	−0.77	−1.81	−1.05	−0.64	−0.63	−0.38	−0.05
康山	−0.52	−1.27	−0.58	−0.29	−0.32	−0.29	−0.08

注　表中数值为 2003—2012 年系列月平均值减 1956—2002 年系列月平均值。

表 7.2 - 2　　　　　　　　鄱阳湖星子站不同枯水位平均出现天数及时间

时　段	某级以下水位出现天数及时间								
	10m			8m			6m		
	天数	初日	平均出现日期	天数	初日	平均出现日期	天数	初日	平均出现日期
1960—1969 年	132	11 月 7 日	11 月 17 日	81	11 月 22 日	12 月 8 日	22	12 月 26 日	12 月 29 日
1970—1979 年	139	9 月 1 日	11 月 13 日	80	10 月 24 日	11 月 26 日	13	12 月 11 日	12 月 19 日
1980—1989 年	109	10 月 16 日	11 月 23 日	65	11 月 25 日	12 月 9 日	3	1 月 15 日	
1990—2002 年	117	9 月 19 日	11 月 8 日	54	11 月 13 日	12 月 2 日	1	2 月 27 日	
1956—2002 年	127	9 月 1 日	11 月 11 日	72	10 月 14 日	12 月 2 日	11	12 月 9 日	12 月 21 日
2003—2012 年	175	8 月 22 日	10 月 14 日	106	9 月 28 日	10 月 29 日	20	12 月 11 日	12 月 15 日
1956—2012 年	136	8 月 22 日	11 月 6 日	79	9 月 28 日	11 月 24 日	12	12 月 9 日	12 月 18 日

7.2.1.2　鄱阳湖区各水文站 9—11 月枯水位常态化趋势分析

采用 Mann - Kendall 非参数检验（M - K 检验）、Kendall 秩次相关检验（Kendall 检验）、Spearman 秩次相关检验（Spearman 检验）、线性回归趋势检验（LRT 检验）等四种方法，分析鄱阳湖湖口、星子、都昌、棠荫和康山等 5 站在 1956—2012 年 9 月至次年 3 月逐月平均水位的变化趋势（表 7.2 - 3）。由表可见，由于三峡水库的蓄水运用，湖区水位出现了相应的趋势性变化，其中蓄水期间 10 月由于蓄水量较大，湖口、星子、都昌、康山、棠荫站平均水位均呈现显著降低的趋势，而 9 月蓄水量较小，表现不显著，11 月三峡水库蓄水影响到都昌站，都昌以上则表现不显著；在 1—3 月枯水期，由于三峡水库的补水，使得湖口站水位呈现显著升高的趋势变化，但湖口站水位抬高的作用难以影响到星子以上的湖区水位。

表 7.2－3　　　　　　　　　鄱阳湖区各水文站月平均水位趋势性检验结果

站点	9 月	10 月	11 月	12 月	1 月	2 月	3 月
湖口	无趋势	显著降低	显著降低	无趋势	显著升高	显著升高	显著升高
星子	无趋势	显著降低	显著降低	无趋势	无趋势	无趋势	无趋势
都昌	无趋势	显著降低	显著降低	无趋势	无趋势	无趋势	无趋势
棠荫	无趋势	显著降低	无趋势	无趋势	无趋势	无趋势	无趋势
康山	无趋势	显著降低	无趋势	无趋势	无趋势	无趋势	无趋势

7.2.2　江湖关系变化对防洪及水资源利用的影响

7.2.2.1　江湖关系变化对防洪的影响分析

上游干支流控制性水库与三峡联合调度进一步减少了长江中游的超额洪量，但由于湖口地区距离较远，超额洪量变化不大。随着水库运用时期的延长，引起江湖冲淤变化，武汉附近区域超额洪量有略微增加趋势（遇 1954 年洪水，现状为 38 亿 m³，2022 年年末为 45 亿 m³，2032 年年末为 49 亿 m³），湖口附近区域超额洪量几乎无变化。

7.2.2.2　江湖关系变化对水资源利用的影响分析

鄱阳湖区是长江干流湖口以下河段水资源的重要补给来源，上游干支流控制性水库运用后，由于水库蓄水降低了 8—11 月湖口水位，导致 9 月 1 日湖容减小，同时随着干流水位的降低，湖水加快流出，导致湖区水位迅速下降，10 月补水作用显著降低，除丰水年份外，11 月初湖区通江水体容积已经较少，对下游的补水作用更小。

每年 9—10 月三峡水库蓄水期间正值鄱阳湖区农业用水高峰季节，农业生产需水量多，湖区环湖沿江约 300 万亩农田灌溉用水均以鄱阳湖及五河尾闾河道为灌溉水源，外湖外江水位降低，造成涵闸引水概率及引水量明显降低，泵站提水扬程加大，导致该部分农田用水保证率降低，运行费用增加。据调查统计，受蓄水影响的环湖农田面积约 300 万亩，增加扬程占提水扬程比例达 26% 左右；由于湖区水位的降低，对湖区城镇供水工程将产生不同程度的影响，主要表现为抽水扬程增加，取水量减少，供水工程建设及运行成本增加，并可能产生工程运行不稳、供水保证率下降等结果；三峡及上游水库群蓄水引起的湖区水位降低，将减少通航水深，造成一定的通航困难，若再遭遇湖区特枯水年，则对航运的影响更加明显。

7.2.3　鄱阳湖江湖关系变化的成因分析

引起 2003 年以来鄱阳湖区枯水的影响因素主要包括天然降雨径流变化、江湖冲淤、流域用水量的增加和三峡水库蓄水四个方面。

7.2.3.1　长江干流与鄱阳湖水系降雨径流变化

根据长江流域湖口以上干支流 76 个控制性水文站（不含鄱阳湖流域）的雨量资料，与 1956—2002 年系列相比，2003—2012 年湖口以上多年平均降水量偏少 3.62%，9 月至次年 3 月多年平均降水量湖口以上偏少 5.98%。根据鄱阳湖流域 491 个雨量站资料,与 1956—2002 年系列相比,2003—2012 年鄱阳湖水系年降水量比多年平均降水量偏少 5.15%。

1956—2002 年汉口站和大通站实测多年平均年径流量比 2003—2012 年分别减少 5.3% 和 6.1%,2003—2012 年 9—10 月实测平均径流量与 1956—2002 年相比分别减少减少 15.6% 和 12.8%。

采用 Mann-Kendall 非参数检验(M-K 检验)等四种方法分析长江上中游干支流降水和主要水文站径流量的变化趋势,结果显示还原后的长江干流控制站宜昌、汉口和大通站的年径流量及 9 月至次年 3 月径流量均没有显著变化趋势。实测的长江干流宜昌、汉口站 10 月径流量出现显著降低趋势,这主要是由于三峡水库蓄水引起的,而 10 月大通站径流量并没有表现出显著趋势,鄱阳湖泄水量的增加发挥了一定的补给作用。

7.2.3.2 三峡水库蓄水运用以来中下游河湖冲淤变化对水情的影响

三峡水库蓄水运用以来,长江中下游干流河道总体处于冲刷态势。原型观测资料分析表明,2002 年 10 月—2012 年 10 月宜昌—湖口河段平滩以下河槽冲刷泥沙约 11.80 亿 m³,主要集中在宜昌—城陵矶段,汉口—湖口段仅占总冲刷量的 25.1%。从水位流量关系来看,与三峡水库蓄水运用前(1998—2002 年)相比,九江站 2008—2012 年流量为 10000m³/s 和 26000m³/s 时,水位分别降低 0.96m 和 0.31m;大通站流量为 10000m³/s 和 30000m³/s 时,水位分别降低 0.32m 和 0.19m。

鄱阳湖 2003—2012 年入湖沙量与 1957—2002 年平均值相比,偏少 59.9%,出湖总沙量偏大 30.9%(出湖沙量偏大可能与鄱阳湖入江水道河道采砂活动有关)。由于入江水道段河道下切,湖口站同等水位下星子站水位明显降低,如图 7.2-1 所示。

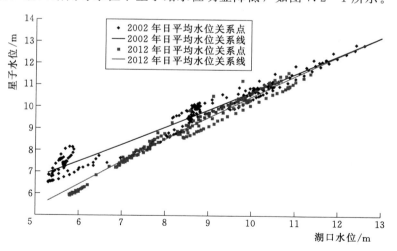

图 7.2-1 鄱阳湖星子站与湖口站 2002 年
和 2012 年枯水水位关系

为了研究湖区冲淤对水位的影响,利用 2002 年和 2012 年水位资料建立湖口与星子、星子与都昌、都昌与棠荫、棠荫与康山站的相关关系(图 7.2-2),分析表明,2003 年以来,棠荫以上水位受湖区冲淤变化影响不大,都昌以下水位受湖区下切影响较大。

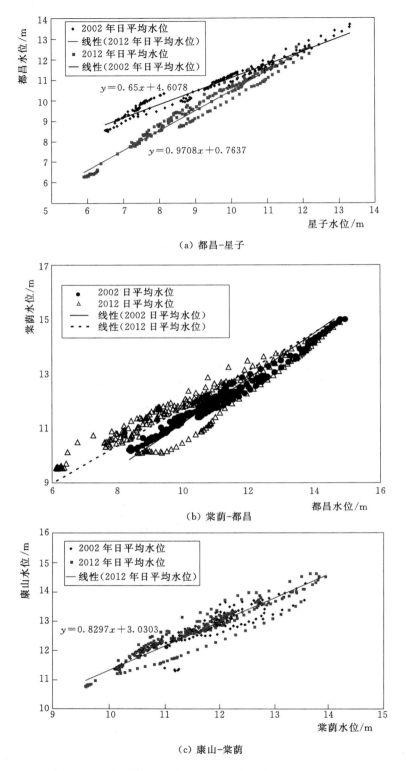

（a）都昌-星子

（b）棠荫-都昌

（c）康山-棠荫

图 7.2-2　鄱阳湖区主要水文站 2002 年和 2012 年水位关系

7.2.3.3 鄱阳湖流域用水量增加对鄱阳湖枯水情势的影响

根据水资源综合规划调查及近年来的水资源公报等资料，鄱阳湖流域各类用水量历年间存在变化。根据供水预测及供需平衡分析结果，2030 规划水平年比 2008 基准年年均增加用水量约 22.0 亿 m^3。增加的耗水量即为减少的入湖水量，年平均减少入湖流量约为 25.4m^3/s，减少的入湖流量约占多年平均入湖流量（4209m^3/s）的 0.6%，占保证率 95%入湖流量（654m^3/s）的 3.9%。由于各河及入湖水量影响值均较小，水位影响值基本在 0.01m 及以下，水位影响值较小。因此，流域用水量增加总体上对尾闾河道及湖区的水位降低作用较小，对平均流量情况而言，降低值基本可忽略不计。

7.2.3.4 鄱阳湖水位变化影响的综合分析

由于三峡水库 2008 年以来进入试验性蓄水期，水库在 9—11 月拦蓄水量较大。因此，采用 2008—2012 年平均情况与三峡水库蓄水运用前 1956—2002 年的平均情况相比较，进行各影响因素对湖口站水位影响的定量评价，其中，三峡水库的影响采用 2008—2012 年水量还原前后的水位变化来比较。

1. 湖口站 10 月及 11 月平均水位下降的影响因素权重分析

2008—2012 年期间，受三峡水库蓄水运用和径流变化等因素的共同影响，湖口站水位降低，10 月降低值为 2.53m，11 月为 1.21m。10 月天然径流减少和三峡水库蓄水影响分别为 49.0%、42.1%，三峡水库清水下泄导致河道冲刷的影响为 8.9%；11 月的主要影响因素中，径流减少影响占比为 46.4%，三峡水库蓄水影响占比为 27.7%，清水下泄引起干流河道冲刷的影响占比为 25.9%（表 7.2-4）。

表 7.2-4   长江湖口站三峡水库蓄水期水位下降影响因素权重分析

项 目	10月平均		11月平均	
	影响值/m	权重/%	影响值/m	权重/%
实测变化	-2.53	—	-1.21	—
三峡水库蓄水的影响	-1.11	42.1	-0.31	27.7
天然径流变化的影响	-1.27	49.0	-0.52	46.4
河道冲刷的影响	-0.23	8.9	-0.29	25.9

2. 星子站 10 月及 11 月平均水位下降的影响因素权重分析

与 1956—2002 年平均值相比，2008—2012 年星子站水位降低值中，10 月天然径流减少和三峡水库蓄水影响所占比例较为接近，分别为 49.4%和 42.9%，入江水道下切的影响为 7.7%；11 月的主要影响因素中，径流减少影响占比为 39.8%，三峡水库蓄水影响占比为 23.7%，入江水道下切的影响占比为 36.4%。因此，近年来星子站水位降低的影响因素中，10 月天然径流减少和三峡水库蓄水影响所占比例较为接近，入江水道河道下切也有一定影响（表 7.2-5）。

3. 补水期各因素影响分析

在三峡水库补水期，2009—2012 年湖口站 1—2 月平均水位较 1956—2002 年系列抬高 0.46m，其中，三峡水库补水作用导致湖口水位抬高 0.48m，天然径流增加导致湖口水位平均抬高 0.28m，干流河道冲刷导致湖口水位降低约 0.37m（三者相加为抬高 0.39m，与实测值 0.46m 接近），可见三峡水库补水期对抬高湖口水位有一定的作用。

表7.2-5　　　　　鄱阳湖星子站三峡水库蓄水期水位下降影响因素权重分析

项　目	10月平均		11月平均	
	影响值/m	权重/%	影响值/m	权重/%
实测变化	−2.51	—	−1.26	—
三峡的影响	−1.11	42.9	−0.28	23.7
天然径流变化的影响	−1.28	49.4	−0.47	39.8
入江水道冲刷的影响	−0.20	7.7	−0.43	36.4

2009—2012年，入江水道河床下切导致的水位降低，1—2月平均为0.93m，三峡水库补水对星子站水位降低的减缓值平均为0.35m，湖口站流量增加对水位降低的减缓值平均为0.05m，则水位降低幅度为0.93−0.35−0.05=0.53（m），与实测降低幅度0.58m接近。

4. 各影响因素的趋势性分析

根据上述分析，鄱阳湖区近年来枯水变化的影响因素中，天然降雨径流为非趋势性变化；三峡等上游干支流水库蓄水导致径流变化、干流河道冲刷下切等的影响是趋势性的，且随着河道冲刷下切的发展，影响将逐渐增大；由于三峡水库蓄水运用后鄱阳湖呈微冲态势，鄱阳湖入江水道冲刷下切的影响难以消除；流域用水量的增加是趋势性的，但影响不大。

7.3　三峡及上游控制性水库运用后江湖关系变化预测

7.3.1　长江中游江湖联算耦合数学模型

本研究采用一二维江湖水沙模型计算长江上游水库运用对中下游河道冲淤影响。根据长江上游水库建设进程，2013年起主要考虑三峡、溪洛渡、向家坝、锦屏一级、二滩、瀑布沟、紫坪铺、宝珠寺、亭子口、构皮滩、彭水等11个水库的拦沙作用。通过水库群联合调度计算，以三峡水库出库的水沙过程作为坝下游江湖冲淤计算时长江干流的进口水沙条件。

7.3.1.1　模型范围

长江中下游水沙数学模型计算范围为宜昌至大通，包括整个洞庭湖区、汉江中下游、鄱阳湖区和注入长江干流的重要支流，以及长江中游地区主要蓄滞洪区，如图7.3-1所示。根据长江中下游水系结构，建立以长江干流宜昌—螺山、螺山—大通、松虎河系、藕池河系、洞庭湖湖泊、洞庭湖四水尾闾、汉江中下游和鄱阳湖区八大模块，模块之间采用显式连接，形成整体模型。

7.3.1.2　模型算法

模型算法采用一维显隐结合的分块三级河网水沙算法[16]和二维有限控制体积高性能水沙算法[17]。一维显隐结合的分块三级河网水沙算法包括一维隐式三级河网算法、一维泥沙隐式逆风算法和河床冲淤平衡计算。二维湖泊有限控制体积高性能水沙算法[18]包括二维湖泊有限控制体积高性能水流差分算法、二维泥沙显式逆风算法和湖盆冲淤平衡计

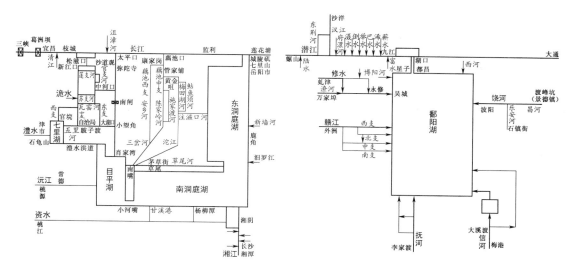

图 7.3-1　长江中下游水沙模型概化图

算[19]。此外，水流控制方程与泥沙输运方程非耦合联解。

7.3.1.3　四口河系河网若干环节的计算模式

在一维和二维水沙算法的基础上，还需要对河网动边界、荆江三口分流分沙、河网闸坝控制、内边界含沙量、河道断面冲淤等若干环节进行分析研究，建立相应的计算模式，并选取通过长江洪水实测资料分析得到的张瑞瑾水流挟沙能力公式作为模型计算挟沙力公式，以保证建模成功。

7.3.1.4　率定与验证

长江干流利用 2003 年的实测资料对模型糙率等进行率定，利用 2003—2010 年的实测地形和水沙数据，从河段冲淤量、测站水位流量关系等方面进行了验证。长江干流各河段 2003—2006 年冲淤量验证成果见表 7.3-1。

表 7.3-1　　　长江干流 2003—2006 年不同河段冲淤量实测值与验证值对比

冲淤量	河 段 名 称				
	宜昌—枝城	枝城—城陵矶	城陵矶—汉口	汉口以下	宜昌—大通
计算值/亿 m³	-0.87	-3.10	-0.51	-1.54	-6.02
实测值/亿 m³	-0.81	-3.28	-0.56	-1.48	-6.14
相对误差/%	7.97	-5.49	-8.79	4.09	-1.92

注　表中负值表示河道冲刷。

洞庭湖区采用 2003 年四口河系地形资料和 2006 年长江干流和洞庭湖湖盆地形资料，对模型进行验证计算。水位率定验证误差范围在 0.3m 以内，流量相对误差在 15% 以内，淤量计算误差为 2.62%～20.87%。所建模型和所选参数较好地模拟了长江中下游水沙运动情况，若干环节技术处理合理，具有较高的准确性，可用于长江与西洞庭湖关系变化趋势的计算与分析。

7.3.2　长江与洞庭湖江湖关系变化趋势

7.3.2.1　三口河系河道冲淤变化

三峡水库蓄水运用后三口河系冲淤情况如下：

松滋河系。湖北境内的松滋口河段、新江口河段、同丰垸西支河道普遍冲刷，10年冲刷量为210.98万t，20年冲刷量为368.79万t，其中保合垸西支10年冲刷量为39.11万t，20年冲刷量为57.11万t，冲刷趋势减缓；湖北境内松滋东支松滋口至中河口普遍冲刷，10年冲刷量为208.64万t，20年冲刷量为306.41万t。湖南境内，官垸河、自治局河泥沙冲刷，10年冲刷量分别为113.06万t、77.70万t，20年淤积量分别为165.10万t、128.68万t；大湖口河泥沙冲刷，10年冲刷量为113.18万t，20年冲刷量为196.11万t，冲刷趋势减缓；安乡河普遍冲刷，10年冲刷量为96.28万t，20年冲刷量为156.22万t。

虎渡河。上中下游普遍冲刷，10年冲刷量为323.99万t，20年淤积量为437.88万t，冲刷趋势减缓。

藕池河。河系整体表现为冲刷，其中10年冲刷量为458.23万t，20年冲刷量为155.59万t。

7.3.2.2　洞庭湖泥沙冲淤变化趋势

随着三峡水库运行年份延长，洞庭湖区泥沙不断淤积，但受荆江三口入湖沙量减小等因素影响，洞庭湖区泥沙年平均淤积量有减小的趋势，说明三峡水库修建后对减少洞庭湖区泥沙淤积、维持洞庭湖区调蓄能力有利。

图7.3-2（彩图29）列出了三峡水库运用10年、20年、30年洞庭湖区泥沙淤积厚

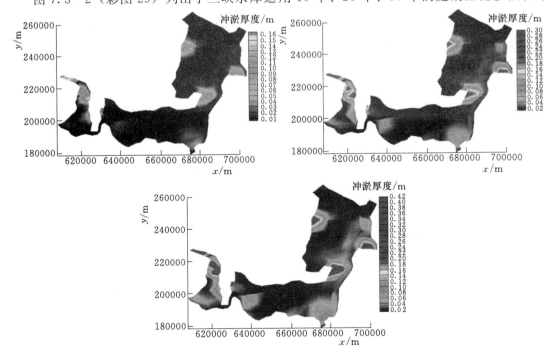

图7.3-2　长江中游江湖联算耦合数学模型预测10～30年洞庭湖淤积厚度变化

度分布情况，由图可见，三口分流河道尾闾和四水尾闾入湖口附近泥沙淤积较大，目平湖、南洞庭湖、东洞庭湖三大湖中，目平湖淤积范围及淤积量均较大。

7.3.2.3 三峡水库蓄水30年中枯期三口分流量变化

首先根据蓄水运用前的实测资料（1990—2002年）得到三口在中枯水期各月平均流量的数值，然后根据计算结果得到2032年三口1—6月及10—12月平均流量的变化，见表7.3-2。由表可见，松滋口2032年10月流量大幅度减少，12月至次年3月流量有一定的增加，4月分流量有一定减少，5月、6月该口门流量均有增加；太平口2032年10月、11月均由蓄水运用前的不断流转化为断流，12月至次年3月跟蓄水运用前情况一样均处于断流状态，4月由不断流变为断流，5月、6月流量变化较小；藕池口2032年10月、11月由蓄水运用前的不断流转化为断流，12月至次年3月跟蓄水运用前情况一样均处于断流状态，4月由不断流变为断流，5月分流量有所减小，6月分流量有所增加。

总体来看，至2032年，三口分流量在10月和11月分别减少1008m³/s和34m³/s，而在12月至次年3月流量有一定的增加，分别仅增加了24m³/s、35m³/s、36m³/s以及31m³/s，4月三口分流有一定的减少，减少数值为54m³/s，5月、6月三口分流量增加幅度较大，而增加的数值分别为95m³/s、393m³/s。

表7.3-2 **2032年荆江三口月平均流量变化预测值**

分　流　口		1月	2月	3月	4月	5月	6月	10月	11月	12月
松滋口	蓄水运用前	4.5	3.3	8.6	87.2	518.8	1563.8	953.3	174.0	21.9
	预测	39.7	40.2	40.5	43.7	695	1632.6	234.0	174.7	46.2
太平口	蓄水运用前	断流	断流	断流	8.4	179.9	596.8	106.4	19.5	断流
	预测	断流	断流	断流	断流	164.8	595.1	断流	断流	断流
藕池口	蓄水运用前	断流	断流	断流	2.5	122.7	597.6	182.6	15.2	断流
	预测	断流	断流	断流	断流	57.1	923.6	断流	断流	断流
三口合计	蓄水运用前	4.5	3.3	8.6	98.1	821.4	2758.3	1242.3	208.7	21.9
	预测	39.7	40.2	40.5	43.7	916.9	3151.3	234.0	174.7	46.2

7.3.2.4 三峡水库蓄水运用30年洞庭湖区水位变化

在不断流的情况下三口五站水位与附近干流水位相关性较好，因此可根据2032年附近干流河段水位变化来计算三口五站水位变化；但在中枯水期三口一般处于断流状态，首先根据2032年三口分流河道冲刷深度以及附近干流水位的变化，判断在中枯水期三口五站是否处于断流状态，然后根据长江干流水位的变化来计算三口五站水位变化情况，见表7.3-3。

根据实测资料可知，长江干流螺山站与城陵矶站水位相关性很好，根据前面分析可知，南咀与城陵矶、鹿角与城陵矶、肖家湾与南咀相关性好，且各流量级下南咀、鹿角和城陵矶之间的水位差与城陵矶水位流量之间成函数关系。根据城陵矶水位变化来分析湖区

2002—2013 年水位变化情况，见表 7.3-4。

表 7.3-3　　　　2032 年荆江三口五站中枯水期月平均水位变化预测值

月份	月平均水位变化/m				
	新江口	沙道观	弥陀寺	康家岗	管家铺
1	−0.05	断流→断流	断流→断流	断流→断流	断流→断流
2	0.06	断流→断流	断流→断流	断流→断流	断流→断流
3	0.11	断流→断流	断流→断流	断流→断流	断流→断流
4	−0.6	断流→断流	断流→断流	断流→断流	断流→断流
5	0.25	0.71	0	断流→断流	−0.04
6	0.28	0.66	0.13	0.15	0.13
10	−2.83	不断流→断流	不断流→断流	不断流→断流	不断流→断流
11	−0.85	不断流→断流	不断流→断流	断流→断流	断流→断流
12	−0.35	断流→断流	断流→断流	断流→断流	断流→断流

表 7.3-4　　　　2002—2013 年城陵矶及洞庭湖区控制站月平均水位变化

水文站	月平均水位变化/m								
	1 月	2 月	3 月	4 月	5 月	6 月	10 月	11 月	12 月
螺山	0.33	0.37	0.26	−0.28	0.79	0.64	−2.99	−0.65	0.08
城陵矶	0.32	0.36	0.25	−0.27	0.76	0.62	−2.89	−0.63	0.08
鹿角	0.15	0.18	0.14	−0.17	0.53	0.49	−1.48	−0.30	0.04
南咀	0.04	0.05	0.04	−0.03	0.14	0.12	−0.32	−0.09	0.01
肖家湾	0.04	0.04	0.02	−0.03	0.13	0.10	−0.29	−0.09	0.01

注　负值表示降低，正值表示升高。

由表可见，洞庭湖区 4 月、10 月、11 月水位较蓄水运用前都有所降低，其中，10 月降低较为明显，约为 0.29～1.48m，4 月和 11 月水位降低较小，约为 0.03～0.30m；湖区 1—3 月、5—6 月及 12 月水位有所抬高，其中 12 月水位抬高约 0.01～0.04m，1—3 月水位抬高约 0.02～0.18m，5—6 月水位抬高约 0.13～0.53m。从洞庭湖湖区同月份不同站点的变化值来看，离湖区出口站点越远，螺山水位变化对其影响越小，而离湖区出口站越近，螺山水位变化对其影响越大。

7.3.3　长江与鄱阳湖江湖关系变化趋势

三峡及上游水库运用后，鄱阳湖出口的九江—大通河段持续冲刷，水位有所下降，受此影响，湖区总体表现呈微冲微淤状态，变化不大。其中，军山湖圩至矶山联圩的湖区宽阔段呈微淤状态，矶山联圩以下至湖区出口段的窄长段基本呈微冲状态。水库联合运用至 2032 年年末，全湖区累积冲刷量为 0.102 亿 m³，年均冲刷量为 51 万 m³；各水库联合运用至 2052 年年末，全湖区累积冲刷量为 0.128 亿 m³，年均冲刷量为 32 万 m³，冲淤变化量很小，见表 7.3-5。

表 7.3-5 鄱阳湖区年平均冲淤量预测值

河 段	年平均冲淤量/亿 m³			
	2022 年	2032 年	2042 年	2052 年
信江右尾闾—湖区	−0.008	−0.01	−0.011	−0.013
信江左尾闾—湖区	−0.008	−0.01	−0.011	−0.011
抚河尾闾—湖区	−0.015	−0.015	−0.017	−0.017
军山湖圩—康山大堤	−0.001	−0.003	−0.003	−0.004
康山大堤—矶山联圩	0.015	0.016	0.016	0.016
矶山联圩—屏峰	−0.017	−0.022	−0.026	−0.029
屏峰—湖口	−0.05	−0.058	−0.065	−0.071
全湖区	−0.084	−0.102	−0.116	−0.128

总体来看,三峡及上游水库建成运用后,鄱阳湖区呈微冲微淤状态,变化不大,其中,湖区宽阔段呈微淤状态,入江水道窄长段基本呈微冲状态,屏峰以下段相对冲刷较大。

三峡及上游控制性水库运用后,由于长江中下游各段河床冲刷在时间和空间上均有较大的差异,使宜昌以下至九江段各水文站的水位流量关系随着水库运用时期不同而出现相应的变化,沿程各水文站同流量的水位呈下降趋势,目前宜昌、枝城和沙市等站已有显著的变化,汉口站和九江站已有一定幅度的变化。

至 2032 年年末,与三峡水库蓄水运用前的 2002 年相比,流量为 10000m³/s 和 40000m³/s 时,汉口站计算水位分别降低约 1.93m 和 1.0m,八里江站(位于鄱阳湖出口下游的张家洲左、右汊汇合处)计算水位分别降低约 0.99m 和 0.54m。汉口站和湖口(八里江)站水位流量关系变化如图 7.3-3 和图 7.3-4 所示。

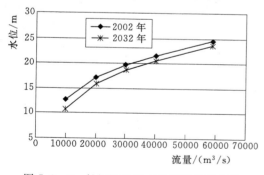

图 7.3-3 长江汉口站水位流量关系变化

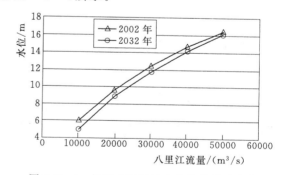

图 7.3-4 长江八里江站水位流量关系变化

7.4 荆江三口分流河道演变与整治技术

三峡水库蓄水运用以前,荆江河段的防洪态势十分严峻,当上游洪水与洞庭湖水系洪水遭遇,或受洞庭湖水系洪水顶托影响时,更易出现高洪水位。早在 20 世纪 50 年代就有专家提出了在荆江三口口门建闸的方案,在 1980 年长江中下游防洪座谈会总结报告中,要求对三口建闸问题作进一步的研究。近年来,三口建闸方案也一直处于论证阶段[20-22]。

口门建闸主要目标是通过人为控制分流，缓解三口河道的防洪压力，也能在一定程度上改善三口河道的淤积情况，但三峡水库蓄水运用前由于荆江防洪态势严峻，对该方案存在较大争议。此外，韩其为[23]分析了三口分流河道的特性及演变规律，认为适当堵塞归并一些支汊，以便束水攻沙、减缓淤积和抬高水位，减缓堤防加高的速度，改变荆南防洪线长面广的被动局面[24]，多家学者也提出了许多堵支并流的整治方案[25-26]。

然而三峡水库蓄水运用后，水沙条件发生了巨大的变化，长江干流河床与三口口门都发生了一定的冲刷，而随着上游梯级水库相继投入使用，这样的冲刷将持续相当长的时间。在梯级水库联合调度运用下，荆江与三口河道的防洪压力都将大幅减小，但水库运行改变了年内来水过程，三口断流时间较蓄水运用前增加，四口地区现已存在的季节性缺水问题更加突出[27]，枯季水资源短缺已成为洞庭湖区亟需解决的重要问题。

7.4.1　荆江三口口门建闸

三口河道口门建闸方案早在 20 世纪 50 年代初就提出了，1980 年长江中下游防洪座谈会的总结报告中，认为三口河道建闸对减少洞庭湖泥沙淤积效果明显，湖内排涝也是有利的，但三峡工程运用前洞庭湖少进的那部分泥沙该如何运行，尚未明确，且荆江防洪情势严峻，该方案存在较大分歧。近年来，关于口门建闸方案的论证也一直在进行，王翠平[28]对荆江松滋口建闸有关问题进行初步探讨，认为松滋口建闸可实现长江与澧水洪水错峰，改善西洞庭湖区防洪形势，同时枯期从长江引水可有效改善松滋河水质和湖区水环境；但对荆江防洪及鱼类繁殖具有一定的影响。邓命华[29]等对松滋口建闸也展开了数模计算分析，分析结果表明，针对 1998 年、1935 年和 1954 年典型洪水，松滋口建闸对洞庭湖区防洪作用明显，荆江河段水位略有抬升，闸前河段泥沙淤积厚度略有增加。宫平[30]等研究了荆江松滋口和藕池口的建闸对江湖冲淤和三口分流分沙的影响。

三峡水库蓄水运用后，长江中下游防洪压力有所缓解，太平口与藕池口已无需建闸。松滋河在七里湖与澧水相汇，不利年份可能发生洪水遭遇。松滋口建闸工程主要解决两个问题：一是结合疏浚工程，增加枯期松滋口分流量，在枯期三峡水库下泄流量较小时满足松滋河生态流量和枯期用水需求；二是在不影响长江干流防洪的条件下，在洪季对松滋口分流进行调控，以实现松澧洪水错峰的目的。

7.4.2　控支强干

控支强干的目的是通过对各河主支进行疏浚扩宽，对一些流量较小或流量逐渐减小的支汊河道进行建闸控制，汛期控制支汊过流量，枯水期关闸蓄水，以达到缩短防汛战线、保持水流顺畅、抑制主干河道萎缩并在枯水期提供一定水资源量的目的；对一些流向不定或流量逐年增加、影响防洪的串河进行河道控制，以控制河道流向，稳定河势，消除对防洪的不利影响。

7.4.2.1　松滋河整治方案

（1）通过松滋河水系骨干水道（松滋口—松滋西河—自治局河—松虎洪道段—澧水洪道）和松滋东河上段河道的疏浚，统筹防洪、灌溉、供水、水生态环境保护和航运等多方面需求，增加枯水期河道进流，提供区域供水、灌溉所需的水资源，满足供水、灌溉需求；维持河道全年不断流，满足最小生态流量要求，恢复江湖水生生物通道；结合航运要求贯通骨干水系航道。

（2）建设苏支河潜坝，控制苏支河分流，促进松滋西河主干河道发育；官支河上下口建闸控制，在枯水期提供灌溉水源；改造沿河闸站，加强堤防加固和崩岸治理。

7.4.2.2 虎渡河整治规划工程

通过河道疏浚和南闸增建深水闸，增加太平口分流，保障河道长年不断流，为两岸提供供水、灌溉水源，满足河道最小生态流量的要求，维持河道过流能力。

7.4.2.3 藕池河水系治理方案

（1）对藕池河主干河道（藕池口—管家铺—梅田湖—注滋口—东洞庭湖）进行疏浚，维持藕池河东支主干河道全年通流，为藕池河水系提供供水、灌溉水源，保证藕池河主干河道的最小生态流量要求。通过藕池中支疏浚引水、陈家岭河控制和藕池西支拦水，提供藕池中支、西支沿岸供水灌溉水源；对藕池主干河道及藕池河中支河道进行疏浚。

（2）通过鲶鱼须河控制工程、沱江补水工程、大通湖引水工程增加调洪补枯能力。沟通大通湖、东湖、塌西湖与河道的水力联系。

7.4.3 城陵矶建闸

三峡工程及上游梯级水库的运用，大大缓解了长江中下游防洪紧张的形势，但加剧了三口枯期断流问题。洞庭湖区综合治理的重点工作应由"防洪为主"转向"防洪与水资源、防洪与水生态并重"，并且水库汛后集中蓄水又对洞庭湖区水资源开发利用和湖泊湿地生态系统造成一定的影响。

基于上述背景，一些学者提出了城陵矶建闸的治理方案。该方案本着调枯不控洪的原则，枢纽在汛期（4—8月）应尽可能打开所有泄水闸门，保证四水洪水顺利出湖，以维持洞庭湖泄（蓄）洪功能。9月1—10日蓄水，最高可蓄水至27.50m水位。9月11日—10月31日闸上水位按闸址1980—2002年天然水位节律消落，11月1日至11月底，闸上水位消落至23.50m；12月1日至次年3月底，根据最小通航、生态流量等需求控制枢纽下泄流量，闸上水位在22.00~23.00m之间波动。该方案能够抬高湖区9—10月的水位。特别是在2008年后，按照175m控制水位蓄水，并将蓄水时间提前至9月10日，洞庭湖出口城陵矶水位在9月、10月降低显著，降幅为1.64~2.56m。如果通过城陵矶建闸在9月1—10日蓄水，最高蓄水至27.50m水位，9月11日—10月31日闸上水位按闸址1980—2002年天然水位节律消落，可适当缓解湖区9—10月水位偏低问题。在工程实际运行过程中，城陵矶建闸方案需进一步关注相应生态问题以及建闸蓄水可能造成的淤积问题。

综上所述，梯级水库运行后，长江中下游与洞庭湖区的防洪压力有所缓解，枯期用水问题日益严重，不论是河道口门建闸或是控支强干方案，都必须辅以相应的疏浚工程。目前，三口河道口门段虽然总体呈现冲刷状态，但口门内部分断面深泓仍然较高，不利于分流，因此，对三口河道进行疏浚是适应目前江湖关系的治理措施。

7.5 松滋口建闸对江湖关系的影响

荆江三口河道分流长江水沙入洞庭湖，其分流分沙量变化影响江湖关系的变化，又受到变化的江湖关系的反馈作用。洪水通过三口分流并经洞庭湖调蓄,在升高三口河系洪水位的基础上减轻了长江干流洪水压力,且其分流水量是三口河系地区主要的水资源来源。如何减轻洪水威胁、增加水资源可利用量是三口河系地区经济发展的重大问题。

7.5.1　松滋口闸基本情况

7.5.1.1　松滋口建闸的必要性

松澧地区是洞庭湖区洪涝灾害多发地区。澧水洪峰历时较短,峰型尖瘦,长江洪峰历时较长,峰型肥胖,两水洪峰遭遇概率较小,主要为过程遭遇。长江干流大洪峰发生时,遭遇澧水来水一般不大,不是松澧地区防洪形势最为紧张的时刻,松澧洪水遭遇的这种特性为松澧洪水错峰提供了可能性。三峡工程建成后,其调节洪水的巨大能力为三口河系采取措施进行治理以减轻该区域防洪压力、提高水资源可利用量提供了条件。

由于松澧地区防洪压力大,已有多家单位进行了三峡水库建成前后松滋口建闸的相应研究工作。20世纪90年代,南京水利科学研究院水文水资源研究所利用长江中游洪水演进模型计算分析了三峡水库运用前后松滋口建闸和三峡水库联合调度与长江中游洪水调蓄的相互作用;21世纪以来,长江科学院应用一维悬移质数学模型,计算分析了松滋口建闸控制对江湖冲淤的影响[31];湖北省水利水电勘测设计院采用M1-NENUS-3数学模型,结合三口河道及洞庭湖冲淤概算模型分析了松滋口建闸对长江干流和洞庭湖冲淤影响以及建闸的利弊[32];中国水利水电科学研究院计算分析了在封堵莲支河及疏浚松滋河上游松滋西河、下游自治局河基础上的松滋口建闸方案,及其对荆江地区、松澧地区防洪的作用和对湖区水资源开发利用的作用[33]。

上述各家均采用水动力学水沙数学模型开展了水沙变化的分析计算,但对建闸方案的设置、与三峡水库的联合调度方式等问题的研究与目前需求有较大差别。因此,进行三峡水库蓄水运用后三口河系水情、河道演变趋势研究,进行松滋河东支、西支疏浚基础上的松滋口建闸及其调度方案的研究,分析松滋口建闸对防洪和水资源利用的作用和影响,为该地区防洪、水资源利用等综合治理措施提供科学支持,是十分必要的。

7.5.1.2　松滋口闸建设思路及设置

松滋口建闸的工程目的主要包括两个方面:一是结合松滋河河道疏浚自流引水,增加枯水期进流量,在枯水期三峡水库下泄最小流量时满足松滋河水系生态流量要求,在灌溉供水需水时段满足松滋河水系生态流量和灌溉供水需求,改善江湖连通性;二是控制分流量,避免枯水期分流过大、影响干流水资源利用。洪水期按不影响长江干流防洪的限制条件,对松滋口分流进行调控,实现松滋口分流洪水与澧水洪水错峰,提高松澧地区防洪能力。

松滋口建闸方案是在疏浚松滋河系的基础上建闸,即在疏浚松滋西支(松滋口—新开口)和松滋东支(松滋口—瓦窑河)的基础上在松滋口的大口建闸。松滋西支疏浚长度约117km,具体疏浚河段为松滋口门、新江口河段、瓦窑河、自治局河段;松滋东支疏浚长度约60km,具体疏浚河段为沙道观河段。疏浚工程纵剖面图如图7.5-1所示。

7.5.1.3　松滋口闸调度运用方式

松滋口建闸的主要目的是松澧地区澧水和长江洪水错峰调度,在不影响长江干流防洪

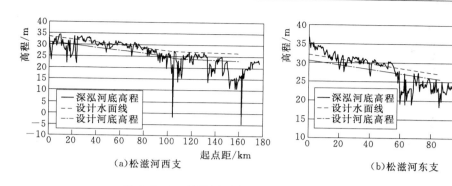

图 7.5-1 松滋河西支和松滋河东支疏浚工程设计纵剖面

前提下，减轻松澧地区防洪压力，并控制松滋河系疏浚后增大的进水量。松滋口闸调度方式如下：

（1）当预测松澧地区防洪形势紧张（安乡、石龟山、南咀任一站点水位预报将超过保证水位）时，启动松滋口闸错峰调度。

（2）澧水发生大洪水时，联合调度松滋口闸和三峡水库控制沙市水位不超过 43m（警戒水位，冻结吴淞）：①若澧水石门站与松滋口分流量之和超过 14000m³/s，松滋口闸控泄，过闸流量为 14000m³/s 减去石门流量，松滋口闸减少下泄的洪量由三峡水库等量拦蓄；② 若澧水石门站来流量大于 14000m³/s，松滋口闸按满足生态和供水灌溉要求的最小流量下泄，松滋口闸减少下泄的洪量由三峡水库等量拦蓄，在保证荆江河段防洪安全的前提下兼顾保障松澧地区防洪安全。

7.5.2 松滋口建闸对防洪的作用与影响

在 2006 年、2012 年、2022 年计算地形条件下，利用典型年 1998 年和 1954 年经过三峡水库调蓄后的宜昌来水来沙及四水来水来沙条件，对不建闸现状方案、松滋口建闸方案进行对比计算分析。

7.5.2.1 1998 年典型洪水

1998 年长江枝城站最大洪峰流量为 68800m³/s，出现于 8 月 17 日，澧水石门站最大洪峰流量为 19900m³/s，出现于 7 月 23 日，澧水出现洪峰流量早于长江 25 天。松澧地区最大组合洪峰流量为 23130m³/s（日平均值），出现于 7 月 23 日，与澧水出现洪峰的时间相同，其中，来自长江的流量为 5830m³/s，来自澧水的流量为 17300m³/s，组合流量维持 14000m³/s 以上时间为 3 天（7 月 22—24 日）。从松澧地区组合洪水及洪灾出现时间可见，如采用松滋口闸控制长江来流以减小松澧地区防洪压力，则松滋闸的最佳启用时间为 7 月 22—24 日。

按 2006 年地形条件，松滋口建闸控制后松滋河系水情与现状条件下水情的变化相比，在 7 月 22—24 日，由于松滋口闸按照松澧安全泄量 14000m³/s 进行了松澧错峰调度，7 月 23 日，当澧水津市站流量达到 12000m³/s 时，松滋口闸按照 2000m³/s 控制，松滋口闸流量减少 4350 m³/s，除安乡河四分局站和肖家湾站水位基本不变外，松滋河系其他各水文站水位下降 0.09～1.77m。按 2012 年地形条件，松滋口建闸方案相比现状方案，7 月 23 日澧水洪峰时刻，当澧水津市站流量达到 12000m³/s 时，松滋口闸按照 2000m³/s

控制，除安乡河四分局站、肖家湾站水位略有升高外，松滋河系其他各水文站水位下降0.01～1.67m。按2022年地形条件，松滋口建闸方案相比现状方案，除安乡河四分局站和肖家湾站水位略有升高外，松滋河系其他各水文站水位下降0.02～1.60m。

7.5.2.2　1954年典型洪水

利用1954年洪水经过三峡水库调蓄后的宜昌来水来沙过程及四水水沙系列，计算分析2006年、2012年和2022年地形条件下，并按照沙市45.0m、城陵矶34.4m、汉口29.5m、湖口25.5m分洪运用控制，对比分析松滋口建闸方案和现状方案的水情变化情况。

1954年典型洪水，澧水有两次超过10000m³/s较大洪峰流量，分别是6月25日的11700m³/s和7月27日的11200m³/s。由于6月25日长江洪水较小，松滋口闸未进行松滋错峰调度，此处主要分析比较7月27日松滋口闸错峰调度不同方案的松虎水系水位、流量变化情况。

按2006年地形条件，1954年洪水经三峡水库调蓄，并考虑蓄滞洪区分洪运用，7月27日澧水洪峰时，对比松滋口建闸方案与现状方案的水位、流量，松滋口闸流量减少1145m³/s，新江口水位下降0.38m，沙道观水位下降0.35m，其余各水文站水位变化在−0.05～0.09m之间。按2012年地形条件，7月27日松滋口闸错峰调度，松滋口闸流量减少1008m³/s，水位抬高0.21m，新江口、沙道观和弥陀寺水位下降0.04～0.28m，松滋河系其他各水文站水位抬升0.03～0.25m。按2022年地形条件，7月27日松滋口闸流量减少830m³/s，新江口、沙道观和弥陀寺水位下降0.06～0.18m，由于松滋口建闸方案包括了松滋河系疏挖，使得错峰调度前松滋河系进洪量增大，与6月25日澧水日平均洪峰流量11700m³/s叠加，松虎河系各水文站水位升高0.06～0.62m，并使得7月27日错峰调度后，松虎河系除安乡河四分局站和肖家湾站外其他各水文站水位仍抬升0.06～0.59m，但绝对水位均小于设计水位。

由三峡水库调蓄后1998年和1954年典型洪水计算可见，利用澧水洪峰时刻长江洪水位较低，通过松滋口闸控制荆江洪水分流入松滋河系的流量，降低了松滋河系的水位，同时可不增大荆江河段防洪压力。

7.5.3　松滋口建闸对泥沙冲淤变化的影响

由于松滋口建闸方案为在松滋河系疏挖的基础上，松滋口建闸方案与现状方案相比，整个松滋河系冲刷有所增加，2003—2012年期间增加89.5万m³，2013—2022年期间增加87.4万m³，2023—2032年期间增加94.3万m³。分河段看，口门段冲刷量略有增加，苏支河冲刷量有所增加，大湖口河段和新江口河段冲刷量增加较多，瓦窑河和自治局河段泥沙冲刷量略有减少，官垸河冲刷先增后减，具体见表7.5-1。

表7.5-1　　　　　　　与现状方案比建闸方案对泥沙冲淤变化的影响　　　　　　　单位：万m³

河　段	2003—2012年	2013—2022年	2023—2032年
口门段	−2.0	−3.0	−7.0
新江口河段	−26.5	−28.3	−41.1
苏支河	−15.9	−13.6	−11.1

河 段	2003—2012 年	2013—2022 年	2023—2032 年
瓦窑河	1.9	2.4	2.2
官垸河	−1.8	0.7	1.7
自治局河段	8.6	15.1	20.1
大湖口河段	−53.8	−61.2	−55.7
合计	−89.5	−87.9	−94.3

7.5.4 松滋口建闸对水资源利用的影响

选取 90 系列水沙资料，运用所建四口河系水沙数学模型，计算松滋口不建闸现状条件及松滋口建闸方案条件下三峡水库蓄水运用后三口河道水沙冲淤变化，并对三口分流分沙、断流变化及松滋口进水量变化进行统计。

7.5.4.1 松滋口建闸方案分流分沙比变化

松滋口建闸方案与现状方案多年平均分流比相比，2003—2012 年、2013—2022 年和 2023—2032 年松滋口分流比分别增加 3.50%、3.48% 和 3.37%，太平口分流比分别减少 0.19%、0.16% 和 0.14%，藕池口分流比分别减少 0.22%、0.18% 和 0.17%，三口总分流比分别增加 3.09%、3.15% 和 3.06%。

松滋口建闸方案与现状方案多年平均分沙比相比，2003—2012 年、2013—2022 年和 2023—2032 年松滋口分沙比分别增加 3.00%、3.12% 和 3.04%，太平口分沙比分别减少 0.27%、0.24% 和 0.22%，藕池口分沙比分别减少 0.33%、0.26% 和 0.27%，三口总分沙比分别增加 2.40%、2.61% 和 2.55%。

7.5.4.2 松滋口疏浚建闸方案对断流天数的影响

松滋口建闸方案是在疏浚松滋河系基础上进行松滋口建闸，相比现状方案，由于沙道观河段疏挖 2m 以上，沙道观不再断流，枯季松滋口过流量增大，相应荆江河段流量减少、水位略有下降，太平口和藕池口分流量减少、过流时间变短，弥陀寺、康家岗和管家铺多年平均断流天数略有增加。

7.5.4.3 松滋口疏浚建闸对进水量的作用

松滋河疏浚后，河底高程降低，河道过流能力增大。对于经过三峡水库调蓄后的 90 系列水沙条件，松滋河疏浚基础上松滋口建闸方案使松滋口各月进水量增大，从绝对量上来说，洪季（6—9 月）增加量较大，大于 10 亿 m^3，但相对于现状方案，增加不超过 40%；从相对量上来说，枯季（10 月至次年 5 月）增加超过 50%，其中，1—2 月达到 1 倍以上。1992 年来水（枯季 90% 频率）经过三峡水库调蓄后，在松滋河疏浚基础上的松滋口建闸方案相比现状方案，10 月至次年 5 月松滋口进水量增加 50.93 亿～57.44 亿 m^3。

7.6 鄱阳湖水利枢纽及对江湖关系的影响

受三峡等上游干支流控制性水库运用、干流河道冲刷等因素的影响，水库蓄水期长江中下游干流水位明显下降，导致鄱阳湖水快速拉出、湖容减小、水位降低，鄱阳湖区低枯水位呈现常态化趋势。对此，如不采取任何治理措施，随着枯水情势的进一步恶化，将会对湖区经济社会可持续发展、生态环境保护产生严重影响。为应对低枯水常态化带来的影响，长江勘测规划设计研究院[34]提出，鄱阳湖水利枢纽工程可恢复和调整江湖关系，解决现状及未来江湖关系变化、低枯水常态化及其对鄱阳湖灌溉、供水、航运、水环境及水生态等方面的问题。因鄱阳湖地理位置、生态地位、对长江洪水及径流的调蓄作用等的重要性，鄱阳湖水利枢纽工程自提出以来就广受关注，中国水利水电科学研究院针对鄱阳湖水利枢纽工程水流泥沙、防洪、水资源、水环境与水生态等关键技术进行了专题研究[35]，胡春宏等[36]、王鹏等[37]、张双虎等[38]、余启辉等[39]都针对鄱阳湖水利枢纽带来的影响开展了相关研究。

7.6.1　鄱阳湖水利枢纽工程基本情况

鄱阳湖水利枢纽工程是统筹解决鄱阳湖枯水一揽子问题的综合方案，其功能定位是恢复和科学调整江湖关系，提高鄱阳湖枯水期水资源、水生态环境承载能力。通过建闸调控枯水水位，改善城乡供水、灌溉、航运以及血吸虫病防治条件，修复生态环境，恢复生态功能，永保鄱阳湖"一湖清水"。鄱阳湖水利枢纽工程是统筹解决湖区水资源综合利用和水生态环境问题的根本性措施。

7.6.1.1　鄱阳湖水利枢纽工程布置

鄱阳湖水利枢纽工程位于鄱阳湖入江水道，上距星子县城约 12km，下至长江汇合口约 27km，基本控制鄱阳湖水系全部流域面积。目前研究推荐的枢纽建设方案为：枢纽主体建筑物由泄水闸、船闸、鱼道和连接挡水建筑物组成。闸址轴线总长 2993.6m，从左至右依次布置有左岸连接段（107m）、船闸段（396m）、隔流堤段（73.4m）、泄水闸段〔2386m（含纵向围堰坝段 25m）〕、鱼道段（31.2m）。泄水闸总长 2386m，共布置 64 孔泄水闸，其中包括 60 孔宽 26m 的常规泄水闸（宽顶堰）和 4 孔宽 60m 的大闸。为适应不同水位组合下的过鱼要求，根据工程调度运行特点，并行布置 2 条鱼道，2 条鱼道之间布置有补水系统。

7.6.1.2　鄱阳湖水利枢纽工程调度方式

鄱阳湖水利枢纽工程的主要任务为生态环境保护、灌溉、城乡供水、航运等，同时具有枯期为下游补水的潜力。由此，2012 年水利部批复的《鄱阳湖区综合治理规划》拟定枢纽的调度原则为：①调枯不控洪；②基本恢复控制性工程运用前的江湖关系；③与控制性工程联合运用；④工程综合影响最小；⑤水资源统一调度。

有关各方面对鄱阳湖水利枢纽工程调控期水位要求见表 7.6-1。

表 7.6-1　　　　　有关各方面对鄱阳湖水利枢纽工程调控期及水位的要求

有关方面	调控期及水位要求
长江干流及湖区防洪	枢纽对水位进行调控应避开五河及长江主汛期的 4—8 月；为保证长江中下游防洪安全，可比三峡汛末蓄水运用期适当提前；保护湖区圩堤防洪安全，枢纽调控开始时间宜在 9 月上中旬
恢复和调整江湖关系	从恢复水文节律而言，枢纽的调控作用主要应体现在缓解 9 月下旬至 11 月上旬水位下降过快问题；9 月中旬将枢纽水位控制在 14.5m 左右基本可恢复三峡水库蓄水运用以前的湖区水文节律； 从科学调整江湖关系角度出发，对湖区农田灌溉和供水设施、湖区湿地植物分布、江豚生存空间、下游应急作用等方面综合分析，枯期枢纽控制水位在 10.0～11.0m 较为适宜

续表

有关方面	调控期及水位要求
湿地及珍稀鸟类	汛末水位 14.5～15.0m 对湖区湿地类型、芦苇和苔草淹没面积等影响很小，湖区水位恢复到三峡前水平对湿地植被的生长比较有利； 在湿地植被快速生长阶段（秋季 9～10 月、春季 3～4 月）按天然水文节律逐渐有序出露，使不同高程的湿地植被均可完成其生长史，为候鸟提供足够的食物来源； 按照枯水期能满足候鸟觅食的栖息地面积最大的原则，最佳水位应维持在 9～10.5m，最高不应超过 11m； 为保证"秋草"的生长，9 月中下旬水位应调到 13m 以下，10 中旬应调控到 12m 以下
水生生态	避开鱼类洄游高峰期，且枢纽工程布置了过鱼设施、船闸有一定过鱼能力，枢纽调控期选择 9 月至次年 3 月，不会对鱼类洄游造成大的影响； 按照适合江豚栖息 2m 以上水深面积，枯期最低水位 11m 对江豚越冬最为有利； 枯季最低控制水位越高对四大家鱼等江湖洄游性鱼类越冬越有利；各水位方案对鄱阳湖鲤、鲫产卵场影响程度都不大； 从水生态保护的草类植物生长角度出发，9—10 月控制水位应尽可能按接近三峡水库蓄水运用前自然的水文节律调节；11 月至次年 2 月最低水位宜控制在 10.0m 左右
水环境	适宜过程区：最高水位过程线以下，多年平均水位过程线以上区域
湖区灌溉	为满足灌溉用水需求，枯水期水位要求为 10 月以前在 13.0m 以上；11 月至次年 3 月，湖区灌溉需水量相对较小，对湖区控制水位基本无要求
湖区供水	当控制水位在 10.00m 左右时，基本能满足星子、都昌等区域的城乡供水需求；鄱阳、樵舍与南昌城乡供水的满足程度则取决于支流赣江、饶河、信江等的天然来流情况
航运	湖区枯期水位越高，航运作用也越大，最低控制水位不应低于 10.0m；考虑五河来水增加，3 月的闸上水位不能低于 9m
长江干流下游水资源利用	汛末调控水位越高，湖区保留的水体容积越大，但出湖水量减小得越多，通过闸下泄的流量减少得越多
水利血防	在枢纽工程运行一段时间，对湖区湿地、鱼类的影响规律有深入研究后，可选取一个合适的典型年（3 月五河及区间来水较丰、湖区水位较高），保持 3—10 月水位不低于 15m，进行血防调度

综合表 7.6-1 各方面的要求，本研究的调度方案关键节点选择如下：

（1）枢纽调控期：9 月至次年 3 月。

（2）汛末蓄水：时间为 9 月 1—15 日，最高调控水位 14.5m。该水位较 1959—2002 年多年平均值高 0.3m；若当年来水较少，在满足下泄最小生态、通航流量的基础上，枢纽调节只能部分抬高湖区水位，不一定能达到最高调控水位。

（3）恢复江湖关系期：9 月中旬至 11 月上旬，按照星子站多年平均水位变化节律，对枢纽闸上水位进行调控。

（4）科学调整江湖关系期：11 月中旬至次年 2 月底，在满足枢纽下游生态需求的基础上，维持闸上一定水位，满足湖区湿地、鸟类、水生生物、供水、航运等要求，并作为长江干流下游突发水事件应急水源。

（5）开闸时机：3 月上旬，为满足春草萌发、生长需求，结合冲沙需要，适当降低控制水位，到外江水位达到 9.0m 左右时，敞泄。

根据鄱阳湖水利枢纽工程的任务，结合灌溉、供水、航运、水生态环境保护等多方面的需求进行分析研究，得出目前推荐的枢纽调度方式（图 7.6-1），具体如下：

1）3 月上中旬至 8 月 31 日，泄水闸门全部敞开，江湖连通。

2）9 月 1—15 日，当闸上水位高于 14.5m 时，泄水闸门全部敞开；当闸上水位降到

14.5m 时，减少闸门开启孔数，按五河和区间来水下泄，水位维持 14.5m；若闸上水位低于 14.5m，在泄放满足航运、水生态与水环境用水流量的前提下，最高蓄水至 14.5m。

3）9 月 16—30 日，闸上水位逐步均匀消落至 14.0m；至 10 月 10 日，闸上水位逐步均匀消落至 13.5m；至 10 月 20 日，闸上水位逐步均匀消落至 13.0m；至 10 月 31 日，闸上水位逐步均匀消落至 12.0m 左右；在消落过程中若外江水位达到闸上水位，则闸门全开。

4）至 11 月 10 日，闸上水位逐步均匀消落至 11.0m；至 11 月底，闸上水位逐步均匀消落至 10.0m；12 月，闸上水位基本维持在 10.0m 左右；至次年 2 月底，根据最小通航流量、水生态与水环境用水等需求控制枢纽下泄流量，使闸上水位逐步均匀消落至 9.5m 左右。

5）3 月 1 日至 3 月上中旬，闸前水位逐渐下降至与外江水位持平，闸门打开，江湖连通。

6）待枢纽工程按上述调度方式运行一段时间，对湖区湿地、鱼类的影响规律有深入研究后，再选取一个合适的典型年（3 月五河及区间来水较丰、湖区水位较高，如 1992 年 3 月、1998 年 3 月最高水位分别为 15.63m、14.70m），保持 3—10 月水位不低于 14.5m，进行一次血防调度。

随着工程设计阶段的加深，对湖区经济社会发展和生态环境保护需求研究的进一步深入，枢纽调度方案还将进一步优化。

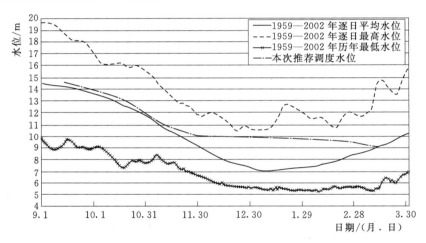

图 7.6-1　鄱阳湖水利枢纽推荐调度方式示意图

7.6.2　鄱阳湖水利枢纽对河湖冲淤的影响

根据鄱阳湖水利枢纽的调度方案，拟定两个方案来研究枢纽不同运行时期对鄱阳湖区、附近长江干流河段河道的影响：方案 1 为无鄱阳湖水利枢纽，但考虑三峡及上游控制性水库拦沙影响；方案 2 为有鄱阳湖水利枢纽，并考虑三峡及上游控制性水库拦沙影响。

7.6.2.1　对鄱阳湖冲淤影响

由计算结果来看，鄱阳湖枢纽工程实施前（方案 1），三峡及上游控制性水库联合运用后，鄱阳湖出口的九江—大通河段持续冲刷，水位有所下降，鄱阳湖湖区宽阔段呈微淤状态，军山湖圩至矶山联圩的湖区宽阔段呈微淤状态，矶山联圩以下至湖区出口段窄长段基本呈微冲状态。水库联合运用至 2022 年末和 2052 年末，全湖区累积冲刷量分别为 0.084 亿 m³ 和 0.128 亿 m³，年平均冲刷量分别为 84 万 m³ 和 32 万 m³，冲淤变化量很小。

鄱阳湖枢纽工程实施后（方案2），并与三峡及上游控制性水库联合运用至2022年末，湖区累积冲刷量为0.115亿 m^3，与无枢纽工程方案相比，冲刷量增加0.031亿 m^3，增加36.9%；水库运用至2052年末，湖区累积冲刷量为0.135亿 m^3，与无枢纽工程方案相比，冲刷量增加了0.007亿 m^3，增加5.5%。

从各分段来看，鄱阳湖枢纽的实施对康山大堤以上的湖区冲淤影响很小；康山大堤至矶山联圩的湖区宽阔段淤积量略有增加，但绝对值较小，2052年末累积增加0.015亿 m^3；矶山联圩以下至湖口窄长段的冲刷量也相对增加，三峡水库运用20年该段变化最大，冲刷量增加0.046亿 m^3，以后随着河床冲淤调整，与无枢纽工程的差别逐渐缩小。

7.6.2.2　对长江干流河段冲淤影响

鄱阳湖枢纽工程实施前（方案1），三峡、溪洛渡和向家坝等水库投入运用后，九江—大通河段呈持续冲刷状态，新洲尾至搁排洲头河段也以冲刷为主。2022年和2052年该河段累积冲刷量分别为0.568亿 m^3 和0.915亿 m^3。

从分布来看，各分段有冲有淤，除张家洲左汊和下三号洲右汊表现为淤积外，其他各河段均表现为冲刷。湖口以上的张家洲右汊河床冲淤主要受其上游长江干流来水来沙控制，至2052年末累计冲刷量为0.241亿 m^3；湖口以下的张家洲右汊既受长江上游来水来沙影响，又受鄱阳湖入汇水沙作用，河床冲淤幅度明显小于上段，水库运用40年之前该段以冲刷为主，后来逐渐转为淤积。

按照上述枢纽调度方式，当鄱阳湖湖控工程实施后，湖控工程下游水沙减少，特别是沙量减少，将导致枢纽下游河床冲刷，由鄱阳湖进入长江干流水沙条件改变，河床相应发生冲淤变化。

鄱阳湖枢纽工程实施后（方案2），与三峡、溪洛渡和向家坝等水库联合运行至2022年，新洲尾至搁排洲头河段累积冲刷量为0.593亿 m^3，与无枢纽工程相比，冲刷量增加0.025亿 m^3；随着枢纽工程运用时间延长，工程下游河段的冲刷达到基本平衡，该工程的影响逐渐消除，干流新洲尾至搁排洲头河段的冲淤量差别逐渐减小，工程运用至2052年末，新洲尾至搁排洲头河段累积冲刷量为0.920亿 m^3，与无枢纽工程相比，冲刷量相对增加了0.006亿 m^3。

从冲淤分布看出，枢纽工程实施后对湖口以上河段的冲淤影响较小，对湖口以下河段的冲淤变化相对较大，特别是张家洲右汊下段和张家洲尾至下三号洲头河段。水库运用20年末，张家洲右汊下段和张家洲尾至下三号洲头河段冲刷量分别增加0.021亿 m^3 和0.014亿 m^3；水库运用30年末，张家洲右汊下段和张家洲尾至下三号洲头河段冲刷量分别增加0.018亿 m^3 和0.011亿 m^3；之后随着工程运行时间增长，枢纽工程对各分河段的影响逐渐减小。

7.6.3　鄱阳湖水利枢纽对防洪的影响

7.6.3.1　枢纽对河、湖洪水顶托的影响

江、湖、河洪水顶托，主要发生在高洪水期间。本研究以1998年实际年为典型，根据推荐的枢纽建设方案，计算鄱阳湖水利枢纽建成后湖口站、星子站水位变化，来分析枢纽对江、湖、河洪水顶托的影响。

以湖口站为长江干流水位代表站分析工程对长江防洪的影响,经计算,1998 年 7 月中旬至 8 月中旬长江高洪水期间,工程修建前后湖口站水位基本无变化。

以星子等水位站为代表站分析工程对湖区防洪的影响,经计算,工程建成后,1998 年洪水典型中,湖区各水文站水位普遍有一定程度的壅高,壅高值为 0.006～0.008m;由于 7—8 月鄱阳湖呈湖相,湖区水面比降较小,工程对星子和都昌等站的水位影响幅度较为接近。

从上面的计算成果可以看出,枢纽工程的建设,对长江干流湖口站、鄱阳湖区星子站的高洪水位影响很小,基本不改变江、湖、河之间的顶托关系。

7.6.3.2　枢纽对鄱阳湖槽蓄作用的影响

枢纽建成后,由于建筑物缩窄了河道过水断面,汛期鄱阳湖出湖流量有所减少,闸下水位、闸上水位变化可能导致洪水的调节及槽蓄作用发生变化。对 1954 年和 1998 年实际洪水模拟调度,有无枢纽情况下,湖口出流量最大相差 250m³/s。因此,枢纽建成后,汛期由于出湖流量有所减少,对湖区而言,将会增加少量的水量,增加了鄱阳湖对五河洪水的调蓄;但对长江干流水位影响很小,可忽略不计,河道槽蓄能力不会降低。

7.6.3.3　枢纽对倒灌的影响

鄱阳湖水利枢纽运用后可能会对长江洪水倒灌入湖产生一定的影响。1991 年 7 月 11 日长江倒灌流量为 13600m³/s,在湖口站 1954—2012 年长时间序列中倒灌流量最大,本研究选择 1991 年 7 月作为典型时段分析枢纽运用对江水倒灌入湖的影响。利用水动力学模型计算,工程对倒灌流量的影响有限,工程建成后倒灌壅水影响最大值发生在 7 月 11日,水位壅高影响值为 0.9cm,但当日的湖口水位低于警戒水位 19.50m,不会对长江干流防洪产生影响。

7.6.4　鄱阳湖水利枢纽对长江下游水资源利用的作用

7.6.4.1　水利枢纽对长江下游水资源利用的作用及影响

根据现阶段拟定的枢纽运行调度方式,利用湖口站 1956—2002 年系列 9 月至次年 3 月平均实测流量、星子站同期实测水位资料进行静库容模拟调度,按照均匀拦蓄和下泄考虑,得到不同时段枢纽控制条件下的湖口出流情况,出湖水量等于五河七口来水量加湖容变化量,计算成果见表 7.6-2。

表 7.6-2　　　　不同时间段鄱阳湖水利枢纽控制运用对湖区水位和
出湖水量的影响计算成果

日　期	实　测			枢纽调度后			枢纽调度前后	
	水位 /m	相应湖容 /亿 m³	出湖水量 /亿 m³	水位 /m	相应湖容 /亿 m³	出湖水量 /亿 m³	出湖水量变化 /亿 m³	相应流量变化 /(m³/s)
8 月 31 日	14.33	91.06	54.5	14.33	91.06	42.42	−12.08	−871
9 月 15 日	14.07	85.3	154.52	14.5	97.38	156.56	2.04	51
10 月 31 日	11.19	27.67		12.00	37.63		3.11	59
12 月 31 日	7.22	2.72	135.13	10.00	9.57	138.24		
2 月 28 日	8.25	5.30	110.37	9.5～10.0	9.34	113.22	2.85	56

由表 7.6-2 可见:

(1) 9 月 1—15 日平均出湖水量减少 12.08 亿 m³,相当于日平均减少下泄流量 871m³/s;长江干流大通站该时段的平均流量为 39978m³/s,枢纽在此期间减小的下泄流量约占大通站的 2.2%,对下游该时期的水资源利用影响小;9 月 15 日湖区水位抬高 0.63m,增加湖容 12.08 亿 m³。

(2) 9 月 15 日—10 月 31 日平均出湖水量增加 2.04 亿 m³,相当于日平均增加流量 51m³/s;10 月 31 日湖区水位抬高 1.24m,增加湖容 9.96 亿 m³。

(3) 11 月 1 日至 12 月底平均出湖水量增加 3.11 亿 m³,相当于日平均增加流量 59m³/s;12 月 31 日湖区水位抬高 2.99m,增加湖容 6.85 亿 m³。

(4) 1—2 月平均出湖水量增加 2.85 亿 m³,相当于日平均增加流量 56m³/s;2 月 28 日湖区水位抬高 1.09m,增加湖容 4.04 亿 m³。

(5) 3 月上中旬,湖区水位逐渐下降至与外江水位持平,平均出湖水量将增加,增幅与 3 月初闸上、下游水位差有关。

就上述多年平均成果而言,现阶段推荐的调度方式在整个枯水期均可不同程度地增加鄱阳湖的下泄流量,在三峡水库蓄水期可增加下泄水量 2.04 亿 m³,同时还能在 12 月至次年 2 月长江水位最低的 3 个月中,维持一定的湖区水位和容积(10m、9.5m 水位对应的静态湖容分别为 8.11 亿 m³、6.39 亿 m³),具备为下游紧急情况提供应急供水的条件,如下游出现咸潮上溯、水污染事件时可采用特殊调度方式(如迅速降低湖水位,集中加大下泄流量),提供应急水资源。

7.6.4.2 鄱阳湖水利枢纽对鄱阳湖区水资源利用的作用

1. 对灌溉的作用

根据鄱阳湖区现状农田灌溉面积分布、灌溉保证率、灌溉存在的问题等基本情况,初步分析确定鄱阳湖水利枢纽工程建成后的受益灌溉面积为 342.4 万亩,包括两部分:一是通过改善灌溉水源条件来提高灌溉保证率的现有灌溉面积 291.2 万亩,灌溉保证率可由现状的 55%～75% 提高至 90% 以上;二是新增的灌溉面积 51.2 万亩(主要指地面高程一般在 20～50m 间的环湖低丘岗地上的旱地、荒地、望天田等)。枢纽的建设,可为上述受益农田提供可靠的枯季灌溉水源。

2. 对供水的作用

鄱阳湖水利枢纽工程在枯水期抬升与稳定湖区水位后,对以湖区(包括尾闾区河道)地表水或浅层地下水为供水水源的城镇和乡村供水将产生积极作用,枢纽建成后,环湖 79 座水厂的供水保证率可从现状的 80%～97% 提高至 97%～100%。

3. 对航运的作用

鄱阳湖水利枢纽建成后,可使鄱阳湖和周边河流部分河段变成湖区航道,枯水季节航道水深和航道宽度增加,水面比降减小,航道条件得到显著改善;可促进环湖航道网络形成,实现滨湖地区的航道连通和直达,减少船舶航行里程,结合航道整治,有利于湖区航道和支流尾闾航道的衔接;可有效地扩展港口岸线,提高渠化河段的岸线资源等级,为实现航运规划创造条件。分析表明,鄱阳湖水利枢纽工程枯期调控水位若不低于 11.0m,可渠化航道里程约 240km,新增港口深水岸线约 30km。

7.7　小结

本章研究了三峡水库蓄水运用后长江与洞庭湖关系变化及长江与鄱阳湖关系变化，预测了三峡及长江上游干支流水库群运用后江湖关系的变化趋势，分析了荆江松滋口建闸和鄱阳湖水利枢纽对江湖关系的影响，取得了如下主要认识：

（1）1955—1990 年三口分流比呈递减趋势，1990—2004 年三口分流比变化小。影响三口分流比最直接的因素是荆江水位的变化以及三口分流河道的冲淤变化，而这些变化主要是由长江干流水沙的变化引起的。根据实测资料统计，宜昌下泄沙量维持在 3 亿 t 左右，武汉以上河段及洞庭湖区河道将维持在冲淤平衡状态。

三峡水库调蓄作用导致年内径流量发生变化，三口年际分流比变化很小。三峡水库蓄水 30 年后，分流比仅由 2002 年的 13.04％变为 2032 年的 11.25％，稍有所减小。

（2）受水库调度、江湖冲淤变化影响，三口断流问题加剧，枯期用水问题日益严重，在现有水沙条件下，对三口河道进行疏浚，是适应目前江湖关系的治理措施。

三峡水库蓄水运用以来干流连续小水年，是荆江三口分流量低于蓄水运用前的重要原因之一，三峡水库蓄水期减少水库下泄流量加剧了三口断流问题，松滋口沙道观断流时间提前将近 1 个月，断流天数也有所增加。2003—2011 年沙道观断流对应干流平均流量为 10400m³/s，而枝城站 10—11 月平均流量为 10500m³/s，接近沙道观断流对应干流流量。

（3）通过松滋口建闸调度，可实现松滋口分流洪水与澧水洪水的错峰，提高松澧地区防洪能力；通过三口河道疏浚自流引水，增加枯水期进流量，在灌溉供水需水时段满足松滋河水系生态流量和灌溉供水需求，改善江湖的连通性。

利用松滋口闸实施松澧错峰调度，可显著降低松滋河系各水文站水位。在遭遇 1998 年典型洪水时，松滋口闸可削减流量 4350m³/s，松滋河系各水文站水位除安乡河四分局站和肖家湾站基本不变外，其他各水文站水位下降 0.09～1.77m。在澧水遭遇特大洪水（如 1935 年洪水），利用三峡水库与松滋口闸联合调度，松滋口闸减少的下泄流量由三峡水库等量拦蓄，在保证荆江河段防洪安全前提下，兼顾保障松澧地区防洪安全。

松滋口建闸结合疏浚，增大了松滋河进水量，提高了水资源可利用量。在松滋口建闸方案中考虑了松滋河系东、西支主要过流河道的疏浚，松滋口建闸方案运行 30 年平均分流比为 10.89％，较现状方案 30 年平均分流比（7.95％）增加了 2.94％；1992 年典型来水情况下，10 月至次年 5 月，松滋口进水量增加 50.93 亿～57.44 亿 m³，可在一定程度上减缓四口河系地区枯季的缺水状况。

（4）鄱阳湖的枯水影响因素中除天然降雨径流量的变化为非趋势性影响外，三峡水库蓄水、江湖冲淤以及流域用水量均为趋势性影响。三峡及上游控制性水库运用后蓄水期径流的进一步减少，以及干流河道冲刷的加大，将进一步改变长江与鄱阳湖的江湖关系。

受上游水库调度及河道冲刷影响，三峡等上游干支流水库运用后湖口站水位将大幅度降低，水库群的补水作用难以抵消干流河道冲刷下切的影响。三峡及上游干支流水库运用后湖口水位降至更低，湖水更快流出，鄱阳湖枯水期对下游的补水作用进一步减弱。鄱阳湖区灌溉、供水、航运及渔业都受到不同程度的影响。

鄱阳湖区枯水的影响因素主要包括三峡水库蓄水、天然降雨径流变化、江湖冲淤以及流域用水量的增加等。2003—2012 年属于水文长系列中的一个枯水时段，但天然降雨径流未发生趋势性变化；三峡水库蓄水期宜昌和汉口站径流发生趋势性减小，江湖关系发生显著变化，湖口和湖区枯水位降低；三峡水库蓄水运用以来，干流河道冲刷对干流九江站、大通站枯水位降低的影响逐步呈现，鄱阳湖入江水道段大幅度冲刷下切，导致湖口站相同水位情况下星子站水位显著降低；流域用水量增加对鄱阳湖区枯水情势影响较小；枯水位降低的主要影响因素是三峡水库运用和天然径流减少导致江湖关系发生变化。

（5）鄱阳湖水利枢纽的调度运用可调整和改善江湖关系，控制湖区出流过程，改善湖区枯水情势，增强枯水期鄱阳湖对下游的补水作用，并具备特殊情况下对下游应急补水的潜力，对防洪影响较小。

鄱阳湖水利枢纽调度后，控制汛后湖容快速下降，改善了鄱阳湖区枯水情势，增强了对下游补水的作用，具备了特殊情况下对下游应急补水的潜力。

鄱阳湖水利枢纽工程的建设，枯水期可不同程度地抬高湖区水位，通过改善灌溉水源条件提高周围农田灌溉保证率，为环湖区的城市和乡镇居民生活和生产提供用水安全保障，鄱阳湖和周边河流航道条件得到显著改善。

鄱阳湖水利枢纽的调度遵循"调枯不控洪"的原则，且枢纽工程的泄洪能力巨大，长江洪水倒灌入湖时湖口水位一般低于警戒水位，对防洪影响较小。

参 考 文 献

[1] 中国水利水电科学研究院. 三峡建坝后荆江三口分流洪道河网冲淤计算 [M] //长江三峡工程泥沙问题研究：第七卷. 北京：知识产权出版社，2002：709-725.

[2] 中国水利水电科学研究院. 三峡建库后荆江三口河道冲淤变化模拟 [M] //长江三峡工程泥沙问题研究：第七卷. 北京：知识产权出版社，2002：749-793.

[3] 长江科学院. 三峡建坝后荆江三口分水分沙及分流道冲淤计算分析 [M] //长江三峡工程泥沙问题研究：第七卷. 北京：知识产权出版社，2002：775-725.

[4] 李义天，郭小虎，唐金武，等. 三峡建库后荆江三口分流的变化 [J]. 应用基础与工程科学学报，2009，17（1）：21-31.

[5] 栾震宇，施勇，陈炼钢，等. 三峡工程蓄水前后长江中游水位流量变化分析 [J]. 人民长江，2009，40（14）：44-46.

[6] 李玉荣，葛松华，储蓓. 三峡水库建库前后荆江低水水位流量关系分析 [J]. 人民长江，2011，42（6）：75-79.

[7] 韩剑桥，孙昭华，李义天，等. 三峡水库蓄水后宜昌至城陵矶河段枯水位变化及成因 [J]. 武汉大学学报：工学版，2011，44（6）：685-690.

[8] 方春明，胡春宏，陈绪坚. 三峡水库运用对荆江三口分流及洞庭湖的影响 [J]. 水利学报，2014（1）：36-41.

[9] 方春明，曹文洪，毛继新，等. 鄱阳湖与长江关系及三峡蓄水的影响 [J]. 水利学报，2012，43（2）：175-181.

[10] 许全喜. 三峡工程蓄水运用前后长江中下游干流河道冲淤规律研究 [J]. 水力发电学报，2013，32（2）：146-154.

[11]　胡春宏，王延贵. 三峡工程运行后泥沙问题与江湖关系变化 [J]. 长江科学院院报，2014 (5)：107 - 116.

[12]　徐照明，胡维忠，游忠琼. 三峡水库运用后鄱阳湖区枯水情势及成因分析 [J]. 人民长江，2014，(7)：18 - 22.

[13]　黄华金，刘小东. 鄱阳湖低水位对环湖区农业灌溉的影响分析 [J]. 人民长江，2015 (11)：15 - 17.

[14]　王俊，郭生练，谭国良. 变化环境下鄱阳湖水文水资源研究与应用 [J]. 水资源研究，2014，3 (6)：429 - 435.

[15]　许继军，陈进. 三峡水库运行对鄱阳湖影响及对策研究 [J]. 水利学报，2013，(7)：757 - 763.

[16]　胡四一，施勇，王银堂. 长江中下游河湖洪水演进的数值模拟 [J]. 水科学进展，2002，13 (3)：278 - 286.

[17]　谭维炎，胡四一. 二维浅水流动的一种普适的高性能格式——有限体积 Osher 格式 [J]. 水科学进展，1991，2 (3)：154 - 161.

[18]　施勇，胡四一. 无结构网格上平面二维水沙模拟的有限体积法 [J]. 水科学进展，2002，13 (4)：409 - 415.

[19]　施勇，栾震宇，胡四一. 洞庭湖泥沙淤积数值模拟模式 [J]. 水科学进展，2006，17 (2)：247 - 251.

[20]　朱幸平，聂芳容. 荆江南岸松滋新江口及其它三口建闸方案研究 [J]. 人民长江，2009 (14)：18 - 19.

[21]　宫平，黄煜龄，卢金友，等. 试析荆江四口建闸控制对江湖冲淤的影响 [J]. 长江科学院院报，2001 (6)：15 - 18.

[22]　卢承志. 洞庭湖综合治理规划的建议 [J]. 人民长江，1995 (7)：40 - 46.

[23]　韩其为，周松鹤. 三口分流河道的特性及演变规律 [J]. 长江科学院院报，1999 (5)：5 - 8.

[24]　韩其为，周松鹤. 三口分流河道整治原则的探讨 [J]. 长江科学院院报，1999 (6)：9 - 12.

[25]　谭培伦. 洞庭湖区防洪治理与三峡工程关系简析 [J]. 人民长江，2000 (5)：24 - 26.

[26]　谢月秋. 三峡建库对洞庭湖的影响及其对策 [J]. 湖南水利水电，2001 (3)：28 - 29.

[27]　李景保，常疆，吕殿青，等. 三峡水库调度运行初期荆江与洞庭湖区的水文效应 [J]. 地理学报，2009，64 (11)：1342 - 1352.

[28]　王翠平，余启辉，张黎明. 荆江松滋口建闸有关问题初步探讨 [J]. 人民长江，2013 (24)：20 - 22.

[29]　邓命华，易放辉，栾震宇，等. 三峡工程运行后洞庭湖松滋口建闸防洪影响分析 [J]. 水力发电学报，2013 (1)：156 - 162.

[30]　宫平，黄煜龄，卢金友，等. 试析荆江四口建闸控制对江湖冲淤的影响 [J]. 长江科学院院报，2001 (6)：15 - 18.

[31]　宫平，黄煜龄，卢金友，王翠萍. 试析荆江四口建闸控制对江湖冲淤的影响 [J]. 长江科学院院报，2001，18 (6)：15 - 18.

[32]　梅金焕，翁朝晖. 荆江四口建闸利弊探讨 [J]. 人民长江，2007，38 (11)：23 - 25.

[33]　中国水利水电科学研究院. 洞庭湖区治理及松滋口建闸关键技术研究 [R]，2013.

[34]　长江勘测规划设计研究院，江西省水利规划设计院. 鄱阳湖水利枢纽项目建议书 [R]，2012.

[35]　中国水利水电科学研究院. 鄱阳湖水利枢纽工程关键技术专题研究总报告 [R]，2011.

[36]　胡春宏，阮本清. 鄱阳湖水利枢纽工程的作用及其影响研究 [J]. 水利水电技术，2011 (1)：1 - 6.

[37]　王鹏，赖格英，黄小兰. 鄱阳湖水利枢纽工程对湖泊水位变化影响的模拟 [J]. 湖泊科学，2014，26 (1)：29 - 36.

［38］ 张双虎，蒋云钟，刘晓志，等. 鄱阳湖水利枢纽运行调度方式及其对水资源与防洪的影响［J］. 中国水利水电科学研究院学报，2011，9（4）：257-261.

［39］ 余启辉，马强，游中琼. 鄱阳湖水利枢纽调度对湖区枯期水位与流速影响［J］. 人民长江，2013（17）：18-21.

第8章 三峡水库泥沙调控与多目标优化调度

三峡工程初步设计考虑防洪、发电、航运和水库有效库容长期保留的需求，提出了"蓄清排浑"的调度方式，拟定的三峡水库调度运行方式为：每年汛期 6 月中旬至 9 月底水库按防洪限制水位 145m 运用，当来较大洪水（一般入库流量大于 55000m³/s）时，水库拦蓄洪水，水位升高。洪水过后，库水位复降至汛限水位，腾空库容，以迎接下一场洪水；汛后 10 月初开始蓄水，库水位逐步上升至 175m 水位，枯期根据发电、航运的需求库水位逐步降至 155m，汛前 6 月上旬末降至汛限水位 145m。初步设计阶段主要考虑不利的水沙条件和上游未建库的情况，确定的水库调度方式是偏安全的，符合当时的实际情况，为三峡水库初期运行调度提供了可靠的技术依据，并预留了一定的安全余度。

20 世纪 90 年代以来，由于气候变化、上游水库陆续兴建等原因，三峡入库水沙条件较初步设计阶段发生了较大变化；由于现代科学技术手段及理论方法不断发展完善，水文气象预报水平也较初步设计有了较大提高。2003 年以来，随着三峡水库阶段性蓄水位不断抬高和运用时间的延长，水库库尾泥沙冲淤、中下游河道冲刷不断发展、蓄水期对两湖地区影响等问题逐步显现。同时随着长江沿线经济社会的发展，防洪、发电、航运、供水、减淤、生态、应急等方面对三峡水库调度提出了更高的需求。针对运行环境和调度需求的不断变化，若仍按初步设计的调度方式，三峡水库将不能较好地发挥综合利用效益。因此，为适应新的运行条件和调度需求，实现三峡水库的安全和高效运行，有必要进一步研究优化三峡水库调度运行方式。

本章在新的入库水沙条件及改进完善的水流泥沙数学模型，以及下游江湖关系变化、洲滩演变、航道治理等成果的基础上，主要分析了新水沙形势下三峡水库调度优化调整的需求，研究了三峡水库动态汛限水位变化、提前蓄水、城陵矶补偿调度方案、沙峰排沙调度、库尾减淤调度等不同运行方式与泥沙冲淤变化间的响应关系，分析了各优化调度方案在防洪、发电、航运等方面的影响，建立了综合优化调度评估模型，提出了新水沙形势下三峡水库泥沙调控与多目标优化调度综合方案，为充分发挥三峡工程的综合效益提供了技术支撑。

8.1 水库调度调整需求与条件分析

8.1.1 调度调整需求分析

8.1.1.1 防洪需求

长江中下游防洪的主要矛盾是洪水来量远大于河道泄量，三峡工程建成前，遇 1954

年洪水，长江中下游需分蓄洪约 500 亿 m³。三峡工程建成运行后，荆江河段的防洪标准提高到 100 年一遇，遇标准内洪水，荆江可不分洪，长江中下游防洪形势显著改善。但遇 1954 年洪水，中下游分蓄洪量仍有约 400 亿 m³；遇 1870 年洪水，分蓄洪任务更重，尤其是城陵矶地区。随着上游水库群建设等新形势，三峡水库对城陵矶地区防洪补偿调度控制水位有进一步提高的需求，以进一步减少该地区分洪量。

根据 1882—2014 年三峡水库来水资料统计，流量大于 55000m³/s 的洪水每年出现的天数仅为 1.33 天，而流量为 30000~55000m³/s 的洪水平均每年出现的天数多达 35 天以上。在目前来沙大幅减少、水库泥沙淤积好于初步设计阶段预期的情况下，若按初步设计调度方式，三峡水库防洪库容使用率较低，下游虽不会出现防洪安全问题，但将出现防洪库容空置、地方政府防汛成本大、洪水资源得不到有效利用的不利情况。2009 年汛期，根据《三峡水库优化调度方案》[1]（以下简称《优化调度方案》），当上游来水较小、下游主要控制站水位较低时，库水位可最高上浮至 146.5m，利用了部分洪水资源。但 2009 年汛期以来的调度实践证明，这种调度方式仍不能满足各方对下游干支流防洪及洪水资源利用的需求，三峡水库需根据实时情况进一步对流量小于 55000m³/s 的中小洪水进行拦蓄调度。

8.1.1.2　发电需求

2012 年汛前，三峡工程电站全部 34 台机组投入运行，总装机容量达到 2250 万 kW，多年平均年发电量为 882 亿 kW·h。一般三峡汛期（6—10 月）发电量占全年发电量的 60%，汛期发电效益对提高全年发电效益具有重要作用。根据初步设计运行方式，三峡水库汛期在不需要拦蓄洪水时按防洪限制水位 145m 运用，三峡电站出力将不同程度受阻。当库水位提高至 147m 时，左岸电站 14 台机组出力基本不受阻；当库水位提高至 152m 时，三峡左右岸电站和地下电站出力均可不受阻。因此，在确保防洪安全的前提下，汛期抬高运行水位，可减少机组出力受阻程度，提高三峡电站的发电效益。

8.1.1.3　航运需求

2008 年交通运输部长江航务管理局印发了《2008 年三峡—葛洲坝两坝间水域大流量下船舶限制性通航暂行规定》，明确了三峡—葛洲坝两坝间船舶在三峡水库下泄流量为 25000~45000m³/s 时实施限制性通航。三峡水库汛期来水较丰，25000m³/s 以上流量出现的频率较多且持续时间较长。若按照初步设计的调度方式仅对流量大于 55000m³/s 的洪水进行拦蓄，将不可避免地出现大量中小船舶积压滞留的局面。根据 1882—2014 年入库流量资料，在初步设计调度方式下，每年三峡水库日平均出库流量大于 45000m³/s 的天数约为 6 天，流量为 25000~45000m³/s 的天数约为 56 天。即使三峡水库 2009 年汛期来水不大且拦蓄中小洪水以后，流量大于 25000m³/s 的天数仍达 48 天，且持续大于 25000m³/s 的天数最长达 32 天。中小船舶长时间积压，除了对两坝间水路运输依赖程度较高的三斗坪镇石牌村数千名陆上村民生活造成很大的影响外，还进一步加剧了滞留船舶的生活补给问题，可能引发通航秩序混乱等社会问题。针对上述实际困难，在不影响防洪安全的前提下，三峡水库适时减小下泄流量，短暂抬高运行水位，可有效缓解两坝间的通航压力。

8.1.1.4　供水需求

初步设计阶段，每年枯水期（1—4 月）供水标准为满足不低于电站保证出力（499 万 kW）及葛洲坝下游庙嘴最低通航水位 39m 对应的流量要求，约 5500m³/s 左右。然而，随着下游沿江经济社会的发展，需水要求越来越高，《优化调度方案》规定提高三峡水库枯水期的下游流量补偿标准，1—2 月按不小于 6000m³/s 控制。近几年，按照国家防总的批复意见，1—4 月三峡水库下泄流量按不小于 6000m³/s 控制，遇特枯年份或下游紧急事件，三峡水库也需要及时调控下泄流量，应对各种应急突发事件。

以上要求需要三峡水库蓄满水库，有充足储备水量。而根据 2003—2014 年实际来水情况，若仍按初步设计每年 10 月开始蓄水、下泄流量按 5500m³/s 控制，三峡水库将达不到初步设计的蓄满率，仅 2003 年以来就将有 2006 年、2009 年、2011 年和 2013 年蓄不满；且汛后蓄水期间，下游"两湖地区"正处于退水期，初步设计 5500m³/s 的出库流量会进一步加快两湖出流速度，使两湖地区枯水期提前，将不利于该地区的取水、灌溉、生态等用水需求。

综合考虑蓄水期下游两湖地区需水以及枯水期下游补水要求，三峡水库有必要根据来水预报等情况进一步提前蓄水，且将汛末防洪与蓄水相结合，拦蓄汛末洪水，抬高起蓄水位，提高水库蓄满率，减少 9 月、10 月蓄水对下游尤其"两湖"地区的影响。

8.1.1.5　其他需求

三峡水库库尾减淤或生态调度试验均要求试验前维持较高水位，再集中消落[2]，且因寸滩流量、水温所限，往往只能在 5—6 月开展。而为维持消落期库岸稳定，三峡水库库水位日变幅需小于 0.6m，若按方案开展试验调度，会增加水库的消落难度，致使 6 月 10 日不能按初步设计要求降至汛限水位 145m。因此，为顺利实施库尾减淤、生态调度试验，三峡水库可能需要推迟消落至汛限水位 145m 的时间，即汛初三峡水库库水位需高于初步设计的 145m 运行。而沙峰排沙调度或应急调度的开展，则可能需要短暂浮动库水位，以尽量多的排沙，延长水库运行寿命，以及应对可能出现的突发事件。

8.1.2　调度运行条件变化分析

8.1.2.1　来水来沙减少

据 1882—2014 年实测资料，三峡水库年平均入库径流量为 4444 亿 m³（折合平均流量为 14000m³/s，2003 年以前采用宜昌站径流计算），较初步设计多年平均值（4510 亿 m³）减少 1.5%，变化不大；2003 年水库蓄水运用以来多年平均值为 3997 亿 m³（折合 12600m³/s），较初步设计减少 513 亿 m³，减幅为 11.4%，减少趋势明显。图 8.1-1 为三峡水库长系列入库年径流量变化过程图，图 8.1-2 为年平均径流量减去多年平均值后的年径流量差值累积曲线。由图可见：1922 年以前，三峡来水大于多年平均值的年份较多，总体偏丰，可视为一个长丰水期；1922—1968 年存在两个较长的相对丰、枯水年组，1944 年是转折点；1968 年，尤其 2000 年以后，来水整体偏少，多数年份来水在多年平均值以下，呈现明显的下降趋势，其中，2003—2014 年多年平均值较 1882—2014 年长系列多年平均值减少 447 亿 m³，减幅为 10.1%。

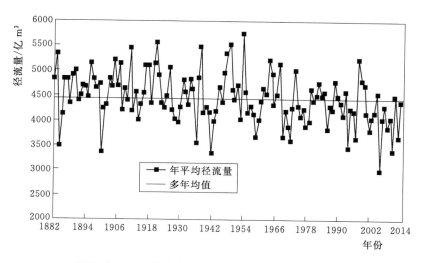

图 8.1-1 三峡水库长系列入库年径流量变化过程

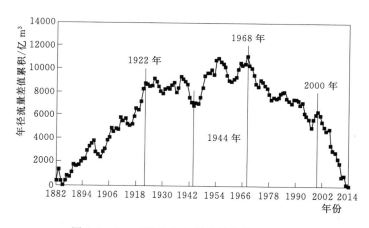

图 8.1-2 三峡水库年径流量差值累积曲线

进一步分析三峡入库流量各系列年内分配情况，由表 8.1-1 可见，各系列年内分配规律总体一致，年来水主要集中在 5—10 月，占全年的 76% 以上，其中汛期 6—9 月来水占 60% 左右；与初步设计系列相比，2003 年三峡水库蓄水运用以来，1—4 月入库流量小幅增加 480～890m³/s（7.4%～21.1%），其余月份则不同程度减小 80～4100m³/s（1.4%～22.2%），主要与上游水库群建成投运后的调蓄有关。

2003 年三峡水库蓄水运用以来，入库流量较初步设计系列减少较多的是 7—10 月，各月分别减少了 2300m³/s、4000m³/s、3000m³/s 和 4100m³/s（相应径流量为 62m³、107m³、78m³ 和 110 亿 m³），减幅分别达到 7.7%、14.6%、11.4% 和 22.2%。汛期入库流量的减少，有利于减轻水库的防洪压力，而 9—10 月入库径流量大幅减少，则不利于水库汛末蓄水。且随着上游干支流更多水库建成投运，9—10 月入库径流将进一步减小，三峡水库蓄水与下游供水的矛盾将更加突出。

表 8.1－1　　　　　三峡水库各系列分月入库流量

月份	长系列（1882—2014 年）		初设系列（1951—1990 年）		蓄水以后（2003—2014 年）	
	流量/（m³/s）	百分比/%	流量/（m³/s）	百分比/%	流量/（m³/s）	百分比/%
1	4380	2.6	4190	2.5	4860	3.2
2	3990	2.4	3760	2.3	4350	2.9
3	4520	2.7	4200	2.5	5090	3.4
4	6740	4.0	6520	3.9	7000	4.6
5	11700	6.9	11700	7.0	10500	6.9
6	18400	10.9	17700	10.7	16300	10.8
7	29800	17.7	29800	17.9	27500	18.2
8	27700	16.4	27400	16.5	23400	15.4
9	26000	15.5	26300	15.9	23300	15.4
10	18800	11.2	18500	11.2	14400	9.5
11	10200	6.1	10100	6.1	9010	6.0
12	5960	3.5	5850	3.5	5770	3.8
年均	14000	100	13800	100	12600	100

　　三峡水库悬移质泥沙主要来自上游金沙江、岷江、嘉陵江、乌江和沱江等河流。20 世纪 90 年代以来，受降水条件变化、水利工程拦沙、水土保持减沙和河道采砂等影响，输沙量减少趋势明显。特别是进入 21 世纪后，三峡上游来沙减小趋势仍然持续，入库泥沙地区组成也发生明显变化，洪水期间输沙更为集中。2003—2014 年，三峡水库年平均入库径流量和悬移质输沙量（朱沱＋北碚＋武隆）分别为 3602 亿 m³ 和 1.841 亿 t；寸滩站与武隆站年平均径流量、输沙量之和分别为 3706 亿 m³ 和 1.753 亿 t，输沙量较"论证阶段（60 系列）"值及"90 系列"值分别减少了 65.6% 和 53.5%。寸滩站年平均入库砾卵石和沙质推移质输沙量分别为 4.41 万 t 和 1.37 万 t，较 2002 年前均值分别减小了 80%、95%，武隆站年平均入库砾卵石推移质输沙量为 6.68 万 t。

　　三峡水库蓄水运用以来，不考虑三峡库区区间来沙，2003 年 6 月—2014 年 12 月，水库淤积泥沙量为 15.759 亿 t，近似年平均淤积泥沙量为 1.31 亿 t，仅为论证阶段（数学模型采用 1961—1970 系列年预测成果）的 40% 左右，如图 8.1－3 所示，水库排沙比为 24.4%。水库淤积主要集中在清溪场以下的常年回水区，其淤积量为 14.544 亿 t，占总淤积量的 92.3%（论证阶段该段淤积量占总淤积量的 96%）；朱沱—寸滩和寸滩—清溪场库段分别淤积泥沙量为 0.391 亿 t 和 0.824 亿 t，分别占总淤积量的 2.48% 和 5.23%。175m 试验性蓄水后，2008 年 10 月—2014 年 12 月，不考虑库区的区间来沙，三峡干流水库淤积泥沙量为 7.741 亿 t，年平均淤积泥沙量约为 1.25 亿 t，水库排沙比为 17.6%。

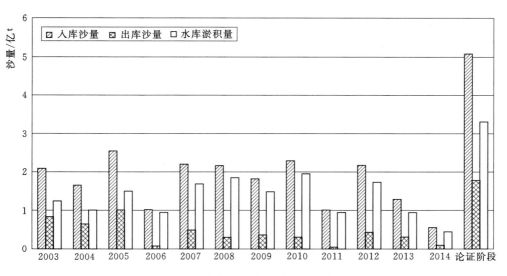

图 8.1-3 三峡水库进出库泥沙与水库淤积量过程

8.1.2.2 江湖关系变化

荆江允许泄量与城陵矶水位密切相关，当沙市水位一定、城陵矶水位较低时，荆江可以通过较大流量。从历年分流比变化看，上游来水量越大，分流比越大，水位越高，分流比也越大。沙市站多年平均过流量占枝城的 81.6%。根据近年来的资料分析，沙市站水位为 45.0m、相应城陵矶站水位为 34.4m 时，荆江泄流量约为 53000m³/s，略高于规划采用值 50000m³/s。表 8.1-2 列出了在城陵矶站水位每增加 1m 对应不同沙市水位荆江河段的过流能力变化。由表可见，随着沙市站控制水位的增加，城陵矶水位每增加 1m，沙市站过流能力减少 500m³/s 左右。

表 8.1-2　　　　　　长江城陵矶站水位与荆江河段过流能力变化　　　　　单位：m³/s

城陵矶水位 /m	沙市控制水位/m				
	43	43.5	44	44.5	45
31	4400	4800	4800	5000	5100
32	4000	4400	4600	4700	4900
33	4300	4700	5200	5000	5300
34	4800	5000	5300	5800	5400
35	3800	4800	5000	5400	5700
36					

根据 1991—1998 年水位流量资料拟定的最新沙市站水位流量关系曲线，表 8.1-3 给出了初步设计与 1991—1998 年系列在一定水位顶托下的枝城允许过流量。由表可见，目前河道下游过流能力相比初步设计阶段有所增大。并且，随着中下游干支流堤防的陆续建设完成，下游河道防洪能力有可能增强。

表 8.1-3 长江枝城流量变化对比表

系　　列	沙市水位	枝城流量/(m³/s)	
		城陵矶水位 33.95m	城陵矶水位 34.4m
规划设计阶段	44.5m	56700	
	45m		60600
1991—1998 年系列	44.5m	60750	
	45m		65000

8.1.2.3　水情预报分析

为满足延长预见期和实时监视上游水雨情的需求,提高水文作业预报精度,为水文预报模型软件提供信息接入,为预报会商提供信息支持,以及为梯级水库调度提供可靠的决策支持,三峡水库建设了完备的水雨情遥测和报汛站网,结合降雨预报,三峡入库流量较为准确的预报预见期由 2～3 天扩展至 3～5 天,并能预估 6～7 天来水,定性分析 8～10天来水,可提供有一定可靠性的中期来水预报,为水库调度提供可靠的决策支持[3]。

短期来水预报:根据三峡水利枢纽梯级调度通信中心的实际运行资料统计,2003—2014 年预见期 12 小时、24 小时、48 小时流量预报精度分别为 98.63%、97.77%、95.44%,其中,汛期(6—9 月)预见期 12 小时、24 小时、48 小时的平均预报精度达到了 98.49%、97.42%、94.74%。3 天 72 小时流量预报目前也具有较高精度,达到 90%以上。

洪峰预报:2003—2014 年发生流量大于等于 55000m³/s 的洪水有 9 次,大于等于 70000m³/s 洪水有 2 次,主要发生在 2010 年和 2012 年。根据统计,三峡水库蓄水运用以来 23 场典型洪水的洪峰预报精度达到 97.51%,平均预见期达到 42 小时。其中,2010 年洪峰 "70000m³/s" 的洪水预报,洪峰预报精度达到 98.6%,预见期达到了 48 小时,峰现时间误差 12 小时;2012 年洪峰 "71200m³/s" 的洪水预报,洪峰预报精度达到 98.3%,预见期达到了 36 小时,峰现时间误差为零。

中长期水情预报:通过与有关单位的会商、信息共享及科研合作,三峡水库已有 15天的定量入库流量预报成果,对更长预见期的入库流量则可做出有一定可靠性的总体趋势预报,为水库的库水位控制运用等调度决策提供重要参考。

8.1.2.4　上游水库建设运行分析

根据目前开发情况,远景三峡及上游控制性水库总调节库容近 1000 亿 m³,总防洪库容达 500 亿 m³。其中,2015 年以前可以投运且总库容在 1 亿 m³ 以上的水库近 80 座,总调节库容为 600 多亿 m³,防洪库容为 380 亿 m³。未来通过联合调度,上游水库群巨大的调节及防洪库容将为三峡水库的兴利和防洪调度提供有利条件。长江上游大型水库群概化分布如图 8.1-4 所示。

三峡水库作为长江干流最下一级调节性水库,上游水库群建成运行后,将直接对三峡水库的入库水沙产生影响。初步统计上游水库投运后,8 月、9 月总拦蓄量约为 241 亿 m³,直接减少三峡水库 8 月、9 月入库水量分别为 124 亿 m³ 和 117 亿 m³(相应流量约为4630m³/s 和 4510m³/s),对入库泥沙将产生明显削减作用。

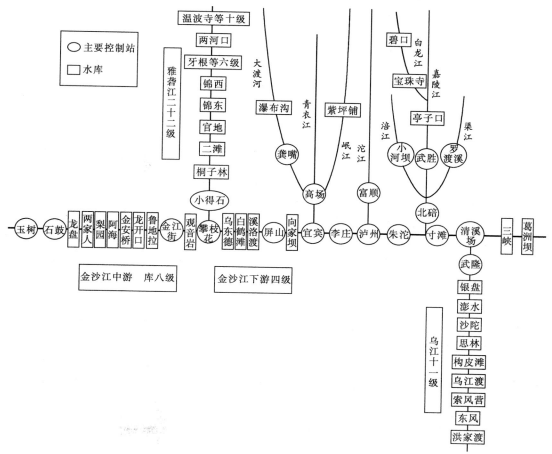

图 8.1-4 长江上游大型水库群概化分布

8.2 动态汛限水位研究

初步设计考虑坝下游防洪和水库"蓄清排浑"需求，三峡水库每年汛期 6 月 10 日—9 月 30 日维持汛限水位 145m 运行。当来较大洪水（流量一般大于 55000m³/s 时），水库拦蓄，水位升高，洪水过后，库水位复降至汛限水位，腾空库容，以迎接下一场洪水。初期运行期，考虑泄水设施启闭时效、水情预报误差和电站日调节需要，实时调度中水库水位可在防洪限制水位 145m 以下 0.1m 至 145m 以上 1.0m 范围内变动。在初步设计的汛期调度方式下，电站发电水头较低，洪水资源利用程度偏低。基于水文气象预报水平和调度技术提高，为进一步利用洪水资源、增加调度的灵活性，2009 年国务院批准的《三峡水库优化调度方案》明确：当沙市站水位在 41m 以下、城陵矶站水位在 30.5m 以下且三峡水库来水流量小于 25000m³/s 时，三峡水库汛期实时库水位可最高上浮至 146.5m 运行。

与《三峡水库优化调度方案》相比，近几年实际调度中，各方从防洪、发电、航运、供水等方面对汛期调度提出了更高的需求，需对三峡水库汛限水位动态变化进行研究。需要说明的是，"动态汛限水位研究"的实质为汛期运行水位动态控制运用研究，即当有需求且满足一定条件时，汛期运行水位可动态变化。

8.2.1　汛限水位动态变化方案

《三峡水库优化调度方案》对三峡水库蓄水调度方式进行了优化，明确了三峡水库可提前至 9 月 15 日开始蓄水。2010 年以来，考虑三峡水库 9 月、10 月来水持续偏枯、上游水库同期蓄水量大的情况，三峡水库 9 月上旬采取了水位上浮运行的方式，9 月 10 日开始蓄水。因此，在研究汛限水位动态变化方案时，考虑的汛期末端为 9 月上旬。同时，考虑实际操作方便以及预留安全余度，将 6 月中旬至 9 月上旬分为 6 月中旬至 8 月下旬和 9 月上旬两个不同时段。

经分析，拟定 6 月中旬至 8 月下旬，三峡水库汛限水位上限按 145m、146.5m、148m、150m、155m、158m 共 6 种情况考虑，9 月上旬按 150m、155m、158m 共 3 种情况考虑，加上初步设计的 145m 方案，拟定研究方案共计 16 种。此外，根据防洪、发电、航运需求及特征下泄流量分析，考虑未来 3 天预报，基于不同库水位、不同预报入库流量，拟定了三峡水库汛期不同时段的调度规则。汛限水位拟定及调度规则共同构成表 8.2-1 的三峡水库汛限水位动态变化研究方案。

表 8.2-1　　　　　　　　　三峡水库汛限水位动态变化研究方案

| 方　案 | 6 月中旬至 8 月下旬 | | 9 月上旬 | |
	控制水位/m	调度规则	控制水位/m	调度规则
方案 1（初步设计）	145	初步设计调度方式：三峡入库流量大于 55000m³/s 时，下泄流量按 55000m³/s 控制；入库流量小于等于 55000m³/s，按入库平衡控制	145	同 6 月中旬至 8 月下旬
方案 2	145	（1）当未来 3 天平均入库流量小于等于满发流量时：①若库水位高于控制水位，下泄流量按满发流量控制；②若库水位小于等于控制水位，下泄流量按未来 3 天平均入库流量控制。 （2）当未来 3 天平均入库流量大于满发流量且小于等于 42000m³/s 时：①若库水位高于 158m，下泄流量按 42000m³/s 控制；②若库水位小于等于 158m 但大于控制水位，下泄流量按未来 3 天平均入库流量控制；③若库水位小于等于控制水位，下泄流量按满发流量控制。 （3）当未来 3 天平均入库流量大于 42000m³/s 但小于等于 55000m³/s 时：①若库水位高于 158m，下泄流量按 55000m³/s 控制；②若库水位小于等于 158m 但高于控制水位，下泄流量按 42000m³/s 控制；③若库水位小于等于控制水位，下泄流量按满发流量控制。 （4）当未来 3 天平均入库流量大于 55000m³/s 时：①若库水位高于控制水位，下泄流量按 55000m³/s 控制；②若库水位小于等于控制水位，下泄流量按 42000m³/s 控制。 （5）当库水位达到 175m 时，按出入库平衡控制	150	（1）以 9 月上旬控制水位为目标，均匀上浮水位。 （2）上浮水位过程中，下泄流量按不超 42000m³/s 控制，最小下泄流量应不小于 10000m³/s。 （3）当库水位达到 175m 时，按出入库平衡控制
方案 3	146.5			
方案 4	148			
方案 5	150			
方案 6	145		155	
方案 7	146.5			
方案 8	148			
方案 9	150			
方案 10	155			
方案 11	145		158	
方案 12	146.5			
方案 13	148			
方案 14	150			
方案 15	155			
方案 16	158			

8.2.2 方案模拟计算结果分析

根据汛限水位动态变化研究方案，采用1882—2014年共计133年的实测来水资料（2003年以前为宜昌站资料，2003年以后为三峡入库资料）进行模拟演算，并根据模拟结果，从防洪、发电、航运等方面进行分析。

8.2.2.1 防洪影响

经统计，各研究方案汛期不同时段最高调洪水位及最大下泄流量见表8.2-2，各方案不同时段最大下泄流量均不超过下游55000m³/s的安全泄量，9月上旬除方案1和方案16外，其余方案最大下泄流量均可以控制在42000m³/s以下。6月中旬至8月下旬，方案2~16最高调洪高水位介于166~168.5m之间，相差不大，距100年一遇调洪高水位171m还有一定的安全余度。9月上旬，除方案10、方案15、方案16最高调洪高水位较171m偏高较多外，其余方案最高调洪水位基本在171m以下，或略超0.5m以内，风险相对可控。从三峡最大下泄流量和最高调洪水位来看，6月中旬至8月下旬和9月上旬，汛限水位分别控制在150m以下和158m以下时，防洪风险可控。

表8.2-2 三峡水库各研究方案汛期不同时段最高调洪水位及最大下泄流量

方　案	6月中旬至8月下旬		9月上旬	
	最高水位/m	最大下泄/(m³/s)	最高水位/m	最大下泄/(m³/s)
方案1 (145, 145)	157.62	55000	153.7	55000
方案2 (145, 150)	166.26	55000	169.78	42000
方案3 (146.5, 150)	166.67	55000	170.17	42000
方案4 (148, 150)	167.24	55000	170.75	42000
方案5 (150, 150)	167.11	55000	171.4	42000
方案6 (145, 155)	166.26	55000	169.78	42000
方案7 (146.5, 155)	166.67	55000	170.17	42000
方案8 (148, 155)	167.24	55000	170.75	42000
方案9 (150, 155)	167.11	55000	171.4	42000
方案10 (155, 155)	166.55	55000	174.88	42000
方案11 (145, 158)	166.26	55000	169.78	42000
方案12 (146.5, 158)	166.67	55000	170.17	42000
方案13 (148, 158)	167.24	55000	170.75	42000
方案14 (150, 158)	167.11	55000	171.4	42000
方案15 (155, 158)	166.55	55000	174.88	42000
方案16 (158, 158)	168.11	55000	175	51700

注 表中"方案"列中各方案括号内数字分别表示6月中旬至8月下旬和9月上旬汛限水位，如方案2（145，150）表示该方案6月中旬至8月下旬汛限水位为145m，9月上旬汛限水位为150m。

表8.2-3为入库流量及各方案出库流量在不同量级区间每年平均出现的天数统计情况。由表可见：①初步设计方案1除了对55000m³/s以上的洪水进行拦蓄外，其余量级

洪水均未拦蓄；②汛限水位动态变化方案 2～方案 16 对各量级入库洪水均有不同程度的坦化，42000～55000m³/s 下泄流量出现的天数较初步设计方案明显减少，35000～42000m³/s 下泄流量出现的天数略增多，35000m³/s 以下下泄流量出现的天数则显著增加；③各研究方案之间，方案 13、方案 14 对入库洪水的坦化效果更明显，35000m³/s 以下的下泄流量年平均出现的天数达到 79 天以上。由此可见，研究拟定的汛限水位动态变化方案实现了对 55000m³/s 以下中小洪水的适度拦蓄，减轻了下游地区的防洪压力。

表 8.2-3　　三峡水库不同流量级汛期 6 月中旬至 9 月上旬年平均出现天数

统计方式		年均出现天数			
		≤35000m³/s	35000～42000m³/s	42000～55000m³/s	>55000m³/s
入库流量统计		73.48	9.96	6.26	1.30
出库流量统计	方案 1 (145, 145)	73.47	9.85	7.68	0.00
	方案 2 (145, 150)	76.40	13.46	1.14	0.00
	方案 3 (146.5, 150)	77.43	12.42	1.15	0.00
	方案 4 (148, 150)	78.15	11.66	1.19	0.00
	方案 5 (150, 150)	77.89	11.91	1.20	0.00
	方案 6 (145, 155)	76.97	12.89	1.14	0.00
	方案 7 (146.5, 155)	78.14	11.71	1.15	0.00
	方案 8 (148, 155)	78.80	11.02	1.19	0.00
	方案 9 (150, 155)	78.97	10.83	1.20	0.00
	方案 10 (155, 155)	76.61	12.34	2.05	0.00
	方案 11 (145, 158)	77.11	12.75	1.14	0.00
	方案 12 (146.5, 158)	78.27	11.58	1.15	0.00
	方案 13 (148, 158)	79.07	10.74	1.19	0.00
	方案 14 (150, 158)	79.31	10.49	1.20	0.00
	方案 15 (155, 158)	77.42	11.53	2.05	0.00
	方案 16 (158, 158)	75.53	11.21	4.26	0.00

8.2.2.2　发电效益

各方案汛期多年平均发电量及弃水情况见表 8.2-4，由表可见：

（1）汛限水位动态变化方案 2～方案 16，汛期多年平均发电量较初步设计方案增发 12.83 亿～66.55 亿 kW·h，增幅 3.6%～18.8%，其中，防洪风险可控的较好方案 [方案 14 (150, 158)] 较初步设计方案增发 36.77 亿 kW·h，发电效益显著。

（2）除方案 10 (155, 155)、方案 15 (155, 158)、方案 16 (158, 158) 以外，其余方案多年平均弃水量均较初步设计方案减少 20% 以上，洪水资源得到了较好的利用。

（3）方案 14 (150, 158) 弃水量与方案 3 (146.5, 150)、方案 4 (148, 150)、方案 6 (145, 155) 接近，但发电量由大到小依次为方案 14 (150, 158) > 方案 4 (148, 150) > 方案 3 (146.5, 150) > 方案 6 (145, 155)，说明 6 月中旬至 8 月下旬汛限水位动态变化可有效提高发电量，发电效益更显著。

方 案	年平均发电量		年平均弃水量	
	发电量/亿 kW·h	较初设方案变化/%	弃水量/亿 m³	较初设方案/%
方案 1 (145, 145)	354.11		186	
方案 2 (145, 150)	372.47	5.2	140	−24.6
方案 3 (146.5, 150)	379.05	7.0	136	−26.7
方案 4 (148, 150)	386.25	9.1	137	−26.2
方案 5 (150, 150)	396.18	11.9	146	−21.3
方案 6 (145, 155)	369.33	4.3	136	−26.7
方案 7 (158, 158)	375.94	6.2	132	−28.9
方案 8 (148, 155)	383.21	8.2	132	−28.9
方案 9 (150, 155)	393.29	11.1	140	−24.6
方案 10 (155, 155)	417.34	17.9	198	6.7
方案 11 (145, 158)	366.94	3.6	134	−27.8
方案 12 (146.5, 158)	373.58	5.5	130	−29.9
方案 13 (148, 158)	380.82	7.5	130	−29.9
方案 14 (150, 158)	390.88	10.4	137	−26.2
方案 15 (155, 158)	415.19	17.2	193	4.0
方案 16 (158, 158)	420.66	18.8	238	28.3

表 8.2−4　　三峡水库各研究方案 6 月中旬至 9 月上旬年平均发电量

8.2.2.3 航运效益

由表 8.2−3 分析可知，与初步设计调度方式相比，汛限水位动态变化方案 2～方案 9 和方案 11～方案 14 可更有效地坦化入库洪水，使超过 42000m³/s 的下泄流量多年平均出现的天数减少 5 天以上，降低了两坝间中小船舶的停航概率；因拦蓄大洪水，35000～42000m³/s 下泄流量出现的天数略有增加，35000m³/s 以下下泄流量出现的天数增加 3～6 天，有利于该流量级船舶的通行。不同区间下泄流量年平均出现的天数如图 8.2−1 所示。

总体上看，研究拟定的汛限水位动态变化方案可有效增加船舶通航时间。综合比较各区间下泄流量出现的天数，较好的方案为方案 14 (150, 158)，该方案 42000m³/s 以上下泄流量多年平均出现的天数仅 1.2 天，较初步设计方案 1 减少 6.48 天，35000～42000m³/s 下泄流量出现的天数为 10.49 天，略增加 0.64 天，35000m³/s 以下下泄流量出现的天数为 79.31 天，增加 5.84 天，航运效益明显。

8.2.3 泥沙冲淤影响分析

汛限水位动态变化方案对水库泥沙冲淤影响的计算时间是 50 年，相应干流入库水沙资料由第 4 章研究提供，即新水沙系列。第 1 个 10 年，干流入库沙量为 1.066 亿 t；第 2 个 10 年开始，因考虑了乌东德和白鹤滩的拦沙作用，沙量有所减少，第 2 个 10 年至第 5 个 10 年入库沙量分别为 0.880 亿 t、0.918 亿 t、0.958 亿 t、1.00 亿 t。

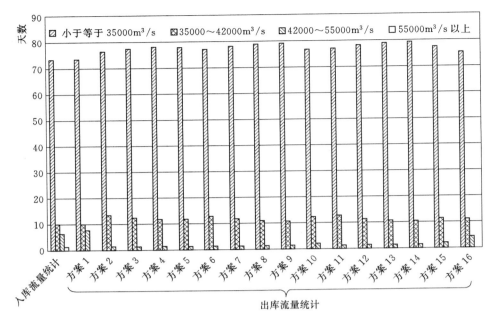

图 8.2 - 1　三峡水库各研究方案不同区间下泄流量年平均出现天数

泥沙冲淤影响计算采用第 5 章一维非恒定流不平衡输沙水流泥沙数学模型研究成果。该模型根据三峡水库大水深强不平衡条件下泥沙输沙规律及三峡水库泥沙絮凝机理等研究成果，对模型有关参数、公式等进行了一定改进，并采用三峡工程 2003 年蓄水运用开始至 2012 年的观测资料进行了较详细的验证，冲淤验证符合较好。运用改进后的三峡水库泥沙数学模型，可较好地计算和分析预测新的水沙条件和优化调度方式下三峡水库的淤积量、排沙比、淤积分布及库容损失等冲淤影响。

采用新水沙系列，对表 8.2 - 1 拟定的汛限水位动态变化方案泥沙冲淤的影响进行试算。结果表明，6 月中旬至 8 月下旬汛限水位动态变化是影响泥沙冲淤的主要因素。9 月上旬，因计算时间仅 10 天，不同汛限水位动态变化方案泥沙冲淤计算结果无明显差别。根据泥沙试算情况，泥沙冲淤计算方案拟定以下 7 个方案（表 8.2 - 5）。

表 8.2 - 5　　　　　　　　　　　三峡水库泥沙冲淤计算方案

方　案	6 月中旬至 8 月下旬控制水位/m	9 月上旬控制水位/m	调度规则
方案 1（145，145）	145	145	（1）以 9 月上旬控制水位为目标，均匀上浮水位。 （2）上浮水位过程中，下泄流量按不超 42000m³/s 控制，最小下泄流量应不小于 10000m³/s。 （3）当库水位达到 175m 时，按出入库平衡控制
方案 2（145，150）	145	150	
方案 3（146.5，150）	146.5		
方案 4（148，150）	148		
方案 5（150，158）	150		
方案 6（155，155）	155	155	
方案 7（158，158）	158	158	

8.2.3.1 水库泥沙淤积影响

不同汛限水位方案运用50年，水库淤积量计算结果见表8.2-6和图8.2-2。计算50年，三峡水库泥沙淤积基本呈线性增加，说明水库离冲淤平衡还相差较远，淤积速率没有明显变化。累积淤积量以初设方案1最少，50年累积淤积量为32.08亿t，年平均淤积量为0.64亿t。方案1～方案7淤积量依次增加，最不利方案7淤积量为41.59亿t，年平均淤积量为0.83亿t。

表8.2-6　　　　　　　　　三峡水库不同方案干支流总淤积量计算结果　　　　　　单位：亿t

方　　案	运　用　年　数					年均值
	10	20	30	40	50	
方案1（145，145）	7.69	13.73	19.84	25.98	32.08	0.64
方案2（145，150）	8.42	15.07	21.81	28.6	35.41	0.71
方案3（146.5，150）	8.56	15.38	22.3	29.3	36.33	0.73
方案4（148，150）	8.74	15.71	22.8	29.97	37.2	0.74
方案5（150，158）	8.93	16.05	23.3	30.65	38.08	0.76
方案6（155，155）	9.31	16.84	24.54	32.38	40.33	0.81
方案7（158，158）	9.48	17.25	25.21	33.33	41.59	0.83

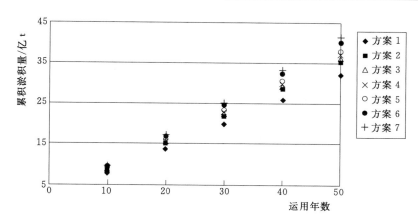

图8.2-2　三峡水库不同方案干支流总淤积量变化过程

与方案1相比，方案2累积淤积量增加3.33亿t，年均增加约670万t，增幅为10%；方案7累积淤积量增加9.51亿t，年均增加约1900万t，增幅为30%。可见，与方案1相比，方案2～方案7增加淤积比率都比较大，方案7增加淤积量也比较大。其中，防洪风险可控的较好方案［方案5（150，158）］年平均淤积0.76亿t，较初设方案1增加1200万t，增加不大。

8.2.3.2 泥沙淤积沿程分布

1. 沿程分布基本情况

表8.2-7和图8.2-3为不同汛限水位方案干流沿程累积淤积量分布。由图和表可见，不同方案的沿程累积淤积量分布是相似的，淤积主要出现在坝址以上约440km范围内，即丰都—坝址库区。丰都以上至重庆河段略有冲刷，重庆以上至朱沱河段基本稳定。

表 8.2 - 7　三峡水库不同方案干流河段分段淤积量计算结果

运用年数	方　案	河段淤积量/亿 m³				
		朱沱—寸滩	寸滩—清溪场	清溪场—万县	万县—大坝	朱沱—大坝
10	方案 1 (145, 145)	−0.013	−0.130	2.38	3.32	5.61
	方案 2 (145, 150)	−0.013	−0.128	2.89	3.34	6.13
	方案 3 (146.5, 150)	−0.013	−0.128	3.11	3.24	6.25
	方案 4 (148, 150)	−0.013	−0.128	3.34	3.13	6.37
	方案 5 (150, 158)	−0.013	−0.127	3.64	2.99	6.52
	方案 6 (155, 155)	−0.013	−0.115	4.38	2.63	6.91
	方案 7 (158, 158)	−0.013	−0.095	4.73	2.42	7.06
20	方案 1 (145, 145)	−0.040	−0.219	3.91	6.23	9.96
	方案 2 (145, 150)	−0.040	−0.217	4.78	6.29	10.89
	方案 3 (146.5, 150)	−0.040	−0.216	5.20	6.13	11.14
	方案 4 (148, 150)	−0.040	−0.217	5.65	5.93	11.39
	方案 5 (150, 158)	−0.040	−0.217	6.21	5.66	11.68
	方案 6 (155, 155)	−0.040	−0.206	7.61	4.99	12.40
	方案 7 (158, 158)	−0.040	−0.176	8.33	4.56	12.73
30	方案 1 (145, 145)	−0.064	−0.292	5.12	9.50	14.38
	方案 2 (145, 150)	−0.064	−0.290	6.32	9.65	15.72
	方案 3 (146.5, 150)	−0.064	−0.290	6.95	9.41	16.11
	方案 4 (148, 150)	−0.064	−0.291	7.64	9.12	16.50
	方案 5 (150, 158)	−0.064	−0.293	8.48	8.73	16.95
	方案 6 (155, 155)	−0.064	−0.283	10.58	7.71	18.01
	方案 7 (158, 158)	−0.065	−0.248	11.74	7.04	18.54
40	方案 1 (145, 145)	−0.086	−0.354	6.02	13.10	18.84
	方案 2 (145, 150)	−0.086	−0.352	7.52	13.37	20.61
	方案 3 (146.5, 150)	−0.086	−0.352	8.35	13.09	21.15
	方案 4 (148, 150)	−0.086	−0.354	9.25	12.73	21.67
	方案 5 (150, 158)	−0.086	−0.357	10.38	12.22	22.29
	方案 6 (155, 155)	−0.086	−0.343	13.21	10.86	23.75
	方案 7 (158, 158)	−0.087	−0.299	14.84	9.94	24.49
50	方案 1 (145, 145)	−0.106	−0.408	6.61	16.97	23.28
	方案 2 (145, 150)	−0.106	−0.406	8.41	17.41	25.50
	方案 3 (146.5, 150)	−0.106	−0.405	9.43	17.11	26.21
	方案 4 (148, 150)	−0.106	−0.407	10.55	16.69	26.90
	方案 5 (150, 158)	−0.106	−0.410	11.94	16.10	27.69
	方案 6 (155, 155)	−0.106	−0.388	15.45	14.48	29.57
	方案 7 (158, 158)	−0.107	−0.328	17.55	13.30	30.54

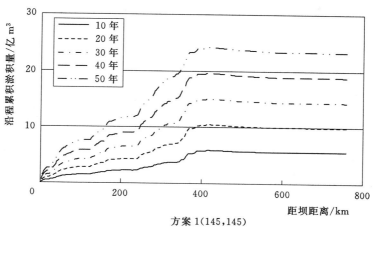

方案1(145,145)

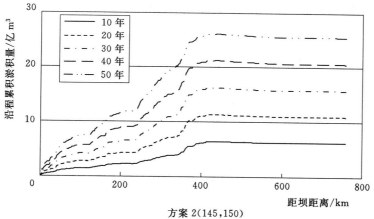

方案2(145,150)

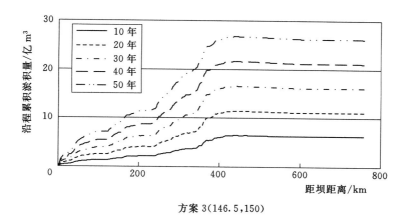

方案3(146.5,150)

图 8.2-3（一） 三峡水库不同方案沿程累积淤积量分布

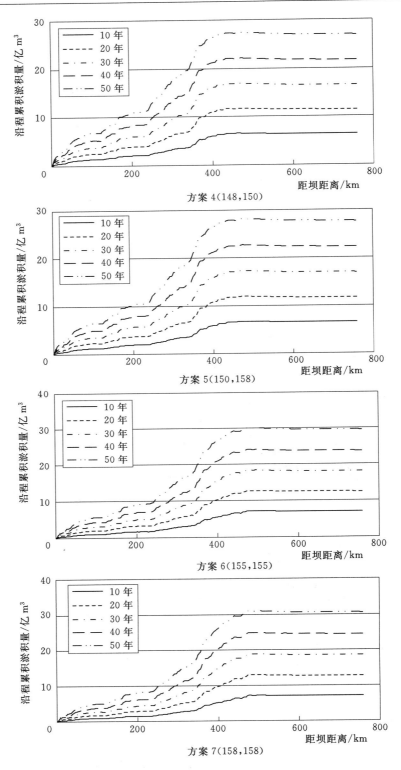

图 8.2 - 3（二）　三峡水库不同方案沿程累积淤积量分布

图 8.2-4 为不同方案三峡库区干流河段沿程各断面冲淤面积，由图可见，即使水库运用至 50 年，库区淤积仍具有间断性，淤积主要出现在宽阔段，窄深段淤积较小，甚至略有冲刷。

2. 各方案影响分析

为反映不同方案对库区泥沙淤积分布的影响，以方案 1 为比较对象，图 8.2-5 给出了其他 6 个方案与初设方案沿程冲淤差值的分布情况。由图可见，提高汛限水位后，坝前库段内淤积有所减少：方案 2～方案 4 在坝前约 60km 库段内淤积略有减少，运用 50 年

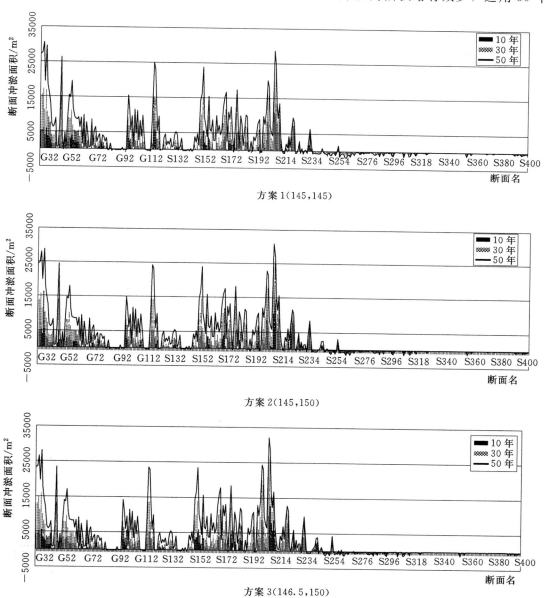

方案1(145,145)

方案2(145,150)

方案3(146.5,150)

图 8.2-4（一） 三峡水库不同方案库区干流河段沿程各断面冲淤面积变化

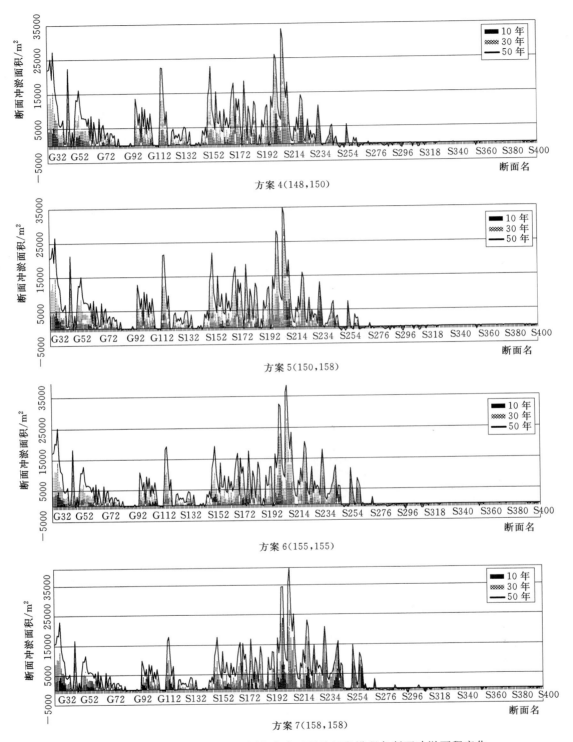

图 8.2－4（二）　三峡水库不同方案库区干流河段沿程各断面冲淤面积变化

时，方案 2～方案 4 淤积量分别减少了约 0.27 亿 m³、0.76 亿 m³ 和 1.07 亿 m³；方案 5 在坝前约 170km 库段内淤积减少，运用 50 年时，淤积量减小约 1.33 亿 m³；方案 6 和方案 7 在坝前约 260km 库段内淤积减少，运用 50 年时，淤积量分别减小约 2.73 亿 m³ 和 3.85 亿 m³。

提高汛限水位后，坝前库段以上至丰都库段淤积明显增加。运用 50 年时，与方案 1 比，方案 2～方案 7 淤积量分别增加了约 2.5 亿 m³、3.7 亿 m³、4.7 亿 m³、5.7 亿 m³、9.0 亿 m³ 和 11.2 亿 m³。

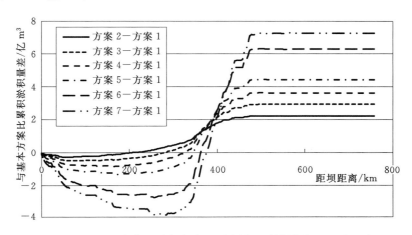

图 8.2-5　三峡水库不同方案库区干流沿程冲淤影响（运用 50 年）

以方案 1 为基准，其他 6 个方案库区干流河段沿程断面冲淤面积与初设方案的差值如图 8.2-6 所示，由图可见，淤积减小和增加的断面位置都比较集中，但也不是连续的，受断面宽窄相间的影响较大。

8.2.3.3　有效库容损失情况

运用 50 年时，不同方案干流库区 145～175m 高程和 145m 以下库容损失情况见表 8.2-8。由图可见，新水沙条件下，不同汛限水位方案干流库区泥沙淤积主要在 145m 高程以下，145～175m 高程范围淤积较小。其中，在 145～175m 高程范围内，方案 1 基本没有累积淤积，方案 2～方案 7 累积淤积量分别为 0.80 亿 m³、1.14 亿 m³、1.51 亿 m³、1.85 亿 m³、2.80 亿 m³ 和 3.52 亿 m³。相比较而言，前、后阶段汛限水位分别控制在 150m、158m 以下时，50 年防洪库容累计损失不大，控制在 2 亿 m³ 以内，离初步设计预期的"水库运用 100 年后，防洪库容可以保持 86%"，即预期防洪库容损失大约 31 亿 m³ 还有较大差距。

表 8.2-8　　　　三峡水库运用 50 年时不同方案干流库容损失计算结果　　　　单位：亿 m³

区 间	方案 1 (145, 145)	方案 2 (145, 150)	方案 3 (146.5, 150)	方案 4 (148, 150)	方案 5 (150, 158)	方案 6 (155, 155)	方案 7 (158, 158)
145～175m	0.10	0.80	1.14	1.51	1.85	2.80	3.52
145m 以下	25.40	27.15	27.59	27.95	28.43	29.43	29.76
合 计	25.50	27.95	28.73	29.46	30.28	32.23	33.28

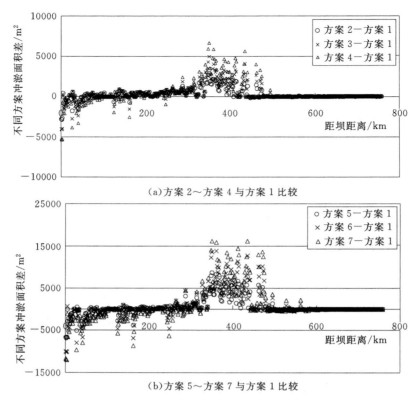

（a）方案 2～方案 4 与方案 1 比较

（b）方案 5～方案 7 与方案 1 比较

图 8.2-6　三峡水库不同方案库区干流沿程断面冲淤面积影响（运用 50 年）

8.2.3.4　出库泥沙影响

1. 出库沙量与排沙比

不同方案计算的出库沙量及排沙比见表 8.2-9，由表可见，因前几年未考虑白鹤滩和乌东德的拦沙作用，三峡入库沙量较大，因而出库沙量也较大。从第 2 个 10 年开始，三峡出库沙量呈增加趋势。第 3 个 10 年出库沙量比第 2 个 10 年增加约 8%，第 4 个 10 年出库沙量比第 3 个 10 年增加约 9%，第 5 个 10 年出库沙量比第 4 个 10 年增加约 10%，第 5 个 10 年出库沙量比第 1 个 10 年增加约 18%。

表 8.2-9　　　　　　　三峡水库不同汛限水位方案计算出库沙量变化

方案	1～10 年		11～20 年		21～30 年		31～40 年		41～50 年	
	出库沙量 /万 t	排沙比	出库沙量 /万 t	排沙比	出库沙量 /万 t	排沙比	出库沙量 /万 t	排沙比	出库沙量 /万 t	排沙比
方案 1	42293	0.362	38558	0.393	41756	0.41	45546	0.432	50098	0.458
方案 2	35564	0.304	33187	0.338	36243	0.356	39790	0.377	43923	0.401
方案 3	34014	0.291	31484	0.321	34385	0.338	37821	0.358	41660	0.381
方案 4	32549	0.279	29846	0.304	32598	0.32	35940	0.341	39553	0.361
方案 5	30672	0.263	28077	0.286	30686	0.301	33830	0.321	37258	0.341
方案 6	25786	0.221	24068	0.245	26242	0.258	28932	0.274	31949	0.292
方案 7	23974	0.205	21782	0.222	23703	0.233	26204	0.248	28944	0.265

此外，从时间变化来看，各方案排沙比都是随时间增加的，50年增幅约为30%。各方案比较，方案1～方案7排沙比依次减小，最不利方案7比方案1减小43%左右，年平均出库沙量相差约2000万t。防洪风险可控的较好方案［方案5（150，158）］较方案1年平均出库减少约1000万～1300万t，排沙比相对值减少26%左右。

需要说明的是，计算方案排沙比大于三峡水库最近10年的实际排沙比，原因主要有两方面：一是计算方案入库沙量是新水沙条件下的沙量，明显小于三峡水库近10年的实际入库沙量，而流量大于近10年流量；二是计算方案中汛期流量控制与近几年三峡水库实际中小洪水调度出库洪水不同，近几年经常按40000m³/s控制，汛期库水位经常高于方案计算中的对应水位。出库沙量随时间的变化过程各方案基本是一致的（图8.2-7）。

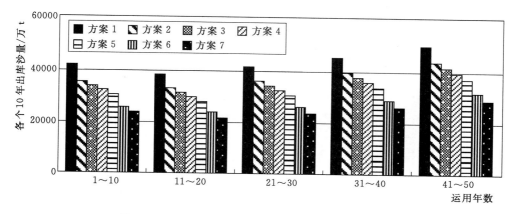

图 8.2-7　三峡水库不同汛限水位方案计算出库沙量

2. 出库泥沙级配组成

表8.2-10为三峡水库运用不同时期，各方案计算出库泥沙级配组成。由表可见，出库泥沙粒径基本都在0.062mm以下，平均粒径在0.008mm左右。小于0.004mm、0.004～0.008mm、0.008～0.016mm和0.016～0.031mm四组粒径泥沙所占比例较大，0.031～0.062mm和0.062～0.125mm粒径组泥沙依次明显减少。从出库泥沙随时间的变化来看，各方案出库泥沙都有随时间略有粗化的趋势，但变化幅度较小。

表 8.2-10　　　　　三峡水库不同汛限水位方案计算出库分组泥沙组成　　　　单位：万t

方　案	运用年数	粒　径　组/mm					
		<0.004	0.004～0.008	0.008～0.016	0.016～0.031	0.031～0.062	0.062～0.125
方案1 (145, 145)	1～10	14639	6747	10169	7920	2684	134
	11～20	14348	5304	8561	7290	2916	139
	21～30	15577	5667	9221	7901	3226	163
	31～40	17076	6124	10049	8557	3547	192
	41～50	18773	6736	11066	9337	3952	231
	年平均	16082	6116	9813	8201	3265	172

方　案	运用年数	粒 径 组/mm					
		<0.004	0.004～0.008	0.008～0.016	0.016～0.031	0.031～0.062	0.062～0.125
方案2 (145，150)	1～10	12790	5788	8439	6597	1899	50
	11～20	12762	4644	7309	6241	2173	59
	21～30	13955	5004	7951	6829	2434	69
	31～40	15368	5443	8739	7447	2713	80
	41～50	16939	6012	9664	8165	3042	101
	年平均	14363	5378	8421	7056	2452	72
方案3 (146.5，150)	1～10	12326	5556	8044	6287	1757	45
	11～20	12216	4427	6913	5904	1977	45
	21～30	13354	4768	7522	6459	2226	56
	31～40	14735	5195	8286	7060	2481	65
	41～50	16213	5726	9144	7729	2771	77
	年平均	13769	5135	7982	6688	2242	57
方案4 (148，150)	1～10	11889	5343	7662	5993	1625	37
	11～20	11721	4225	6515	5565	1786	35
	21～30	12810	4549	7093	6096	2010	40
	31～40	14171	4971	7830	6678	2242	48
	41～50	15581	5469	8633	7306	2507	58
	年平均	13234	4912	7546	6328	2034	43
方案5 (150，158)	1～10	11306	5064	7187	5623	1459	33
	11～20	11130	3992	6104	5222	1602	27
	21～30	12183	4304	6648	5715	1805	31
	31～40	13472	4708	7339	6264	2011	36
	41～50	14821	5189	8098	6858	2251	41
	年平均	12582	4651	7075	5936	1826	34
方案6 (155，155)	1～10	9726	4325	5958	4676	1082	20
	11～20	9726	3452	5186	4443	1244	17
	21～30	10624	3716	5634	4854	1396	18
	31～40	11738	4061	6224	5325	1564	21
	41～50	12971	4491	6880	5836	1746	25
	年平均	10957	4009	5976	5027	1406	20
方案7 (158，158)	1～10	9115	4039	5500	4329	968	22
	11～20	8923	3157	4648	3994	1043	17
	21～30	9744	3387	5036	4352	1168	17
	31～40	10803	3718	5576	4789	1303	16
	41～50	11944	4120	6171	5241	1451	18
	年平均	10106	3684	5386	4541	1187	18

从不同方案比较看，计算 50 年内，不同方案对出库泥沙量虽有一定的影响，但对出库泥沙年平均组成的影响很小，各粒径组出库泥沙所占比例基本相同。

8.2.3.5 坝下游河道影响分析

三峡水库蓄水运用后，坝下游河道冲刷发展较快，不同汛限水位动态变化方案对下游河道冲刷的影响是需要考虑的重要问题。从沙量看，不同方案间年平均出库沙量最大相差 2000 万 t，而近年坝下游河道年平均冲刷量在 1 亿 t 左右，不同方案减少的出库沙量约占坝下游河道总冲刷量的 20%，其中方案 5（150，158）占比约为 10%。此外，不同方案汛期后阶段提前蓄水会改变汛后流量消落过程，对滩槽演变和局部枯水航道的影响等比较复杂。

根据坝下游水文站近几年的观测资料，可以分析不同汛限水位方案对坝下游河道冲淤的影响。以 2013 年为代表，坝下游水文站悬移质泥沙与河道床沙组成实测结果见表 8.2-11。由表可见，三峡出库黄陵庙站悬沙基本都在 0.062mm 以下，占比达 98%，而坝下游沿程水文站观测床沙中，0.062mm 以下泥沙占比却很小，其中，螺山以上基本没有，汉口以下也不到 10%。说明目前三峡出库泥沙在长江中下游河道输沙中已经基本属于冲泻质，三峡出库泥沙减少将直接减少沿程相应输沙量，对沿程河道冲刷影响不大。上述不同方案计算减少的出库沙量约占坝下游河道总冲刷量的比例（20%）虽较大，同样不会对坝下游河道的冲刷产生较大影响。

表 8.2-11　　**2013 年实测三峡水库坝下游河道水文站床沙级配与悬沙级配**

水文站		粒径组/mm								
		<0.016	0.016~0.031	0.031~0.062	0.062~0.125	0.125~0.25	0.25~0.50	0.50~1.0	1.0~2.0	>2.0
黄陵庙	悬沙	73.7	18.2	6.1	1.6	0.4				
	床沙			0.1	0.7	4.4	4.1	1.2	9.8	79.7
宜昌	悬沙	72.7	18.9	6.4	1.1	0.3				
	床沙			0.1	0.5	3.8	19.8	45.2	28.9	1.7
沙市	悬沙	24.2	17.1	7.8	3.7	5.6	6	0.3		
	床沙				0.6	40.1	57.3	2.0		
螺山	悬沙	59.6	14.1	7.5	4.8	8.7	0.4			
	床沙				0.4	3.8	87.6	8.2		
汉口	悬沙	56.3	13.3	7.7	8.1	10.2	0.3			
	床沙	3.3	2.0	4.0	13.0	57.9	13.5	2.6	2.1	1.6
九江	悬沙	64.6	13.5	7.1	5.5	6.7	0.3			
	床沙	3.3	0.9	3.3	36.2	28.8	9.1	11.9	4.6	1.9
大通	悬沙	67.0	12.9	7.5	6.3	4.8	0.2			
	床沙	3.9	1.1	1.2	24.1	62.7	5.5	0.7	0.1	0.7

综合以上不同汛限水位动态变化方案在防洪、发电、航运、泥沙等各方面的影响分析，在新水沙形势下，当 6 月中旬至 8 月下旬三峡水库汛限水位按 150m 以下控制，9 月上旬按 158m 以下控制时，水库防洪风险可控，泥沙冲淤影响较小，综合效

益较优。

8.3　提前蓄水泥沙问题研究

初步设计拟定汛后 10 月初开始蓄水，库水位逐步上升至 175m，期间下泄流量要保证葛洲坝下游庙嘴 39m 通航水位及保证出力要求。由 8.1 节可知，自 2003 年三峡水库投运以来，三峡水库 9 月、10 月来水较初步设计大幅减少，同时上游一大批新建水库同期也需要蓄水，9 月、10 月下游需水要求也由初步设计的 5500m³/s 左右提高到 10000m³/s、8000m³/s 以上。因此，在当前变化较大的运行环境下，三峡水库若要保证蓄满水库，必须提前蓄水。本节对三峡水库提前蓄水方案及其对泥沙的影响进行研究。

8.3.1　提前蓄水时机及防洪风险分析

对三峡水库提前蓄水时机的研究，考虑的提前蓄水时机上限为 8 月下旬。提前蓄水的上限时间分别针对蓄水开始前是平水和枯水的情况。如果蓄水开始前已经是丰水或大水的情况，三峡水库要考虑的是如何防洪，蓄水开始时间相应后推。8 月中旬的平均径流量为 237 亿 m³，这里规定 8 月中旬的径流量大于 346 亿 m³（相当于平均流量为 40000m³/s）时提前蓄水的时间后推。在这种条件下，采取提前蓄水措施后，后期不同时期来水量较大，相对突出的对防洪不利的年份有：1952 年（9 月上中旬来流大）、1962 年（8 月下旬来流大）、1964 年（9 月中下旬来流大）和 1966 年（9 月上旬来流大）。下面将选取这些典型年，在考虑上游水库对未来三峡水库防洪影响的情况下分析提前蓄水时机问题。

提前蓄水遇到的对防洪不利的年份主要有 1952 年、1962 年、1964 年和 1966 年，见表 8.3-1。8 月下旬径流量最大的是 1962 年（382 亿 m³），如果 8 月底三峡水库蓄水至 155m，蓄水 57 亿 m³ 后，8 月下旬出库径流量只有 325 亿 m³，平均出库流量只有 37600m³/s。9 月上旬径流量最大的是 1966 年（397 亿 m³），平均入库流量也只有 46000m³/s，只比荆江警戒水位对应流量 45000m³/s 略高。即使不考虑三峡水库干支流水库的拦蓄作用，下泄流量按 45000m³/s 控制，9 月上旬三峡水库需要拦蓄的洪水也只有 64 亿 m³，防洪风险不大。期间日最大流量（1966 年 9 月 5 日）为 59600m³/s，最大流量时库尾段也不会超过淹没线。9 月中旬和 9 月下旬入库径流量更小，防洪风险较小。

表 8.3-1　　　　　　　　三峡水库提前蓄水遇到的不利年份入库径流量

年份	入库径流量/亿 m³				
	8 月中旬	8 月下旬	9 月上旬	9 月中旬	9 月下旬
1952	220	355	280	322	192
1962	250	382	223	112	101
1964	173	192	198	311	272
1966	218	183	397	203	120

因此，未来考虑上游干支流水库建设后，为了使三峡水库达到 90% 以上的蓄满率，中枯水年（8 月中旬平均流量小于 40000m³/s）从 8 月下旬开始蓄水，8 月底蓄水至

155m，防洪风险基本可控。

8.3.2 提前蓄水方案拟定

8.3.2.1 8月下旬有条件起蓄

前面研究提出了提前蓄水时机上限，当8月中旬平均流量小于40000m³/s时，从8月下旬开始蓄水，8月底按蓄水至155m控制。8月中旬平均流量大于40000m³/s的年份有1954年、1974年、1991年、1993年、1998年和2005年，这些年份8月下旬径流量也较大，但9月径流都不是很大（表8.3-2）。这些年份从9月1日开始蓄水，防洪方面风险较小，可蓄水量都较大，水库都能蓄满。

表8.3-2   三峡水库8月中旬平均流量大于40000m³/s年份的径流量

年份	径流量/亿 m³				
	8月中旬	8月下旬	9月上旬	9月中旬	9月下旬
1954	341	363	241	165	144
1974	324	289	271	281	200
1991	340	264	160	132	130
1993	312	345	304	201	155
1998	447	442	278	167	150
2005	391	322	205	132	132

当8月中旬平均流量小于40000m³/s时，8月下旬开始蓄水，8月底蓄水至155m，这是考虑未来上游干支流水库建设后，保证三峡水库90%以上蓄满率的较激进的蓄水方案。当8月中旬平均流量大于40000m³/s时，9月1日开始蓄水。采用1950—2013年水文系列，并考虑未来上游干支流水库建设后分析在9月10日要达到的控制蓄水位。除1959年、1972年、1997年、2002年和2006年外都能蓄满，水库的蓄满率为92%。不能蓄满的年份，9月上旬也都无水可蓄，即9月上旬的蓄水量对水库的蓄水率影响不大（表8.3-3）。

表8.3-3   三峡水库未蓄满年份蓄水情况统计   单位：亿 m³

水文年	9月上旬可蓄水量	9月中旬至11月可蓄水量	8月底剩余库容
1959年	−25	86	165.0
1972年	−12	178	221.5
1997年	−33	175	210.0
2002年	−10	88	165.0
2006年	−6	218	221.5

注   表中负值表示按下泄流量10000m³/s计算，距离目标水位160m还需蓄的水量。

8.3.2.2 9月初起蓄

三峡水库从9月1日开始蓄水，防洪方面较8月下旬开始蓄水更安全。若9月10日蓄水位为155m，水库的蓄满情况与8月下旬开始蓄水相同，水库不能蓄满的年份共有5年，水库蓄满率为92%，两种情况差别不大。

8.3.2.3　9月10日起蓄

从 9 月 10 日开始蓄水，即近几年三峡水库开始蓄水的时间，防洪风险方面较 8 月下旬和 9 月初起蓄更安全；若 9 月 20 日蓄水位为 155m，水库不能蓄满的年份共有 6 年，比前面两种情况多了 1 年，水库蓄满率为 91%，差别仍不大。

8.3.3　泥沙冲淤影响分析

针对提前蓄水对水库淤积的影响进行了长系列计算，计算时间是 50 年，与汛限水位动态变化研究相同，入库水沙资料为进一步考虑干流减沙作用后的新入库水沙系列，与8.2 节相同。

根据 8.2 节提前蓄水方案分析，泥沙方案计算分基本方案、现行方案和两个提前蓄水方案，共 4 个方案（表 8.3 - 4）。考虑到三峡入库径流的减小和汛后上游水库的拦蓄作用，初步设计的 10 月 1 日开始蓄水已不可能实行，基本方案为 9 月 10 日开始蓄水，9 月底控制蓄水位不超过 165m。现行方案基本同现在的实际蓄水方案，即 9 月 10 日开始蓄水，且汛期实施 8.2.1 节所拟定的汛限水位动态控制，对流量小于 55000m³/s 的洪水根据需求进行拦蓄，汛期控制下泄流量不超过 45000m³/s，汛后水位与蓄水相衔接。方案 1和方案 2 是在现行方案的基础上将汛末蓄水时间进一步提前，方案 1 提前至 9 月 1 日；方案 2 在 8 月中旬入库平均流量小于 40000m³/s 时，提前至 8 月 21 日开始蓄水，8 月控制蓄水位不超过 155m。

表 8.3 - 4　　　　　　　　　　　三峡水库提前蓄水泥沙冲淤计算方案

方　案	起蓄时间	控　制　条　件
基本方案	9 月 10 日	汛期不实行汛限水位动态控制，9 月底 165m
现行方案	9 月 10 日	汛期实行汛限水位动态控制，9 月底 165m
方案 1	9 月 1 日	汛期实行汛限水位动态控制，9 月底 165m
方案 2	8 月 21 日—9 月 1 日	汛期实行汛限水位动态控制，9 月底 165m； 8 月中旬入库平均流量小于 40000m³/s 时，8 月 21 日开始蓄水，8 月底155m；8 月中旬入库平均流量大于 40000m³/s 时，9 月 1 日开始蓄水

8.3.3.1　水库冲淤影响

不同蓄水方案运用 50 年的淤积量见表 8.3 - 5。由表可见，计算 50 年三峡水库泥沙淤积基本呈线性增加，说明水库离冲淤平衡还相差很远，淤积速率没有明显变化。累积淤积量以基本方案最少，50 年累积淤积量为 32.08 亿 t，年均淤积量约为 0.64 亿 t；方案 2 最多，50 年累积淤积量为 36.52 亿 t，年均淤积量约为 0.73 亿 t。

与基本方案比，现行方案 50 年的累积淤积量增加 3.41 亿 t，年均增加约 680 万 t，增幅为 11%；方案 2 累积淤积量增加 4.44 亿 t，年均增加约 890 万 t，增幅为 14%。可见与基本方案比，现行方案及提前蓄水方案 1 和方案 2 增加淤积比率都比较大，但增加的淤积量不是很大。

与现行方案相比，运行 50 年，方案 1 淤积量只增加 0.62 亿 t，年均增加约 124 万 t，增幅为 1.8%；方案 2 淤积量增加 1.03 亿 t，年均增加约 206 万 t，增幅为 2.9%。可见与现行方案相比，方案 1 和方案 2 增加的淤积量和比率都较小。

表 8.3 - 5 三峡水库不同提前蓄水方案计算干支流总淤积量

运行时间/a	计算干支流总淤积量/亿 t			
	基本方案	现行方案	方案 1	方案 2
10	7.69	8.44	8.55	8.62
20	13.73	15.10	15.33	15.48
30	19.84	21.85	22.20	22.43
40	25.98	28.66	29.14	29.46
50	32.08	35.49	36.11	36.52
年均	0.64	0.71	0.72	0.73

不同蓄水方案沿程累积淤积量分布是相似的，淤积主要出现在坝址以上约 440km 范围内，即丰都—坝址库区。丰都以上至重庆河段略有冲刷，重庆以上至朱沱河段基本稳定。同时，对不同蓄水方案库区干流河段沿程各断面冲淤面积进行分析，表明即使运用至 50 年，库区淤积仍具有间断性，淤积主要出现在宽阔段，窄深段淤积较小，甚至略有冲刷。

表 8.3 - 6 为运用 50 年时，提前蓄水不同方案干流库区 145～175m 高程和 145m 以下库容损失情况。由表可见，新水沙条件下，不同提前蓄水方案干流库区泥沙淤积主要在 145m 高程以下，145～175m 高程范围淤积很小。其中，基本方案 145～175m 高程范围基本没有累积淤积，运用 50 年时现行方案累积淤积量为 0.36 亿 m³，方案 1 为 0.44 亿 m³，方案 2 为 0.50 亿 m³。

表 8.3 - 6 三峡水库运用 50 年时不同提前蓄水方案计算干流有效库容损失

高 程	计算干流有效库容损失/亿 m³			
	基本方案	现行方案	方案 1	方案 2
145～175m	0.01	0.36	0.44	0.50
145m 以下	22.53	24.48	24.71	24.79
合计	22.54	24.84	25.15	25.29

8.3.3.2 出库泥沙影响

表 8.3 - 7 为三峡水库运用不同时期各提前蓄水方案的出库沙量。出库沙量随时间的变化过程，在提前蓄水各方案下都基本是一致的，如图 8.3 - 1 所示。因为前几年未考虑白鹤滩和乌东德的拦沙作用，三峡入库沙量较大，因而出库沙量也较大。从第 2 个 10 年开始，三峡水库出库沙量呈增加趋势。第 3 个 10 年出库沙量比第 2 个 10 年增加约 7%，第 4 个 10 年出库沙量比第 3 个 10 年增加约 8%，第 5 个 10 年出库沙量比第 4 个 10 年增加约 11%。第 5 个 10 年出库沙量比第 1 个 10 年增加约 18%。

提前蓄水方案对三峡水库排沙比的影响，各方案排沙比都是随时间增加的，50 年内增幅约为 30%。由各方案比较看，基本方案、现行方案、方案 1 和方案 2 的排沙比依次减小，基本方案与其他方案间差别在 17% 左右，年出库沙量差别都在 600 多万 t，但现行方案、方案 1 和方案 2 之间差别不大，年出库沙量差别不到 100 万 t。

表 8.3 - 7　　　　　　　　　三峡水库不同提前蓄水方案计算出库沙量变化

运行时间/a	基本方案		现行方案		方案 1		方案 2	
	沙量/万 t	排沙比	沙量/万 t	排沙比	沙量/万 t	排沙比	沙量/万 t	排沙比
1~10	42297	0.362	35623	0.305	34739	0.297	34015	0.291
11~20	38987	0.397	33150	0.337	32387	0.329	32078	0.326
21~30	41739	0.410	36112	0.355	35360	0.347	35029	0.344
31~40	45174	0.428	39279	0.372	38472	0.365	38153	0.362
41~50	50114	0.458	43695	0.399	42852	0.391	42529	0.388
50 年年平均	4366	0.410	3757	0.353	3676	0.345	3636	0.342

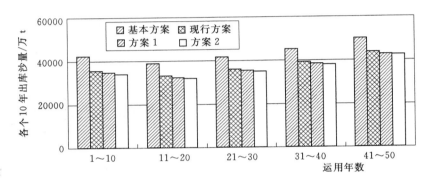

图 8.3 - 1　三峡水库不同提前蓄水方案计算出库沙量变化过程

各提前蓄水方案的出库泥沙级配组成，出库泥沙粒径基本都在 0.062mm 以下，平均粒径在 0.008mm 左右。小于 0.004mm、0.004~0.008mm、0.008~0.016mm 和 0.016~0.031mm 四组粒径泥沙所占比例较大，0.031~0.062mm 和 0.062~0.125mm 粒径组泥沙依次明显减少。从出库泥沙随时间的变化来看，各方案出库泥沙都有随时间略有粗化的趋势，但变化幅度较小。

比较不同方案，计算 50 年内，不同提前蓄水方案对出库泥沙量虽然有一定的影响，但对出库泥沙年平均组成的影响很小，各粒径组出库泥沙所占比例基本相同。

8.3.3.3　坝下游河道影响分析

三峡水库蓄水运用后，坝下游河道冲刷发展较快，提前蓄水方案对下游河道冲刷的影响也是需要考虑的重要问题。从沙量看，由于提前蓄水各方案之间年出库沙量最大也只相差 600 多万 t，而近年坝下游河道年平均冲刷量在 1 亿 t 左右，提前蓄水方案减少的出库沙量占坝下游河道总冲刷量只有 6% 左右，因此，提前蓄水方案对坝下游河道的冲刷总体影响较小。此外，由 8.2.3 节可知，目前三峡水库出库泥沙在长江中下游河道输沙中已基本属于冲泻质，三峡水库出库泥沙减少将直接减少沿程相应输沙量，但对沿程河道冲刷影响不大。

综合以上分析，在新水沙形势下，9 月 10 日、9 月 1 日和 8 月下旬 3 个提前蓄水方案均具有较好的发电、供水效益，同时防洪风险可控，对水库泥沙淤积、库容损失、出库泥沙以及重庆河段冲淤等方面影响较小，差别不大，均为可行方案。

8.4 城陵矶补偿调度方案

在国务院批准的《三峡水库优化调度方案》中，拟定三峡水库兼顾城陵矶防洪库容为 56.5 亿 m³，对应库水位为 155m。考虑到长江中下游地区江湖关系变化及上游水库群的建成运用改变了原有的防洪格局[4]，在现状条件下，可研究三峡水库对城陵矶附近地区防洪补偿库容方案进一步扩大的可行性[5]。特别是溪洛渡和向家坝水库投入运行后，三峡水库的入库水沙条件发生了较大的变化，通过溪洛渡和向家坝水库拦蓄削减了部分进入三峡水库的洪水[6]，为进一步扩大三峡水库对城陵矶防洪补偿调度库容奠定了基础。

8.4.1 方案拟定及调度原则

从确保枢纽工程防洪安全和荆江地区防洪安全考虑，结合水库淹没影响和水库泥沙淤积等方面的分析成果，提出三峡水库对城陵矶防洪补偿调度原则。初步拟定 157m、158m、159m、160m 和 161m 共计 5 种方案作为三峡水库对城陵矶防洪补偿调度预留的防洪库容对应的上限水位，155m 方案作为基础方案。

调度原则：汛期因调控城陵矶地区洪水而需要三峡水库拦蓄洪水时，如水库水位不高于该上限水位，则按控制城陵矶水位 34.40m 进行补偿调节；当水库水位高于该上限水位之后，按对荆江河段进行防洪补偿调度。

8.4.2 荆江百年一遇防洪标准影响分析
8.4.2.1 优化调度方案调洪成果

以三峡水库优化调度方式为基础方案，控制枝城泄流量为 56700m³/s，调洪成果见表 8.4-1。由表可见，仅在三峡水库遭遇 1982 年 1% 频率洪水时，调洪水位超过 171m，且幅度不大，超蓄库容为 2.3 亿 m³ 左右；在遭遇 1000 年一遇洪水中，调洪水位超过 175m，幅度为 0.54m，合计库容为 5.7 亿 m³。

表 8.4-1 三峡水库不同频率设计洪水最高调洪成果

洪水频率	最高调洪水位/m（起调水位 155m）				
	1954 年	1981 年	1982 年	1998 年	最大值
0.1%	173.89	172.23	175.54	174.53	175.54
0.2%	172.07	171.42	174.08	172.63	174.08
0.5%	171.35	170.85	172.1	171.34	172.1
1%	170.24	168.5	171.23	169.23	171.23
2%	165.79	166.32	167.31	166.02	167.31
5%	161.31	162.86	161.97	161.45	162.86

考虑到本研究计算为不考虑先后进行的对城陵矶和荆江两种补偿调度方式重叠拦蓄量的偏不利的情况，实际上，发生洪水时，水库一般在兼顾城陵矶防洪调度期间也可拦蓄一定的荆江超额流量。此外，近年来因下游河道冲刷下切和 1998 年后城陵矶附近堤防加高等因素，下游河道泄量尚有余地，再加上各支流建库，流域对洪水的调蓄能力在现有基

上会更强[6]。综合这些有利因素，从 155m 起调，保证荆江遇百年一遇洪水时不分洪是在可控范围内的，且在遭遇 1000 年一遇洪水时三峡水库最高调洪水位未超过 175m，总体风险可控。

8.4.2.2　江湖关系变化条件下调洪成果

三峡工程的修建，近几十年的河道断面变化，以及下游荆江河段裁弯取直，都使城陵矶水位对沙市水位的顶托关系发生变化[7]。同一个城陵矶水位对应的沙市过流量均同比增大，且以 1m 为单位的不同城陵矶水位对应的沙市水位流量关系纵向距离增大，说明城陵矶水位变化对沙市流量的影响增大。到目前为止尚无新测数据，为了反映三峡水库坝下游河道最新的水位流量关系，本研究拟采用 90 系列拟合曲线成果（表 8.1 - 3）。该系列在《长江流域综合规划修编》和《三峡水库优化调度方案》计算下游分洪量中应用，成果具有一定的可靠性。

鉴于无法确定各种频率洪水下的城陵矶水位，但为了评估不同城陵矶水位对沙市过流的顶托情况，本研究依次列出了在不同城陵矶水位顶托情况下，控制沙市水位在 44.5m 时，遭遇各典型、各频率洪水时三峡水库的最高调洪水位，并与设计值进行比较，见表 8.4 - 2～表 8.4 - 5。由表可见，在城陵矶水位 34.4m 以下，发生各频率洪水时三峡水库最高调洪水位均低于设计值，说明在实时调度中，若以城陵矶水位控制调洪，三峡水库对各频率洪水调度的余度仍然很大。

表 8.4 - 2　　　　三峡水库遇 **1954** 年各频率洪水调洪最高水位　　　　单位：m

频率	枝城设计流量 56700m³/s	沙市控制水位 44.5m			
		城陵矶水位 33m	城陵矶水位 33.95m	城陵矶水位 34.4m	城陵矶水位 35.0m
0.1%	173.89		172.65	173.34	173.93
0.2%	172.07		171.25	171.90	172.34
0.5%	171.35		168.32	171.16	171.41
1%	170.24		165.11	167.86	171.19
2%	165.79		161.47	163.99	167.49
5%	161.31		156.60	158.97	162.47

表 8.4 - 3　　　　三峡水库遇 **1981** 年各频率洪水调洪最高水位　　　　单位：m

频率	枝城设计流量 56700m³/s	沙市控制水位 44.5m			
		城陵矶水位 33m	城陵矶水位 33.95m	城陵矶水位 34.4m	城陵矶水位 35.0m
0.1%	172.23	168.83	171.23	171.58	172.23
0.2%	171.42	166.76	169.93	171.17	171.41
0.5%	170.85	164.47	167.28	168.83	171.01
1%	168.5	162.21	165.17	166.55	168.68
2%	166.32	160.33	163.09	164.55	166.52
5%	162.86	157.31	159.91	161.16	163.02

表 8.4－4　　　　　　　　三峡水库遇1982年各频率洪水调洪最高水位　　　　　　单位：m

频率	枝城设计流量 56700m³/s	沙市控制水位44.5m			
		城陵矶水位33m	城陵矶水位33.95m	城陵矶水位34.4m	城陵矶水位35.0m
0.1%	175.54	172.22	174.78	175.00	175.00
0.2%	174.08	169.82	172.16	173.19	174.12
0.5%	172.1	165.95	171.12	171.44	172.43
1%	171.23	163.58	168.96	171.13	171.41
2%	167.31	159.88	164.77	167.37	170.92
5%	161.97	156.73	160.48	162.61	166.15

表 8.4－5　　　　　　　　三峡水库遇1998年各频率洪水调洪最高水位　　　　　　单位：m

频率	枝城设计流量 56700m³/s	沙市控制水位44.5m			
		城陵矶水位33m	城陵矶水位33.95m	城陵矶水位34.4m	城陵矶水位35.0m
0.1%	174.53	169.06	171.46	172.71	174.35
0.2%	172.63	166.25	171.14	171.30	172.82
0.5%	171.34	162.74	167.62	170.20	171.23
1%	169.23	160.24	164.43	166.88	170.48
2%	166.02	158.41	161.62	163.82	167.16
5%	161.45	156.63	158.16	159.51	162.08

　　在三峡水库兼顾城陵矶防洪调度中，比较受关注的控制水位是对城陵矶补偿控制水位，该水位以上库容是为了确保荆江百年一遇防洪标准所预留[8]。但鉴于用水位控制，水库调洪库容利用率较高，在遭遇百年一遇洪水时，最高调洪水位均低于171m，将该水位与171m之间库容视为调洪库容富余量，反推三峡水库起调水位。表 8.4－6 给出了城陵矶水位为 33.95m 时，三峡水库在遭遇百年一遇洪水时调洪库容富余量及起调水位相应可抬升值。

表 8.4－6　　　　　　　　遇百年一遇典型洪水三峡水库调洪时富余量

项　目	典型年（$P=1\%$）			
	1954 年	1981 年	1982 年	1998 年
调洪库容富余量/亿 m³	45.2	52.1	21.2	58.0
起调水位可抬升值/m	161.5	162.4	158.1	163.1

8.4.2.3　上游水库影响下的调洪成果

　　三峡工程建成后，可使荆江地区防洪标准由 10 年一遇提高到 100 年一遇。虽然上游建库后，流域对遭遇大洪水的调蓄能力提高，但如果扩大对城陵矶防洪调度库容，会在一定程度上压缩三峡水库对荆江河段防护预留的防洪库容空间[9]。故在考虑上游水库配合三峡水库对荆江防洪调度中，选取157m、158m、159m、160m、161m 等 5 个三峡水库对城陵矶防洪补偿控制水位，作为计算起调水位，对坝址百年一遇洪水进行调洪。表 8.4－7

给出了在考虑上游溪洛渡和向家坝水库调蓄后，三峡水库在遭遇坝址百年一遇洪水时调洪最高水位值。由表可见，当起调水位在158m（含158m）以下时，三峡水库在遭遇各种典型百年一遇洪水时，对荆江河段进行防洪，对应最高调洪水位低于171.0m；当起调水位在159m以上时，在对1982年典型洪水调洪中，对应的最高调洪水位将超过171m，但由于1982年属于上游性洪水典型，涨势迅猛，并非对城陵矶调度的洪水，而是直接按对荆江防洪调度的典型。1954年、1998年洪水适合对城陵矶调度，遇百年一遇洪水时，最高调洪库水位均未超过171m，对应最高起调水位为161m。

表 8.4-7　　考虑溪洛渡和向家坝调度三峡水库遇1%频率设计洪水调洪成果

典型年	最高调洪水位/m				
	起调水位 157m	起调水位 158m	起调水位 159m	起调水位 160m	起调水位 161m
1954 年	168.2	169.0	169.8	170.2	170.9
1981 年	165.5	166.3	167.1	167.9	168.8
1982 年	170.1	171.0	171.5	172.1	172.9
1998 年	166.4	167.2	168.0	168.8	169.6

8.4.3　库区移民淹没影响分析

三峡水库建成后，荆江河段在遭遇百年一遇洪水时防洪安全已得到保障。但在实时调度中，发生大洪水的概率较低，通常是荆江河段以下城陵矶附近地区汛期防洪压力大。防汛方面希望三峡工程在确保对荆江河段防洪安全的前提下，对不同类型洪水进行拦蓄以减轻中下游的防汛负担。因此，三峡水库优化调度阶段研究了兼顾对城陵矶防洪补偿调度方式，划定了三峡水库在遭遇全流域性或下游型洪水时，库水位从145m到155m之间的56.5亿 m^3 作为对城陵矶防洪补偿库容，若要进一步扩大三峡水库对城陵矶防洪库容，则受到库区回水产生淹没的限制[10]。

三峡水库的移民标准为20年一遇洪水，移民线末端所在控制断面弹子田位于重庆市城区下游约24km。由于三峡水库坝下游至城陵矶区间面积很大且洪水组成复杂，很难确定宜昌20年一遇设计洪水情况下，城陵矶地区是否有防洪需求以及要求的拦蓄量是多少，需要作进一步的研究。按比较极端的洪水发生组合情况考虑，即当对城陵矶防洪补偿调度所分配的防洪库容用完后，再遇到三峡坝址20年一遇洪水时，分析上游回水水面线是否超过库区移民线。初步拟定溪洛渡和向家坝梯级水库配合运用，三峡水库对城陵矶补偿调度控制水位从156m到162m，每隔1m分别结合上游水库的拦蓄方式，作相应的调洪演算与库区回水推算，结果见表8.4-8。由表可见，考虑上游溪洛渡、向家坝水库拦蓄作用，三峡水库分别在161m以下起调时，遇坝址20年一遇洪水，回水均于移民迁移线末端弹子田断面以下尖灭，即各方案回水末端位置不会超过三峡库区移民迁移调查线；而从162m起调时，遇坝址20年一遇洪水，回水末端将在控制断面弹子田以上尖灭，高于库区移民调查线。因此，从控制回水末端控制断面回水高程角度分析，三峡水库库水位最高可抬升至161m，此时上游水库需投入使用的防洪库容为33.70亿 m^3。

表 8.4-8 三峡水库不同起调水位遇坝址 5% 频率设计洪水时回水成果

断面名称	距坝里程/km	移民迁移线/m	计算方案回水水位/m						
			156m起调	157m起调	158m起调	159m起调	160m起调	161m起调	162m起调
令牌丘	507.86	177.0	174.5	174.8	175.2	175.5	175.8	176.2	176.6
石沱	514.41	177.0	175.8	176.0	176.3	176.6	176.9	177.3	177.6
周家院子	518.20	177.3	176.4	176.6	176.9	177.2	177.4	177.8	178.1
瓦罐	522.76	177.4	177.0	177.2	177.5	177.7	178.0	178.3	178.6
长寿县	527.00	177.6	177.6	177.8	178.0	178.3	178.5	178.8	179.1
杨家湾	544.70	180.3	179.9	180.0	180.2	180.4	180.6	180.9	181.1
木洞	565.70	183.5	182.8	182.9	183.1	183.2	183.4	183.6	183.8
温家沱	570.00	184.2	183.5	183.6	183.7	183.9	184.0	184.2	184.4
大塘坎	573.90	184.9	184.2	184.3	184.4	184.6	184.7	184.8	185.0
弹子田	579.60	186.0	185.3	185.4	185.5	185.6	185.8	185.9	186.1

但随着调洪起调水位的抬高，回水线在石陀—木洞区间共计近 50km 范围内，回水水位高于移民迁移线，161m 方案最高超出约 1.2m。经与库区实地淹没调查指标对比，由各控制水位下产生的具体淹没损失可知[5]，在三峡对城陵矶防洪控制水位在 157m、158m 时，人口、土地、房屋和桥梁淹没数量较少，但当三峡水库对城陵矶防洪控制水位抬升至 159m 及以上时，淹没指标成倍增长。综合分析，现阶段三峡水库对城陵矶补偿调度控制水位宜控制在 158m 范围内。

8.4.4 长江中下游防洪效益分析

综合考虑到洪水量级、受灾严重程度、发生时间及洪水组成等多方面因素，在长江中下游防洪效益计算中，选取 1931、1935、1954、1968、1969、1980、1983、1988、1996 年和 1998 年共 10 个典型年 $P=3.33\%$、$P=2\%$、$P=1\%$ 洪水，计算三峡水库在上游水库的配合下，减少长江中下游的分洪效益，见表 8.4-9。

表 8.4-9 上游建库运行情况下三峡水库联合调度减少长江中游分洪量分析表

调度方式	设计洪水	平均减少长江中下游分洪量/亿 m³	联合调度防洪效果系数
抬高三峡水库对城陵矶补偿调度控制水位至 158m	$P=1\%$	24.9	0.61
	$P=2\%$	23.1	0.57
	$P=3.33\%$	17.6	0.43

表 8.4-10 给出了三峡水库建成前、三峡水库优化调度方案下以及三峡水库在溪洛渡和向家坝水库配合下，遭遇 1954 年实测洪水的情况时，长江中下游的分洪量。由表可见，按照三峡水库对城陵矶防洪控制水位可抬升至 158m 计算，三峡水库在上游溪洛渡和向家坝水库配合下可进一步减少长江中下游分洪量近 24 亿 m³，防洪效果明显。

表 8.4 - 10　　　　　不同阶段三峡水库对应长江中下游分洪量

阶　段	长江中下游分洪量/亿 m³	阶　段	长江中下游分洪量/亿 m³
三峡水库建成前	492	三峡水库优化调度	371
三峡水库初步设计	398	金沙江梯级配合三峡	347

8.4.5　水库泥沙冲淤影响分析

城陵矶补偿调度对三峡水库的淤积影响，主要与汛限水位和城陵矶补偿调度方案的组合有关[11]。本节选取 3 个汛限水位和 3 个城陵矶补偿调度方案的组合，共 9 种工况，进行水库淤积影响计算。以城陵矶补偿控制水位 157m 方案为基准，各城陵矶补偿控制水位方案间的水库泥沙淤积量相差情况见表 8.4 - 11。由表可见，在汛期限制水位一定的情况下，城陵矶补偿调度水位抬高都使水库淤积量有所增加，但增加的幅度不大，增幅最大为 76.4 万 m³。对于相同的城陵矶补偿调度水位而言，汛限水位越高，相应水库淤积增加也较多，增幅也不大。

表 8.4 - 11　　　　新水沙系列城陵矶补偿调度水库泥沙淤积年平均增加量

汛限水位/m	城陵矶补偿控制水位/m	朱沱—大坝区间淤积增加量/万 m³
145	157	0
	159	0.5
	161	34.1
150	157	0
	159	9.1
	161	44.0
158	158	0
	159	17.0
	161	76.4

综合以上分析，当三峡水库对城陵矶补偿调度控制水位控制在 158m 范围内时，上游临时淹没风险可控，同时对水库泥沙淤积影响较小。在金沙江下游梯级水库配合调度运用下，三峡水库遇 1954 年洪水，较《三峡水库优化调度方案》的调度方式可进一步减少长江中下游超额洪量近 24 亿 m³，防洪效益明显。

8.5　综合优化调度方案

8.5.1　沙峰排沙调度方案及泥沙影响分析

除汛限水位动态变化、提前蓄水、城陵矶补偿调度等优化调度方式外，近年来，随着水库运行环境的变化及调度方式的调整，三峡水库还从减轻泥沙淤积的角度，探索研究并实践了有利于水库排沙的汛期沙峰排沙调度。

在每年汛期大流量期间，三峡入库洪峰从寸滩到达坝前约 6～12 小时，沙峰传播时间为3～7天。沙峰排沙调度就是根据入库水沙情况，利用洪峰、沙峰传播时间的差异，通过调节枢纽下泄流量，使上游进入水库的沙峰能够更多地输移至坝前，随下泄水流排放至下游。在新水沙条件下，先对沙峰排沙调度方案及其对水库排沙和库尾泥沙冲淤的影响进行分析研究。

8.5.1.1 沙峰排沙调度方案研究

1. 沙峰排沙调度条件

（1）入库流量要求。

具有一定的入库流量是入库沙峰能运行到坝前的重要条件。如果流量较小，泥沙沿程淤积快，即使入库含沙量高，沙峰运行不到坝前就已大量落淤，沙峰排沙调度不会有太大实际效果。同时，泥沙从入库运行至坝前需要一定时间，根据流量大小的不同，一般都在3天以上。因此，对流量的要求不是简单的洪水洪峰流量，取沙峰期间的平均流量更为合理，这里取沙峰附近5天平均流量作为入库沙峰认定的流量要求。根据三峡水库初期运行期以来2007—2013年观测资料，统计每年较明显的沙峰过程中含沙量峰值附近入库（寸滩站加武隆站）5天平均流量、坝前庙河站5天平均流量以及含沙量情况（表8.5-1）。

表8.5-1　　　　三峡水库入库典型沙峰过程5天平均流量和含沙量

年份	5日平均入库			5日平均出库				出入库含沙量比
	沙峰时间	流量/(m³/s)	含沙量/(kg/m³)	沙峰时间	流量/(m³/s)	含沙量/(kg/m³)	水位/m	
2007	7月17—21日	30416	0.90	7月22—26日	38560	0.32	144.1	0.36
	7月27—31日	38290	2.01	8月1—5日	41120	1.03	145.4	0.51
	8月26—30日	22810	1.80	9月4—8日	25120	0.179	144.9	0.11
	9月15—19日	31154	1.26	9月20—24日	30240	0.22	144.9	0.17
2008	7月22—26日	26962	0.88	7月26—30日	24680	0.20	145.8	0.23
	8月9—13日	32438	2.06	8月15—19日	34820	0.67	145.8	0.33
	9月26—30日	27846	1.01	10月7—11日	15440	0.03	155.5	0.03
2009	6月29日—7月3日	21940	1.21	7月6—10日	17220	0.07	145.6	0.07
	7月16—20日	28923	1.17	7月21—25日	24160	0.26	145.8	0.22
	8月2—6日	45940	1.40	8月6—10日	37020	0.76	151.2	0.54
2010	7月18—22日	52140	1.59	7月23—27日	35340	0.44	157.7	0.28
2011	6月20—24日	20726	0.96	6月28—7月2日	20500	0.04	147.1	0.04
	7月6—10日	27234	1.20	7月11—15日	17540	0.09	147.3	0.08
	8月5—9日	26528	0.61	8月15—19日	20020	0.06	147.9	0.10
2012	6月30日—7月4日	33172	1.33	7月7—11日	40020	0.58	152.4	0.44
	7月22—26日	52672	1.31	7月27—31日	44620	0.36	161.3	0.27
	9月3—7日	32786	1.53	9月7—11日	23580	0.10	159.5	0.07
2013	7月11—15日	34080	3.45	7月20—24日	33020	1.10	151.0	0.32

点绘沙峰出库、入库含沙量比与入库流量的关系（图 8.5-1），由图可见，对于 5 日入库平均流量小于 25000m³/s 的较大含沙量过程，出库与入库含沙量比基本都小于 10%，而入库平均流量大于 25000m³/s 时，出库与入库含沙量比才可能较大，且变化范围也较大。因此，把 5 日平均入库流量大于 25000m³/s 作为入库沙峰认定的入库流量标准。

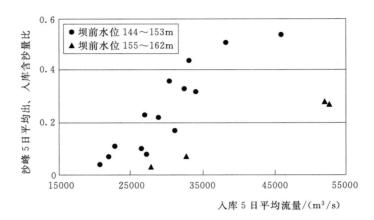

图 8.5-1　三峡水库出、入库含沙量比与入库流量的关系

（2）入库含沙量要求。

沙峰排沙调度是为了应对入库含沙量明显大幅增加的洪水过程，以增加大含沙量时的排沙比。针对表 8.5-1 中符合入库流量标准的洪水过程，比较沙峰前 5 天平均含沙量和沙峰期间 5 天平均含沙量（表 8.5-2）。由表可见，沙峰期含沙量要比沙峰前含沙量至少增加 1/3，绝大多数增加 50% 以上；且沙峰前含沙量较小，沙峰含沙量增加较多的过程，沙峰期含沙量都在 1.0kg/m³ 以上。为了使沙峰排沙调度具有一定的排沙效果，将沙峰期含沙量比沙峰前增加 50% 以上、且沙峰期含沙量在 1.0kg/m³ 以上，作为入库沙峰认定的入库含沙量标准。

表 8.5-2　三峡水库入库沙峰期 5 天平均含沙量与沙峰前 5 天平均含沙量比较

年份	沙峰前 5 日平均		沙峰期 5 日平均			沙峰后 5 日平均流量/(m³/s)	沙峰期与沙峰前的含沙量比值
	流量/(m³/s)	含沙量/(kg/m³)	发生时间	流量/(m³/s)	含沙量/(kg/m³)		
2007	25574	0.66	7 月 17—21 日	30416	0.90	32540	1.36
	32540	0.88	7 月 27—31 日	38290	2.01	28037	2.28
	27440	0.65	9 月 15—19 日	31154	1.26	19157	1.94
2008	22643	0.63	7 月 22—26 日	26962	0.88	18827	1.40
	25409	0.68	8 月 9—13 日	32438	2.06	28308	3.03
	22352	0.35	9 月 26—30 日	27846	1.01	17723	2.89
2009	26825	0.80	7 月 16—20 日	28923	1.17	21525	1.46
	32031	0.90	8 月 2—6 日	45940	1.40	27232	1.56
2010	38837	0.77	7 月 18—22 日	52140	1.59	36768	2.06

年份	沙峰前5日平均		沙峰期5日平均			沙峰后5日平均流量/(m³/s)	沙峰期与沙峰前的含沙量比值
	流量/(m³/s)	含沙量/(kg/m³)	发生时间	流量/(m³/s)	含沙量/(kg/m³)		
2011	21122	0.34	7月6—10日	27234	1.20	15919	3.53
	26363	0.60	8月5—9日	26528	0.61	16086	1.02
2012	23004	0.71	6月30日—7月4日	33172	1.33	43672	1.87
	44683	0.96	7月22—26日	52672	1.31	35157	1.36
	30789	0.66	9月3—7日	32786	1.53	25711	2.32
2013	30430	0.46	7月11—15日	34080	3.45	34776	7.50

综上所述，入库沙峰认定标准有流量和含沙量两项要求，三峡水库实际调度过程中，当预测将要入库的洪水满足沙峰期 5 日平均流量大于 25000m³/s，对应含沙量大于 1.0kg/m³，且峰期含沙量较峰前 5 日平均含沙量增加 50%以上，则认为是一次沙峰过程，水库可按应对沙峰方案进行调度。

2. 沙峰排沙调度下泄流量调控时机与幅度的选择

针对不同的入库沙峰，三峡水库在什么时间开始加大和减小泄流量，以及加大和减小泄流量的幅度等对排沙的影响，是沙峰排沙调度需要研究的两个主要问题。为了研究方便，先以人为设计的一些理想的单个沙峰过程进行调度方案研究（但方案研究中考虑泥沙沿程冲淤变化），然后针对三峡水库的实际沙峰排沙调度过程来分析沙峰排沙调度的效果。

（1）下泄流量先增大后减小。

方案 1：设计理想沙峰过程为：洪水前后平均流量都是 25000m³/s，5 日洪水期平均流量为 43000m³/s，最大日平均入库流量为 58000m³/s。调控前坝前水位为 146.5m，调控时水位日变幅为 0.5m，调控期 10 日平均水位为 145.3m，比不调控时低 1.2m。统计排沙比的 15 天平均水位为 145.7m，比不调控时低 0.8m。坝前水位 146.5m 时，洪峰传播时间为 1.0 天。不同的调控开始时间对排沙的影响计算结果见表 8.5 - 3。由表可见：

表中第 1 栏为洪水前含沙量 0.6kg/m³、5 日洪水期平均含沙量 1.1kg/m³ 的情况，不调控时，15 日平均排沙比为 0.336。所有调控方案的排沙比都比不控制方案大，其中，3 天开始加大泄流方案的排沙比最大，为 0.360，与不调控方案相比增幅为 7.1%。

表中第 2 栏为洪水前含沙量 0.6kg/m³、5 日洪水期平均含沙量 2.1kg/m³ 的情况，不调控时，15 日平均排沙比为 0.275。所有调控方案的排沙比都比不控制方案大，其中，3 天开始加大泄流方案的排沙比最大，为 0.313，与不调控方案相比增幅为 14%。

表中，第 3 栏为洪水前含沙量 1.1kg/m³、5 日洪水期平均含沙量 2.1kg/m³ 的情况，不调控时，15 日平均排沙比为 0.270。所有调控方案的排沙比都比不控制方案大，其中，3 天开始加大泄流方案的排沙比最大，为 0.289，与不调控方案相比增幅为 7.0%。

方案 1 调控时机模拟结果说明，调控都有增加排沙比的效果，基本以第 3 天开始调控效果最好。表 8.5 - 3 中第 1 栏和第 3 栏，沙峰期入库含沙量与沙峰前入库含沙量之比在

1.9 左右，第 3 天开始调控时排沙比增加 7％左右。表中第 2 栏，沙峰期入库含沙量与沙峰前入库含沙量之比在 3.5 左右，第 3 天开始调控时排沙比增加 14％。说明沙峰期入库含沙量与沙峰前入库含沙量之比大，则调控增加排沙比的幅度也大。

表 8.5－3　　　　　　方案 1 三峡水库沙峰调控时机对排沙影响计算结果

序号	洪水前含沙量 /(kg/m³)	洪水期 5 日平均含沙量 /(kg/m³)	调控第几天开始	排沙比
1			2	0.359
2			3	0.360
3			4	0.358
4	0.6	1.1	5	0.353
5			6	0.352
6			7	0.350
7			不调控	0.336
8			2	0.311
9			3	0.313
10			4	0.312
11	0.6	2.1	5	0.308
12			6	0.307
13			7	0.304
14			不调控	0.275
15			2	0.288
16			3	0.289
17			4	0.289
18	1.1	2.1	5	0.285
19			6	0.284
20			7	0.281
21			不调控	0.270

方案 2：洪水过程为：洪水前后平均流量都是 25000m³/s，5 日洪水期平均流量为 43000m³/s，控制前坝前水位为 150m，控制时水位日变幅为 1m，即按 150m—145m—150m 变化，调控期 10 日平均水位为 147.5m，比不调控时低 2.5m。统计排沙比的 15 天平均水位为 148.3m，比不调控时低 1.7m。坝前水位 150m 时，洪峰传播时间为 0.9 天。不同的调控开始时间对排沙的影响计算结果见表 8.5－4。由表可见：

表中第 1 栏为洪水前含沙量 0.6kg/m³、5 日洪水期平均含沙量 1.1kg/m³ 的情况，不调控时，15 日平均排沙比为 0.290。调控方案的排沙比都比不控制方案的排沙比大，其中，3 天开始加大泄流方案的排沙比最大，为 0.338，与不调控方案相比增幅为 17％。

表中第 2 栏为洪水前含沙量 0.6kg/m³、5 日洪水期平均含沙量 2.1 kg/m³ 的情况，不调控时，15 日平均排沙比为 0.233。加大泄流方案的排沙比都比不控制方案的排沙比大，其中，3天开始加大泄流方案的排沙比最大，为0.290，与不调控方案相比增幅为24%。

表8.5-4 方案2 三峡水库沙峰调控时机对排沙影响计算结果

序号	洪水前含沙量 /(kg/m³)	洪水期5日平均含沙量 /(kg/m³)	调控第几天开始	排沙比
1			2	0.336
2			3	0.338
3			4	0.335
4	0.6	1.1	5	0.326
5			6	0.323
6			7	0.319
7			不调控	0.290
8			2	0.286
9			3	0.290
10			4	0.289
11	0.6	2.1	5	0.281
12			6	0.279
13			7	0.275
14			不调控	0.233
15			2	0.265
16			3	0.267
17			4	0.266
18	1.1	2.0	5	0.260
19			6	0.258
20			7	0.254
21			不调控	0.227

表中第3栏为洪水前含沙量1.1kg/m³、5日洪水期平均含沙量2.0kg/m³的情况，不调控时，15日平均排沙比为0.227。所有调控方案的排沙比都比不控制方案的排沙比大，其中，3天开始加大泄流方案的排沙比最大，为0.265，与不调控方案相比增幅为17%。

方案2调控也都增加了排沙比，增加规律与方案1相似。方案2与方案1比，由于流量调控幅度加大，调控时坝前水位下降多一些，调控增加排沙比的效果也大一些。即使排除水位降低的影响，调控也有明显的效果，如第1栏中第3天开始调控时的排沙比为0.338，如维持坝前水位148.3m不变，模拟排沙比为0.313，调控能使排沙比增加8.0%。

（2）下泄流量先减小后增大再减小。

前面的模拟计算结果说明，先加大后减小流量的方案对提高排沙比效果较好，但加大流量的出库时机要考虑防洪要求。因此，下面再研究先减小后增大再减小流量的方案，研究沙峰排沙调度时流量调控时机与调控幅度对排沙的影响。为便于比较，沙峰的调控过程仍为 10 天，其中前 3 天连续控制泄流，使坝前水位每天上升相同的幅度，后 5 天连续加大泄流，使坝前水位每天下降相同幅度，再后面 2 天又控制泄流使坝前水位上升，调度过程完成后水位恢复至洪水前水位。沙峰调控可在沙峰入库后不同时间择机开始实施，排沙比统计时段是洪水入库后的 15 天。

沙峰排沙调度方式对排沙比的影响需要一个比较标准，该标准为单一防洪调度方式，即当洪峰到达坝前时拦蓄洪水防洪，洪峰过后加大下泄流量，使坝前水位恢复至拦洪前的水平。

方案 3：洪水前后平均流量都是 25000m³/s，5 日洪水期平均流量为 45000m³/s，最大日平均入库流量为 61000m³/s，调控前坝前水位为 146.5m。调控时水位日变幅为 1m，即按 146.5m—149.5m—144.5m—146.5m 变化。单一防洪调度水位变化方式为 146.5m—153m—146.5m—146.5m。统计排沙比的 15 天平均水位为 146.8m，比单一防洪调度方式低 0.1m。不同的调控开始时间对排沙的影响计算结果见表 8.5－5。由表可见：

表中第 1 栏为洪水前含沙量 0.6kg/m³、5 日洪水期平均含沙量 1.0kg/m³ 的情况。与单一防洪调度方式比，调控方案的排沙比都有所增加，其中，第 2 天开始调控的方案增加较多，增幅为 16%。表中第 2 栏为洪水前含沙量 0.6kg/m³，5 日洪水期平均含沙量 2.0kg/m³ 的情况，调控对排沙比的影响与第 1 栏类似。表中第 3 栏为洪水前含沙量 1.1kg/m³、5 日洪水期平均含沙量 2.0kg/m³ 的情况，调控对排沙比的影响与第 1 栏和第 2 栏都类似。

表 8.5－5　　　　　　方案 3 三峡水库沙峰调控时机对排沙影响计算结果

序号	洪水前含沙量 /(kg/m³)	洪水期 5 日平均含沙量 /(kg/m³)	调控第几天开始	排沙比
1			2	0.341
2			3	0.332
3			4	0.330
4	0.6	1.0	5	0.334
5			6	0.338
6			7	0.343
7			单一防洪	0.293
8			2	0.297
9			3	0.287
10			4	0.283
11	0.6	2.0	5	0.285
12			6	0.288
13			7	0.293
14			单一防洪	0.275

续表

序号	洪水前含沙量 /(kg/m³)	洪水期5日平均含沙量 /(kg/m³)	调控第几天开始	排沙比
15	1.1	2.0	2	0.275
16			3	0.267
17			4	0.264
18			5	0.266
19			6	0.268
20			7	0.272
21			单一防洪	0.240

方案4：洪水过程同方案3，控制时水位日变幅为2m。单一防洪调度水位变化方式为148.5m—154.5m—148.5m—148.5m。统计排沙比的15天平均水位为149.2m，比单一防洪调度时低0.2m。不同的调控开始时间对排沙的影响计算结果见表8.5-6。由表可见：水位日变幅2m的调控方案与水位日变幅1m的方案类似，调控方案的排沙比都比单一防洪调度方案的排沙比大，其中第2天开始调控的方案排沙比与单一防洪调度方案比增加较多，增加幅度达15%。

方案3与方案4，由于先减小后增大再减小流量的过程符合防洪需要，在满足防洪和水资源利用需要的同时，具有一定的增加排沙比的效果，是针对较大洪水时可以采用的方案。

表8.5-6　　　　　方案4三峡水库沙峰调控时机对排沙影响计算结果

序号	洪水前含沙量 /(kg/m³)	洪水期5日平均含沙量 /(kg/m³)	调控第几天开始	排沙比
1	0.5	1.0	2	0.323
2			3	0.304
3			4	0.300
4			5	0.306
5			6	0.313
6			7	0.319
7			单一防洪	0.281
8	0.5	2.0	2	0.283
9			3	0.263
10			4	0.257
11			5	0.257
12			6	0.261
13			7	0.268
14			单一防洪	0.261

序号	洪水前含沙量 /(kg/m³)	洪水期 5 日平均含沙量 /(kg/m³)	调控第几天开始	排沙比
15			2	0.261
16			3	0.245
17			4	0.239
18	1.0	2.0	5	0.241
19			6	0.245
20			7	0.251
21			单一防洪	0.227

综合上述计算结果，各沙峰排沙调度方案对水库排沙比的最优影响情况见表 8.5 - 7。

表 8.5 - 7　　三峡水库沙峰排沙调度各方案对水库排沙的最优影响情况

序号	洪水前含沙量 /(kg/m³)	洪水期 5 日平均含沙量 /(kg/m³)	沙峰排沙调度排沙比变化
下泄流量先加大、后减小，水位日变幅 0.5m（方案 1）			
1	0.6	1.1	0.024
2	0.6	2.1	0.038
3	1.1	2.1	0.019
下泄流量先加大、后减小，水位日变幅 1m（方案 2）			
1	0.6	1.1	0.048
2	0.6	2.1	0.057
3	1.1	2.0	0.040
下泄流量先减小、后增大、再减小，水位日变幅 1m（方案 3）			
1	0.6	1.0	0.050
2	0.6	2.0	0.022
3	1.1	2.0	0.035
下泄流量先减小、后增大、再减小，水位日变幅 2m（方案 4）			
1	0.5	1.0	0.042
2	0.5	2.0	0.022
3	1.0	2.0	0.034

8.5.1.2　水库排沙影响分析

1. 下泄流量先加大后减小方案

根据前面流量调控时机与幅度的模拟结果，分析下泄流量和含沙量的变化过程，可以看出流量调控影响排沙比的机理。

（1）出库流量变化。

在前面先加大后减小流量的方案研究中，入库洪水过程为：洪水前后平均流量都是

$25000\mathrm{m^3/s}$，5日洪水期平均流量为 $43000\mathrm{m^3/s}$，最大日平均流量为 $58000\mathrm{m^3/s}$。图 8.5 - 2（a）为控制水位日变幅为 0.5m 时，不同时间开始加大泄流时庙河站流量过程。由图可见，由于调控时坝前水位日变幅只有 0.5m，调控对流量的影响相对较小。但第 2 天～第 4 天开始加大泄流时都增大了出库洪峰流量，在防洪上是不合适的，第 5 天后开始加大泄流才不增加洪峰流量。因此，先加大流量后减小流量方案，调控开始时间受防洪限制。

图 8.5 - 2（b）为控制水位日变幅为 1m 时，不同时间开始加大泄流时庙河站流量过程，由图可见，调控对流量的影响相对较大，第 5 日后开始加大泄流不增加洪峰流量。

（2）出库含沙量变化。

洪水前含沙量为 $0.6\mathrm{kg/m^3}$，5日洪水期平均含沙量为 $1.1\mathrm{kg/m^3}$，图 8.5 - 3（a）为日调控水位 0.5m 时不同时间开始加大泄流时庙河站含沙量过程。由图可见，调控对含沙量的影响相对较大，特别是大流量时就开始加大泄流，最大含沙量增幅达 14%，但由于受防洪限制，实际上可能不会采用。而大流量过后开始加大泄流时，含沙量增幅要小一些。如第 5 天开始加大泄流时，最大含沙量增幅只有 5.8%。

图 8.5 - 3（b）为日调控水位 1m 时不同时间开始加大泄流时庙河站含沙量过程。由图可见，调控对含沙量的影响很大，特别是大流量时就开始加大泄流，最大含沙量增幅达 32%。而大流量过后开始加大泄流时，含沙量增幅要小一些，第 5 天开始加大泄流时，最大含沙量增幅为 15%。

（3）出库沙量变化。

以不调控时庙河站日出库沙量为标准，比较不同时间开始加大泄流时庙河站日出库沙量的变化（图 8.5 - 4）。由图可见，先增加下泄流量时，出库沙量增加较多，而后减小下泄流量时，出库沙量减小幅度小一些。因此，调控使出库沙量总体是增加的。

以上分析说明，先加大后减小流量的方案，为了取得好的排沙效果，在满足防洪的条件下，应在洪峰过坝后尽早加大下泄流量，在出库含沙量减小后减小下泄流量。

2. 下泄流量先减小后增大再减小方案

（1）出库流量变化。

图 8.5 - 5（a）为方案 3 控制水位日变幅为 1m 时，不同时间开始调控时庙河站流量过程。由图可见，在洪峰出库前开始调控都减小了最大出库流量，在防洪上是合适的。图 8.5 - 5（b）为控制水位日变幅为 2m 时，不同时间开始加大泄流时庙河站流量过程，调控对出库流量的影响与日变幅 1m 时类似。

（2）出库含沙量变化。

洪水前含沙量为 $0.6\mathrm{kg/m^3}$，5日洪水期平均含沙量为 $1.0\mathrm{kg/m^3}$，图 8.5 - 6（a）为日调控水位 1m 时不同时间开始调控时出库含沙量过程。由图可见，沙峰入库时开始调控，最大含沙量增幅达 14%；其他时间开始调控，含沙量增幅较小。

图 8.5 - 6（b）为日调控水位 2m 时不同时间开始调控时出库含沙量过程。由图可见，寸滩出现沙峰时开始调控，最大含沙量增幅达 10%，其他时间开始调控对含沙量影响相对较小。

（3）出库沙量变化。

以单一防洪调度时庙河站日出库沙量为标准，比较不同时间开始调控时日出库沙量变化（图 8.5 - 7）。由图可见，调控时出库沙量增加的时间较长且幅度较大，出库沙量减小

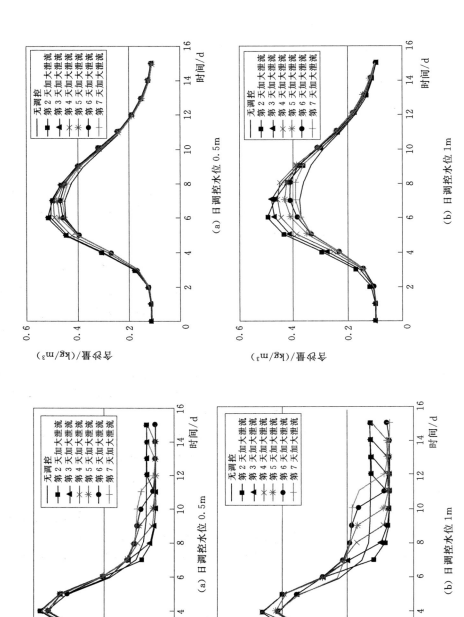

图 8.5－2　三峡水库不同时间开始加大泄流时庙河站流量过程

图 8.5－3　三峡水库不同时间开始加大泄流时庙河站含沙量过程

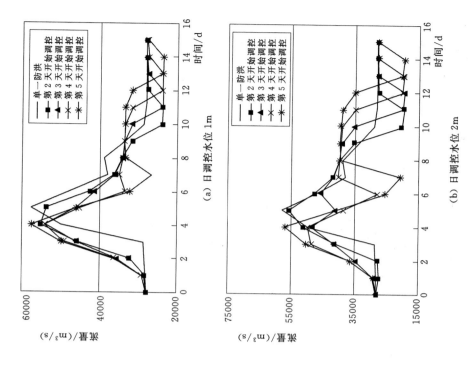

图 8.5 - 5 三峡水库不同时间开始调控时庙河站流量过程

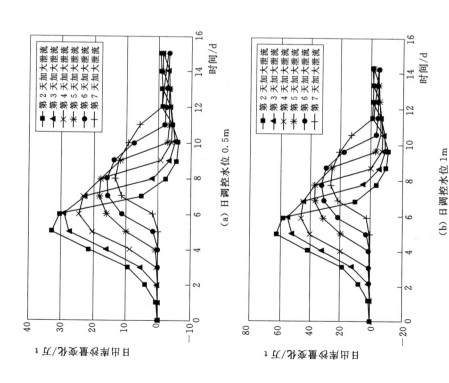

图 8.5 - 4 三峡水库不同时间开始加大泄流时庙河站日出库沙量过程

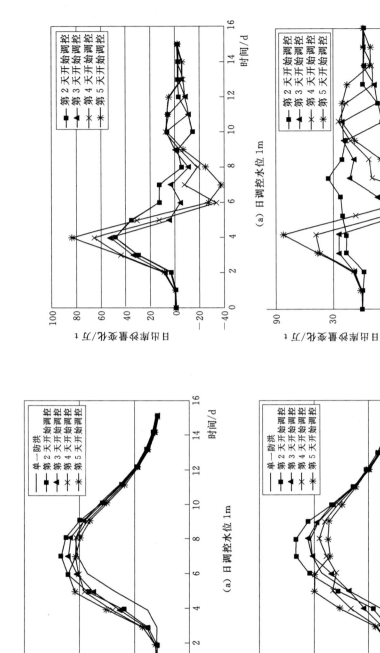

(a) 日调控水位1m

(b) 日调控水位2m

图 8.5-6 三峡水库不同时间开始调控时庙河站含沙量过程

(a) 日调控水位1m

(b) 日调控水位2m

图 8.5-7 三峡水库不同时间开始调控时庙河站日出库沙量过程

的时间较短且幅度较小，调控使出库沙量总体是增加的。

方案3和方案4的分析说明，先减小后增大再减小流量方案，符合防洪要求，适合较大洪水时沙峰排沙调度。与单一防洪调度相比，该方案排沙有所增加。

由上述分析可知：①下泄流量先加大后减小有增加排沙比的效果，基本以第3天开始调控效果最好。但第2天～第4天开始加大泄流时都增大了出库洪峰流量，在防洪上是不合适的，第5天后开始加大泄流才不增加洪峰流量，因此先加大后减小流量的方案调控开始时间受防洪限制；②下泄流量先减小后增大再减小的调度方式，一定程度增加了水库排沙比，其中第2天开始调控方案排沙比与单一防洪方案相比，排沙比增加较多，其他时间开始调控则排沙效果相对较小，且该过程符合防洪需要，在满足防洪和水资源利用的同时有一定的增加排沙效果，是可以采用的方案。

需要说明的是，方案1～方案4的分析都针对的是入库洪水沙峰和洪峰同步的理想情况，如果入库洪水沙峰和洪峰不同步，则应根据具体情况确定调控开始时间。同时，方案1～方案4的理想洪水过程假定都是5天，调度方式运用于实际时，应根据洪水过程长短选择调控开始时间。

综上所述，沙峰排沙调度是针对不同场次洪水入库流量和含沙量过程而采取的短期调度措施，相比近年来因下游干支流更高的防洪需求而采取的单一汛期库水位动态控制运用，本节研究的水库下泄流量先减小后增大再减小和先增大后减小两种沙峰排沙调度方式，可增加水库排沙量，缓解因汛期库水位动态控制带来的对水库泥沙淤积的影响。在新水沙条件下，进一步计算了上述4种调度方案多年泥沙冲淤特征（表8.5-8），4种沙峰排沙调度方案均有增加排沙的作用，年平均增加排沙量均在50万 m^3 左右，各方案相差不大。从绝对值来看，各方案排沙量增加值不多，主要是由于入库泥沙减小，沙峰排沙调度应用机会不多，对增加水库排沙作用效果相应减小。综合来看，水库下泄流量先减小后增大再减小的沙峰排沙调度方案为较佳方案。

表8.5-8　　　　新水沙系列三峡水库沙峰排沙调度水库排沙年平均增加量

方案	朱沱—大坝排沙增加量/万 m^3	沙峰排沙调度方式
基本方案	0	基本方案无沙峰排沙调度
方案1	47	先加大、后减小流量，水位日变幅0.5m
方案2	47	先加大、后减小流量，水位日变幅1m
方案3	53	先减小、后增大、再减小流量，水位日变幅1m
方案4	47	先减小、后增大、再减小流量，水位日变幅2m

8.5.2　综合优化调度方案组合

前面分别单独研究了三峡水库汛限水位动态变化方案、提前蓄水方案、城陵矶补偿调度方案以及沙峰排沙调度方案，并对各方案与泥沙间的响应关系，以及在防洪、发电、航运、供水等方面的影响作了分析，得出了三峡水库在汛限水位动态变化、提前蓄水、城陵矶补偿调度以及沙峰排沙调度四个方面调度方式的可行方案。

以上三峡水库四个方面调度方式的可行方案可有多种组合，考虑对比分析的需要，在可行方案基础上再适当增加一些对比方案，综合优化调度方案组合情况见表8.5－9。其中，汛限水位动态变化、提前蓄水、城陵矶补偿调度和沙峰排沙调度四个方面分别有 7、4、5、5 个方案，共计 $7×4×5×5＝700$ 个组合方案。但 700 个方案组合中，有一些是无效方案，如汛限水位158m 与城陵矶补偿调度 157m 的组合显然矛盾，除去类似无效方案后，有效方案共计 550 个。对于表中所列有效的组合方案，将通过综合优化调度评估模型计算分析，得出三峡水库在防洪、发电、航运、泥沙等各方面综合效益最佳的综合优化调度方案。

表 8.5－9　　　　　三峡水库综合优化调度方案组合情况

6月中旬至8月下旬 水位，9月上旬水位	提 前 蓄 水	城陵矶补偿控 制库水位/m	沙峰排沙调度
组合1(145m，145m)	9月10日蓄水，汛期不实行汛限水位动态控制，9月底165m	157	不进行调控
组合2 (145m，150m)	9月10日蓄水，汛期实行汛限水位动态控制，9月底165m	158	先加大、后减小流量，水位日变幅0.5m
组合3 (146.5m，150m)			
组合4 (148m，150m)	9月1日开始蓄水，汛期实行汛限水位动态控制，9月10日蓄水位155m，9月底165m	159	先加大、后减小流量，水位日变幅1m
组合5 (150m，158m)	8月中旬入库平均流量小于 $40000\mathrm{m}^3/\mathrm{s}$ 时，8月21日开始蓄水，8月底155m；8月中旬入库平均流量大于 $40000\mathrm{m}^3/\mathrm{s}$ 时，9月1日开始蓄水。汛期实行汛限水位动态控制，9月底165m	160	先减小、后增大、再减小流量，水位日变幅1m
组合6 (155m，155m)			
组合7 (158m，158m)		161	先减小、后增大、再减小流量，水位日变幅2m

8.5.3　综合优化调度评估模型建立

水库泥沙调控与多目标优化调度要综合考虑防洪、发电、航运、供水、泥沙等多方面的需要。本节将运用赋权重的方法考虑各方面约束，以防洪、发电、航运、泥沙为主要优化目标，建立综合优化调度方案评估模型，为三峡水库选定优化调度方案提供决策支持。

8.5.3.1　评估模型约束条件

1. 防洪约束

根据三峡水库调度规程，防洪调度的主要任务是在保证三峡水利枢纽大坝安全和葛洲坝水利枢纽度汛安全的前提下，对长江上游洪水进行调控，使荆江河段防洪标准达到百年一遇，遇百年一遇以上至千年一遇洪水，包括 1870 年同治大洪水时，控制枝城站流量不大于 $80000\mathrm{m}^3/\mathrm{s}$，配合蓄滞洪区运用，保证荆江河段行洪安全，避免两岸干堤溃决发生毁灭性灾害。当发挥防洪作用与保枢纽大坝安全有矛盾或发生危及大坝安全事件时，按保大坝安全进行调度。

根据三峡水库的防洪调度要求，当遇百年一遇以下洪水时，三峡水库的防洪调度应使荆江河段防洪标准达到百年一遇。因此，综合优化评估模型对汛期水位动态变化方案、城陵矶补偿调度方案、汛期沙峰排沙调度方案、提前蓄水方案等各种组合中，都要保证沙市水位不超过 44.5m，对应三峡出库流量为 $55000\mathrm{m}^3/\mathrm{s}$。即三峡出库流量不超过 $55000\mathrm{m}^3/\mathrm{s}$ 为荆江河段防洪补偿调度的防洪限制条件，如果某个组合方案使三峡出库流量超过

55000m³/s 或库水位超过 171m，则为无效方案。

在因调控城陵矶地区洪水而需要三峡水库拦蓄洪水时，如库水位不高于城陵矶防洪补偿控制水位，则按控制城陵矶水位 34.4m 进行补偿调节，水库当日下泄量为当日荆江河段防洪补偿的允许水库泄量和第三日城陵矶地区防洪补偿的允许水库泄量两者中的较小值。当库水位高于城陵矶防洪补偿控制水位之后，则按对荆江河段进行防洪补偿调度。

2. 发电约束

水轮发电机组安全运行要求三峡电站毛水头不低于 61m，另外 96% 设计保证率下保证出力不小于 4990MW。葛洲坝电站运行水头不超过 27m，不低于 6.3m。

3. 通航约束

三峡水利枢纽上游最高通航水位为 175m，最低通航水位为 144.9m。

葛洲坝下游庙嘴站水位是保证船队安全通过葛洲坝枢纽船闸下闸槛和下引航道的关键，三峡—葛洲坝梯级调度规程规定庙嘴站不同阶段的最低通航水位（资用吴淞高程，下同）为 38m（135m 围堰发电运行期）、38.5m（156m 初期运行期）和 39m（175m 试验性蓄水运行期）。历年监测表明，三峡工程运用后，同流量下庙嘴水位处在持续下降过程中。正常运行期，为保证庙嘴水位大于 39m，需要三峡水库在枯期补水以满足通航水位的要求，现阶段庙嘴 39m 通航水位对应三峡出库流量为 5700～5800m³/s。

4. 供水约束

9 月蓄水期间，一般情况下控制水库下泄流量不小于 8000～10000m³/s。当水库来水流量大于 8000m³/s 但小于 10000m³/s 时，按来水流量下泄，水库暂停蓄水；当来水流量小于 8000m³/s 时，若水库已蓄水，可根据来水情况适当补水至 8000m³/s 下泄。

10 月蓄水期间，一般情况下水库下泄流量按不小于 8000m³/s 控制，当水库来水流量小于以上流量时，可按来水流量下泄。11 月和 12 月水库最小下泄流量按葛洲坝下游庙嘴水位不低于 39.0m 和三峡电站不小于保证出力对应的流量控制。

根据三峡水库调度规程，一般来水年份（蓄满年份），1—2 月水库下泄流量按 6000m³/s 左右控制，其他月份的最小下泄流量应满足葛洲坝下游庙嘴水位不低于 39m。

8.5.3.2 优化目标函数与权重

1. 综合优化目标

在满足各约束条件下，综合评估优化目标为水库长期运行综合效益最优[12]。其中，综合效益包括防洪效益、航运效益、发电效益、水库泥沙减淤效益，下游冲淤及对航道的影响、对供水和生态的影响等难以定量估算的效益作定性评价。

综合效益中各分效益的目标函数是使长江中下游分洪量少和值守成本低，发电量多，航运断航时间短，以及水库泥沙淤积少，即

$$W = \min \sum_{t=1}^{n} W(t) \qquad (8.5-1)$$

$$E = \max \sum_{t=1}^{n} E(t) \qquad (8.5-2)$$

$$D = \min \sum_{t=1}^{n} D(t) \qquad (8.5-3)$$

$$V = \min \sum_{t=1}^{n} V(t) \qquad\qquad (8.5-4)$$

式中：t 为综合优化计算时间；n 为计算时段；W、E、D、V 分别为总计算时段的防洪成本、发电量、断航时间及泥沙淤积量。

2. 优化目标权重

评价函数法是求解多目标最优问题最基本和实用的方法。它是根据决策者的意图和所求问题的特点，将所有分量目标函数转化为一个数值目标函数，即评价函数，然后对其进行最优化。为了避免由于各目标函数值之间存在数量级差异而导致的权系数作用失效，在确定权系数之前，须对各分量目标函数值做无量纲化处理。本研究采用"中心化"处理方法，即把防洪成本、发电量、断航时间和水库淤积量分别减去其平均值，再除以各自的均方差，使各目标函数无量纲化，这样多目标问题就转化为一个单目标问题。

遇百年一遇以上洪水时，三峡水库的调度以防洪为唯一调度目标，已不存在综合优化问题。若再遇 1954 年型洪水，长江中下游防洪主要表现为分洪量大小和堤防值守成本。分洪量计算时以亿 m^3 为单位，总分洪量小于 50 亿 m^3 部分，每 1 亿 m^3 分洪量对应 2 亿元经济损失，权重为 2.0；总分洪量 50 亿～100 亿 m^3 部分，每 1 亿 m^3 分洪量对应 3 亿元经济损失，权重为 3.0；总分洪量 100 亿～200 亿 m^3 部分，每 1 亿 m^3 分洪量对应 4 亿元经济损失，权重为 4.0；总分洪量大于 200 亿 m^3 部分，每 1 亿 m^3 分洪量对应 6 亿元经济损失，权重为 6.0。

遇一般洪水不需要分洪时，防洪成本主要是不同方案得到的下游超警戒水位或保证水位的天数差别，认为警戒水位以下不存在防洪成本。根据有关文献数据，每千米保证布防 200 人，每千米警戒布防 100 人。超警戒水位时，按防守直接成本 1000 万元/$(10^3\,\mathrm{km\cdot d})$ 考虑；超保证水位时，按 2000 万元/$(10^3\,\mathrm{km\cdot d})$ 考虑。在此基础上，考虑到防洪的其他花费和社会效益等，根据水位高低给予一定权重。超保证水位不超分洪水位时，权重定为 0.15，超分洪水位后权重为 0.4。

发电为直接的经济效益，主要与发电量有关，综合优化的发电量包括三峡工程和葛洲坝的发电效益。三峡电站 32 台机组满出力流量按 $31000\,\mathrm{m^3/s}$ 考虑，葛洲坝电站满出力流量按 $18000\,\mathrm{m^3/s}$ 考虑。发电量计算单位为亿 $\mathrm{kW\cdot h}$，权重为 0.25。

航运影响因素多，难以详细计算。这里只初步考虑根据不同运行方案的停航天数，如果水库调度未造成停航，则认为各方案的航运影响没有差别。停航损失按翻坝费用折算，根据日平均通航吨位计算，每日约 35 万 t，约合 15 元/t。断航以天为单位计算，则通航目标权重为 0.05。

不同运行方案带来泥沙淤积的不同，根据淤积量差值，按等量清淤费用考虑淤积损失。同时考虑至不同的淤积部位其影响是不一样的，考虑按变动回水区和常年回水区的泥沙淤积给予不同的权重。根据有关文献[13]，挖泥的费用一般在 6 元/m^3 以下，但后期运送与处理费用相差较大，三峡水库单位体积清淤费用初步定为 30 元/m^3；以 $10^6\,m^3$ 为计算单位，初步确定权重为：常年回水区 0.3，变动回水区 0.6。

3. 综合优化评估模型

综合前面提出的约束条件与优化目标函数及权重，得到综合优化评估模型表达式为

$$E = \max \sum_{t=1}^{n} \left\{ k_e \frac{E(t) - \overline{E}}{\sigma_e} - k_w \frac{W(t) - \overline{W}}{\sigma_w} - k_d \frac{D(t) - \overline{D}}{\sigma_d} - k_v \frac{V(t) - \overline{V}}{\sigma_v} \right\}$$

$$(8.5-5)$$

式中：t 为综合效益优化计算时间；$W(t)$、$E(t)$、$D(t)$、$V(t)$ 分别为无量纲防洪、发电、通航和水库淤积目标函数；$\overline{E}$、$\overline{W}$、$\overline{D}$、$\overline{V}$ 分别为发电量、防洪成本、断航时间和水库淤积量的平均值；k_e、k_w、k_d、k_v 分别为发电、防洪、断航时间和水库淤积量的权重；σ_e、σ_w、σ_d、σ_v 分别为平均发电量、平均防洪成本、平均断航时间和水库平均淤积量的均方差。

各目标项的计量方法见表 8.5 - 10，综合优化模型各约束条件见表 8.5 - 11。

表 8.5 - 10　　　　　　三峡水库各目标项的计量方法

目标项	计 量 项 目	权　　重
防洪	分洪量，亿 m^3；堤防值守，$10^3 km \cdot d$	根据分洪量给予权重，2～6；根据水位给予权重，0.15～0.4
发电	发电量，亿 $kW \cdot h$	0.25
通航	停航天数	0.05
水库减淤	水库淤积量，$10^6 m^3$	根据淤积部位赋权重，0.3～0.6

表 8.5 - 11　　　　　　三峡水库综合优化评估模型约束条件

条　　件	防洪要求	通航要求	供水等要求
库水位/m	<175	>144.9	汛前消落水位日变幅<0.6
出库流量/(m^3/s)	<55000	>6000	9 月，>10000 10 月，>8000

8.5.4　综合优化调度方案模拟分析

8.5.4.1　主要指标计算结果

综合优化调度方案模拟计算资料采用 1991—2000 年来水及新水沙条件，新水沙资料同 8.1 节。根据前述综合优化调度评估模型，550 个有效组合方案的汛期坝前最高蓄水位、城陵矶分洪量、年平均发电量、断航天数、水库淤积变化等主要指标计算结果详见参考文献 [14]。

1. 汛期坝前最高蓄水位

根据三峡水库汛期防洪约束条件，遇百年一遇洪水，要求三峡最高调洪高水位不超171m。因此，综合方案组合中，汛期最高水位是一个重要计算结果。综合方案计算系列年中，1998 年为大水年，为汛期水位最高年份。模型计算结果按汛期最高水位由低至高进行排序（图 8.5 - 8），由图可见，各组合方案汛期最高水位有较大差别，其中，最低值

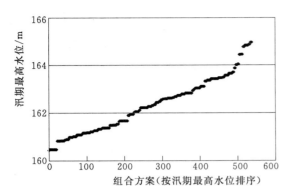

图 8.5 - 8　三峡水库综合优化调度组合
方案汛期最水位分布

为 160.44m，最高值为 164.96m，但均离 171m 的限制还有较大的安全距离。

2．城陵矶分洪量

城陵矶补偿调度按城陵矶水位 34.4m 控制，城陵矶分洪量按水位超过 34.4m 分洪计算。各组合方案中，城陵矶分洪量相差较大，各组合方案中城陵矶年平均分洪量最多为 23.9 亿 m³，最少为 10.5 亿 m³，两者相差达 13.4 亿 m³，模型计算结果由小至大进行排序，如图 8.5 - 9 所示。

3．年平均发电量

模型计算中考虑了三峡和葛洲坝的发电量，计算结果表明，各组合方案中葛洲坝的发电量相差不大，最多与最少只相差 1 亿 kW·h 左右，但三峡电站的发电量有较大差别。模型计算结果按年平均发电量由小至大进行排序，各组合方案中三峡水库年平均发电量最大达 1026 亿 kW·h，最小为 965 亿 kW·h，两者相差达 61 亿 kW·h，如图 8.5 - 10 所示。

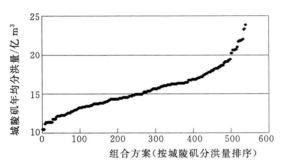

图 8.5 - 9　三峡水库综合优化调度组合
方案城陵矶年平均分洪量分布

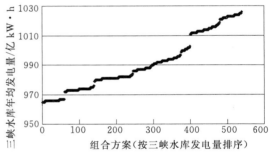

图 8.5 - 10　三峡水库综合优化调度组合
方案三峡电站年平均发电量分布

4．断航天数

模型计算中对通航效益影响只考虑了水库下泄流量超过 45000m³/s 时的停航情况。模型计算中表明，各方案的年平均断航天数相差不大，最少为 3.3 天，最多为 6.9 天。

5．水库淤积变化

各组合方案中水库淤积相差较大，模型计算结果按水库年平均淤积量由小至大进行排序，最大淤积量为 8195 万 m³，最小淤积量为 6053 万 m³，年平均淤积量最大与最小相差达 2142 万 m³。排序后的各方案三峡电站年平均相对淤积量变化情况如图 8.5 - 11 所示。

8.5.4.2　综合优化效益分布

按综合目标函数值由小至大进行排序，给出排序后的各方案综合目标函数值分布曲线如图 8.5 - 12 所示。由图可见，不同方案组合综合目标函数值相差较大，与目标函数值最小的方案比，目标函数值最大的方案相差为 47.6。对比综合目标函数值最大与最小的方案，各分项目标项差别见表 8.5 - 12。

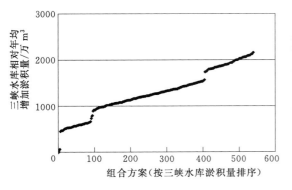

图 8.5 - 11 三峡水库综合优化调度组合方案
水库年平均相对淤积量变化

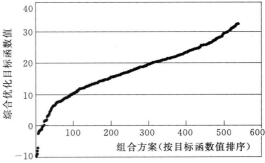

图 8.5 - 12 三峡水库综合优化调度
组合方案综合效益分布

表 8.5 - 12　　　三峡水库综合目标函数值最大与最小的方案目标分项比较

目标项	汛期最高水位 /m	年分洪量 /亿 m³	年发电量 /亿 kW·h	断航天数 /d	年淤积量 /万 m³	综合目标值
目标值最大方案	164.87	12.2	1188	2.6	5960	37.8
目标值最小方案	160.88	23.9	1194	2.4	6625	−9.8

8.5.5　综合优化方案选择

8.5.5.1　多年平均最优综合优化方案

考虑 8.2 节研究中提出的防洪安全，动态汛限水位建议在 6 月中旬至 8 月下旬按 150m 以下控制；8.4 节研究中提出城陵矶补偿调度水位在 158m 以上时，三峡库区在石沱—木洞约 50km 范围内会产生局部淹没，目前尚无相应的应对措施，建议现阶段城陵矶补偿控制水位宜在 158m 以内。考虑这些限制，有效方案组合可进一步减少至 176 种，详细结果见参考文献 [14]。其中，多年平均情况下综合目标函数最大的组合为：汛期水位 148m、8 月下旬有条件开始上浮水位、三峡水库为城陵矶补偿调度水位 158m、汛期采取先减小后加大再减小流量的沙峰排沙调度方式，该最优方案主要计算结果见表 8.5 - 13。

表 8.5 - 13　　　　　　三峡水库综合优化方案主要指标

方 案 组 合	城陵矶 年平均分洪量 /亿 m³	三峡水库 年平均发电量 /(亿 kW·h)	年平均 停航天数 /d	年平均 淤积量 /亿 m³
4 - 4 - 2 - 5 （汛期水位 148m、8 月下旬有条件开始上浮水位、三峡水库为城陵矶补偿调度水位 158m、先减小、后加大、再减小流量的沙峰排沙调度方式）	16.1	1001	3.9	0.76

8.5.5.2　不同典型年最优综合优化方案

上述综合优化方案是通过 1991—2000 年 10 年系列，计算得到的多年运行情况下最优综合方案。实际运用过程中，可结合水文气象预测预报，对当年的入库来水来沙情况进行大致预判，针对不同的来水情况，采取不同的综合优化调度方案。为此分以下两种情况研究了 10 年系列丰水年和平、枯水年优化组合方案，供实际调度参考。

（1）对于丰水年，10 年系列中 1998 年、1999 年为丰水年，两个年份综合优化最优组合见表 8.5-14。由表可见，针对大洪水，汛限水位宜保持在 145m，城陵矶补偿调度水位控制在 157～158m，蓄水时间根据 8 月下旬来水情况，有条件的情况下提前至 9 月上旬开始蓄水，汛期采取有利于防洪的下泄流量先减小后增大的沙峰排沙调度方式，对发挥工程综合效益较为有利。需要说明的是，针对特大洪水年，水库汛期以防洪为首要目标，其他因素如沙峰排沙调度增加排沙，可视具体情况择机开展。

表 8.5-14　　　　　　　　　三峡水库大水年综合优化调度方案汇总

年份	汛限水位/m	汛期平均水位/m	蓄水时间	城陵矶补偿调度水位/m	沙峰排沙调度方式	城陵矶分洪量/亿 m³
1998	145	157.4	9 月 10 日	158	出库流量先小后大	131
1999	145	153.8	8 月下旬	157	出库流量先小后大	14

（2）对于平、枯水年，10 年系列中除 1998 年和 1999 年外，其余 8 年属于平水年和枯水年。各年的优化组合见表 8.5-15，由表可见，平、枯水年汛限水位宜控制在 150m，综合效益最优；除 1991 年和 1993 年外，蓄水方案都是 8 月下旬有条件提前蓄水，开始上浮库水位，这些年汛期和蓄水期坝前水位过程如图 8.5-13 所示；1991 年和 1993 年蓄水时间是 9 月 10 日，原因是这两年 8 月入库平均流量分别达 34600m³/s 和 37500m³/s，不满足提前蓄水条件。因此，平水年和枯水年都是以有条件的情况下提前蓄水方案有利。总体来看，汛期沙峰排沙调度采用下泄流量先加大后减小的方式，对综合效益的发挥较为有利，实际运用中应结合入库水沙预报，动态调整沙峰排沙调度时机。由于平、枯水年都不满足城陵矶补偿调度条件，城陵矶无分洪量，因此城陵矶补偿调度控制水位选择 157～158m 均可行。

表 8.5-15　　　　　　　　三峡水库平、枯水年综合优化调度方案汇总

年份	汛限水位/m	汛期平均水位/m	蓄水时间	沙峰排沙调度方式	城陵矶补偿
1991	150	151.0	9 月 10 日		无
1992	150	152.0	8 月下旬		无
1993	150	151.7	9 月 10 日		无
1994	150	150.8	8 月下旬	出库流量先增加再减小	无
1995	150	152.2	8 月下旬		无
1996	150	153.5	8 月下旬		无
1997	150	151.6	8 月下旬		无
2000	150	153.9	8 月下旬		无

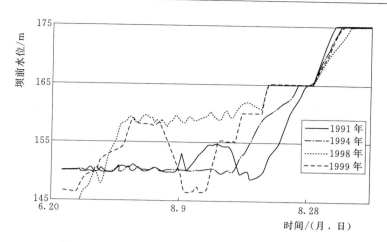

图 8.5-13 三峡水库汛期和蓄水期坝前水位过程

8.5.6 综合优化方案应用与效果分析

经防汛主管部门批准，2013—2015 年，结合三峡入库水沙等水库调度实际情况，三峡水库对汛期水位动态变化、提前蓄水、汛期沙峰排沙调度、库尾减淤调度等进行了示范应用。实践表明这些调度方案是可行的，在保证防洪风险可控和泥沙淤积影响较小的前提下，综合优化调度取得了显著的社会效益和经济效益。历年实际应用情况分别介绍如下。

8.5.6.1 2013 年应用情况与效果

2013 年三峡入库径流量为 3680 亿 m³，较多年均值偏枯 18.4%，为建库以来第 3 枯水年份，仅次于 2006 年和 2011 年。面对来水偏枯情况，三峡水库开展了汛期水位动态变化、沙峰排沙调度、提前蓄水及库尾减淤调度实践。

1. 汛期水位动态变化情况与效果

2013 年水库根据汛限水位动态变化调度方案，对 5 场洪水过程进行了调度，实现了汛期水位动态变化。6 月 10 日—8 月 31 日和 9 月 1—9 日，水库运行平均水位分别为 148.69 和 152.36m，整个汛期（6 月 10 日—9 月 9 日）水库最高运行水位为 156.04m，平均运行水位为 149.05m，较汛限水位 145m 抬高了 4.05m，累计拦蓄洪水为 118.4 亿 m³。2013 年最大洪峰流量为 49000m³/s，控制最大出库流量为 35000m³/s，下游沙市站和城陵矶站水位没有超过警戒水位，较好缓解了下游干支流的防汛压力。与按 2009 年批准的《三峡水库优化调度方案》调度相比较，2013 年实际调度汛期平均水位抬高 2.75m，最大出库流量减少 14000m³/s，防洪效益显著；发电量增加 22 亿 kW·h；出库流量大于 30000m³/s 的天数减少 5 天，没有出现大于 35000m³/s 的情况，较好地满足了两坝间中小船舶的通航需求，期间累计疏散两坝间中小船舶 360 余艘。

2. 提前蓄水情况与效果

2013 年汛末，三峡水库从 9 月 10 日开始蓄水。由于前期实施了汛期水位动态控制，9 月 10 日库水位为 156.69m。蓄水期间，9 月平均出库流量为 15300m³/s，最小日均出库流量为 11000m³/s，9 月底水位蓄至 167.02m。10 月，三峡水库遭遇了有实测资料以来的历史同期最枯来水，月均入库流量仅为 10400m³/s，较初步设计多年均值偏少 46.7%，较蓄水以来均值偏少 28.8%。10 月平均出库流量按 8000m³/s 控制，最小出库流量降至 7000m³/s 的情况下，10 月底仅蓄水至 173.9m。11 月三峡入库流量持续走低，三峡日均出库流量减少至 6000m³/s，同时调度溪洛渡和向家坝水库不蓄水，三峡水库最终于 11 月 11 日蓄水至 175m。蓄水期间，由于实施了提前蓄水、拦蓄汛末洪水、控制 9 月底水位至 167m 和联合调度等多种措施，在 10 月来水偏枯的情况下，水库仍能蓄满，且 9 月和 10 月下泄流量分别达到 15300m³/s 和 8000m³/s，各方反应较好。若按照《三峡水库优化调度方案》的方式蓄水，则 2013 年 10 月底仅能蓄水至 169m，11 月仍需继续蓄水，对长江中下游地区影响较大。2013 年调度实践说明，当 9 月防洪风险可控的情况下，若预报 10 月来水偏枯，应尽量在 9 月多拦蓄一定水量，适当抬高 9 月底控制蓄水位，以缓解水库蓄满与下游供水的矛盾。

3. 沙峰排沙调度试验情况与效果

7 月上旬，嘉陵江和岷、沱江流域普降暴雨，10 日嘉陵江支流涪江小河坝水文站出现 9860m³/s 的洪峰，受涪江上游泥石流暴发等影响，11 日 8 时小河坝站最大含沙量达到 26.3kg/m³，为 1951 年建站以来的第三大含沙量，嘉陵江北碚水文站同日 23 时出现了 14.5kg/m³ 的沙峰。岷江高场水文站 10 日出现 15100m³/s 的洪峰，含沙量达 4.09kg/m³。受此影响，三峡上游朱沱、寸滩站分别于 7 月 12 日和 13 日出现 7.95kg/m³ 和 6.29kg/m³ 的沙峰。为及时实施沙峰排沙调度，7 月 19 日调度三峡水库出库流量增加至 35000m³/s，在三峡电站全部机组投入全力运行的情况下，开启 6 个排沙孔排沙、泄洪，直至 7 月 21 日超出其运行水位条件后关闭排沙孔，开启 2 个泄洪深孔。实测资料显示，7 月 19 日，三峡出库含沙量为 0.34kg/m³，至 23 日增大至 0.93kg/m³，是三峡水库蓄水运用以来出库的实测最大含沙量，25 日出库含沙量降为 0.80kg/m³。据初步统计，7 月 11—18 日三峡入库沙量约 5740 万 t，按照沙峰传播时间计算，7 月 19—26 日三峡水库排沙约 1760 万 t，排沙比约 31%。从汛期 7 月水库排沙情况来看，2013 年 7 月的平均坝前水位为 149.87m，排沙比为 27%，明显高于 2009—2011 年同期排沙比 10～20 个百分点，说明汛期沙峰排沙调度有效减轻了水库泥沙淤积，排沙效果良好。

8.5.6.2　2014 年应用情况与效果

2014 年三峡入库径流量为 4380 亿 m³，较初步设计多年均值偏枯 2.8%，年最大洪峰流量为 55000m³/s，出现在蓄水期间。根据来水情况，三峡水库择机开展了汛期水位动态变化和提前蓄水调度实践。

1. 汛期水位动态变化情况与效果

2014 年汛期水库实施了汛期水位动态控制，累计拦蓄洪量为 175.1 亿 m³。其中，6 月 10 日—8 月 31 日水库平均运行水位为 148.56m；9 月 1—14 日水库平均运行水位为 162.63m。整个汛期（6 月 10 日—9 月 14 日）水库最高水位为 164.26m，平均水位为 150.59m，较汛限水位 145m 抬高了 5.59m。2014 年实际调度汛期平均水位与按《三峡水库优化调度方案》调度相比抬高了 4.4m，最大出库流量减少了近 10000m³/s，下游干支流防洪压力得到有效减轻；发电量增加了 24 亿 kW·h，经济效益明显；同时，水库下泄流量大于 30000m³/s 的天数减少了 17 天，大于 35000m³/s 的天数减少了 8 天，大于 45000m³/s 的天数减少了 3 天，较好地满足了两坝间中小船舶的通航需求，疏散待过闸的中小功率船舶116艘，且避免了三峡船闸停航，航运效益显著。

2. 提前蓄水情况与效果

2014年9—10月，三峡水库来水偏丰。9月和10月月均入库流量分别为32500m³/s和16100m³/s。与初步设计多年平均值比，9月偏丰22.2%，10月偏枯18.7%，与三峡水库蓄水运用以来平均值比分别偏丰45.1%和13.4%。水库开始蓄水时间推迟至9月15日，相应前期防洪运用水位为164.63m。蓄水过程中出现了年最大洪峰流量55000m³/s（9月20日），三峡水库采取了蓄水与防洪调度相互转换的方式，控制最大出库流量45000m³/s，确保了下游的防洪安全。同时，通过调度上游向家坝水库拦蓄洪水，配合三峡水库削减洪峰，降低了三峡库区淹没的风险。9月底水库蓄水至168.58m，10月31日蓄水至175m。蓄水期间，由于来水偏丰，且前期水位上浮运行，9月和10月出库流量分别达到29400m³/s和13900m³/s，未对下游两湖及干支流生产生活用水造成不利影响，中下游航道保持较高水位，各方反应良好。

2014年，受上游溪洛渡和向家坝水库蓄水影响，三峡入库悬移质输沙量为5540万t，出库悬移质沙量为1050亿t，库区淤积泥沙量为4490亿t，水库排沙比为19.0%。

8.5.6.3 2015年应用情况与效果

2015年三峡入库水量为3946亿m³，年最大洪峰流量仅为39000m³/s，属于偏枯水年。根据来水情况，水库择机开展了汛期水位动态变化、提前蓄水和库尾减淤调度实践。

1. 汛期水位动态变化情况与效果

汛前6月初，为配合"东方之星"沉船事故施救工作，三峡水库实施了应急调度，出库流量从14000m³/s逐步减少到7000m³/s以下，库水位由月初149.03m持续上涨至8日最高154.12m，为救援行动创造了良好条件。进入主汛期，入库流量大于30000m³/s的洪水过程出现了3次，年最大洪峰流量仅为39000m³/s。7月和8月平均流量仅为19900m³/s和17200m³/s，分别比初步设计多年均值偏少34%和39%。三峡水库对3场流量大于30000m³/s的洪水过程进行了拦蓄，实现了汛期水位动态控制。6月10日—8月31日和9月1—9日水库平均运行水位分别为为147.15m和153.76m。整个汛期（6月10日—9月9日），水库最高运行水位155.99m，平均水位为147.8m，较汛限水位145m抬高了2.8m，累计拦蓄洪水量为75.4亿m³。与按《三峡水库优化调度方案》调度相比较，汛期平均水位抬高了2m，最大出库流量减少了8000m³/s，为下游减轻了防洪压力，降低了上堤防汛成本；发电量增加了10亿kW·h，经济效益显著；出库流量大于30000m³/s的天数减少了2天，没有出现大于35000m³/s的情况，较好地满足了两坝间中小船舶的通航需求。

2. 提前蓄水情况与效果

2015年三峡水库从9月10日开始蓄水。由于蓄水前水库实施了汛期水位动态控制运用，拦蓄了部分汛末洪水，库水位有一定上浮，9月10日相应库水位为156.01m。9月蓄水期间，利用了汛末水资源，9月底水库蓄水至166.41m，10月28日9时水库顺利蓄水至175m。蓄水期间，三峡水库9月和10月平均下泄流量分别为20400m³/s和13000m³/s，最小出库流量分别达到了17000m³/s和10000m³/s，较好地满足了下游供水需求，下游两湖地区未受明显影响，三口断流情况也得到有效改善。

8.5.7　优化调度风险应对措施分析

在"防洪风险可控，泥沙淤积允许"的前提下，面对当前新的调度运行环境，根据实际需求有条件地实施汛限水位动态变化、提前蓄水等优化调度是必要的。经过前述各节分析，在现有条件下，三峡水库实施的有关优化调度防洪风险是可控的，对泥沙等各方面的影响也较小，在初步设计的预期之内。对于因多目标优化调度可能带来的风险，以目前的科学技术发展水平及防控风险能力，可采取多种措施应对。

8.5.7.1　气候特征提前预警

一般长江中上游汛期发生大洪水时，前期往往呈现某一方面或多个异常的气候特征，而且影响长江中上游汛期旱涝的物理因素在前期冬春季甚至上一年秋季就有明显的征兆，也即自上一年秋季开始，海洋、大气环流、天文因子、高原积雪状况等均会出现异常信号。目前的气候预测水平较以往有了长足进步，可对年、月长期预报作出较准确的趋势分析，对一些诸如大气环流、厄尔尼诺等气候现象也能作出预判。

因此，通过分析掌握气候预测信息并跟踪前期出现的气候异常信号，就能提前预测汛期发生大洪水的可能性，合理控制库水位，谨慎实施汛期库水位动态控制运用。在2015年年初，通过相关气候因素分析，众多专家预测近几年厄尔尼诺现象将较为强烈，尤其2015年可能达到极强标准。据此，三峡水库2015年汛期控制运行水位较低，以应对长江流域可能发生的大洪水。

8.5.7.2　预报预泄

在《三峡水库优化调度方案》研究过程中，按照抬高汛限水位运行不增加下游防洪负担的原则，考虑在设防水位以下为上浮水位库容留有预泄的空间。根据三峡水库预泄引起的中下游各水文站水位最大抬高值分析，下游主要控制站不同预报水平时需预留的水位空间见表8.5-16。由表可见，考虑1天的预见期，当沙市及城陵矶水位在设防水位以下1m和0.4m时，汛限水位可上浮至147m，对下游防洪影响较小。考虑2天的预见期，当沙市及城陵矶水位在设防水位以下1.5m和0.5m时，水位可上浮至148m；当沙市及城陵矶水位在设防水位以下2.5m和1m时，水位可上浮至150m。考虑3天的预见期，当沙市及城陵矶水位在设防水位以下1m和0.4m时，水位可上浮至148m；当沙市及城陵矶水位在设防水位以下1.7m和0.6m时，水位可上浮至150m。随着上浮水位的抬高，沙市及城陵矶需预留的空间越大。

表8.5-16　　　　　　　　三峡水库设防水位以下需预留水位　　　　　　　　单位：m

水位方案/m	预泄1天		预泄2天		预泄3天	
	沙市	城陵矶	沙市	城陵矶	沙市	城陵矶
146.5	0.86	0.27	0.8	0.21	0.54	0.19
147	1.14	0.37	1.06	0.29	0.71	0.26
148			1.52	0.43	1.06	0.38
150			2.39	0.71	1.68	0.63

目前，三峡上游金沙江石鼓至下游城陵矶区间的水雨情自动化测报系统已全部建成，

加上预报理论方法的成熟，三峡水库水情预报的预见期和精度得到了很大提高，三峡水库3天预见期来水预报准确度较高。因此，当考虑3天预见期时，水位可上浮至150m，再遇大洪水，通过提前预泄，可有效控制防洪风险，不降低水库防洪标准。

8.5.7.3 库区临时淹没风险防控

对于三峡上游库区，防洪风险主要来自9月上旬水位过高，再遇一定量级的大洪水，则可能产生回水淹没风险。根据《三峡水库蓄水阶段性控制水位分析研究》成果，不同入库洪峰三峡库区水位不超设计移民迁移线情况下的最高起调水位见表8.5－17。由表可见，在水库实时调度过程中，即可结合预报合理控制库水位，避免遇标准内洪水时上游产生回水淹没风险。

表8.5－17　　三峡水库不同入库流量下控制不淹没移民迁移线时最高起调水位

入库洪峰流量/(m³/s)	最高起调水位/m	入库洪峰流量/(m³/s)	最高起调水位/m
73600	145	63400	161
73000	146	62300	162
72400	147	60900	163
72000	148	59200	164
71700	149	57500	165
71400	150	55700	166
71000	151	53800	167
70600	152	51700	168
70100	153	49500	169
69400	154	47000	170
68700	155	44000	171
67900	156	41000	172
67000	157	37400	173
66100	158	32000	174
65200	159	24000	175
64300	160		

8.5.7.4 维持下游河道行洪能力措施

若下泄流量长期控制在小于初步设计的荆江河道安全泄量（56700m³/s），可能造成洪水多年不上滩、中下游河道萎缩退化、洲滩被占用等问题，今后在有条件的情况下，每隔几年可有计划、有组织地择机进行50000～55000m³/s大流量下泄，全面检验荆江河段堤防防洪能力，保持中下游河道泄洪能力及锻炼防汛队伍，及早发现堤防隐患并加以处置，降低河道行洪风险。

同时，大流量下泄试验期间，将加强有关水位流量资料的监测分析工作，后续进一步加强新水沙条件下，三峡水库优化调度对长江中下游河道冲刷影响及对策方面的研究[7]。

8.5.7.5 水库群联合调度

随着三峡上游溪洛渡、向家坝、金沙江中游梯级等一大批具有防洪库容的水库建成投运，再遇流域性大洪水时，长江流域的洪水调控能力将进一步增强，上游水库群可配合三峡水库更好地对长江中下游进行防洪调度，尤其实施紧急削峰拦蓄，避免库区回水淹没。2015 年 9 月下旬，三峡水库遭遇入汛以来最大洪峰 55000m³/s，超过 9 月 15 日后 20 年一遇洪水标准。由于前期蓄水三峡库水位偏高，为避免库尾淹没，三峡、溪洛渡和向家坝梯级水库尝试联合调度，上游水库最大减少入库流量约 3000m³/s，减少入库洪量 2.5 亿 m³。通过三库的联合调度，使得此次洪水顺利通过三峡，未对库尾造成不利影响。

8.5.7.6　减淤排沙措施

对于泥沙问题，由于来沙较初步设计大幅减少，日后随着上游建库会进一步减少，且随着沙峰排沙调度的不断深入和成熟，水库泥沙淤积引起的库容损失问题不大，水库可长期保持有效库容。而随着来沙减少与库尾减淤调度的实施，重庆主城区等库尾重点河段的泥沙淤积问题也会明显缓解，不会影响航运畅通。对于清水下泄，下游河道沿程冲刷的一些不利影响，日后将加大研究，制定有针对性的调度措施和工程措施予以应对。

综上所述，依靠预报预泄、每隔几年进行一次大流量下泄、水库群联合防洪调度以及排沙减淤调度等多种措施，在进行三峡水库优化调度实践过程中，防洪风险可控，泥沙淤积允许，不影响水库的长期使用。

8.6　小结

本章主要分析了新水沙形势下三峡水库调度优化调整的需求，研究了三峡水库动态汛限水位变化、提前蓄水、城陵矶补偿调度方案等不同运行方式与泥沙冲淤变化间的响应关系，分析了各优化调度方案在防洪、发电、航运等方面的影响，建立了综合优化调度评估模型，提出了新水沙形势下三峡水库泥沙调控与多目标优化调度综合方案，为充分发挥三峡工程的综合效益提供了技术支撑，并在近几年的调度实践中成功应用示范。主要结论如下：

（1）近几年实际调度中，随着经济社会的发展，地方政府、电网、航运等部门从防洪、发电、航运、供水等方面对三峡水库调度提出了更高需求。

（2）与初步设计阶段相比，近年来三峡水库的调度运行环境发生了较大改变：一是三峡来水减少，2003—2014 年年平均径流量较初步设计约减少 513 亿 m³，尤其 9 月、10 月减少较多，分别减少 78 亿 m³ 和 110 亿 m³；二是入库泥沙大幅减少，2003—2014 年年平均入库沙量为 1.75 亿 t，较初步设计减少 65.6%，水库淤积情况好于预期；三是水雨情监测系统及预报技术手段不断完备，水文气象预报水平不断提高，3 天预报精度达到 90%以上；四是上游一大批大型水库陆续建成投运，水库群联合防洪、兴利能力进一步增强。这些变化为进一步优化三峡水库调度方式创造了有利条件。

（3）6 月中旬至 8 月下旬和 9 月上旬，三峡水库汛限水位分别按 150m 以下和 158m 以下控制时，防洪标准不会降低，发电、航运等效益明显。新水沙条件下，水库年平均泥沙淤积较初设方案增加约 1200 万 t，影响较小；145～175m 高程内 50 年累积淤积 1.85 亿 m³，对库容损失影响不大，好于初步设计预期，不影响水库的长期使用；年平均出库沙量减少约 1000 万～1300 万 t，占近年来坝下游河道总冲刷量的 10%左右。

（4）在实施汛期运行水位动态控制运用的基础上，9月10日开始蓄水、9月1日开始蓄水以及8月下旬有条件的情况下开始蓄水，这三种提前蓄水方案的水库蓄满率差别不大，但遇特枯水年，越早蓄水蓄存水量越多，对枯水期供水越有利。新水沙条件下，各提前蓄水方案年平均增加水库淤积量相差100万～200万 t，145～175m 高程范围内50年累积淤积量相差不超过0.5亿 m³，年平均出库沙量相差约100万 t。各方案防洪风险可控，对水库淤积、库容损失、出库泥沙以及重庆河段冲淤等方面影响较小，差别不大，均为可行方案。

（5）上游水库建成运行配合三峡水库防洪运用，从防洪角度分析，三峡水库对城陵矶补偿调度控制水位从155m 提高至161m，三峡水库兼顾对城陵矶防洪补偿库容扩大了41.64亿 m³，防洪效果明显，同时不会降低对荆江河段防洪标准。但随着三峡水库对城陵矶补偿调度控制水位的抬高，在石沱—木洞附近约50km 范围内会产生局部临时淹没。经综合分析，三峡水库对城陵矶补偿调度控制水位现阶段宜控制在158m 范围内，此时上游临时淹没风险可控，在金沙江下游梯级水库配合调度运用下，遇1954年洪水，较《三峡水库优化调度方案》的调度方式可进一步减少长江中下游超额洪量近24亿 m³。

（6）建立了以防洪、发电、航运、泥沙为目标的综合优化调度方案评估模型，对汛限水位动态变化、提前蓄水、城陵矶补偿、沙峰排沙调度等优化调度的组合方案进行了模拟计算分析，提出了水库综合优化调度最优的组合方案。

实际运用中，结合预测预报，针对不同来水情况，水库可采取不同的综合优化调度组合方案来指导实际调度。其中，针对丰水年份（如1998年、1999年），汛限水位不宜抬高运用，宜控制在145m，城陵矶补偿水位控制在158m，蓄水时间根据8月中下旬来水情况，有条件的情况下提前至9月10日蓄水，汛期择机开展沙峰排沙调度——此种组合调度方案综合效益较优；针对平、枯水年份，汛限水位宜控制在150m 以内，蓄水时间根据8月中上旬来水情况，有条件时8月下旬开始上浮库水位，城陵矶补偿控制水位158m，汛期采取沙峰排沙调度——这种调度方案对发挥水库综合效益较为有利。以上组合调度中，水库在汛期仍以防洪为首要目标，沙峰排沙调度可视具体情况择机开展。

（7）对于可能出现的特大洪水、水库淤积、下游河道萎缩等风险，通过预报预泄，每隔几年进行一次大流量下泄，水库群联合调度，以及排沙减淤调度等多种措施，防洪风险允控，泥沙淤积允许，不影响水库的长期使用。

参 考 文 献

［1］ 水利部. 三峡水库优化调度方案 ［R］，2009.
［2］ 长江勘测规划设计研究有限责任公司. 三峡水库汛前水位集中消落调度方式优化研究 ［R］，2014.
［3］ 长江水利委员会水文局. 三峡水库水文气象预报应用可靠性与风险性分析及应急调度响应策略研究 ［R］，2014.
［4］ 长江水利委员会水文局. 三峡分期洪水专题分析研究报告 ［R］，2008.
［5］ 长江勘测规划设计研究有限责任公司. 三峡水库优化调度方案研究专题5——三峡水库汛期水位运行控制方式研究 ［R］，2009.

［6］　长江水利委员会. 长江流域综合规划［R］，2012.

［7］　胡春宏，王延贵. 三峡工程运行后泥沙问题与江湖关系变化［J］. 长江科学院院报，2014（5）：107－116.

［8］　陈桂亚，郭生练. 水库汛期中小洪水动态调度方法与实践［J］. 水力发电学报，2012，31（4）：22－27.

［9］　胡挺，周曼，王海，等. 三峡水库中小洪水分级调度规则研究［J］. 水力发电学报，2015，34（4）：1－7.

［10］　宁磊，张黎明，许多. 三峡工程建成初期防洪调度研究［J］. 人民长江，2012（5）：7-10.

［11］　中国水利水电科学研究院. 三峡水库汛期水位变化对库区泥沙淤积影响计算分析［R］. 2009.

［12］　彭杨、李义天、张红武. 水库水沙联合调度多目标决策模型［J］. 水利学报，2004（4）：1－7.

［13］　曹慧群，周建军. 我国水利清淤疏浚的发展与展望［J］. 泥沙研究，2011（10）：67－72.

［14］　中国长江三峡集团公司，等. 三峡水库泥沙调控与多目标优化调度课题研究报告［R］，2015.

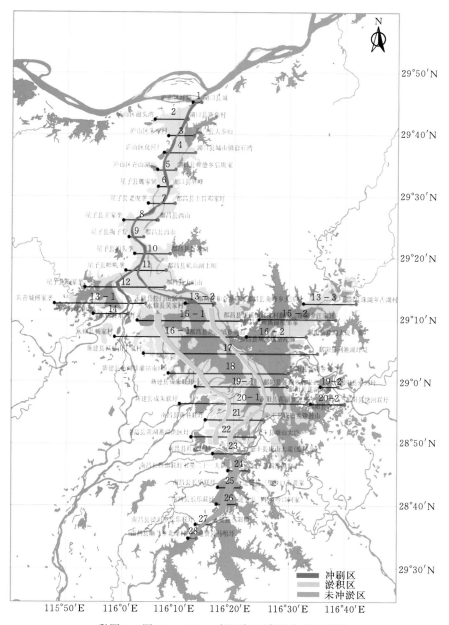

彩图 1（图 2.4-1）　鄱阳湖区冲淤分布示意图

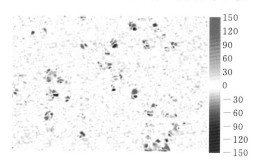

彩图 2（图 3.1-26）　连续两帧床沙图片的灰度差

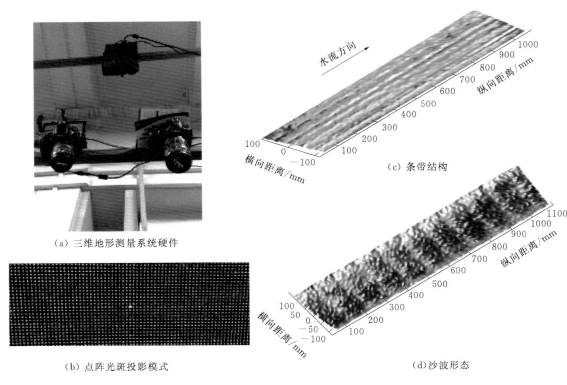

（a）三维地形测量系统硬件

（b）点阵光斑投影模式

（c）条带结构

（d）沙波形态

彩图 3（图 3.1-29） 水槽试验中被水流冲刷后的床面形态（d=1.0~1.5mm）

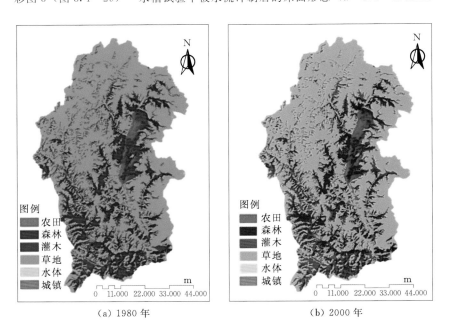

（a）1980 年

（b）2000 年

彩图 4（图 4.2-9） 镇江关流域土地利用方式对比

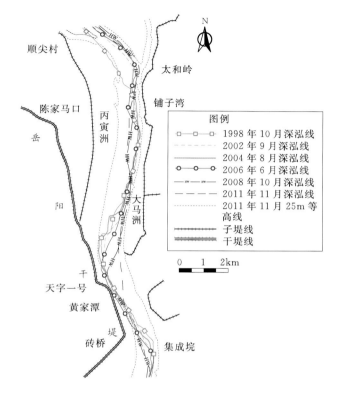

彩图 5（图 6.1-2）　长江中游大马洲河段河道
形态与深泓线变化

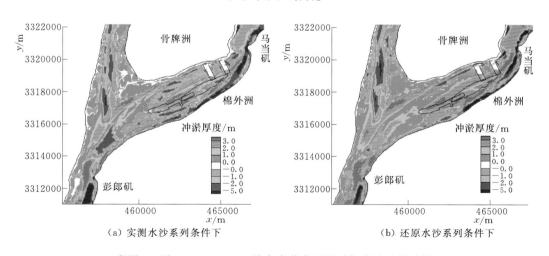

（a）实测水沙系列条件下　　　　　　　　　　（b）还原水沙系列条件下

彩图 6（图 6.1-19）　三峡水库蓄水运用后年水沙过程还原
前后马当河段冲淤分布的比较（计算 10 年）

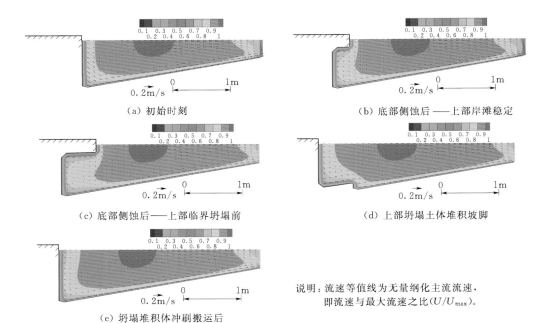

（a）初始时刻

（b）底部侧蚀后——上部岸滩稳定

（c）底部侧蚀后——上部临界坍塌前

（d）上部坍塌土体堆积坡脚

（e）坍塌堆积体冲刷搬运后

说明：流速等值线为无量纲化主流流速，即流速与最大流速之比（U/U_{max}）。

彩图 7（图 6.2-5） 岸滩侧蚀过程及其水动力响应特征

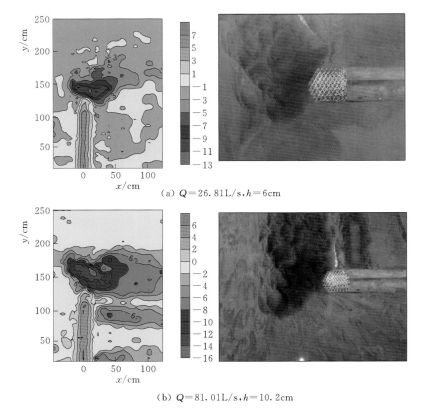

（a）$Q=26.81L/s, h=6cm$

（b）$Q=81.01L/s, h=10.2cm$

彩图 8（图 6.3-3） 透水坝头试验冲淤情况（$\varepsilon=0.94$）

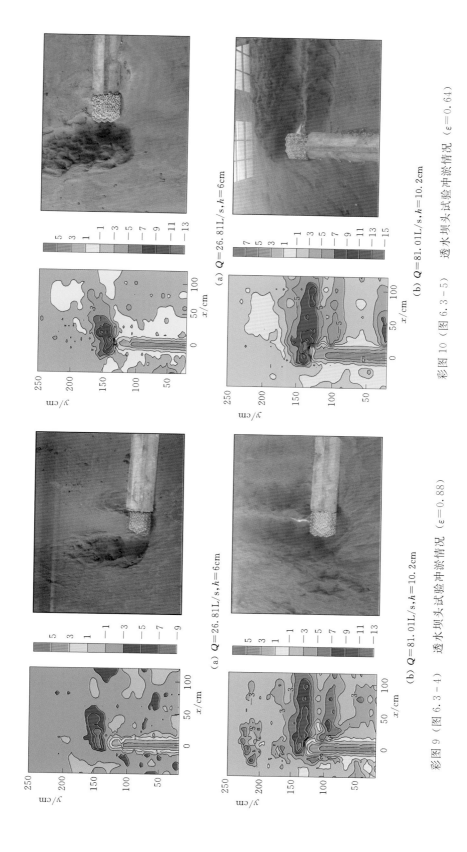

(a) $Q=26.81L/s, h=6cm$

(b) $Q=81.01L/s, h=10.2cm$

彩图 9（图 6.3 - 4）　透水坝头试验冲淤情况　（$\varepsilon=0.88$）

(a) $Q=26.81L/s, h=6cm$

(b) $Q=81.01L/s, h=10.2cm$

彩图 10（图 6.3 - 5）　透水坝头试验冲淤情况　（$\varepsilon=0.64$）

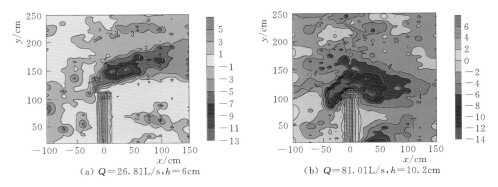

(a) $Q=26.81\text{L/s}, h=6\text{cm}$　　(b) $Q=81.01\text{L/s}, h=10.2\text{cm}$

彩图 11（图 6.3-7）　　透水坝头试验冲淤情况（$l/b=0.11$）

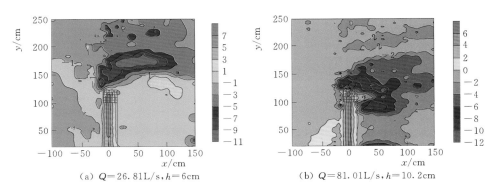

(a) $Q=26.81\text{L/s}, h=6\text{cm}$　　(b) $Q=81.01\text{L/s}, h=10.2\text{cm}$

彩图 12（图 6.3-8）　　透水坝头试验冲淤情况（$l/b=0.23$）

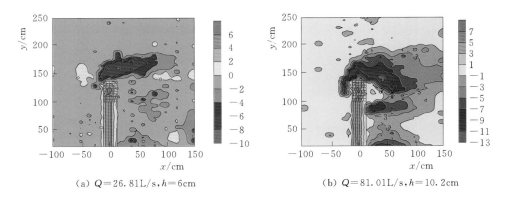

(a) $Q=26.81\text{L/s}, h=6\text{cm}$　　(b) $Q=81.01\text{L/s}, h=10.2\text{cm}$

彩图 13（图 6.3-9）　　透水坝头试验冲淤情况（$l/b=0.37$）

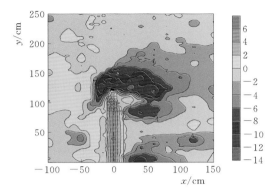

彩图 14（图 6.3-11）　透水坝头试验冲淤情况
（$c/a=0.6$，$Q=81.01$L/s，$h=10.2$cm）

彩图 15（图 6.3-12）　透水坝头试验冲淤情况
（$c/a=1.5$，$Q=81.01$L/s，$h=10.2$cm）

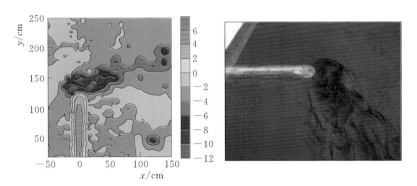

（a）$Q=26.81$L/s，$h=6$cm

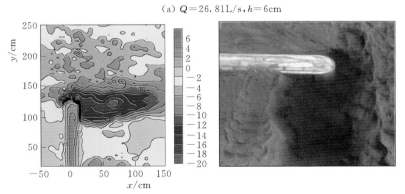

（b）$Q=81.01$L/s，$h=10.2$cm

彩图 16（图 6.3-15）　台阶式丁坝试验冲淤情况（方案 A2）

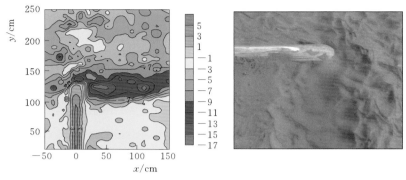

$Q=81.01\mathrm{L/s},h=10.2\mathrm{cm}$

彩图 17（图 6.3-16） 台阶式丁坝试验冲淤情况（方案 A3）

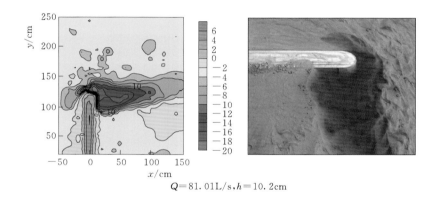

$Q=81.01\mathrm{L/s},h=10.2\mathrm{cm}$

彩图 18（图 6.3-17） 台阶式丁坝试验冲淤情况（方案 A1）

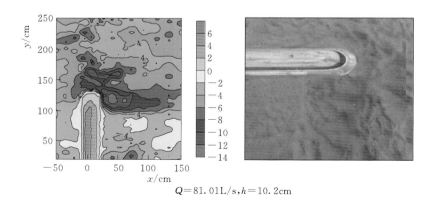

$Q=81.01\mathrm{L/s},h=10.2\mathrm{cm}$

彩图 19（图 6.3-18） 台阶式丁坝试验冲淤情况（方案 A4）

注：图中绿色部分表示透水框架坝

彩图 20（图 6.3-19） 长江下游东流水道

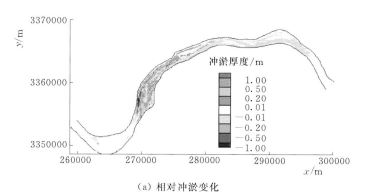

（a）相对冲淤变化

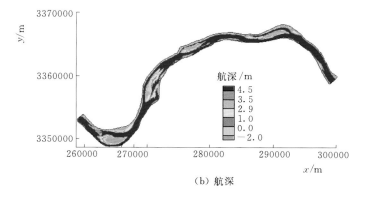

（b）航深

彩图 21（图 6.4-5） 长江中游芦家河治理工程实施后的
相对冲淤变化和航深图（计算 10 年）

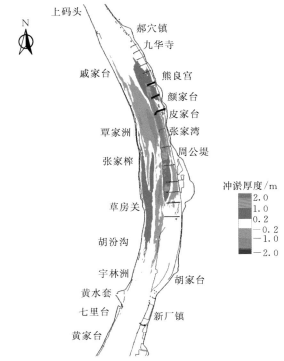

彩图 22 (图 6.4 - 7)　周天河段整治方案实施 5 年年末泥沙冲淤变化

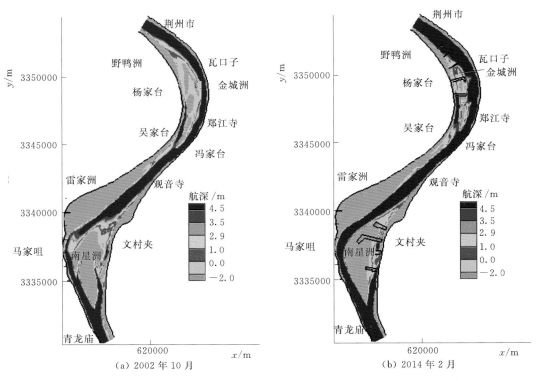

(a) 2002 年 10 月

(b) 2014 年 2 月

彩图 23 (图 6.4 - 8)　长江中游瓦口子—马家咀河段航深图及整治工程示意图

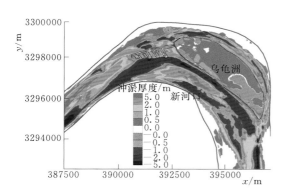

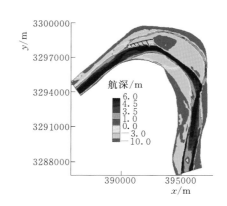

彩图 24（图 6.4-9） 长江中游窑监河段预测的
航道整治工程方案实施后冲淤分布

彩图 25（图 6.4-10） 长江中游窑监河段
2014 年 2 月航深

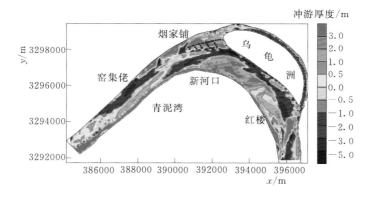

彩图 26（图 6.4-11） 长江中游窑监河段
2010 年 1 月—2014 年 2 月实测冲淤图

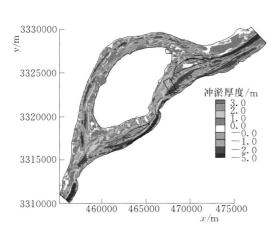

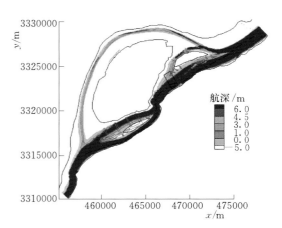

彩图 27（图 6.4-14） 长江中游马当河段航道
提升方案实施 10 年后冲淤变化

彩图 28（图 6.4-15） 长江中游马当河段航道
提升方案实施后的航深图

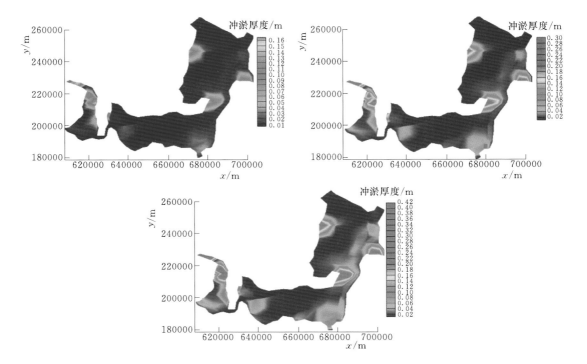

彩图 29（图 7.3-2）　长江中游江湖联算耦合数学模型预测 10～30 年洞庭湖淤积厚度变化